材料科学与工程系列

 普通高等教育"十一五"国家级规划教材

Physical Properties of Inorganic Materials
(Second Edition)

无机材料物理性能
第 2 版

关振铎 张中太 焦金生 编著

清华大学出版社

北京

本书封面贴有清华大学出版社防伪标签,无标签者不得销售。
版权所有,侵权必究。举报:010-62782989,beiqinquan@tup.tsinghua.edu.cn。

图书在版编目(CIP)数据

无机材料物理性能/关振铎,张中太,焦金生编著.—2版.—北京:清华大学出版社,2011.6
(2023.7重印)
(材料科学与工程系列)
ISBN 978-7-302-25854-4

Ⅰ. ①无… Ⅱ. ①关… ②张… ③焦… Ⅲ. ①无机材料—物理性能 Ⅳ. ①TB321

中国版本图书馆 CIP 数据核字(2011)第 103299 号

责任编辑:宋成斌
责任校对:赵丽敏
责任印制:宋　林

出版发行:清华大学出版社
　　　　网　　址:http://www.tup.com.cn, http://www.wqbook.com
　　　　地　　址:北京清华大学学研大厦 A 座　　邮　编:100084
　　　　社 总 机:010-83470000　　邮　购:010-62786544
　　　　投稿与读者服务:010-62776969, c-service@tup.tsinghua.edu.cn
　　　　质量反馈:010-62772015, zhiliang@tup.tsinghua.edu.cn
印 装 者:三河市少明印务有限公司
经　　销:全国新华书店
开　　本:175mm×245mm　　印　张:19.25　　字　数:397 千字
版　　次:2011 年 6 月第 2 版　　印　次:2023 年 7 月第 18 次印刷
定　　价:55.00 元

产品编号:025838-06

第 2 版　序

本书是关振铎、张中太、焦金生三位前辈编著的《无机材料物理性能》的第 2 版。从本书的第 1 版正式出版到现在,已经过去了整整 20 年。在这 20 年间,国内众多高校都采用了本书作为无机非金属材料专业本科生和研究生的教科书或主要教学参考书。本书多次重印,总印数已经高达几万册,仍然有供不应求之势。清华大学出版社在对本书的读者群进行了深入调研的基础上,多次就出版第 2 版事宜与作者沟通协商;只是由于三位前辈或年事渐高或工作性质变化,精力和体力都无法承担起对本书进行再度修订的工作。因此,受关振铎和张中太两位前辈的委托,我们于 2007 年年末在两位前辈的指导下开始了对本书进行修订的尝试。

我们是本书第 1 版的第一批读者;确切地说,我们应该是本书最早的一批读者。20 世纪 80 年代中期,当本书刚刚开始以油印本的形式作为清华大学化工系无机非金属材料专业本科生教材使用的时候,我们就先后手捧着这本教材坐在教室里聆听过关振铎和张中太两位前辈的讲授。而后,我们又先后分别进入了关振铎教授和张中太教授的课题组,分别追随两位前辈开始了科研生涯;在此后 20 多年的工作中,这本书一直都是我们案头必备的参考书之一。

20 年来,我们也接触了国内许多高校的教师和学生。从他们的言谈之间,我们能够强烈地感受到本书在国内无机非金属材料专业的教学和科研工作中所发挥出的巨大作用。毫不夸张地说,读过本书的人无不对本书给予了极高的评价和赞赏。我们深深知道,这种极高的评价和赞赏不仅仅是因为本书是国内第一部关于无机材料物理性能的专业教科书,而且还因为本书在很大程度上反映出了作者深厚的学术功底和丰富的教学经验:深厚的学术功底决定了本书的科学性,丰富的教学经验则决定了本书的可读性。

20 年来,以高性能陶瓷为主要代表的无机材料得到了突飞猛进的发展;相应地,与无机材料物理性能的理论探索和实验研究也取得了极为丰硕的新成果。然而,当开始对本书进行修订的时候,我们发现几乎所有的新进展和新成果所依赖的基本概念、基本理论和基本实验技术在第 1 版中都或多或少地有所反映。作为一部主要面向本科生的教材,本书第 1 版无疑是成功的。

因此,与第 1 版相比,我们最终完成的第 2 版在内容上没有实质性的变化,只是为了教学上的方便,将第 1 版的第 2 章"无机材料的脆性断裂与强度"分成了两章,即第 2 版中的第 2 章"无机材料的断裂强度"和第 3 章"无机材料的断裂及裂纹扩展"。

此外，针对第 1 版中少量未能深入展开的内容进行了适当的扩充和完善。为了使读者在正式阅读之前对本书的内容及背景有所了解，第 2 版保留了第 1 版的前言。

正是因为与第 1 版相比没有实质性的变化，而我们只是做了一些力所能及的文字修订工作而已，我们认为本书的署名应该仍然维持原状，以尊重三位前辈为撰写本书所付出的心血。只是作为第 2 版文字的责任人，我们在这里需要说明一下：在第 2 版中，龚江宏承担了第 1～5 章的修订工作，唐子龙承担了第 6～8 章的修订工作。全书由龚江宏统稿。

在本书第 2 版交付印刷之际，我们谨向关振铎、张中太、焦金生三位前辈表示由衷的敬意，并衷心希望这个修订本的出版能够使他们感到满意和欣慰。

龚江宏　唐子龙

2011 年 6 月　清华园

第1版　前言

无机非金属材料类专业教材编审委员会"材料科学基础理论"教材编审小组在1990年度工作会议（1990年10月8~10日于天津大学）上，对"无机材料物理性能"教材进行了审查，同意列为全国统编教材。国家建筑材料工业局教材办公室随后审定"同意作为必修课教材出版"。

本书的主要内容是无机材料（指无机非金属材料，包括陶瓷、玻璃、耐火材料、建筑材料等）的各种物理性能，不牵涉到化学性能（如耐腐蚀等）。所研究的性能包括无机材料的变形与力学性能、脆性断裂与强度，以及热学、光学、电导、介电、压电和磁学等性能。这些性能基本上都是各个领域在研制和应用无机非金属材料中对它们提出来的一系列技术要求，即所谓材料的本征参数。因此，首先要掌握上述各类本征参数的物理意义和单位以及这些参数在实际问题中所处的地位。其次，要搞懂这些性能参数的来源，即性能和材料的组成、结构和构造的关系。也就是说，掌握这些性能参数的物质规律，从而为判断材料优劣，正确选择和使用材料，改变材料性能，探索新材料、新性能、新工艺打下理论基础。为了全面地掌握材料的结构，对无机材料的原料和工艺也应有所认识，以取得分析性能的正确依据。

书中安排了较多的实验内容，从验证性能参数、掌握检验技术、学习科研方法和分析手段等方面加强学习效果。

本书的先修内容为：材料力学、物理化学、固体材料结构基础、微观分析方法、硅酸盐工艺等。

无机材料物理性能的研究方法可以分为两种：一种是经验方法，在大量占有实验数据的基础上，经过对数据的分析处理，整理为经验方程，来表示它们的函数关系；另一种是从机理着手，即从反映本质的基本关系（如原子间的相互作用、点阵振动的波形方程等）出发，按照性能的有关规律，建立物理模型，用数学方法求解，得到有关理论方程式。通过以上两种方法的相互验证促进了材料科学的发展。

在材料的性能研究过程中，为了阐明材料的宏观构造和微观结构，在各种性能实验的同时，常常进行材料的金相显微镜形貌、偏光、扫描电镜微观构造以及X射线衍射等微观分析，以取得物质结构和成分的宏观及亚微观方面的直观验证。

在本书的一些章节中，介绍了最近发表的科研成果，特别是新型材料和新型工艺下获得的高性能机理（例如超导材料性能机理）。

本书适用于无机非金属材料中的新型陶瓷、传统陶瓷、玻璃、晶体、半导体、石墨、薄膜、复合材料以及耐火材料等专业。其他像硅酸盐工程，包括水泥与混凝土材料、建筑及装饰材料等专业也可参考。

本书第 1～4 章由关振铎编著，第 5 章由张中太编著，第 6、7 章由焦金生编著。全书由关振铎统编。

书中不妥及错误之处，敬请读者指正。

作　者

目　录

第1章　无机材料的受力形变 1
1.1　应力与应变 1
1.1.1　应力 2
1.1.2　应变 2
1.2　无机材料的弹性形变 4
1.2.1　各向同性体的弹性常数 4
1.2.2　单晶的弹性常数 6
1.2.3　弹性模量的物理本质 8
1.2.4　多相材料的弹性模量 8
1.2.5　弹性模量的测定 9
1.3　无机材料中晶相的塑性形变 10
1.3.1　晶格滑移 11
1.3.2　塑性形变的位错运动理论 13
1.3.3　塑性形变速率对屈服强度的影响 16
1.4　高温下玻璃相的黏性流动 16
1.4.1　流动模型 16
1.4.2　影响黏度的因素 17
1.5　无机材料的高温蠕变 19
1.5.1　黏弹性与滞弹性 19
1.5.2　高温蠕变曲线 21
1.5.3　高温蠕变理论 22
1.5.4　蠕变断裂 24
1.5.5　影响蠕变的因素 24
1.6　无机材料的超塑性 27
习题 28

第2章　无机材料的断裂强度 30
2.1　断裂强度的微裂纹理论 30
2.1.1　固体材料的理论断裂强度 30

  2.1.2 Griffith 微裂纹理论 ……………………………………………… 32
 2.2 无机材料中微裂纹的起源 ……………………………………………… 36
  2.2.1 无机材料中本征裂纹的起源 ……………………………………… 36
  2.2.2 表面接触损伤及机械加工损伤 …………………………………… 39
 2.3 无机材料断裂强度测试方法 …………………………………………… 40
 2.4 断裂强度的统计性质 …………………………………………………… 43
  2.4.1 强度的统计分析 …………………………………………………… 43
  2.4.2 韦伯函数中 m 和 σ_0 的求法 …………………………………… 45
  2.4.3 韦伯统计的应用及实例 …………………………………………… 45
  2.4.4 两参数韦伯分布及其应用 ………………………………………… 47
 2.5 显微结构对无机材料断裂强度的影响 ………………………………… 47
  2.5.1 气孔率的影响 ……………………………………………………… 48
  2.5.2 晶粒尺寸的影响 …………………………………………………… 48
 习题 ………………………………………………………………………………… 49

第 3 章 无机材料的断裂及裂纹扩展 …………………………………………… 50
 3.1 断裂力学基本概念 ……………………………………………………… 50
  3.1.1 裂纹系统的机械能释放率 ………………………………………… 50
  3.1.2 裂纹尖端处的应力场强度 ………………………………………… 52
  3.1.3 临界应力场强度因子及断裂韧性 ………………………………… 54
  3.1.4 平面应变断裂韧性 ………………………………………………… 55
  3.1.5 几何形状因子的柔度标定技术 …………………………………… 57
 3.2 无机材料断裂韧性测试方法 …………………………………………… 58
  3.2.1 直通切口梁测试技术 ……………………………………………… 59
  3.2.2 双扭法 ……………………………………………………………… 60
  3.2.3 山形切口法 ………………………………………………………… 61
 3.3 显微结构对断裂韧性的影响 …………………………………………… 63
  3.3.1 裂纹偏转与裂纹偏转增韧 ………………………………………… 63
  3.3.2 裂纹桥接与裂纹桥接增韧 ………………………………………… 65
  3.3.3 微裂纹增韧与相变增韧 …………………………………………… 67
  3.3.4 裂纹扩展阻力曲线 ………………………………………………… 68
 3.4 无机材料中裂纹的缓慢扩展 …………………………………………… 70
  3.4.1 裂纹缓慢扩展 $v \sim K_{\mathrm{I}}$ 曲线 ………………………………… 71
  3.4.2 裂纹缓慢扩展机理 ………………………………………………… 72
  3.4.3 裂纹缓慢扩展行为研究方法 ……………………………………… 75
  3.4.4 无机材料断裂寿命预测 …………………………………………… 76

3.4.5　无机材料的高温延迟断裂 ……………………………………… 78
　3.5　无机材料的硬度与压痕开裂的应用 ……………………………………… 79
　　　3.5.1　无机材料的硬度及其测试方法 ……………………………… 79
　　　3.5.2　无机材料的压痕开裂及其分类 ……………………………… 81
　　　3.5.3　压痕裂纹在断裂韧性测试中的应用 ………………………… 83
　习题 …………………………………………………………………………… 86

第4章　无机材料的热学性能 …………………………………………… 87
　4.1　无机材料的热容 …………………………………………………………… 88
　　　4.1.1　晶态固体热容的经验定律和经典理论 ……………………… 89
　　　4.1.2　晶态固体热容的量子理论 …………………………………… 90
　　　4.1.3　无机材料的热容 ……………………………………………… 93
　4.2　无机材料的热膨胀 ………………………………………………………… 95
　　　4.2.1　热膨胀系数 …………………………………………………… 95
　　　4.2.2　固体材料热膨胀机理 ………………………………………… 97
　　　4.2.3　热膨胀和其他性能的关系 …………………………………… 99
　　　4.2.4　多晶体和复合材料的热膨胀 ………………………………… 101
　　　4.2.5　陶瓷品表面釉层的热膨胀系数 ……………………………… 104
　4.3　无机材料的热传导 ………………………………………………………… 104
　　　4.3.1　固体材料热传导的宏观规律 ………………………………… 104
　　　4.3.2　固体材料热传导的微观机理 ………………………………… 105
　　　4.3.3　影响热导率的因素 …………………………………………… 108
　　　4.3.4　某些无机材料的热导率 ……………………………………… 116
　4.4　无机材料的热稳定性 ……………………………………………………… 117
　　　4.4.1　热稳定性的评价方法 ………………………………………… 117
　　　4.4.2　热应力 ………………………………………………………… 118
　　　4.4.3　抗热冲击断裂性能 …………………………………………… 120
　　　4.4.4　抗热冲击损伤性 ……………………………………………… 124
　　　4.4.5　提高抗热冲击断裂性能的措施 ……………………………… 126
　4.5　无机材料的熔融与分解 …………………………………………………… 128
　　　4.5.1　晶体的熔点与结合能 ………………………………………… 128
　　　4.5.2　间隙相的熔点 ………………………………………………… 129
　　　4.5.3　升华与分解 …………………………………………………… 130
　习题 …………………………………………………………………………… 131

第5章　无机材料的光学性能 …………………………………………… 132
　5.1　光通过介质的现象 ………………………………………………………… 132

5.1.1 折射 …………………………………………………………… 132
　　　5.1.2 色散 …………………………………………………………… 134
　　　5.1.3 反射 …………………………………………………………… 135
　5.2 无机材料的透光性 ………………………………………………… 137
　　　5.2.1 介质对光的吸收 ……………………………………………… 137
　　　5.2.2 介质对光的散射 ……………………………………………… 139
　　　5.2.3 无机材料的透光性 …………………………………………… 141
　　　5.2.4 提高无机材料透光性的措施 ………………………………… 143
　5.3 界面反射和光泽 …………………………………………………… 145
　　　5.3.1 镜反射和漫反射 ……………………………………………… 145
　　　5.3.2 光泽 …………………………………………………………… 145
　5.4 不透明性(乳浊)和半透明性 ……………………………………… 146
　　　5.4.1 不透明性 ……………………………………………………… 146
　　　5.4.2 乳浊剂的成分 ………………………………………………… 146
　　　5.4.3 乳浊机理 ……………………………………………………… 147
　　　5.4.4 常用乳浊剂 …………………………………………………… 148
　　　5.4.5 改善乳浊性能的工艺措施 …………………………………… 148
　　　5.4.6 半透明性 ……………………………………………………… 149
　5.5 无机材料的颜色 …………………………………………………… 151
　5.6 其他光学性能的应用 ……………………………………………… 152
　习题 ……………………………………………………………………… 155

第6章 无机材料的电导 …………………………………………………… 156
　6.1 电导的物理现象 …………………………………………………… 156
　　　6.1.1 电导的宏观参数 ……………………………………………… 156
　　　6.1.2 电导的物理特性 ……………………………………………… 165
　6.2 离子电导 …………………………………………………………… 167
　　　6.2.1 载流子浓度 …………………………………………………… 167
　　　6.2.2 离子迁移率 …………………………………………………… 168
　　　6.2.3 离子电导率 …………………………………………………… 170
　　　6.2.4 影响离子电导率的因数 ……………………………………… 173
　　　6.2.5 固体电解质 ZrO_2 …………………………………………… 175
　6.3 电子电导 …………………………………………………………… 176
　　　6.3.1 电子迁移率 …………………………………………………… 176
　　　6.3.2 载流子浓度 …………………………………………………… 179
　　　6.3.3 电子电导率 …………………………………………………… 184

目　录

  6.3.4　影响电子电导的因素 …………………………………………… 185
  6.3.5　晶格缺陷与电子电导 …………………………………………… 190
6.4　玻璃态电导 ……………………………………………………………… 195
6.5　无机材料的电导 ………………………………………………………… 197
  6.5.1　多晶多相固体材料的电导 ……………………………………… 197
  6.5.2　次级现象 ………………………………………………………… 199
  6.5.3　无机材料电导的混合法则 ……………………………………… 200
6.6　半导体陶瓷的物理效应 ………………………………………………… 201
  6.6.1　晶界效应 ………………………………………………………… 201
  6.6.2　表面效应 ………………………………………………………… 205
  6.6.3　西贝克效应 ……………………………………………………… 207
  6.6.4　p-n 结 …………………………………………………………… 209
6.7　超导体 …………………………………………………………………… 211
  6.7.1　约瑟夫孙效应 …………………………………………………… 211
  6.7.2　超导体的应用 …………………………………………………… 213
习题 …………………………………………………………………………… 214

第 7 章　无机材料的介电性能 ……………………………………………… 217

7.1　介质的极化 ……………………………………………………………… 217
  7.1.1　极化现象及其物理量 …………………………………………… 217
  7.1.2　克劳修斯-莫索蒂方程 …………………………………………… 218
  7.1.3　电子位移极化 …………………………………………………… 220
  7.1.4　离子位移极化 …………………………………………………… 224
  7.1.5　松弛极化 ………………………………………………………… 225
  7.1.6　转向极化 ………………………………………………………… 229
  7.1.7　空间电荷极化 …………………………………………………… 230
  7.1.8　自发极化 ………………………………………………………… 230
  7.1.9　高介晶体的极化 ………………………………………………… 231
  7.1.10　多晶多相无机材料的极化 ……………………………………… 235
7.2　介质损耗 ………………………………………………………………… 240
  7.2.1　介质损耗的表示方法 …………………………………………… 240
  7.2.2　介质损耗和频率、温度的关系 ………………………………… 244
  7.2.3　无机介质的损耗 ………………………………………………… 245
7.3　介电强度 ………………………………………………………………… 249
  7.3.1　介质在电场中的破坏 …………………………………………… 249
  7.3.2　热击穿 …………………………………………………………… 250

7.3.3　电击穿 ………………………………………………………… 254
　　　7.3.4　无机材料的击穿 …………………………………………… 256
　7.4　铁电性 ……………………………………………………………… 258
　　　7.4.1　铁电体 ……………………………………………………… 258
　　　7.4.2　钛酸钡自发极化的微观机理 ……………………………… 259
　　　7.4.3　铁电畴 ……………………………………………………… 261
　　　7.4.4　铁电体的性能及其应用 …………………………………… 263
　7.5　压电性 ……………………………………………………………… 266
　　　7.5.1　压电效应 …………………………………………………… 266
　　　7.5.2　压电振子及其参数 ………………………………………… 270
　　　7.5.3　压电性与晶体结构 ………………………………………… 272
　习题 ……………………………………………………………………… 276

第8章　无机材料的磁学性能 ………………………………………… 277
　8.1　物质的磁性 ………………………………………………………… 277
　　　8.1.1　磁现象及其物理量 ………………………………………… 277
　　　8.1.2　磁性的本质 ………………………………………………… 279
　　　8.1.3　磁性的分类 ………………………………………………… 282
　8.2　磁畴与磁滞回线 …………………………………………………… 286
　　　8.2.1　磁畴 ………………………………………………………… 286
　　　8.2.2　磁滞回线 …………………………………………………… 286
　　　8.2.3　磁导率 ……………………………………………………… 287
　8.3　铁氧体的磁性与结构 ……………………………………………… 288
　　　8.3.1　尖晶石型铁氧体 …………………………………………… 288
　　　8.3.2　石榴石型铁氧体 …………………………………………… 290
　　　8.3.3　磁铅石型铁氧体 …………………………………………… 290
　8.4　铁氧体磁性材料 …………………………………………………… 291
　　　8.4.1　软磁材料 …………………………………………………… 291
　　　8.4.2　硬磁材料 …………………………………………………… 292
　　　8.4.3　旋磁材料 …………………………………………………… 292
　　　8.4.4　矩磁材料 …………………………………………………… 293
　　　8.4.5　压磁材料 …………………………………………………… 294
　习题 ……………………………………………………………………… 294

参考文献 ……………………………………………………………… 295

第1章 无机材料的受力形变

材料在外力作用下发生形状和大小的变化称为形变。

不同材料的变形行为是不同的。图 1.1 给出了几种典型材料的应力-应变曲线。绝大多数无机材料的变形行为如图中曲线 a 所示：在外力作用下，材料的变形主要表现为弹性变形；在大多数情况下，材料发生断裂之前几乎没有塑性形变发生，总弹性应变能非常小。这是所有脆性材料的特征。对于延性材料如低碳钢等，在受力过程中，其形变先是表现为弹性形变，接着有一段弹塑性形变，然后才断裂，总变形能很大，如图中曲线 b 所示。橡皮这类高分子材料具有极大的弹性形变，如图中曲线 c 所示，是没有残余形变的材料，称为弹性材料。

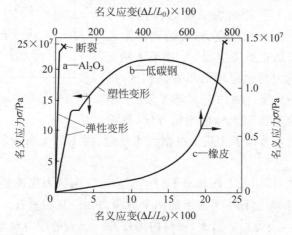

图 1.1 不同材料的拉伸应力-应变曲线

无机材料的形变是重要的力学性能，与材料的制造、加工和使用都有密切的关系。因此，研究无机材料在受力情况下产生形变的规律具有重要意义。本章将讨论材料的弹性形变、塑性形变、黏性流动以及高温蠕变等一系列形变行为。

1.1 应力与应变

分析材料受力变形行为时通常使用应力和应变这两个基本概念。

1.1.1 应力

应力一般定义为材料单位面积所受的内力,即:

$$\sigma = \frac{F}{A} \tag{1.1}$$

式中,F 为外力;A 为面积;σ 为应力。应力的单位为 Pa,但在实际应用中经常采用 MPa 作为应力单位:1 MPa=10^6 Pa。

如果式(1.1)中面积 A 取材料受力前的初始面积 A_0,则 $\sigma_0 = F/A_0$ 称为名义应力。如果式(1.1)中的 A 为受力后的真实面积,则 σ 称为真实应力。无机材料的形变总量通常很小,因此真实应力与名义应力在数值上一般相差不大,只有在材料发生了高温蠕变的情况下才有显著差别。在实际应用中一般都采用名义应力。

围绕材料内部任意一点 P 取一体积单元,体积元的 6 个面均垂直于坐标轴 x、y、z。在这 6 个面上的作用应力可分解为法向应力 σ_{xx}、σ_{yy}、σ_{zz} 和剪应力 τ_{xy}、τ_{xz}、τ_{yz} 等,每个面上有一个法向应力 σ 和两个剪应力 τ,如图 1.2 所示。应力分量 σ、τ 的下标第一个字母表示应力作用面的法线方向,第二个字母则表示应力作用的方向。法向应力的正值表示拉应力,负值则表示压应力。剪应力分量的正负规定如下:如果体积元任一面上的法向应力与坐标轴的正方向相同,则该面上的剪应力指向坐标轴的正方向者为正;如果该面上的法向应力指向坐标轴的负方向,则剪应力指向坐标轴的负方向者为正。根据上述规定,图 1.2 上所表示的所有应力分量都是正的。

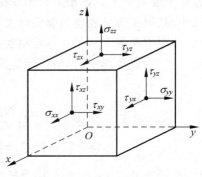

图 1.2 应力分量

根据平衡条件,体积元上两相对平行平面上的法向应力应该是大小相等、正负号相同,而作用在体积元上任一平面上的两个剪应力则应互相垂直。此外,根据剪应力互等定理,$\tau_{xy} = \tau_{yx}$,余类推。因此,材料内部任意一点处的应力状态可以由 6 个应力分量决定,即:σ_{xx}、σ_{yy}、σ_{zz}、τ_{xy}、τ_{yz}、τ_{zx}。对于法向应力分量。其下标可以略去一个字母,写成 σ_x、σ_y、σ_z。

法向应力导致材料的伸长或缩短,剪应力引起材料的剪切畸变。

1.1.2 应变

应变描述的是在外力作用下物体内部各质点之间的相对位移,应变可分为正应变和剪切应变两类。

考虑一根长度为 L_0 的杆在单向拉应力作用下被拉长到 L_1,相应的正应变可以定义为

$$\varepsilon = \frac{L_1 - L_0}{L_0} = \frac{\Delta L}{L_0} \tag{1.2}$$

式中的 ε 称为名义应变。如果式(1.2)中的分母不是杆的初始长度 L_0,而是随拉伸而变化的真实长度 L,则可以定义真实应变 $\varepsilon_{\text{true}}$ 为

$$\varepsilon_{\text{true}} = \int_{L_0}^{L_1} \frac{\mathrm{d}L}{L} = \ln\frac{L_1}{L_0} \tag{1.3}$$

通常为了方便起见都用名义应变。

由式(1.2)和式(1.3)可知,应变是一个无量纲的物理量。

材料在剪应力作用下会发生剪切应变。剪切应变定义为物体内部一体积元上的两个面元(或特征面上的两个线元)之间夹角的变化。以如图 1.3 所示垂直于 z 轴截面上的形变情况为例,在剪应力作用下,线元 OA 及 OB 之间的夹角由受力前的 $\angle AOB$ 变化为受力后的 $\angle A'OB'$,则 x、y 之间的剪切应变 γ_{xy} 可以定义为

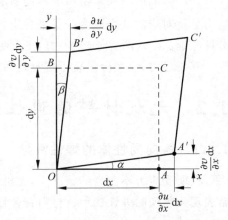

图 1.3 z 面上的剪应力和剪切应变

$$\gamma_{xy} = \alpha + \beta \tag{1.4}$$

和研究应力状态一样,研究物体中任意一点(如 O 点)的应变状态,也需要在物体内围绕该点取出一体积元 $\mathrm{d}x\mathrm{d}y\mathrm{d}z$。假设在外力作用下物体发生形变,导致 O 点沿 x、y、z 方向的产生分量分别为 u、v、w 的位移。考虑 x 轴上 O 点邻近处的一点 A。如图 1.3 所示,由于 O 点有位移 u,A 点位移随 x 的增加而增加,该点处的位移将是 $u + \frac{\partial u}{\partial x}\mathrm{d}x$,即线元 OA 的长度增加了 $\frac{\partial u}{\partial x}\mathrm{d}x$。因此,在 O 点处沿 x 方向的正应变(单位伸长)为 $\varepsilon_{xx} = \frac{\partial u}{\partial x}\mathrm{d}x/\mathrm{d}x = \frac{\partial u}{\partial x}$。同理可得,$\varepsilon_{yy} = \frac{\partial v}{\partial y}$,$\varepsilon_{zz} = \frac{\partial w}{\partial z}$。

现在考查线段 OA 及 OB 之间的夹角变化。如图 1.3 所示,A 点沿 y 方向的位移为 $v + \frac{\partial v}{\partial x}\mathrm{d}x$,$B$ 点沿 x 方向的位移为 $u + \frac{\partial u}{\partial y}\mathrm{d}y$。由于这些位移,线段 OA 的新方向 $O'A'$ 与原来的方向之间的畸变夹角为 $\left(v + \frac{\partial v}{\partial x}\mathrm{d}x - v\right) \times \frac{1}{\mathrm{d}x} = \frac{\partial v}{\partial x}$。同理,$OB$ 与 $O'B'$ 之间的畸变夹角为 $\frac{\partial u}{\partial y}$。由此可见,线段 OA 与 OB 之间原来的直角 $\angle AOB$ 在变形之后变化了 $\frac{\partial u}{\partial y} + \frac{\partial v}{\partial x}$。因此,围绕 O 点的体积单元上各剪切应变分量分别为

$$\left.\begin{aligned}\gamma_{xy} &= \frac{\partial u}{\partial y} + \frac{\partial v}{\partial x} \\ \gamma_{yz} &= \frac{\partial v}{\partial z} + \frac{\partial w}{\partial y} \\ \gamma_{zx} &= \frac{\partial w}{\partial x} + \frac{\partial u}{\partial z}\end{aligned}\right\} \quad (1.5)$$

和一点的应力状态可由 6 个应力分量来决定一样,一点的应变状态也可以由与应力分量对应的 6 个应变分量来决定:即 3 个剪切应变分量 γ_{xy}、γ_{yz}、γ_{zx} 及 3 个正应变分量 ε_{xx}、ε_{yy}、ε_{zz}。同法向应力一样,正应变分量的下标也可以省去一个字母,写成 ε_x、ε_y、ε_z。

有了应力、应变分量就可定量地研究物体的受力形变。

1.2 无机材料的弹性形变

1.2.1 各向同性体的弹性常数

在所受应力不太高的情况下,无机材料、金属、木材等许多重要材料在室温下通常表现为单纯的弹性变形。材料在弹性形变阶段的应力-应变关系可以用胡克定律加以描述。

如图 1.4 所示,考虑一各棱边分别平行于坐标轴的长方体,在垂直于 x 轴的两个面上受均匀分布的正应力 σ_x 作用。实验证明,对于各向同性体,这样的正应力不会引起长方体的角度改变,而长方体在 x 轴方向上的相对伸长可以表示为:

$$\varepsilon_x = \frac{\Delta L}{L} = \frac{\sigma_x}{E} \quad (1.6)$$

即:在弹性形变阶段应力与应变之间为线性关系。这就是胡克定律。

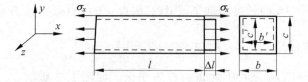

图 1.4 各向同性长方体受力形变示意图

式(1.6)中的物理量 E 称为材料的弹性模量(有时也称为杨氏模量)。对于各向同性体,E 是一个常数。由于应变 ε 是一个无量纲物理量,由式(1.6)可知,弹性模量的单位和应力一样,也是 Pa。在实际应用中多采用 GPa 作为材料弹性模量的单位:1 GPa=10^9 Pa。

注意到当长方体伸长时,侧向同时也会发生横向收缩,如图 1.4 所示。σ_x 单独作用时,在 y、z 方向的收缩为

$$\varepsilon_y = \frac{c'-c}{c} = -\frac{\Delta c}{c}$$

第 1 章 无机材料的受力形变

$$\varepsilon_z = \frac{b'-b}{b} = -\frac{\Delta b}{b}$$

定义横向变形系数 μ：

$$\mu = \left|\frac{\varepsilon_y}{\varepsilon_x}\right| = \left|\frac{\varepsilon_z}{\varepsilon_x}\right| \tag{1.7}$$

式中 μ 为泊松比。显然，泊松比是一个无量纲的物理量。

由式(1.7)可得

$$\varepsilon_y = -\mu\varepsilon_x = -\mu\frac{\sigma_x}{E}, \quad \varepsilon_z = -\mu\frac{\sigma_x}{E} \tag{1.8}$$

如果上述长方体各面分别受均匀分布的正应力 σ_x、σ_y、σ_z，则任一方向上总的正应变为 3 个应力分量在这一方向上所分别引起的应变分量的加和，即：

$$\left.\begin{aligned}\varepsilon_x &= \frac{1}{E}[\sigma_x - \mu(\sigma_y + \sigma_z)] \\ \varepsilon_y &= \frac{1}{E}[\sigma_y - \mu(\sigma_x + \sigma_z)] \\ \varepsilon_z &= \frac{1}{E}[\sigma_z - \mu(\sigma_x + \sigma_y)]\end{aligned}\right\} \tag{1.9}$$

对于剪切应变，胡克定律则可以写成

$$\left.\begin{aligned}\gamma_{xy} &= \frac{\tau_{xy}}{G} \\ \gamma_{yz} &= \frac{\tau_{yz}}{G} \\ \gamma_{zx} &= \frac{\tau_{zx}}{G}\end{aligned}\right\} \tag{1.10}$$

式中，G 称为剪切模量或刚性模量。

对于各向同性的均匀连续体，弹性模量 E、剪切模量 G 和泊松比 μ 之间有下列关系：

$$G = \frac{E}{2(1+\mu)} \tag{1.11}$$

另一个较为重要的参数是材料的体积模量。考虑一个特殊的情况：如图 1.4 所示的长方体受到了一个各向同等的压力(等静压)P 作用，即：$\sigma_x = \sigma_y = \sigma_z = -P$。这时由式(1.9)可以得到：

$$\varepsilon = \varepsilon_x = \varepsilon_y = \varepsilon_z = \frac{1}{E}[-P - \mu(-2P)] = \frac{P}{E}(2\mu - 1) \tag{1.12}$$

相应的体积变化为

$$\frac{\Delta V}{V} = (1+\varepsilon)(1+\varepsilon)(1+\varepsilon) - 1$$

将上式展开，并略去应变 ε 的二次项以上的微量得到

$$\frac{\Delta V}{V} \approx 3\varepsilon = \frac{3P}{E}(2\mu - 1) \tag{1.13}$$

材料的体积模量 K 定义为使材料发生单位体积形变所需的各向同等压力。由上面的推导不难得出体积模量

$$K = \frac{-P}{\Delta V/V} = \frac{-E}{3(2\mu - 1)} = \frac{E}{3(1 - 2\mu)} \tag{1.14}$$

上述关于各弹性常数的定义都是针对各向同性体给出的。对于大多数多晶体材料,虽然组成材料的各晶粒在微观上都具有方向性,但因晶粒数量很大且随机排列,宏观上都可以当作各向同性体处理。一些非晶态固体如硅酸盐玻璃等,宏观上也可以视作各向同性体。

金属材料的泊松比一般介于 0.29~0.33 之间。大多数无机材料的泊松比则略小一些,一般为 0.2~0.25。各向同性无机材料的弹性模量 E 随材料的不同变化范围很大,约为几十到几百 GPa。表 1.1 列出了一些典型无机材料的弹性模量数值。

表 1.1 一些典型无机材料的弹性模量数值

材料	E/GPa	材料	E/GPa
氧化铝晶体	380	密实 SiC(气孔率 5%)	470
烧结氧化铝(气孔率 5%)	366	烧结稳定 ZrO_2(气孔率 5%)	150
高铝瓷(90%~95% Al_2O_3)	366	莫来石瓷	69
烧结氧化铍(气孔率 5%)	310	滑石瓷	69
热压 BN(气孔率 5%)	83	热压氮化硅	300
烧结 MgO(气孔率 5%)	110	$BaTiO_3$	123
烧结 $MoSi_2$(气孔率 5%)	407	CaF_2	160
烧结 TiC(气孔率 5%)	310	钠钙玻璃	74
烧结 $MgAl_2O_4$(气孔率 5%)	238	硼硅酸盐玻璃	61

1.2.2 单晶的弹性常数

单晶、具有织构的材料以及纤维增强的复合材料等则具有明显的方向性。在这种情况下,各种弹性常数随方向而不同。描述这类材料在弹性形变阶段的应力-应变关系就需要借助于所谓的广义胡克定律。

对于各向异性材料,$E_x \neq E_y \neq E_z$,$\mu_{xy} \neq \mu_{yz} \neq \mu_{zx}$。它们在受单向正应力 σ_x 作用时,y 方向的应变为

$$\varepsilon_{yx} = -\mu_{yx}\varepsilon_x = -\mu_{yx}\frac{\sigma_x}{E_x} = S_{21}\sigma_x \tag{1.15}$$

式中,$S_{21} = -\frac{\mu_{yx}}{E_x}$,称之为弹性柔顺系数。

同理,

$$\varepsilon_{zx} = -\mu_{zx}\frac{\sigma_x}{E_x} = S_{31}\sigma_x, \quad S_{31} = -\frac{\mu_{zx}}{E_x}$$

$$\varepsilon_{xx} = \frac{\sigma_x}{E_x} = S_{11}\sigma_x, \quad S_{11} = \frac{1}{E_x}$$

柔顺系数 S 的下标中，十位数表示应变方向，个位数为所受应力的方向。

对于同时受有三向应力的各向异性材料，除法向应力分量对应变分量有上述关系外，剪应力分量也对正应变分量有影响，同时，法向应力分量也会对剪应变分量有影响。各应变分量通式形式为

$$\left.\begin{aligned}
\varepsilon_x &= S_{11}\sigma_{xx} + S_{12}\sigma_{yy} + S_{13}\sigma_{zz} + S_{14}\tau_{yz} + S_{15}\tau_{zx} + S_{16}\tau_{xy} \\
\varepsilon_y &= S_{21}\sigma_{xx} + S_{22}\sigma_{yy} + S_{23}\sigma_{zz} + S_{24}\tau_{yz} + S_{25}\tau_{zx} + S_{26}\tau_{xy} \\
\varepsilon_z &= S_{31}\sigma_{xx} + S_{32}\sigma_{yy} + S_{33}\sigma_{zz} + S_{34}\tau_{yz} + S_{35}\tau_{zx} + S_{36}\tau_{xy} \\
\gamma_{yz} &= S_{41}\sigma_{xx} + S_{42}\sigma_{yy} + S_{43}\sigma_{zz} + S_{44}\tau_{yz} + S_{45}\tau_{zx} + S_{46}\tau_{xy} \\
\gamma_{zx} &= S_{51}\sigma_{xx} + S_{52}\sigma_{yy} + S_{53}\sigma_{zz} + S_{54}\tau_{yz} + S_{55}\tau_{zx} + S_{56}\tau_{xy} \\
\gamma_{xy} &= S_{61}\sigma_{xx} + S_{62}\sigma_{yy} + S_{63}\sigma_{zz} + S_{64}\tau_{yz} + S_{65}\tau_{zx} + S_{66}\tau_{xy}
\end{aligned}\right\} \quad (1.16)$$

式(1.16)中出现了 36 个弹性柔顺系数。但是，由于倒顺关系，$S_{ij} = S_{ji}$，因此 S 的数目减至 21 个。此外，晶体的对称性还可以进一步减少独立的弹性柔顺系数的数量。例如对于斜方晶系（晶轴长度与轴间夹角特征为 $a \neq b \neq c, \alpha = 90°$），剪应力只影响本平行平面的 γ 而不影响正应变，S 的数目可以减少为 9 个（S_{11}、S_{22}、S_{33}、S_{44}、S_{55}、S_{66}、S_{12}、S_{23}、S_{31}）。六方晶系的 S 数量为 5 个（S_{11}、S_{33}、S_{44}、S_{66}、S_{13}）；立方晶系为 3 个（S_{11}、S_{44}、S_{12}）。

式(1.16)表明，单晶体对外力的弹性变形相应取决于外力的作用方向，这就导致了单晶体的弹性模量和剪切模量对方向的依赖性。许多无机材料都是由立方晶体构成的。可以证明：立方晶体在一个特定方向上的弹性模量和剪切模量可以由下式计算得到：

$$\left.\begin{aligned}
\frac{1}{E} &= S_{11} - 2\left[(S_{11} - S_{12}) - \frac{1}{2}S_{44}\right](l_1^2 l_2^2 + l_2^2 l_3^2 + l_3^2 l_1^2) \\
\frac{1}{G} &= S_{44} + 4\left[(S_{11} - S_{12}) - \frac{1}{2}S_{44}\right](l_1^2 l_2^2 + l_2^2 l_3^2 + l_3^2 l_1^2)
\end{aligned}\right\} \quad (1.17)$$

式中 l 为方向余弦，即所考虑的方向相对于三个 ⟨100⟩ 轴向的方向余弦。

以 MgO 单晶体为例。MgO 为立方晶系，在 25℃时其 3 个独立的柔顺系数分别为：$S_{11} = 4.03 \times 10^{-12}$ Pa^{-1}，$S_{12} = -0.94 \times 10^{-12}$ Pa^{-1}，$S_{44} = 6.47 \times 10^{-12}$ Pa^{-1}。由这些数据及方向余弦可以算出 MgO 单晶在 ⟨100⟩、⟨110⟩、⟨111⟩ 等方向上的弹性常数，计算结果列于表 1.2。可以看出，各向异性晶体的弹性常数不是均匀的。

表 1.2　MgO 单晶体在不同方向上的弹性常数

方　向	方向余弦			E/GPa	G/GPa
	l_1	l_2	l_3		
⟨100⟩	1	0	0	248.2	154.6
⟨110⟩	$1/\sqrt{2}$	$1/\sqrt{2}$	0	316.4	121.9
⟨111⟩	$1/\sqrt{3}$	$1/\sqrt{3}$	$1/\sqrt{3}$	348.9	113.8

1.2.3 弹性模量的物理本质

弹性模量 E 是一个重要的材料常数。从原子尺度上看,弹性模量 E 是原子间结合强度的一个标志。图 1.5 示出了原子间结合力随原子间距离的变化关系曲线,而弹性模量 E 则与原子间结合力曲线上任一受力点处的曲线斜率有关。在不受外力的情况下,曲线斜率 $\tan\alpha$ 反映了弹性模量 E 的大小:原子间结合力弱(如图中曲线 1),α_1 较小,$\tan\alpha_1$ 较小,E_1 也就小;原子间结合力强(如图中曲线 2),α_2 和 $\tan\alpha_2$ 都较大,E_2 也就大。

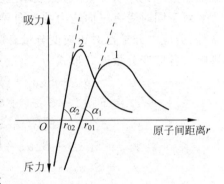

图 1.5 原子间结合力随原子间距离关系曲线

共价键、离子键结合的晶体结合力强,E 都较大。分子键结合力弱,这样键合的物体 E 较低。此外,改变原子间距离也将影响弹性模量。例如压应力使原子间距离变小,曲线上该受力点处的斜率增大,因而 E 将增大;张应力使原子间距离增加,因而 E 降低。温度升高,由于热膨胀,原子间距离变大,E 降低。这些都已被实验所证实。

多晶多相材料表现出了典型的各向同性弹性性质。从物理本质上看,多晶多相材料的弹性模量不再仅仅是原子间结合力曲线的斜率,还与材料的组成、显微结构以及所存在的缺陷等密切相关。事实上,我们在考查多晶多相材料的宏观弹性形变行为以及其他宏观力学行为时,也常常需要从显微尺度甚至微观尺度上进行分析,找出性能与结构之间的内在联系。

1.2.4 多相材料的弹性模量

多相材料的弹性模量可以看成是组成该材料的各相弹性模量的加权平均值,多相材料的弹性模量一般总是介于高弹性模量成分与低弹性模量成分的数值之间。为了获得多相材料的弹性模量的估计值,可以采用不同的加权方法。最简单的加权方法是假定材料中存在有均匀应变或均匀应力。例如,在两相系统中,假定组成材料的两相具有相同的泊松比,在外力作用下两相的应变相同,则根据力的平衡条件,可得到下面公式:

$$E_\text{U} = E_1 V_1 + E_2 V_2 \tag{1.18}$$

式中,E_1 和 E_2 分别为第一相及第二相成分的弹性模量;V_1 和 V_2 分别为第一相及第二相成分的体积分数。

实验证明,由式(1.18)计算得到的 E_U 为两相系统弹性模量的最高值,因此也称为上限模量。式(1.18)用来近似估算金属陶瓷、玻璃纤维、增强塑料以及在玻璃质基体中含有晶体的半透明材料的弹性模量可以得到比较满意的结果。

如果假定两相所受的应力相同,则由下式可以得到两相系统弹性模量的最低值 E_L。该值也叫下限模量:

$$\frac{1}{E_L} = \frac{V_2}{E_2} + \frac{V_1}{E_1} \tag{1.19}$$

许多无机材料往往不是完全致密的,此时材料中存在的气孔也可以作为第二相进行处理,但气孔的弹性模量为零,因此就不能应用式(1.18)和式(1.19)。对连续基体内的密闭气孔,一般可用下面经验公式计算弹性模量

$$E = E_0(1 - 1.9P + 0.9P^2) \tag{1.20}$$

式中,E_0 为材料无气孔时的弹性模量;P 为气孔率。当气孔率达 50% 时此式仍可用。如果气孔变成连续相,则其影响将比式(1.20)计算的还要大。图 1.6 为氧化铝的相对弹性模量与按式(1.20)计算的曲线的比较,可以看出,直到气孔率接近 50% 时理论计算与实验结果仍符合得很好。

值得指出的是,气孔对材料弹性模量的影响还在很大程度上取决于气孔的形状。在考虑了气孔形状的影响后,材料气孔率与弹性模量之间关系的最佳拟合形式为

$$E = E_0(1 - bP) \tag{1.21}$$

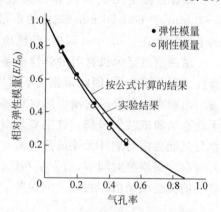

图 1.6 氧化铝陶瓷相对弹性模量随气孔率的变化关系

式中,b 是一个随材料而变化的经验常数,它表征了气孔的特征,其中包括气孔的形状。

1.2.5 弹性模量的测定

无机材料的弹性模量通常可以采用静态法和动态法两种方法进行测试。

静态法采用常规的三点弯曲加载方式,通过测定试样的应力-应变曲线(实际操作中大多测定试样的跨中垂度随荷载的变化关系),在曲线的线弹性范围内确定材料的弹性模量。为了保证测试的精度,通常需要在正式测读应力-应变关系之前,先在低荷载范围内对试样进行几次反复的加载、卸载,以消除试件在承载初期可能出现的各种非线性变形,如试件与加载系统支点间的虚接触等。之后,一般采用试验机动梁位移速率 0.5 mm/min 对试样进行加载,记录相应的应力-应变曲线。在线弹性范围内,测得的应力-应变曲线应该为一条较为理想的直线,在该直线上任意选取两点计算出其斜率即为弹性模量值。

在采用静态法测得材料的弹性模量时,所使用的试样高度应为跨距的 15~20 倍,以保证试样在承载过程中严格处于纯弯曲状态,这样就可以使得测得的弹性模量不受弯曲梁内剪切应力的影响。常用的试样尺寸一般为高 3 mm、宽 4 mm、跨距 50~60 mm。

测定无机材料弹性模量的动态方法也称为谐振法。在三点弯曲受力方式下,用无机材料制成的杆件会因为外加荷载的周期性变化而相应按一定模式发生振动。在荷载不太高的条件下,杆件处于纯弹性变形状态,杆件的形变及杆件内各点处的应变不但随荷载大小而变,而且还与荷载周期性变化的频率有关。在荷载频率与杆件自身固有频率一致时,将产生谐振现象,使杆件的形变及其内部的应变突增。杆件的谐振频率与材料的弹性模量、密度、杆件的几何形状以及杆件的支撑情况等有关。根据杆件弯曲振动模式的谐振频率即可求出材料的弹性模量,而根据杆件扭曲振动模式的谐振频率则可求出剪切模量。

谐振法测定无机材料弹性模量所使用的试件尺寸一般为宽 15~20 mm,厚 1~2 mm,长 60~70 mm,试件的重量应在 5 g 以上,以避免耦合效应。试件相对面的不平行度在 0.02 mm 以内,各棱角严格为 90°。

谐振法测定无机材料的弹性模量时,要求材料必须均匀、各向同性,且变形要在弹性变形范围之内,因此谐振法不适用于那些具有裂缝、孔洞等缺陷的非均质材料。

由动态法和静态法测得的材料弹性模量值之间往往存在着一些偏差,一般情况下动态法测试结果偏高。这主要是由于在动态法中,高频交变荷载作用使得材料各部分只能存留与试件无关的弹性形变,而在静态法中,由于加载速率固定,测得的应力与应变很难绝对同步,特别是在试件高跨比不是足够大时,还会引进剪切应变,使得到的弹性模量值存在较大的误差。

1.3 无机材料中晶相的塑性形变

塑性形变是指一种在外力移去后不能恢复的形变,材料经受塑性形变而不破坏的能力称为材料的延展性。塑性形变及延展性在材料加工和使用中都很有用,是材料重要的力学性能指标。无机材料的塑性形变,远不如金属塑性变形容易。事实上,无机材料的致命弱点就是在常温时大都缺乏延展性,从而使得材料的应用大大受到限制。

在无机材料中,只有少数的几种离子晶体在外力作用下表现出了较为显著的塑性形变行为。如 20 世纪 50 年代发现 AgCl 离子晶体可以冷轧变薄,MgO,KCl,KBr 单晶也可以弯曲而不断裂,LiF 单晶的应力-应变曲线和金属类似,也有上、下屈服点。图 1.7 示出了 KBr 和 MgO 晶体受力时的应力-应变曲线。大多数多晶多

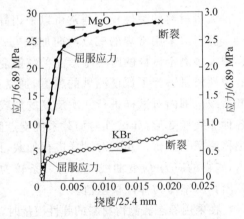

图 1.7　KBr 和 MgO 单晶体弯曲实验的应力-应变曲线

相无机材料在常温下都不具延展性,也就是说没有或只有很小的塑性形变。最近发现,含 CeO_2 的四方 ZrO_2 多晶瓷在应力超过一定值后,表现出很大的塑性变形,因为这种变形是由四方 ZrO_2 相变为单斜 ZrO_2 引起的,所以称为相变塑性或超塑性。

为什么常温下大多数无机材料不能产生塑性形变?回答这个问题首先要研究塑性形变的机理。我们先从单晶入手,这样可以不考虑晶界的影响。

1.3.1 晶格滑移

晶体中的塑性形变有两种基本方式:滑移和孪晶。由于滑移现象在晶体中最为常见,所以这里我们主要讨论晶体的滑移。

在受力作用时,晶体的一部分相对于另一部分发生的平移滑动叫做滑移。晶体发生滑移后,表面会出现一些条纹,在显微镜下可以看到由这些条纹组成的一些滑移带,如图1.8(a)所示。图1.8(b)为滑移现象的微观示意图。

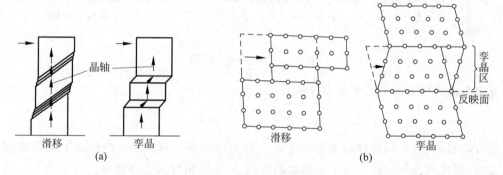

图 1.8 晶体的滑移示意图

晶体中的滑移总是发生在一些特定的晶面和晶向上,这些晶面和晶向指数较小,原子密度大,也就是柏氏矢量 b 较小,只要滑动较小的距离就能使晶体结构复原,所以比较容易滑动。滑动面和滑动方向组成晶体的滑移系统,而滑移则是在剪应力作用下在一定滑移系统上进行的。

例如 NaCl 型结构的离子晶体,其滑移系统通常是 $\{110\}$ 面族和 $\langle 1\bar{1}0 \rangle$ 晶向。图1.9所示为 NaCl 型结构离子晶体沿 $\langle 1\bar{1}0 \rangle$ 方向发生滑移的示意图。可以看出:①从几何因素考虑,在(110)面,沿 $\langle 1\bar{1}0 \rangle$ 方向滑移,同号离子间柏氏矢量较小;②从静电作用因素考虑,在滑移过程中不会遇到同号离子的巨大斥力,因此,在(110)面上,沿 $\langle 1\bar{1}0 \rangle$ 方向滑移比较容易进行。

拉伸或压缩都会在滑动面上产生剪应力。由于滑移面的取向不同,其上的剪应力也不同。现在我们以单晶受拉为例,看看滑移面上的剪应力要多大才能引起滑移。截面积为 A 的圆柱形单晶体,在受拉力 F 作用时在滑移面上沿滑移方向发生的滑移如图1.10所示。不难看出,滑移面上 F 方向的应力为

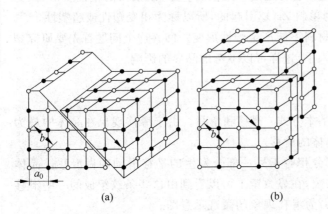 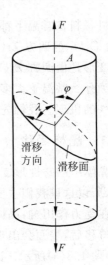

图 1.9 NaCl 型结构离子晶体沿⟨110⟩方向的平移滑动
(a) 在{110}面族上；(b) 在{100}面族上

图 1.10 圆柱形单晶特定滑移面上剪应力的确定

$$\sigma = \frac{F}{A/\cos\varphi} = \frac{F\cos\varphi}{A}$$

此应力在滑移方向上的剪应力分量为

$$\tau = \frac{F\cos\varphi}{A} \times \cos\lambda \tag{1.22}$$

式(1.22)表明，不同滑移面及滑移方向上的剪应力不一样；同一滑移面上不同滑移方向，剪应力也不一样。由于滑移面的法线 N 总是和滑移方向垂直。当 φ 角与 λ 角处于同一平面时，λ 角最小，即 $\lambda + \varphi = 90°$，所以 $\cos\lambda \cdot \cos\varphi$ 的最大值为 0.5。可见，在外力 F 作用下，在与 N,F 处于同一平面内的滑移方向上，剪应力达最大值，其他方向剪应力均较小。

使晶体在一个特定的滑移系统中发生滑移所需要的最低剪应力 τ_0 称为该滑移系统的临界剪应力，也就是说只有当 $\tau \geqslant \tau_0$ 时晶体才会发生滑移。不同滑移系统的临界剪应力之间有很大的差别。

显然，如果一种晶体的滑移系统数目较少，则产生滑移的机会就很小。滑移系统多的话，对其中一个滑移系统来说，可能 $\cos\lambda \cdot \cos\varphi$ 较小，但对另一个系统来说，$\cos\lambda \cdot \cos\varphi$ 可能就会比较大，因此某一滑移系统满足滑移条件(即滑移系统受到的剪应力达到或超过临界剪应力)的机会就较多。金属易于滑移而产生塑性形变，就是因为金属滑移系统很多，如体心立方金属(铁、铜等)滑移系统有 48 个之多，而无机材料的滑移系统却非常少。此外，金属材料中的金属键是没有方向性的，而大多数无机材料的原子结构是共价键、离子键或者二者的混合型，破坏这些具有极强方向性的键远比破坏金属键困难得多，因此只有为数不多的无机材料晶体在室温下具有延展性。这些晶体都是具有 NaCl 型结构的最简单的离子晶体，如 AgCl、KCl、MgO、KBr、LiF

等。Al_2O_3 属刚玉型晶体结构，比较复杂，因而室温下不可能产生滑移。

至于多晶陶瓷，其晶粒在空间随机分布，不同方向的晶粒其滑移面上的剪应力差别很大。即使个别晶粒已达临界剪应力而发生滑移，也会受到周围晶粒的制约，使滑移受到阻碍而终止。所以多晶材料更不容易产生滑移。

1.3.2 塑性形变的位错运动理论

上面的讨论所考虑的是理想晶体中的情况。实际晶体中存在有大量的位错缺陷，由于使位错产生运动所需的力比使晶体两部分整体产生相互滑移所需的力要小得多，因此即使在滑移面上的剪应力小于滑移系统的临界剪应力的条件下，位错在滑移面上沿滑移方向的运动也会导致滑移的发生。事实上，实际晶体的滑移在绝大多数情况下都是位错运动的结果。

位错是一种线缺陷。在原子排列有缺陷的地方一般势能较高，如图 1.11 所示。内力平衡时原子处于势能最低的位置。在没有缺陷的情况下，原子从一个结点位置迁移到邻近的结点位置（如从图中的 C_3 位置到 C_2 位置）需要克服势垒 h。在晶体中存在位错的情况下，在位错处会出现势能空位，邻近的原子（如 C_2）迁移到空位上所需克服的势垒 h' 就比 h 小，如图 1.11(b) 所示。因此，位错运动相对于理想晶体中原子的运动要容易。

在实际晶体中，克服势垒 h' 所需的能量可由温度升高所提供的热能或由外力做功来提供。考虑在外力作用下滑移面 CD 上产生分剪应力 τ 的情况。此时势能曲线变得不对称，如图 1.11(c) 所示，C_2 原子迁移到空位要克服的势垒为 $H(\tau)$：$H(\tau)<h'$。τ 的作用使 h' 降低，C_2 原子迁移到空位更加容易，也就

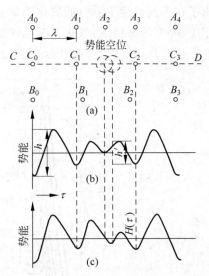

图 1.11 塑性形变的位错运动理论示意图
(a) 有位错时原子列中出现势能空位；
(b) 未受力时的势能曲线；
(c) 受剪应力 τ 作用后的势能曲线

是位错向右移动更加容易。也就是说，剪应力 τ 提供了克服势垒所需的能量。我们把 $H(\tau)$ 称为"位错运动激活能"，和 τ 有关：τ 大则 $H(\tau)$ 小，τ 小则 $H(\tau)$ 大。当没有剪应力作用时，$H(\tau)$ 最大，此时 $H(\tau)=h'$。

根据统计热力学理论，在剪应力 τ 作用下，位错运动速度可以由下式给出：

$$v = v_0 \exp\left(-\frac{H(\tau)}{kT}\right) \tag{1.23}$$

式中，v_0 为与原子热振动固有频率有关的常数；$k=1.38\times 10^{-23}$ J/K 为玻耳兹曼常数；T 为绝对温度。

在无外力作用时，$H(\tau)=h'$。金属材料的 h' 约为 $0.1\sim 0.2$ eV，而由具有很强方向性的离子键、共价键构成的无机材料，其 h' 比金属大得多，约为 1 eV 数量级。另一方面，在室温下（$T=300$ K），$kT=4.14\times10^{-21}$ J，1 J$=6.24\times10^{18}$ eV，故 $kT=0.026$ eV，远远小于无机材料的 h' 值。所以由式(1.23)不难看出，室温下无机材料中位错运动十分困难。

位错只能在滑移面上运动，只有滑移面上的分剪应力才能使 $H(\tau)$ 降低。无机材料中滑移系统只有有限几个，滑移面上分剪应力往往很小。在多晶陶瓷中更是如此，不同晶粒的滑移系统的方向不同，在晶粒中的位错运动遇到晶界就会塞积下来，形不成宏观滑移，所以很难产生塑性形变。

但是，注意到式(1.23)指出：温度升高时，位错运动的速度加快，因此在相对较高的温度下，脆性材料如 Al_2O_3 等也可能发生一定程度的塑性形变。图 1.12(a) 示出了在不同温度下测得的氧化铝单晶的应力-应变关系曲线，可以看出：在温度不高于 1 260 ℃ 的条件下，氧化铝单晶的形变基本表现为纯粹的弹性形变；而随着温度的进一步升高，塑性形变则开始逐渐变得显著起来。

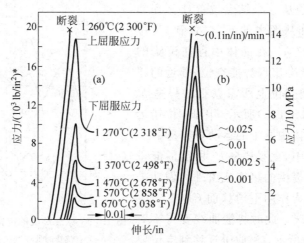

图 1.12　单晶氧化铝的形变行为
（a）温度影响；（b）应变速率的影响
* 1 lb$=453.6$ g；1 in$=2.54$ cm

由于滑移反映出来的宏观上的塑性形变是位错运动的结果，因此宏观测得的形变速率也应该与位错运动有关，这一点可以借助于图 1.13 所示的简化模型加以说明。

考虑如图 1.13 所示的一根长度为 l 的试件，在外力作用下，在时间 t 内的总伸长量为 Δl。相应地，试件的平均应变为 $\varepsilon=\dfrac{\Delta l}{l}$，应变速率为 $\dot{\varepsilon}=$

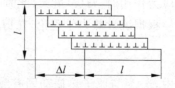

图 1.13　塑性形变的简化模型

$\frac{d\varepsilon}{dt}$。如果在 $l \times l$ 平面上有 n 个位错,则在时间 t 内总形变量 Δl 是 n 个位错滑移的累积结果。也就是说,t 时间内有 n 个位错将通过试样边界,而且还会引起位错增殖,使通过边界的位错数增加到 nc 个,这里的系数 c 称为位错增殖系数。每个位错的运动造成在运动方向上一个原子间距大小的滑移,即一个柏氏矢量的滑移,以 b 表示。因此,在时间 t 内由于位错运动导致的滑移量为

$$nbc = \Delta l \tag{1.24}$$

于是试件的宏观应变速率可以写成

$$\dot{\varepsilon} = \frac{d\varepsilon}{dt} = \frac{\Delta l}{lt} = \frac{nbc}{lt} = \frac{lnbc}{l^2 t} \tag{1.25}$$

注意到参与形变的滑移平面上的位错密度为

$$D = \frac{n}{l^2} \tag{1.26}$$

位错运动的平均速度 $\bar{v}$ 为

$$\bar{v} = \frac{l}{t} \tag{1.27}$$

结合式(1.25)～式(1.27)可以得到

$$\dot{\varepsilon} = \bar{v}Dbc \tag{1.28}$$

由式(1.28)可知,塑性形变速率取决于位错运动的速度 $\bar{v}$、位错密度 D、柏氏矢量 b 和位错增殖系数 c。结构中具有足够的位错、位错在外力作用下能以足够高的速度运动以及较大的柏氏矢量是一种材料发生显著的宏观塑性形变的三个基本前提。

关于柏氏矢量还需要作一些进一步的讨论。由于位错的形成需要能量,根据弹性理论的计算,位错形成能为

$$E = aGb^2 \tag{1.29}$$

式中,G 为剪切模量;a 为几何因子,其值为 $0.5 \sim 1.0$;b 为柏氏矢量。可见位错形成能和 b^2 成正比:b 大形成位错所需的能量大,b 小形成位错所需的能量小。b 相当于晶格的点阵常数。金属为一元结构,点阵常数较小(一般为 3 Å 左右,1 Å $= 10^{-10}$ m),因此金属材料的位错形成量小,容易形成位错。无机材料都是二元以上的多元化合物,结构比较复杂,原子数较多(如 $MgAl_2O_4$ 三元化合物,点阵常数约 8 Å,Al_2O_3 的点阵常数也在 5 Å 以上),位错形成能较大,因此无机材料中不易形成位错,加上位错运动也很困难,因此难以产生塑性形变。

最后指出一点,尽管理论分析表明,只要滑移面上的分剪应力足够高,任何一种晶体材料内部的位错都可能以足够高的速度运动,从而使得晶体表现出显著的塑性形变,但是,对于大多数无机材料而言,当滑移面上的分剪应力尚未增大到能够使位错以足够速度运动之前,此应力可能就已超过了微裂纹扩展所需的临界应力而导致材料发生脆性断裂。

1.3.3 塑性形变速率对屈服强度的影响

如上所述,在一定的剪应力 τ 作用下,位错运动激活能 $H(\tau)$ 减小。τ 愈大,$H(\tau)$ 愈小,从而位错运动速率 $\bar{v}$ 愈大,所以塑性形变速率 $\dot{\varepsilon}$ 与所受剪应力 τ 的大小有关。

在 900℃ 下采用不同形变速率对 Al_2O_3 单晶试样进行拉伸试验,结果示于图 1.12(b)。可以看出,随着形变速率的增大,氧化铝单晶的屈服强度也相应增大。从微观上看,这相当于滑移系统的临界剪应力随宏观形变速率的增大而增大。对其他一些材料的研究也得到了类似的结果。

分析表明,无机材料的塑性形变速率 $\dot{\varepsilon}$ 与屈服强度 σ_{ys} 之间存在如下的经验关系:

$$\sigma_{ys} = (\dot{\varepsilon})^m \tag{1.30}$$

式中,m 为位错运动速率的应力敏感性指数。室温下一些材料的 m 值列于表 1.3。

表 1.3　室温下不同材料的应力敏感性指数

材　料	结　构	m
LiF	岩盐型	13.5～21
NaCl	岩盐型	7.8～29.5
MgO	岩盐型	2.5～6
CaF_2	萤石型	7
Si	金刚石型	1.4～1.5

1.4　高温下玻璃相的黏性流动

在高温下,玻璃或无机材料中的晶界玻璃相在剪应力作用下会发生不同程度的黏性流动。黏性流动的特点是剪应力与速度梯度成正比,即:

$$\tau = \eta \frac{dv}{dx} \tag{1.31}$$

式中的比例常数 η 称为黏性系数或黏度,是材料的性能参数。其单位为 Pa·s。

式(1.31)称为牛顿定律。符合牛顿定律的流体叫做牛顿液体,其特点为应力与应变率之间呈直线比例关系。大多数情况下,氧化物流体可看成是牛顿液体。

1.4.1 流动模型

为了揭示黏性流动的本质,曾经提出过多种流动模型。下面简单介绍其中的一种——绝对速率理论模型。

绝对速率模型的出发点是认为液体的流动是一个速率过程,任一液体层相对于邻层液体流动时,液体分子从开始的平衡状态过渡到另一平衡状态。其间,液体分子

必须越过势垒 E，如图 1.14 所示。

在没有剪应力 τ 作用时，势能曲线如图中实线所示，是对称的。在剪应力 τ 作用下，势能曲线变得不对称了，沿流动方向上的势垒减小了 ΔE。根据绝对反应速率理论，可以算出流动速度 Δu：

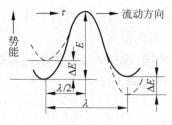

$$\Delta u = 2\lambda \gamma_0 e^{-E/kT} \sinh\left(\frac{\tau \lambda_2 \lambda_3 \lambda_1}{2kT}\right) \quad (1.32)$$

根据牛顿定律，$\tau = \eta \dfrac{\mathrm{d}v}{\mathrm{d}x} = \eta \dfrac{\Delta u}{\lambda_1}$，得

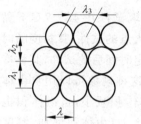

$$\eta = \frac{\tau \lambda_1}{\Delta u} = \frac{\tau \lambda_1}{2\lambda \gamma_0 \exp\left(-\dfrac{E}{kT}\right) \sinh\left(\dfrac{\tau \lambda_2 \lambda_3 \lambda_1}{2kT}\right)} \quad (1.33)$$

可以近似地认为 $\lambda = \lambda_1 = \lambda_2 = \lambda_3$，则

图 1.14 液体流动模型及其势能曲线

$$\eta = \frac{\tau \exp(E/kT)}{2\gamma_0 \sinh\left(\dfrac{\tau V_0}{2kT}\right)} \quad (1.34)$$

式中，E 是没有剪应力时的势垒高度；γ_0 为频率，即每秒超过势垒的次数；k 为玻耳兹曼常数；T 为绝对温度；$V_0 = \lambda^3$ 为流动体积，与分子体积大小相当。

一般实验条件下，τ 很小，V_0 也很小，所以 $\tau V_0 \ll kT$，因此可近似认为 $\sinh\left(\dfrac{\tau V_0}{2kT}\right) = \dfrac{\tau V_0}{2kT}$，则式(1.34)成为：

$$\eta = \frac{kT}{\gamma_0 V_0} \exp\left(\frac{E}{kT}\right) = \eta_0 \exp\left(\frac{E}{kT}\right) \quad (1.35)$$

可见，当剪应力小时，根据此模型导出的黏度 η 和应力无关（式(1.35)）；当剪应力大时，随着温度升高，η 下降（式(1.34)）。

1.4.2 影响黏度的因素

1. 温度

不同类型的材料，其黏度随温度的变化规律差别很大。从上面叙述的流动模型可以看出，η 与温度有很大的关系。一般地，温度升高黏度下降。图 1.15 为典型的钠钙硅酸盐玻璃的黏度与温度的关系曲线。

黏度与温度的关系曲线是玻璃成型工艺如吹制、拉制和碾压等的重要依据。一般玻璃熔化阶段的黏度为 5～50 Pa·s，加工阶段为 $10^3 \sim 10^7$ Pa·s，退火阶段为 $10^{11.5} \sim 10^{12.5}$ Pa·s。玻璃加工的实际操作温度都为所要求的黏度所对

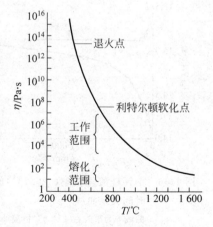

图 1.15 钠钙硅酸盐玻璃的黏度随温度的变化关系曲线

应的温度。玻璃加工中广泛使用两种温度为退火点和软化点：退火点相当于黏度为 $10^{12.4}$ Pa·s 时的温度，软化点相当于黏度为 $10^{6.6}$ Pa·s 时的温度。

根据式(1.35)，如果以 η 对 T^{-1} 在半对数坐标纸上画图，黏度随温度变化的关系则表现为一直线，由该直线的斜率可以确定黏性流动的激活能 E。

2. 时间

在玻璃转变区域内，形成的玻璃液体的黏度与时间有关。

图 1.16 是在两种不同的条件下测得的钠钙硅酸盐玻璃试件在 486.7℃下黏度随时间的变化关系曲线。由图可见，从高温状态冷却到退火点的试件，其黏度随时间而增加(图中下端曲线)，而预先在退火点以下恒温处理一定时间后的试件，其黏度随时间而降低，但黏度达到基本恒定所需的时间大大缩短。这种现象可以用自由体积理论来解释：从高温先冷却到退火点然后再加热时，液体体积减小，自由体积也减小，使黏度增大；而预先加热一定的时间，则使热膨胀加大，自由体积增加，黏度就下降。

3. 组成

和温度对黏度的影响一样，组成对无机氧化物黏度的影响也很大。硅酸盐材料的黏度总是随着不同改性阳离子的加入而变化，其变化规律如图 1.17 所示。在 1 600℃时，熔融石英的黏度由于加入了 2.5 mol% 的 K_2O 而降低了四个数量级。加入改性离子降低黏度的原因是由于在网络中形成了比较弱的 Si—O 键。在复杂的氧化物玻璃中，改性阳离子的加入在任何给定温度下总会使黏度降低。

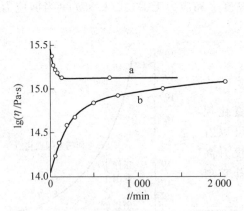

图 1.16 钠钙硅酸盐玻璃(486.7℃)的黏度-时间关系曲线

曲线 a 为事先在 477.8℃恒温处理 46 h 后测得的结果；曲线 b 则为新拉制的玻璃试样的实验结果

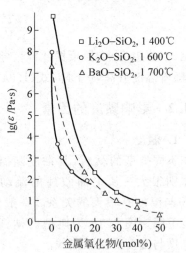

图 1.17 网络变体氧化物对熔融石英黏度的影响

1.5 无机材料的高温蠕变

1.5.1 黏弹性与滞弹性

在一些特定的情况下,一些非晶体和多晶体在受到比较小的应力作用时可以同时表现出弹性和黏性,这种现象称为黏弹性。所有聚合物差不多都表现出这种黏弹性。

理想的弹性体在受到应力作用时会立即引起弹性应变,而一旦应力消除,弹性应变也随之立刻消除。对于实际固体,弹性应变的产生与消除都需要有限的时间。无机固体和金属表现出的这种与时间有关的弹性称为滞弹性。聚合物的黏弹性可以认为仅仅是严重发展的滞弹性。此外,金属材料在高温受力时发生的塑性变形也具有一些滞弹性的成分。

在转变温度附近的玻璃以及高温下许多含有玻璃相的材料,弹性模量不再是和时间无关的参数,而是随时间的增加而降低。这是由于高温下,应力的持续作用将使一些原子从一个位置移动到另一位置。在这种情况下,形变是滞弹性或黏弹性的。这种形变绝大部分在应力除去后或施加相反方向的应力时可以恢复,但不是瞬时恢复,而是逐渐恢复。

当对黏弹性体施加恒定应力 σ_0 时,其应变随时间而增加。这种现象叫做蠕变,此时弹性模量 E_c 也将随时间而减小:

$$E_c(t) = \frac{\sigma_0}{\varepsilon(t)} \tag{1.36}$$

如果施加恒定应变 ε_0,则应力将随时间而减小,这种现象叫做弛豫。此时弹性模量 E_r 也随时间而降低:

$$E_r(t) = \frac{\sigma(t)}{\varepsilon_0} \tag{1.37}$$

通常采用弹簧表示满足胡克定律的弹性元件,用其中有一活塞并充满黏性液体的圆筒来表示符合牛顿定律的黏性元件,见图 1.18。用这两种元件进行各种组合便可以得到各种不同的模型,以分析材料在不同条件下表现出的不同的变形行为。

图 1.18 弹性及黏性元件模型
(a) 弹性元件:$\varepsilon = \frac{\sigma}{E}$ 及 $\gamma = \frac{\tau}{G}$;
(b) 黏性元件:$\dot{\varepsilon} = \frac{\sigma}{\eta}$ 及 $\dot{\gamma} = \frac{\tau}{\eta}\left(\dot{\varepsilon} = \frac{d\varepsilon}{dt}, \dot{\gamma} = \frac{d\gamma}{dt}\right)$

图 1.19(a)就是通常用来分析滞弹性行为的力学模型。这一力学模型所表示的物体通常称为标准线性固体。根据这一模型,具有弛豫性状的固体材料的总应变为

$$\varepsilon = \varepsilon_{\text{弹}1} + \varepsilon_{\text{黏}} = \varepsilon_{\text{弹}2} \tag{1.38a}$$

总应力则为

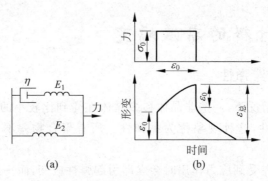

图 1.19 具有弛豫性能的标准线性固体
(a) 模型；(b) 力学性能

$$\sigma = \sigma_{弹1} + \sigma_{弹2} = \eta\dot{\varepsilon}_{黏} + E_2\varepsilon_{弹2} \tag{1.38b}$$

由式(1.38a)，

$$\dot{\varepsilon}_{黏} = \frac{d\varepsilon_{黏}}{dt} = \dot{\varepsilon} - \dot{\varepsilon}_{弹1} = \dot{\varepsilon} - \left(\frac{\dot{\sigma}}{E_1} - \frac{\dot{\sigma}_2}{E_1}\right)$$

$$= \dot{\varepsilon} - \left(\frac{\dot{\sigma} - E_2\dot{\varepsilon}}{E_1}\right) = \left(\frac{E_1+E_2}{E_1}\right)\dot{\varepsilon} - \frac{\dot{\sigma}}{E_1}$$

代入式(1.38b)得到

$$\sigma + \eta\frac{\dot{\sigma}}{E_1} = \left(\frac{E_1+E_2}{E_1}\right)\eta\dot{\varepsilon} + E_2\varepsilon_{弹2} \tag{1.39}$$

或

$$E_2(\tau_\sigma\dot{\varepsilon} + \varepsilon) = \tau_\varepsilon\dot{\sigma} + \sigma \tag{1.40}$$

式中，$\tau_\varepsilon = \eta/E_1$ 为恒定应变下的应力弛豫时间；$\tau_\sigma = \left(\frac{E_1+E_2}{E_2}\right)\times\tau_\varepsilon$ 为恒定应力下应变蠕变时间。它们都表示材料在外力作用下从不平衡状态通过内部结构重新组合而达到平衡状态所需的时间。如果材料的 η 大，E 小，则 τ_ε 和 τ_σ 都大，说明滞弹性也大。如果 $\eta=0$，则 $\tau_\varepsilon=0,\tau_\sigma=0$，弹性模量为常数，不随时间变化，表现出真正的弹性。

在测定滞弹性材料的形变时，如果测量时间小于 τ_ε 和 τ_σ，则由于随时间的形变还没有机会发生，测得的是应力和初始应变的关系，这时的弹性模量叫未弛豫模量；如果测量的时间大于 τ_ε 和 τ_σ，测得的则是弛豫模量。显然，弛豫模量总小于未弛豫模量。

材料在外力作用下从不平衡状态通过内部结构重新组合而达到平衡状态，其间将可能发生很多个不同的组合过程，因此仅仅用标准线性固体模型还不能很好地描述材料的滞弹性，对滞弹性行为的完整描述需要用很多个蠕变或弛豫模型的组合来表示。这样，蠕变时间或弛豫时间就不再是一个常数，而是有一个分布，这个分布一般是 0~∞ 这一区间的连续的时间谱。

在多晶陶瓷中，滞弹性弛豫最主要的根源是材料内部残余的玻璃相。这种残余玻璃相常处在晶界上。当温度达到残余玻璃相的转变温度时,滞弹性弛豫就将变得重要起来。

1.5.2 高温蠕变曲线

无机材料在常温下蠕变极不明显,因此在常温使用无机材料时,一般无需考虑其蠕变行为。但在高温下,无机材料却具有不同程度的蠕变行为,即材料在承受一个恒定荷载作用时,材料的变形量会随着承载时间的延续而逐渐增大。无机材料是一类很有应用前景的高温结构材料,因此对无机材料高温蠕变行为的研究也愈来愈受重视。

实验发现,无机材料典型的高温蠕变曲线如图 1.20 所示。该曲线可分为四个区域:在起始区域 0a 中,材料在外力作用下发生瞬时弹性形变。若外力超过试验温度下的弹性极限,则 0a 区域也包括一部分塑性形变。这一区域的形变是瞬时发生的,和时间没有关系。区域 ab 为蠕变的第一阶段,通常称为蠕变减速阶段。这一阶段的特点是应变速率随时间递减,即 ab 段的斜率 $\dfrac{d\varepsilon}{dt}$ 随时间的增加愈来愈小,曲线愈来愈平缓。这一阶段通常较短暂,其变化规律可用经验公式表示如下:

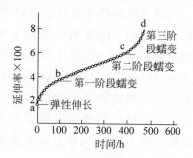

图 1.20 无机材料典型的高温蠕变曲线

$$\frac{d\varepsilon}{dt} = \dot{\varepsilon} = At^{-n} \tag{1.41}$$

式中 A 和 n 均为常数。在较低的温度下 $n=1$,相应有

$$\dot{\varepsilon} = A\ln t \tag{1.42}$$

在较高温度下 $n=2/3$,相应有

$$\dot{\varepsilon} = At^{-2/3} \tag{1.43}$$

图 1.20 所示曲线的 bc 段称为稳态蠕变阶段,这一阶段的特点是蠕变速率几乎保持不变,即:

$$\dot{\varepsilon} = Bt \tag{1.44}$$

式中 B 为常数。

外加应力 σ 对稳态应变速率的影响很大,可表示为

$$\dot{\varepsilon} = K\sigma^n \tag{1.45}$$

式中,K 和 n 为常数。其中 n 通常又称为蠕变的应力指数,因材料不同通常在 2~20 之间变化。典型陶瓷材料的 n 值一般在 0.8~5 之间。

高温蠕变的第三阶段(曲线的 cd 段)为加速蠕变阶段,其特点是蠕变速率随时间增加而增加,即蠕变曲线变陡,最后到 d 点,然后断裂。

当外力和温度不同时,虽然蠕变曲线仍保持上述几个阶段的特点,但各段所延续的时间及曲线的倾斜程度将有所不同。图1.21示出了蠕变曲线随温度和应力的变化而变化的一些基本规律。由图中可以看出,当温度或应力较低时,稳态蠕变阶段延长;当应力或温度增加时,稳定态蠕变阶段缩短,甚至不出现。

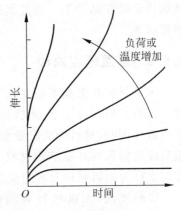

图1.21 温度和应力对蠕变曲线的影响

蠕变曲线的实验测定是研究无机材料高温蠕变行为的基础。蠕变曲线的测定涉及许多参数,包括测试的环境、温度、湿度以及材料的受力方式、受力大小、材料变形量随承载时间的变化等。蠕变曲线测定的主要内容是应变随时间的变化关系曲线,并由之确定材料蠕变的极限变形值 ε_c、稳态蠕变阶段的蠕变应力指数 n、稳态蠕变速率 $\dot{\varepsilon}$ 以及在给定应力水平作用一定时间后的蠕变应变量等。

1.5.3 高温蠕变理论

无机材料多为多晶多相材料,各相之间的耐火度差别较大,因此无机材料的蠕变行为受环境温度的影响很大,同时也强烈地依赖于材料的显微结构。蠕变本身是一种属于宏观尺度的整体性能指标。研究表明,评价材料蠕变性能的主要参数之一——在指定温度下的稳态蠕变速率 $\dot{\varepsilon}$ 与材料的结构、性能以及环境因素等之间存在如下关系:

$$\dot{\varepsilon} = A\left(\frac{\sigma}{G}\right)^n \left(\frac{b}{d}\right)^m \frac{DGb}{RT} \tag{1.46}$$

式中,G 为材料的剪切模量;b 为柏氏矢量;d 为晶粒尺寸;σ 为外加应力;T 为绝对温度;R 为气体常数;$D = D_0 \exp\left(-\dfrac{Q}{RT}\right)$ 为扩散系数;Q 为扩散激活能;A,m 和 n 均为常数。其中 n 即为式(1.45)中的蠕变应力指数。

不同材料在不同环境温度下高温蠕变的机理不同,主要受材料在显微结构尺度上的各种变形机制所制约。在过去几十年中,学者们为解释无机材料的高温蠕变机理已经提出了一些相应的理论,大致可以分为晶格蠕变和晶界蠕变这两大类。

1. 晶格蠕变

晶格蠕变一般发生在晶体内部,其微观机理主要有两种:一种是以位错的运动为主,是一类在长程应力场作用下所形成的位错滑移蠕变;另一种则是由晶格中的点缺陷(如空穴、填隙原子等)的扩散导致的,属于短程应力场中的扩散蠕变。位错滑移蠕变多发生在中、高温下承受 10~1 000 MPa 拉应力作用的情况下,而扩散蠕变则多发生在高温下承受低于 10 MPa 的低压力情况下（晶粒扩散）或者在中低温度下受低应力作用的情况下（晶界扩散）。

由于晶格蠕变发生在晶体内部，因此其稳态蠕变速率与晶粒尺寸无关，即式(1.46)中的 $m=0$，相应地，稳态蠕变速率的表达式为

$$\dot{\varepsilon} = A_g \sigma^n \exp\left(-\frac{Q}{RT}\right)\frac{1}{T} \tag{1.47}$$

与式(1.46)相比较，式(1.47)中的常数 A_g 包括了材料的剪切模量、柏氏矢量以及其他一些基本常数，而参数 Q 则为克服长程位错滑移或晶格点缺陷扩散的激活能。

金属材料晶格蠕变的应力指数为 5，合金晶格蠕变的应力指数为 3，而大多数无机材料的晶格蠕变应力指数则处于 3～4.5 之间。

2. 晶界蠕变

多晶多相材料中存在着大量的非晶态晶界相。在高温下，晶界相黏度迅速下降，外力的作用会导致晶界发生黏滞流动，从而引起材料的蠕变。一般说来，无机材料的蠕变在很大程度上取决于其晶界相的状态及其含量。

无机材料的晶界蠕变大致分为三种情况。

(1) 对于低熔点的工业陶瓷，晶界相所占的比例相对较大，晶界相尺度也相对较厚，在高温下易于发生晶界相的黏滞流动。如果将高温下发生黏滞流动的晶界相近似处理为牛顿流体，则这类材料的稳态蠕变速率可以表述为

$$\dot{\varepsilon} = A_{gb}\tau\frac{D_{gb}}{kT} \tag{1.48}$$

式中，τ 为晶界所受到的剪切应力；D_{gb} 为晶界相的扩散系数；A_{gb} 为常数。

与式(1.46)相比较不难看出，对于由式(1.48)所描述的这类蠕变有：$m=1$，$n=1$。但是必须指出的是，如果上面所讨论的晶界相不是玻璃态，而是微晶态，则 $n\neq 1$。

(2) 如果晶界相含量较少，相应的晶界相厚度较小，蠕变则主要表现为晶界的滑移，同时伴随有晶粒本身的变形。大多数高性能陶瓷和新型耐火材料在高温受力时基本上都将发生这一类蠕变。

晶界滑移导致的蠕变多由扩散过程控制。如果扩散过程主要发生在晶粒内部，则称为 Nabarro-Herring 蠕变。Nabarro-Herring 蠕变的机理大致为：晶格点缺陷的扩散使晶粒沿主拉应力方向伸长、变细，致使各晶粒之间的形变发生失配，从而引起晶界的滑移。在这种情况下，晶界的滑移导致的形变占据了材料总蠕变形变量的主要部分。Nabarro 和 Herring 将晶界处理为理想的牛顿流体，导出了这类蠕变的稳态蠕变速率表达式如下：

$$\dot{\varepsilon} = B_1 \frac{D_{gb}Gb}{kT}\left(\frac{\sigma}{G}\right)\left(\frac{b}{d}\right)^2 \tag{1.49}$$

与式(1.47)相比较，这类蠕变的 m 值为 2，即稳态蠕变速率与晶粒表面积($\propto d^2$)成反比，说明这一类晶界滑移主要受晶粒表面积所制约。

如果扩散过程主要发生在晶界相，则称为 Coble 蠕变。Coble 蠕变主要是由于

受拉晶界和受压晶界之间产生的空位浓度差导致的受拉晶界处空位向受压晶界处迁移的结果。此时虽然也会发生晶粒内部点缺陷的扩散,但点缺陷的扩散对晶界迁移的作用一般可以忽略不计。根据 Coble 的推导,在晶界相可以近似处理为牛顿流体的前提下,这类蠕变的稳态蠕变速率表达式为

$$\dot{\varepsilon} = B_2 \frac{D_{gb}Gb}{kT}\left(\frac{d_{gb}}{b}\right)\left(\frac{\sigma}{G}\right)\left(\frac{b}{d}\right)^3 \qquad (1.50)$$

式中,d_{gb} 为晶界相的平均厚度。注意到式中(b/d)项的指数为 3,说明 Coble 蠕变主要受晶粒所占的体积大小所制约。

(3) 对于一些晶界相含量较少,晶界相厚度相应较小的无机材料,蠕变有时也可能完全(或近乎完全)由晶界的滑移控制。在这类蠕变过程中,晶粒几乎不会发生任何程度的形变。根据晶界相状态的不同,这类蠕变也有两种不同的情况。如果晶界相是非晶态并且可以近似处理为牛顿流体,则晶界相的流动与晶粒尺寸成反比,即 $m=1$,此时,稳态蠕变速率为

$$\dot{\varepsilon} = 16 \frac{D_{gb}Gb}{kT}\left(\frac{b}{d}\right)\left(\frac{\tau}{G}\right) \qquad (1.51)$$

而如果晶界相是非晶态但不能视为牛顿流体,此时晶界的滑移将由另外的机制主导。由于外加应力的作用,晶界的一些薄弱点尤其是三交晶界处可能会形成孔洞;这些孔洞的长大、伸长、连通在宏观就会表现为材料变形量的增大(即蠕变)。这种变形属于弹黏体的变形,其蠕变应力指数大致在 2 左右,其稳态蠕变速率则为

$$\dot{\varepsilon} = B \frac{DGb}{kT}\left(\frac{b}{d}\right)\left(\frac{\sigma}{G}\right)^2 \qquad (1.52)$$

1.5.4 蠕变断裂

无论是晶格蠕变,还是晶界蠕变,蠕变的最终结果大多都将是断裂。也就是说,当蠕变变形量达到一定程度之后,材料就会发生蠕变断裂。

对于晶格蠕变,位错的运动在晶粒表面附近受阻,或者点缺陷的扩散使得点缺陷在晶粒表面附近富集,其结果就是在晶粒表面附近形成一个较大的缺陷;随着承载时间的延续,蠕变变形量的增大,晶粒表面处聚集的缺陷逐渐发育;当缺陷尺寸达到某一临界值时,在外力作用下就将发生灾难性扩展导致材料的断裂。晶格蠕变引发的断裂主要表现为穿晶断裂。

对于晶界蠕变,情况基本类似。晶界的滑移将使得类裂纹在晶界的一些薄弱点尤其是在三交晶界处形成,这些类裂纹在蠕变过程逐渐发育长大到临界尺寸后发生失稳扩展导致材料断裂。晶界蠕变引发的断裂主要表现为沿晶断裂。

我们在第 3 章中还将就蠕变断裂问题展开更进一步的讨论。

1.5.5 影响蠕变的因素

从上面的讨论可知,影响蠕变的因素很多。这里我们主要从以下几个方面展开讨论。

1. 温度

前面已提到温度升高,稳态蠕变速率增大。这是由于温度升高,位错运动和晶界滑移加快,扩散系数增大,这些都对蠕变有所贡献。图 1.22 为 SiAlON 及 Si_3N_4 的稳态蠕变速率与温度的关系。

2. 应力

从图 1.21 及式(1.48)~式(1.52)可知,稳态蠕变速率随应力增加而增大。单纯受压应力作用时一般不会形成蠕变现象,只有在剪应力作用下,材料才可能发生滑移、扩散,从而表现出宏观的蠕变。

3. 显微结构的影响

蠕变是一种对显微结构比较敏感的性能指标。气孔、晶粒尺寸、玻璃相等都对蠕变性能有很大影响。

气孔的影响可以从图 1.23 看出。随着气孔率增加,稳态蠕变速率也增大。这是因为气孔减少了抵抗蠕变的有效截面积。此外,当晶界黏性流动起主要作用时,气孔的空余体积可以容纳晶粒所发生的形变。

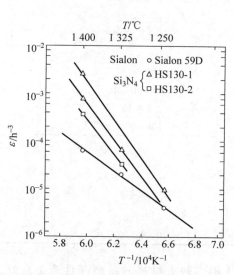

图 1.22 稳态蠕变速率和绝对温度倒数之间的关系

(Sialon 59D 和 Si_3N_4 HS130-1 的实验在空气中进行,Si_3N_4 HS130-2 实验在氩气中进行,实验应力为 69 MPa)

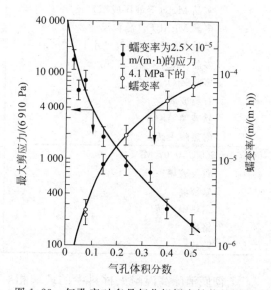

图 1.23 气孔率对多晶氧化铝蠕变性能的影响

至于晶粒尺寸的影响,则可以从式(1.47)~式(1.52)中看出。晶粒愈小,稳态蠕变速率愈大。这是因为晶粒愈小,晶界在材料中所占的比例就越大,晶界扩散及晶界流动对蠕变的贡献也就相应增大。从表 1.4 所列的数据可以看出,尖晶石的晶粒尺寸为 2~5 μm 时，$\dot{\varepsilon}=26.3\times10^{-5}$，当晶粒尺寸为 1~3 mm 时，$\dot{\varepsilon}=0.1\times10^{-5}$，稳态蠕变速率较低很多。单晶没有晶界，因此，抗蠕变的性能比多晶材料好。

通常陶瓷中都存在有玻璃相。当温度升高时，玻璃相的黏度降低，因而变形速率增大，亦即蠕变速率增大。从表 1.4 可以看出，非晶态的蠕变率比晶态要大得多。玻璃相对蠕变的影响还取决于玻璃相对晶相的湿润程度，这可用图 1.24 说明。如果玻璃相不湿润晶相，如图 1.24(a)所示，则在晶界处为晶粒与晶粒结合，抵抗蠕变的性能就好；如果玻璃相完全湿润晶相，如图 1.24(b)所示，玻璃相穿入晶界，将晶粒包围，这就形成了抗蠕变最弱的结构。

表 1.4 一些无机材料在不同温度不同外加应力水平下的稳态蠕变速率

材　　料	稳态蠕变速率/h^{-1}
1 300℃,12.4 MPa	
多晶 Al_2O_3	0.13×10^{-5}
多晶 BeO	30×10^{-5}
多晶 MgO(注浆成型)	33×10^{-5}
多晶 MgO(等静压成型)	33×10^{-5}
多晶 $MgAl_2O_4$(晶粒尺寸 2~3 μm)	26.3×10^{-5}
多晶 $MgAl_2O_4$(晶粒尺寸 1~3 mm)	0.1×10^{-5}
多晶 ThO_2	100×10^{-5}
多晶 ZrO_2	3×10^{-5}
石英玻璃	$20\,000\times10^{-5}$
软玻璃 Al_2O_3	$1.9\times10^9\times10^{-5}$
耐热耐火砖	$100\,000\times10^{-5}$
1 300℃,0.07 MPa	
石英玻璃	0.01
软玻璃	8
耐热耐火砖	0.005
铬砖	0.000 5
镁砖	0.000 02

彻底消除高温耐火材料中的玻璃相对于提高耐火材料的抗蠕变性能是有好处的，但这在实践上通常难以做到。一种较好的处理办法是通过控制烧成温度以改变玻璃相组成，从而降低玻璃相对主晶相的湿润特性。此外，也可通过调整组成以改变晶界玻璃相的黏度。如在氧化镁中加入氧化铬而制成的镁砖，由于降低了玻璃相的湿润性，抗蠕变性能得到了改善。

4. 组成

显然，组成不同的材料其蠕变行为不同。

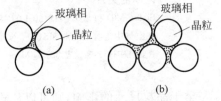

图 1.24 玻璃相对晶相的润湿情况
(a) 不润湿；(b) 完全润湿

即使组成相同,单独存在和形成化合物,其蠕变行为也不一样。例如 Al_2O_3 和 SiO_2,单独存在和形成莫来石($3Al_2O_3 \cdot 2SiO_2$)时,蠕变行为就不相同。

5. 晶体结构

随着共价键结构程度增加,扩散及位错运动降低,因此,像碳化物、硼化物等陶瓷材料的抗蠕变性能就很好。

1.6 无机材料的超塑性

一些晶粒尺寸非常细小的无机材料在较高的温度下受到一个缓慢增大的荷载作用时,其永久形变能力会发生较大幅度的提高,远大于常规变形极限。这一现象称为无机材料的超塑性。根据材料内部导致超塑性形变的机制的不同,无机材料的超塑性一般可以分为相变超塑性和微颗粒超塑性两大类。

相变超塑性指的是由于材料发生结构相变而导致永久性的各向异性尺寸变化。材料表现出相变超塑性的基本前提是:相变过程中存在有由于体积变化而引起的较大的内应力,同时材料又具有相对较高的相变温度(通常为材料熔点的75%以上)。ZrO_2、Bi_2O_3 等材料中表现出来的超塑性行为一般都属于相变超塑性。

微颗粒超塑性是一类与材料的显微结构密切相关的超塑性,它强烈地依赖于材料结构中微颗粒的尺寸和形状。根据材料形变机制的不同,微颗粒超塑性又有两种不同的类型:一是由液相的黏性流动引起的超塑性形变,其变形行为可以借助于牛顿型流体加以描述;二是由晶界滑移引起的超塑性形变,属于非牛顿流动,本质上是一类晶界滑移现象。大多数无机材料所表现出的微颗粒超塑性都属于后一类。

无机材料的超塑性变形行为一般可以用下式加以描述:

$$\dot{\varepsilon} = A\left(\frac{Gb}{kT}\right)\left(\frac{b}{d}\right)^m \left(\frac{\sigma}{G}\right)^n D_0 \exp\left(-\frac{Q}{RT}\right) \tag{1.53}$$

式中,$\dot{\varepsilon}$ 为应变速率;G 为材料的剪切模量;b 为柏氏矢量;d 为晶粒尺寸;σ 为外加应力;T 为绝对温度;k 为玻耳兹曼常数;R 为气体常数;Q 为蠕变活化能;系数项 $D_0 \exp\left(-\frac{Q}{RT}\right)$ 为扩散系数;A,m 和 n 均为常数。

一般情况下,人们主要借助于式(1.53)中的两个指数 m 和 n 来描述材料的超塑性形变过程。在某些情况下,为了强调应变速率对变形特性的影响,将式(1.53)改写为

$$\sigma = A'\dot{\varepsilon}^{m'} \tag{1.54}$$

式中的指数 m' 即为应变速率敏感指数。与式(1.53)相比较不难看出:$m'=1/n$。应变速率敏感指数 m' 用于描述应力和应变速率之间的关系,是区分先进无机材料的超塑性行为与传统无机材料的高温形变行为的标志。

晶粒尺寸对无机材料的超塑性行为有着极为重要的影响,细晶结构是无机材料实现超塑性的先决条件。图 1.25 示出了一系列具有不同晶粒尺寸的 Y_2O_3 稳定四

方 ZrO_2 多晶材料(Y-TZP)的应力-应变关系曲线,可以看出,对于晶粒尺寸小的材料,只要施加很小的应力就可以实现较大的变形;而随着晶粒尺寸的增大,材料抵抗变形的能力相应增强,断裂点处的变形量显著减小。

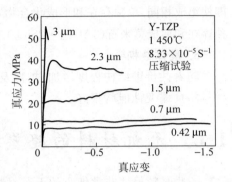

图1.25 晶粒尺寸对 Y-TZP 材料应力-应变行为的影响

自从无机材料的超塑性行为得到认识以来,国内外先后开展了许多研究工作,主要致力于开发微结构稳定性好、性能优异的新材料和探索研究实现超塑性的条件。已有报道表明,无机材料在断裂之前表现出的最大伸长量可以达到800%。无机材料的超塑性将为开发新型结构材料开辟一条新的途径,利用超塑性,通过热煅等手段来调整和优化材料结构,从而可以根据材料设计原则来获得所需结构、具有特殊性能的新型材料。尽管到目前为止,关于无机材料超塑性行为的研究刚刚起步,对这一独特的性能还缺乏充分的了解,但这一性能及其潜在的应用前景已经引起了广泛的关注。

习题

1. 考虑一长 25 cm、直径 2.5 mm、承受 4 500 N 轴向拉力的圆杆。如果将圆杆拉细,使之直径变为 2.5 mm,试问:
(1) 设拉伸变形后,圆杆的体积维持不变,求拉伸后的长度;
(2) 在此拉力下的真应力和真应变;
(3) 在此拉力下的名义应力和名义应变。
比较以上计算结果并讨论之。

2. 举一晶系,存在 S_{14}。

3. 求图 1.26 所示一均匀材料试样上 A 点的应力场和应变场。

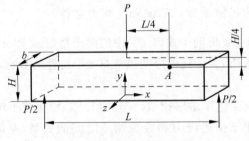

图1.26 均匀材料试样图

4. 一陶瓷含体积百分比为 95% 的 Al_2O_3($E=380$ GPa)和 5% 的玻璃相($E=$

84 GPa),计算上限及下限弹性模量。如该陶瓷含有 5% 的气孔,估算其上限及下限弹性模量。

5. 画两个曲线图,分别示出应力弛豫与时间的关系和应变蠕变与时间的关系。并标注出:$t=0$, $t=\infty$ 以及 $t=\tau_\varepsilon$(或 τ_σ)时的纵坐标。(提示:当 $t=0$ 时,$\varepsilon_{黏}=0$。)

6. 一 Al_2O_3 晶体圆柱(图 1.27),直径 3 mm,受轴向拉力 F,如临界抗剪强度 $\tau_c=130$ MPa,求沿图中所示之一固定滑移系统产生滑移时,所需之必要的拉力值。同时计算在滑移面上的法向应力。

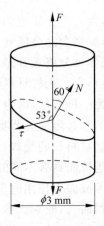

图 1.27 Al_2O_3 晶体圆柱受力情况

第2章 无机材料的断裂强度

一般固体材料在外力作用下,首先产生正应力下的弹性形变和剪应力下的弹性畸变。随着外力的移去,这两种形变都会完全恢复。但是,在足够大的剪应力作用下(或环境温度较高时),材料中的晶体部分将选择最易滑移的系统发生晶粒内部的位错滑移,宏观上表现为材料的塑性形变。无机材料中的晶界非晶相以及玻璃、有机高分子材料等非晶态材料则会产生另一种变形,称为黏性流动,宏观上表现为材料的黏性形变。这两种形变为不可恢复的永久形变。当剪应力降低(或温度降低)时,塑性形变及黏性流动减缓甚至终止。当材料长期受载(尤其在高温环境中受载)时,上述塑性形变及黏性形变将随时间的延续而具有不同的速率,这就是材料的蠕变。

随着外加作用应力的持续增大或应力作用时间的延续,材料在形变达到一定程度之后将发生断裂。对于无机材料而言,断裂大致可以分为两大类。一类称为瞬时断裂,指的是在以较快的速率持续增大的应力作用下发生的断裂;另一类称为延迟断裂,包括材料在以缓慢的速率持续增大的外力作用下发生的断裂、材料在承受恒定外力作用一段时间之后发生的断裂以及以及材料在交变荷载作用一段时间之后发生的断裂等。延迟断裂有时也称为疲劳断裂。

评价材料断裂行为的一个最为主要的参数是断裂强度。无机材料力学行为及断裂物理研究的所有内容几乎都不同程度地涉及到了断裂强度问题。无机材料断裂力学研究中许多重大的突破最初几乎也都是从强度试验中得到的启发。可以说,强度的测试及评价是无机材料断裂力学研究的重要基础。因此,在本章中,我们将对无机材料断裂强度的定义、测试方法及其影响因素等问题进行较为详尽的讨论。

2.1 断裂强度的微裂纹理论

2.1.1 固体材料的理论断裂强度

所谓固体材料的理论断裂强度,就是固体材料断裂强度在理论上可能达到的最高值,又称为理论结合强度。

推导材料的理论断裂强度必须从原子间的结合力入手,因为只有克服了原子间的结合力,材料才能断裂。理论上说,如果知道原子间结合力的细节,即知道应力-应变曲线的精确形式,就可算出理论断裂强度。但是,不同的材料有不同的组成、不同的结构及不同的键合方式,因此这种理论计算是十分复杂的,而且对各种材料都不一样。为了能够在各种情况下简单、粗略地估计理论断裂强度,Orowan 提出以正弦曲线来近似原子间约束力 σ 随原子间的距离 x 的变化曲线(见图 2.1),即:

$$\sigma = \sigma_{th} \sin \frac{2\pi X}{\lambda} \quad (2.1)$$

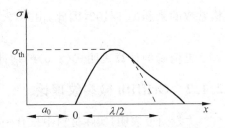

图 2.1 原子间约束力随原子间距离的变化关系

式中,σ_{th} 为理论断裂强度;λ 为正弦曲线的波长。

在对材料施以逐渐最大的外力作用时,图 2.1 所示曲线可以视作材料的受力变形曲线。因此,当外力由 0 瞬间增大至 σ_{th} 从而导致材料断裂这一过程中,外力所作的功 v 可以计算如下:

$$v = \int_0^{\lambda/2} \sigma_{th} \sin \frac{2\pi x}{\lambda} dx = \frac{\lambda \sigma_{th}}{2\pi} \left[-\cos \frac{2\pi x}{\lambda} \right]_0^{\frac{\lambda}{2}} = \frac{\lambda \sigma_{th}}{\pi} \quad (2.2)$$

材料断裂时将产生两个新表面,因此只有当外力所作的功大于或等于材料产生两个单位面积的新表面所需的表面能时,材料才会发生断裂。设材料的表面能为 γ,则由 $v = 2\gamma$ 可以得到

$$\frac{\lambda \sigma_{th}}{\pi} = 2\gamma$$

即:

$$\sigma_{th} = 2\pi \gamma / \lambda \quad (2.3)$$

注意到在接近平衡位置 0 的区域内,原子间约束力 σ 随原子间距离 x 的变化关系曲线服从胡克定律,即:

$$\sigma = E\varepsilon = \frac{x}{a} E \quad (2.4)$$

式中,a 为原子间的平衡距离,一般可以近似处理为材料的晶格常数。

当 x 很小时,

$$\sin \frac{2\pi x}{\lambda} \approx \frac{2\pi x}{\lambda} \quad (2.5)$$

将式(2.3)~式(2.5)代入式(2.1)即可得到一个计算固体材料理论断裂强度的近似公式:

$$\sigma_{th} = \sqrt{\frac{E\gamma}{a}} \quad (2.6)$$

即:材料的理论断裂强度与弹性模量、表面能和晶格常数等材料性能有关。弹性模量 E 和表面能 γ 大而晶格常数 a 小的固体材料,其理论断裂强度高。

式(2.6)虽然只是对固体材料理论断裂强度的一个粗略估计,但对所有固体均能应用而无需涉及原子间的具体结合力。一般材料的表面能大致约为其弹性模量与晶

格常数的乘积的 1/100，因此，由式(2.6)可以得到

$$\sigma_{th} \approx E/10 \tag{2.7}$$

更精确的计算表明式(2.6)的估计稍微有些偏高。

2.1.2 Griffith 微裂纹理论

大量研究表明，实际材料中只有一些极细的纤维和晶须其强度能够接近理论强度值。例如熔融石英纤维的强度可达 24.1 GPa，约为 $E/4$，碳化硅晶须强度 6.47 GPa，约为 $E/23$，氧化铝晶须强度为 15.2 GPa，约为 $E/33$。尺寸较大的材料的实际强度比理论值低得多，即使是用同样材料在相同的条件下制成的试件，强度值也有波动。一般试件尺寸大，强度偏低。为了解释固体材料的实际断裂强度与理论值之间存在的这些差异，1920 年 Griffith 提出了著名的 Griffith 微裂纹理论。这一理论后来经过不断的发展和补充，逐渐成为研究断裂问题的主要理论基础，成为了当代断裂力学的奠基石。

在 Griffith 之前，Inglis 曾经研究了如图 2.2 所示的具有一个椭圆形孔洞的无限大平板中的应力集中问题。根据弹性力学理论，Inglis 求出了椭圆孔端部处的应力 σ_A：

$$\sigma_A = \sigma\left[1 + 2\sqrt{\frac{c}{\rho}}\right] \tag{2.8}$$

式中，σ 为外加应力，c 为椭圆孔长轴的长度，$\rho = b^2/c$ 为椭圆孔长轴端部处的曲率半径。

式(2.8)表明：椭圆形孔洞两个端部处的应力远远大于外加应力，即：在椭圆孔的端部存在有应力集中效应。应力集中的程度取决于椭圆孔的长度和椭圆孔端部的曲率半径，而与孔洞的形状无关。在一个大而薄的平板上，设有一穿透孔洞，不管孔洞是椭圆还是菱形，只要孔洞的长度($2c$)和端部曲率半径 ρ 不变，则孔洞端部的应力不会有很大的改变。

在 Inglis 工作的基础上，Griffith 指出：实际材料中总是存在许多细小的裂纹或缺陷；在外力作用下，这些裂纹和缺陷附近产生应力集中现象；当应力到达一定程度时，裂纹的扩展导致了材料断裂。换句话说，断裂并不是晶体同时沿整个原子面拉断，而是裂纹沿着某一存在有缺陷的原子面发生扩展的结果。根据这一理论，就不难对固体材料实际强度低于理论值这一现象作出解释。

对于材料中存在的微裂纹或缺陷来说，其尺寸一

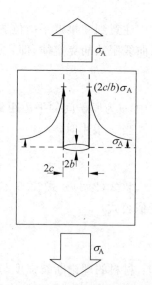

图 2.2 具有一个椭圆孔的无限大平板受均匀拉应力作用

般远远大于端部的曲率半径，即：$c \geqslant \rho$。这时可略去式(2.8)中括号内的1，从而裂纹端部处所受的拉应力近似为：

$$\sigma_A = 2\sigma\sqrt{\frac{c}{\rho}} \tag{2.9}$$

Orowan 注意到实际材料中裂纹端部的曲率半径 ρ 是很小的，可以认为其近似与原子间距 a 具有相同的数量级，如图 2.3 所示，这样式(2.9)可以改写为：

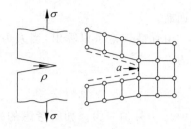

图 2.3　微裂纹端部的曲率对应于原子间距离

$$\sigma_A = 2\sigma\sqrt{\frac{c}{a}} \tag{2.10}$$

显然，当 σ_A 数值上等于式(2.6)中的理论断裂强度 σ_{th} 时，裂纹就会被拉开而发生扩展。裂纹扩展使 c 增大，σ_A 又进一步增加。如此恶性循环，材料就发生瞬时断裂。因此，可以得到裂纹扩展的临界条件为

$$2\sigma\sqrt{\frac{c}{a}} = \sqrt{\frac{E\gamma}{a}} \tag{2.11}$$

在临界条件下的外加应力值 σ 即为材料的实际断裂强度 σ_c，因此

$$\sigma_c = \sqrt{\frac{E\gamma}{4c}} \tag{2.12}$$

上面的推导是直接以 Inglis 的计算结果式(2.8)为基础进行的。事实上，实际材料中存在的微裂纹或缺陷端部处的应力状态比 Inglis 所考虑的椭圆孔的情况要复杂得多。因此，Griffith 的微裂纹理论是从能量的角度出发研究裂纹扩展条件的。Griffith 认为：材料内部储存的弹性应变能的降低大于由于开裂形成两个新表面所需的表面能时，裂纹将发生扩展；反之，裂纹将不会扩展。

现在，我们借助于图 2.4 来说明 Griffith 的这一观点并导出裂纹扩展的临界条件。如图 2.4 所示，将一单位厚度的薄板拉长到 $l+\Delta l$，将两端固定。此时板的两端承受的力为 F，板中储存的弹性应变能 W_{e1} 为 $W_{e1} = \frac{1}{2}F\Delta l$。然后，人为地在板上割

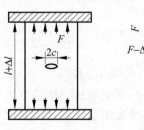

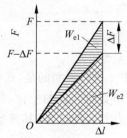

图 2.4　裂纹扩展临界条件的导出

出一条长度为 $2c$ 的裂纹，相应地将形成两个新表面。裂纹的引进将使得板两端所受的力降低 ΔF，板内储存的应变能也相应降低为 $W_{e2} = \frac{1}{2}(F-\Delta F)\Delta l$。应变能降低为 $W_e = W_{e1} - W_{e2} = \frac{1}{2}\Delta F\Delta l$。欲使裂纹进一步扩展，应变能将进一步降低，降低的数量应等于形成新表面所需的

表面能。

由弹性理论可以算出,当人为割出长 $2c$ 的裂纹时,平面应力状态下应变能的降低为

$$W_e = \frac{\pi c^2 \sigma^2}{E} \tag{2.13}$$

式中,σ 为外加应力。如所考虑的平板厚度较大,则属平面应变受力状态,相应的应变能为

$$W_e = (1-\mu^2)\frac{\pi c^2 \sigma^2}{E} \tag{2.14}$$

式中,μ 为泊松比。

产生长度为 $2c$,厚度为 1 的两个新断裂表面所需的表面能为

$$W_s = 4c\gamma \tag{2.15}$$

式中,γ 为单位面积上的断裂表面能,单位为 J/m^2。

裂纹进一步扩展 $2dc$,单位面积所释放的能量为 $\frac{dw_e}{2dc}$,形成新的单位表面积所需的表面能为 $\frac{dw_s}{2dc}$。因此,$\frac{dw_e}{2dc}<\frac{dw_s}{2dc}$ 时为稳态状态,裂纹不会扩展;反之,$\frac{dw_e}{2dc}>\frac{dw_s}{2dc}$ 时为失稳状态,裂纹发生迅速扩展;而 $\frac{dw_e}{2dc}=\frac{dw_s}{2dc}$ 时则为裂纹扩展的临界状态。

由于

$$\frac{dw_e}{2dc} = \frac{d}{2dc}\left(\frac{\pi c^2 \sigma^2}{E}\right) = \frac{\pi \sigma^2 c}{E} \tag{2.16}$$

$$\frac{dw_s}{2dc} = \frac{d}{2dc}(4c\gamma) = 2\gamma \tag{2.17}$$

因此裂纹扩展的临界条件可以写成

$$\frac{\pi c \sigma_c^2}{E} = 2\gamma \tag{2.18}$$

由此推出在平面应力状态下材料的断裂强度为

$$\sigma_c = \sqrt{\frac{2E\gamma}{\pi c}} \tag{2.19}$$

而在平面应变状态下则为

$$\sigma_c = \sqrt{\frac{2E\gamma}{\pi c(1-\mu^2)}} \tag{2.20}$$

这就是 Griffith 从能量观点分析所得到的结果。值得说明的是,式(2.19)和式(2.20)是从平板模型推导出来的结果,试样几何形状和受力方式的变化,都会对这一结果有影响。换句话说,具有不同结合形状和(或)受力方式的试样,其强度随裂纹尺寸的变化关系也会有所不同。

式(2.12)和式(2.19)基本一致,只是系数稍有差别。此外,两式与理论断裂强度

的计算公式——式(2.6)也很相似。式(2.6)中 a 为原子间距,而式(2.19)中 c 为裂纹半长。可见,如果能控制裂纹长度和原子间距离在同一数量级上,就可以使材料的断裂强度达到理论值。当然,这在实际上是很难做到的。但是,式(2.19)毕竟已经指出了制备高强材料的方向,即 E 和 γ 要大,而裂纹尺寸 c 要小。

式(2.19)可以用来解释许多有趣的实验现象。如 Griffith 为解释自己的理论而用玻璃试样进行的试验表明:刚拉制出来的玻璃试样弯曲强度为 6 GPa,而同样的玻璃试样在空气中放置几小时后就下降为 0.4 GPa。这一强度下降的原因在于大气腐蚀以及空气中灰尘等微颗粒与试样表面的接触使得试样表面形成了一些裂纹。又如有人用温水溶去氯化钠表面的缺陷,其强度即由 5 MPa 提高到 1.6 GPa,这一现象说明表面缺陷对断裂强度的影响很大。还有人把一根石英玻璃纤维分割成长度不同的几段,分别测其强度,结果发现:长度为 12 cm 时,强度为 275 MPa;长度为 0.6 cm 时,强度则可达到 760 MPa。这是由于试件长,含有危险裂纹的机会就多。其他形状试件也有类似的规律,大试件强度偏低,这就是所谓的尺寸效应。弯曲试件的强度比拉伸试件强度高,也是因为弯曲试件的横截面上只有一小部分受到最大拉应力的缘故。

Griffith 理论应用于玻璃等脆性材料时取得了很大的成功,但是应用于金属和非晶体聚合物时却遇到了新的问题:实验得出的 σ_c 值比按式(2.19)算出的结果大得多。为了解释这一现象,Orowan 指出延性材料受力时一般会产生很大的塑性形变,要消耗大量能量,因此 σ_c 提高。他认为可以在 Griffith 方程中引入扩展单位面积裂纹所需的塑性功 γ_p 来描述延性材料的断裂,即

$$\sigma_c = \sqrt{\frac{2E(\gamma + \gamma_p)}{\pi c}} \tag{2.21}$$

通常 $\gamma_p \geqslant \gamma$(例如高强度金属 $\gamma_p \approx 10^3 \gamma$,普通强度钢 $\gamma_p \approx 10^4 \sim 10^6 \gamma$)。因此,对于延性材料,$\gamma_p$ 控制着断裂过程。典型陶瓷材料 $E = 300$ GPa,$\gamma = 1.5$ J/m^2,如有长度 $2c = 10$ μm 的裂纹,由式(2.19),$\sigma_c \approx 240$ MPa。而弹性模量 E 同样为 300 GPa 的高强度钢,由于 $\gamma_p = 10^3 \gamma = 10^3$ J/m^2,在 σ_c 同样为 240 MPa 的条件下,临界裂纹长度则可达到 6.6 mm,比陶瓷材料的允许裂纹尺寸大了三个数量级。由此可见,陶瓷材料存在微观尺寸裂纹时便会导致在低于理论强度的应力下发生断裂,而金属材料则要有宏观尺寸的裂纹才能在低应力下断裂。因此,塑性是阻止裂纹扩展的一个重要因素。

实验表明,断裂表明能 γ 比自由表面能大。这是因为储存的弹性应变能除消耗于形成新表面外,还有一部分要消耗在塑性形变、声能、热能等方面。表 2.1 列出了一些单晶材料的断裂表面能。对于多晶陶瓷,由于裂纹路径不规则,阻力较大,测得的断裂表面能一般比单晶大。

表 2.1　一些单晶的断裂表面能

晶 体	温度/K	$\gamma/(J/m^2)$	晶 体	温度/K	$\gamma/(J/m^2)$
云母(真空条件下)	298	4.5	NaCl(在液氮中)	77	0.3
LiF(在液氮中)	77	0.4	蓝宝石($10\bar{1}1$)面	298	6.0
MgO(在液氮中)	77	1.5	蓝宝石($10\bar{1}0$)面	298	7.3
CaF_2(在液氮中)	77	0.5	蓝宝石($10\bar{2}3$)面	77	32
BaF_2(在液氮中)	77	0.3	蓝宝石($10\bar{1}1$)面	77	24
$CaCO_3$(在液氮中)	77	0.3	蓝宝石(2243)面	77	16
Si(在液氮中)	77	1.8	蓝宝石(1123)面	298	24

2.2　无机材料中微裂纹的起源

导致无机材料产生微裂纹的原因是多方面的。根据裂纹形成机制不同,可以把无机材料中的微裂纹大致分为本征裂纹和非本征裂纹两大类。其中,本征裂纹指的是那些在材料制作过程中引进的缺陷,包括气孔、夹杂、分层以及在烧结过程中由于各向异性热膨胀、相变等原因导致的内部裂纹,甚至异常长大的晶粒等;材料在制作后期进行机加工时引进的表面损伤原则上说也应该属于本征裂纹。非本征裂纹则是那些在材料的运输、装配及使用过程中由于外力及环境作用而产生的缺陷,如材料与环境介质中存在的微颗粒之间发生碰撞(或接触)而形成的表面裂纹以及在使用过程中由于相变、蠕变、热冲击、腐蚀、氧化等原因而产生的其他缺陷等。

2.2.1　无机材料中本征裂纹的起源

一般说来,作为烧结过程中致密化不完全的结果,气孔总是不可避免地存在于几乎所有的无机材料中。材料的破坏可能起源于大的气孔,也可能起源于能通过局部的相互作用而产生显著应力集中效应的气孔群。尽管气孔的形状可能千差万别,但由于气孔尺寸一般都比较小,而且大多数气孔又都是封闭气孔,因此我们可以近似地把它处理为一个处于无限大弹性体中的椭球形孔洞,如图 2.5 所示。由于材料内部的气孔一般都具有较小的 R/r 值(实际上一般都习惯地把气孔近似处理为一个球形,即 $R/r \approx 1$),因此,由式(2.9)可知,气孔导致的应力集中效应通常并不十分显著,在外加应力水平较低的情况下,气孔本身作为一种体缺陷通常并不可能成为导致材料破坏的最直接的原因。也就是说,气孔一般不能单独作为裂纹来看待。

但是,如果气孔附近区域中存在有其他显微结构缺陷时,情况就有所不同了。一个典型的例子是,当一个球形气孔处于三交晶界处时,由于相对于晶粒内部两个原子面之间的结合力而言,两个晶粒的界面间的结合力要弱得多,这时由气孔

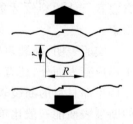

图 2.5　气孔模拟为椭球形孔洞

端部因为应力集中而产生的局部应力就有可能克服晶界间的结合力,从而使晶界产生松动。从宏观上看,这就相当于在气孔边缘处附着了一条尖锐的裂纹,而尖锐裂纹的出现无疑将大大提高气孔附近区域的应力集中程度,从而使得这个局部区域成为材料中的最薄弱区域,断裂就有可能在这里发生。

为了最大限度地减小气孔导致断裂发生的概率,有必要尽可能地减小晶粒尺寸。此外,减小气孔尺寸自然应该是制备高强度材料的基本要求,但在控制气孔尺寸方面如果确实存在一些困难时,那么就应该想办法保证气孔基本上呈球形状态,以缓解气孔导致的应力集中效应。

与气孔一样,夹杂也是无机材料中常见的一类显微结构缺陷。无机材料中的夹杂通常起源于粉体的制备过程及成型过程。为了防止夹杂现象,在这些工艺过程中应该严格保证环境的清洁,如空气的净化除尘、球磨介质的精选以及尽可能提高原料的纯度等。造成夹杂现象的另一个相对较为次要的因素是烧结过程中炉膛的污染。当然,为了制备高性能材料而有意识地在基体中引进的一些第二相粒子、纤维或晶须等虽然严格地说也应该属于夹杂,但由于这种人为引进的夹杂有利于材料性能的改善,因而通常并不作为夹杂现象来处理。

无机材料中夹杂导致的微开裂现象一般应该从两个方面来认识。首先,在材料制备过程中,由于夹杂物与基体间热膨胀及弹性形变的失配,夹杂物/基体界面附近将产生显著的残余内应力,如果失配程度较大,就可能导致微开裂现象。其次,即使微开裂现象在材料的制备过程中没有发生,在材料的工作过程中夹杂物/基体界面附近的残余内应力将对外加应力起到一个补充作用,从而诱发出微裂纹。

考虑一个球形夹杂物处于各向同性无限大弹性基体中的情况(图2.6):由于热膨胀和弹性形变的失配,夹杂物/基体界面上将受到一个残余内应力 p_i 作用。这个残余内应力的计算公式为

$$p_i = \frac{\Delta\alpha\Delta T}{\dfrac{1+\nu_m}{2E_m}+\dfrac{1-\nu_p}{E_p}} \tag{2.22}$$

式中,下标 p 和 m 分别代表夹杂物和基质材料;$\Delta\alpha = \alpha_m - \alpha_p$ 是二者间线膨胀系数的差值;ΔT 为烧结过程中冷却阶段的温度差;ν 和 E 则分别为材料的泊松比和弹性模量。

由式(2.22)决定的内应力将在基体中形成径向拉应力 σ_r 和周向拉应力 σ_t:

$$\begin{cases} \sigma_r = -p_i\left(\dfrac{R}{r}\right)^3 \\ \sigma_t = \dfrac{1}{2}p_i\left(\dfrac{R}{r}\right)^3 \end{cases} \tag{2.23}$$

式中,R 为球形夹杂物半径;r 为基体中某一点到夹杂物球心处距离。由式(2.23)可以看出,这个残余内应力的

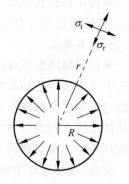

图 2.6 无限大弹性体中的球形夹杂物

分布是高度局部化的,随着与夹杂物/基体界面间距离的增大,残余内应力将迅速减小。

根据式(2.22)及式(2.23),讨论一下材料在制备过程中可能出现的几种情况。首先,如果 $\alpha_p < \alpha_m$,则 $\sigma_r < 0$ 而 $\sigma_t > 0$,也就是说,如果在冷却过程中基体的收缩比夹杂物的收缩更为剧烈的话,基体在垂直于周向应力的平面上将处于拉伸状态。当夹杂物尺寸 a 超过某一临界值使得 σ_t 足够大时,在基体与夹杂物的边界处就会诱发出如图 2.7 所示的径向裂纹,从而导致材料强度的急剧降低。当然,这种情况在陶瓷材料中是不多见的,因为陶瓷材料一般都具有较低的热膨胀系数。反过来,如果 $\alpha_p > \alpha_m$,则 $\sigma_r > 0$ 而 $\sigma_t < 0$。夹杂物在冷却过程中的收缩比基体剧烈,在某一临界条件(如 $\Delta\alpha$ 达到某一临界值)下,足够大的径向应力 σ_r 将使得夹杂物从基体中剥落出来,而导致基体内部产生一个类似于气孔的缺陷(图 2.8)。当然,更常见的情况是虽然 $\alpha_p > \alpha_m$,但是 $|\Delta\alpha| = \alpha_p - \alpha_m$ 却并不足以导致足够大的径向应力 σ_r 使得夹杂物与基体发生分离,这时在夹杂物/基体界面附近就可能会因为内应力作用而出现一些微裂纹。如果夹杂物的断裂韧性高于基体的断裂韧性,则径向应力作用将导致夹杂物基体界面附近的基体内部产生微裂纹(当然,这些微裂纹更多的情况下可能起源于界面上或界面附近的其他显微结构缺陷);而在夹杂物断裂韧性低于基体断裂韧性的情况下,由残余内应力诱发的微裂纹出现在夹杂物内部。

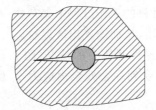 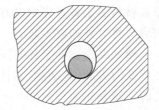

图 2.7 夹杂诱发径向开裂   图 2.8 夹杂从基体中剥落

多晶无机材料中非立方晶相的热膨胀及弹性各向异性也是导致本征裂纹的根源之一,其形成机制与夹杂物诱发裂纹的机制相似。这些微裂纹主要出现在晶界,尤其是三交晶界处。

无机材料的素坯成型过程也可能导致最终的烧结体中产生微裂纹。如可塑成型工艺中经常采用添加有机增塑剂的办法来提高粉体的可塑性,这些有机物在后续的烧结过程中将全部挥发,在某些特定的情况(甚至可以说在大多数情况)下就可能在烧结体中留下均匀分布的气孔。而在干压成型工艺中,压制压力的不均匀性也可能导致坯体中出现裂缝或分层等现象。

此外,烧结过程中异常长大的晶粒将影响到材料的整体均匀性,而导致局部的应力集中。只要这些异常长大的晶粒附近存在有任何一种其他的显微结构缺陷,都有可能成为一个与周围区域相比显得薄弱的部位,从而导致材料强度的降低。

总而言之,无机材料中由于工艺缺陷的存在而诱发的微裂纹是多种多样的。除了精心制作的纤维或晶须之外,没有任何一种无机材料中不存在这类微裂纹。

2.2.2 表面接触损伤及机械加工损伤

脆性无机材料在与环境中存在的微颗粒之间发生接触或撞击的过程中,其表面通常会产生局部的不可逆形变和(或)微开裂。这种现象称为接触损伤现象。接触损伤在无机材料的切削、磨削、钻孔等各种形式的机加工过程中最为常见,在无机材料构件的运输、装配及使用过程中也经常发生。此外,灰尘中常见的成分是石英,这是一种相当硬的材料,它可以在除了金刚石和碳化硼这两类最硬的材料之外的其他几乎所有材料的表面造成接触损伤。

无机材料中形成接触损伤的最典型的例子是机械加工过程中的机械加工表面损伤的形成。机械加工是无机材料构件或试样的制备过程中必不可少的环节之一。一般情况下,机械加工过程将在材料表面引进两类损伤:机加工裂纹和局部的不可逆形变。

机械加工过程引进的表面局部的不可逆形变由于磨粒的运动而表现为一道道的划痕,划痕附近区域表现为塑性屈服区,包围着塑性屈服区的则是处于变形状态的弹性基质。机械加工结束后,弹性基质的形变恢复受到塑性屈服区的约束,而在弹/塑性形变边界处引起了一个残余压应力作用。注意到实际的机械加工过程中,大量的磨粒导致了大量的划痕,这些划痕相互交错,相应的塑性屈服区也相互交错,从而使得材料的整个磨削表面成为一个完整的塑性区,处于压应力状态。这种压应力状态对于提高材料的断裂强度应该是有利的。

机械加工过程引起的微开裂主要还是发生在磨料粒子与试样表面的接触点附近,起源于由于尖锐接触而引起的高度局部应力集中。一般说来,机械加工过程在无机材料表面引进的裂纹大致可以分为两大类:径向裂纹和侧向裂纹(图 2.9)。这些裂纹相互交错,在材料表面和亚表面区域内形成了一个裂纹群,从而对材料的断裂强度以及其他力学性能产生影响。在大多数情况下,微开裂导致的强度降低程度明显地超过了塑性形变导致的强度提高程度;也就是说,无机材料的机械加工过程往往将导致材料强度衰减。

机械加工裂纹的深度大约在 $18 \sim 30\ \mu m$ 之间,这一厚度是一般的机加工后研磨或抛光处理所无法去除的,何况研磨或抛光处理本身还可能引进新的表面接触损伤。因而,机械加工裂纹与材料表面的其他类型损伤相比,更易于成为材料中的最危险裂纹。

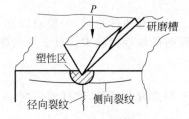

图 2.9 机械加工裂纹形成示意图

2.3 无机材料断裂强度测试方法

虽然零部件的设计一般需要以材料的抗拉强度为依据,但是,无机材料的断裂强度通常只能采用弯曲方法测定,这是因为无机材料通常脆性较大,在进行拉伸试验时,试样容易在夹持部位发生断裂,加之夹具与试样轴心的不一致所产生的附加弯矩的影响,在实际拉伸试验中往往难以测得可靠的抗拉强度值。

我国在 1986 年制定的国家标准"工程陶瓷弯曲强度试验方法"规定,可以采用三点弯曲或四点弯曲试验测定陶瓷材料的弯曲强度。试验所采用的试样如图 2.10 所示:试样的长度 L_T 应大于 36 mm,宽度为 b,高度为 h,三点弯曲跨距或四点弯曲的外跨距 $L=30\pm0.5$ mm,四点弯曲内跨距 $l=10\pm0.5$ mm。加载压头的半径 $R_1=2.0\sim5.0$ mm,支撑试样的下压头半径 $R_2=2.0\sim3.0$ mm。常用的试样截面尺寸为 $b\times h=4$ mm$\times3$ mm。

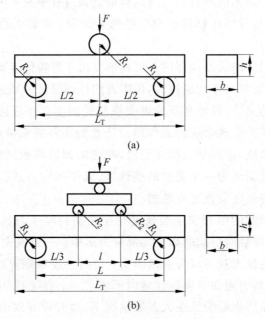

图 2.10 工程陶瓷弯曲强度试样示意图
(a) 三点弯曲;(b) 四点弯曲

进行弯曲试验时,一般应以 0.5 mm/min 的位移速率对试样进行加载,测出试样断裂时的临界荷载 P。对于三点弯曲试验,试样的强度 $\sigma_{3\text{-pt}}$ 由下式计算:

$$\sigma_{3\text{-pt}} = \frac{3}{2}\frac{PL}{bh^2} \qquad (2.24)$$

对于四点弯曲试验,试样的强度 $\sigma_{4\text{-pt}}$ 则为

$$\sigma_{4\text{-pt}} = \frac{3}{2}\frac{P(L-l)}{bh^2} \qquad (2.25)$$

在采用弯曲试验测定无机材料的断裂强度时,存在一些可能导致测试误差的因素。其中较为主要的有以下几类。

1. 加载构型

一般说来,采用三点弯曲加载方式测得的弯曲强度将明显高于四点弯曲的测试结果。这是因为在四点弯曲加载方式下,试样承受最大拉应力作用的区域较三点弯曲宽,因而试样由最危险裂纹导致断裂的几率相对较大。由于同样的原因,跨距不同的四点弯曲试验也将获得不同的测试结果。

2. 承载点

一般的弯曲试验装置中大都采用圆柱形短棒或刀口支撑试样以及对试样加载。固定的小圆棒或刀口对试样的弯曲施加了一个摩擦约束,与活动的支撑点的情况相比,前者往往给出一个偏高的强度测试结果。这一偏差的程度取决于材料间的摩擦系数,一般约为 10%。

试样与支撑点之间的另一类相互作用是接触点处高度的应力集中可能导致的试样局部受剪应力作用甚至压碎。更为严重的是,支撑点楔入试样表面时将在试样承载点附近区域引起局部的拉应力作用。正是这一附加的拉应力使得陶瓷材料弯曲试样的断面往往偏离弯矩最大的承载面。

支撑点本身也有可能导致测试误差。如支撑点的非对称布置将使得弯矩的分布变得不对称,而支撑点的重心如果不是处于同一平面,则试样宽度方向上所承受的荷载就会出现不均匀分布。

3. 试样形状

材料力学导出的测试公式(式(2.24)及式(2.25))严格地说只适用于所谓的"弯曲梁",即薄板状试样。如果试样的厚度大于三点弯曲跨距(或四点弯曲外跨距与内跨距之差)的 1/10 时,剪应力就变得重要起来,相应的强度计算结果将偏高;而如果试样宽度过小,试样就可能出现扭曲,宽度过大则试样侧向收缩将导致应力分布状态的显著改变。一般说来,试样的截面应该满足 $2h \geqslant b \geqslant h/2$。

弯曲试样要求试样受压面和受拉面之间严格平行,即试样表面曲率半径 $\rho \to 0$。如果弯曲试样具有一个弯曲表面,则实际的弯矩及弯曲应力分布状态就会偏离理论预测结果。一般说来,受拉面曲率半径为正时,受拉面上的最大拉应力将偏大;反之,如果受拉面曲率半径为负,受拉面上的最大拉应力将偏小。

此外,无机材料弯曲强度的测试结果在很大长度上取决试样的表面加工状态。一般说来,常规机械加工获得的试样由于表面上存在有大量的机械加工损伤而表现出相对较低的强度,对机械加工表面进行适当抛光处理后,可以使强度得到大幅度的提高。但是,也有少数例外的情况。在表面残余压应力对强度的影响超过了机加工裂纹的影响的情况下,具有机械加工表面的试样将表现出相对较高的强度,而适度的表面抛光则因为可能会导致表面残余压应力的消除而使得试样的强度降低。

国际上一些从事结构陶瓷生产的厂商则大多倾向于对经过了机械加工后的试样

进行直接测试,以获得一个强度的下限值,更好地保证产品在使用过程中的可靠性。根据这些生产厂商所提供的强度数据,可以把目前较为常见的陶瓷材料按其强度的下限值大致分为超高强度材料、高强度材料、中等强度材料、低强度材料、极低强度材料等几大类。表2.2给出了这一分类结果。

表2.2 陶瓷材料按其强度下限值分类

超高强度材料(>400 MPa)
  热压氮化硅,热压碳化硅,热压碳化硼,热压氧化铝,氧化锆增韧氧化铝,部分稳定氧化锆,四方相氧化锆多晶体,烧结Sialon,烧结氮化硅……

高强度材料(200～400 MPa)
  大多数细晶的烧结氧化铝,高密度反应烧结氮化硅,细晶反应烧结氮化硅,烧结氮化硅,热应力增强钠钙玻璃……

中等强度材料(100～200 MPa)
  高氧化铝含量的瓷器,莫来石陶瓷,粗晶氧化铝,反应烧结碳化硅,低密度反应烧结氮化硅,立方相氧化锆,氧化钛,不透明的玻璃陶瓷,单晶蓝宝石……

低强度材料(50～100 MPa)
  石英瓷、滑石瓷、粗晶多孔碳化硅、氧化镁、抛光玻璃、透明玻璃陶瓷、单晶石英……

极低强度材料(<50 MPa)
  多孔材料……

  文献报道的无机材料强度测试数据一般都远远高于表2.2所列的结果。这是因为实验室进行无机材料强度测试时,一般要求对试样表面进行抛光处理,并对试样的边棱沿试样长度方向倒角,以尽可能地消除机械加工损伤对测试结果的影响。此外,在实验室制备的材料与工业化生产所得到的材料相比其性能一般都相对较优一些。目前,列于表2.2中的大多数超高强度材料的实验室强度都基本可以接近甚至超过1 000 MPa,而那些属于高强度材料范围的材料的实验室强度也可能超过500 MPa。表2.3列出了实验室测得的一些典型无机材料的弯曲强度数值。

表2.3 一些典型无机材料的弯曲强度数值(实验室测试结果)

材　　料	强度/MPa	材　　料	强度/MPa
普通钠钙玻璃	140	多晶 Y_2O_3	300
熔融石英	90	热压 SiC	600
石英玻璃纤维	1 000	热压 Si_3N_4	520
多晶 Al_2O_3(晶粒尺寸 3 μm)	488	CaO 部分稳定 ZrO_2	800
多晶 Al_2O_3(晶粒尺寸 11 μm)	400	Y_2O_3 稳定四方 ZrO_2 多晶	2 200
多晶 Al_2O_3(晶粒尺寸 25 μm)	302	烧结 $BaTiO_3$	124
多晶 MgO	275	耐热微晶玻璃	300

2.4 断裂强度的统计性质

根据 Griffith 微裂纹理论,断裂起源于材料中存在的最危险裂纹。由于弹性模量和断裂表面能均为材料常数,由式(2.12)可知,材料的断裂强度只随材料中最大裂纹尺寸而变化。由于材料中存在有大量的微裂纹,这些微裂纹的尺寸的分布是随机的,有大有小,所以同一种材料制得的不同试件的断裂强度也应该有大有小,具有分散的统计性。

材料的强度还与试件的体积有关。试件中具有一定长度 c 的裂纹的几率与试件的体积成正比。设材料中平均每 $10\ \text{cm}^3$ 中有一条长度为 c_c(最长裂纹)的裂纹,如果试件体积为 $10\ \text{cm}^3$,则出现长度为 c_c 的裂纹的几率为 100%,其平均强度为 σ_c。如果试件体积为 $1\ \text{cm}^3$,10 个试件中只有一个上面有一条长度为 c_c 的裂纹,其余 9 个只含有更小的裂纹。结果,这 10 个试件的平均强度值必然大于试件的 σ_c。这就是测得的陶瓷强度具有尺寸效应的原因。

此外,通常测得的材料强度还和裂纹的某种分布函数有关。裂纹的大小、疏密使得有的地方 σ_c 大,有的地方 σ_c 小,也就是说材料的强度分布也和断裂应力的分布有密切关系。另外,应力分布还与受力方式有关。例如,同一种材料,抗弯强度比抗拉强度高。这是因为前者的应力分布不均匀,提高了断裂强度。平面应变受力状态的断裂强度比平面应力状态下的断裂强度高。

本节我们主要讨论断裂强度的统计性质。

2.4.1 强度的统计分析

将一体积为 V 的试件分为若干个体积为 ΔV 的单元。每个单元中都随机地存在裂纹。做破坏实验,测得 $(\sigma_c)_0, (\sigma_c)_1, \cdots, (\sigma_c)_n$。然后按断裂强度的大小排队分组,以每组的单元数为纵坐标作图得到图 2.11。

任取一单元,其强度为 $(\sigma_c)_i$,则在 $(\sigma_c)_0 \sim (\sigma_c)_i$ 区间的曲线下包围的面积占总面积的分数即为 $(\sigma_c)_i$ 的断裂几率。因为强度等于和小于 $(\sigma_c)_i$ 的各单元如果经受 $(\sigma_c)_i$ 的应力将全部断裂,因而这一部分的分数即为试件在 $(\sigma_c)_i$ 作用下发生断裂的几率

$$P_{\Delta V} = \Delta V n(\sigma) \tag{2.26}$$

式中,应力分布函数 $n(\sigma)$ 为 $(\sigma_c)_0 \sim (\sigma_c)_i$ 的总面积。

强度为 $(\sigma_c)_i$ 的单元在 $(\sigma_c)_i$ 应力下不断裂的几率为

$$1 - P_{\Delta V} = 1 - [\Delta V n(\sigma)] = Q_{\Delta V} \tag{2.27}$$

整个试件中如果有 r 个单元,即 $V = r\Delta V$,则整个试件在 $(\sigma_c)_i$ 应力下不断裂的几率为

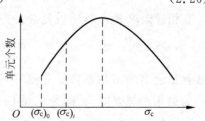

图 2.11 断裂强度分布图

$$Q_V = (Q_{\Delta V})^r = \{1-[\Delta V n(\sigma)]\}^r = \left[1-\frac{Vn(\sigma)}{r}\right]^r \tag{2.28}$$

此处不能用断裂几率来统计,因为只要有一个 ΔV_i 断裂,整个试件就断裂。因此,必须用不断裂几率来统计。

当 $r \to \infty$ 时,

$$Q_V = \lim_{r \to \infty}\left[1+\frac{-Vn(\sigma)}{r}\right]^r = \exp[-Vn(\sigma)] \tag{2.29}$$

上式中的 V,应理解为归一化体积,即有效体积与单位体积的比值,无量纲。

推而广之,如有一批试件共计 N 个,进行断裂试验的断裂强度 $\sigma_1, \sigma_2, \cdots, \sigma_N$。按断裂强度的数值由小到大排列。设 S 为 $\sigma_1 \sim \sigma_n$ 试件所占的百分数,也可以说,S 为试件断裂强度小于 σ_n 的几率,则

$$S = \frac{n}{N+1} \quad \left(\text{或 } S = \frac{n-0.5}{N}\right) \tag{2.30}$$

例如,$N=7, n=4$,则 $S=3.5/7=50\%$。对每一个试验值 σ_i 都可以算出相应的断裂几率,图 2.12 为一组试件的数据。

如果选取的试件有代表性,则单个试件与整批试件的断裂几率相等,

$$P_V = S = 1 - Q_V = 1 - \exp[-Vn(\sigma)] \tag{2.31}$$

$$1 - S = \exp[-Vn(\sigma)]$$

$$\frac{1}{1-S} = \exp[Vn(\sigma)]$$

$$\ln\frac{1}{1-S} = Vn(\sigma)$$

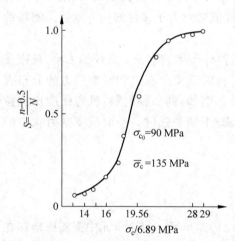

图 2.12 多晶 Al_2O_3 断裂应力的断裂几率

所以,

$$n(\sigma) = \frac{1}{V}\ln\frac{1}{1-S} \tag{2.32}$$

如果应力函数不是均匀分布,则

$$Q_V = \exp\left[-\int_V n(\sigma)dV\right] \tag{2.33}$$

相应地求 $n(\sigma)$ 就比较复杂。韦伯提出了一个半经验公式:

$$n(\sigma) = \left(\frac{\sigma - \sigma_u}{\sigma_0}\right)^m \tag{2.34}$$

这就是著名的韦伯函数。它是一种偏态分布函数。式中,σ 为作用应力,相当于 σ_i;σ_u 为最小断裂强度,又称为 σ_i 的门槛值,当作用应力小于此值时,$Q_V=1, P_V=0$;m 是表征材料均一性的常数,称为韦伯模数。m 越大,材料越均匀,材料的强度分散性越小;σ_0 为经验常数。

2.4.2 韦伯函数中 m 和 σ_0 的求法

韦伯函数中的几个常数可以根据实测强度的数据求得。由式(2.30)得到

$$1-S = 1-\frac{n}{N+1} = \frac{N+1-n}{N+1}$$

$$\ln\ln\left(\frac{1}{1-S}\right) = \ln\ln\left(\frac{N+1}{N+1-n}\right) \tag{2.35}$$

将式(2.35)代入式(2.32)得到

$$\ln\frac{1}{1-S} = Vn(\sigma) = V \times \frac{(\sigma-\sigma_u)^m}{\sigma_0^m}$$

改用常用对数:

$$\lg\frac{1}{1-S} = \lg e \times \ln\frac{1}{1-S} = \lg e \times \frac{V(\sigma-\sigma_u)^m}{\sigma_0^m} = 0.4343 \times \frac{V(\sigma-\sigma_u)^m}{\sigma_0^m}$$

$$\lg\lg\frac{1}{1-S} = \lg 0.4343 + \lg V + m\lg(\sigma-\sigma_u) - m\lg\sigma_0 \tag{2.36}$$

由式(2.35)和式(2.36)得

$$\lg\lg\left(\frac{N+1}{N+1-n}\right) = \lg 0.4343 + \lg V + m\lg(\sigma-\sigma_u) - m\lg\sigma_0 \tag{2.37}$$

分析上式,如果断裂强度的门槛值 σ_u 选定,则 $\lg\lg\left(\frac{N+1}{N+1-n}\right)$ 与 $\lg(\sigma-\sigma_u)$ 呈直线关系。直线斜率为 m,与 y 轴的截距为 $\lg 0.4343 + \lg V - m\lg\sigma_0$。门槛值 σ_u 选得不合适,则使得上述直线关系的线性相关系数降低。为此,常用试算法选定门槛值,此时相关系数可以达到接近于 1.0 的最大值。

根据实测的 σ_i 及 n_i 作 $\lg(\sigma-\sigma_u) - \lg\lg\left(\frac{N+1}{N+1-n}\right)$ 图,得一直线,可求出 m 和 σ_0。而该批试件的断裂几率则可根据下式算出:

$$S = 1 - \exp\left[-\frac{V(\sigma-\sigma_u)^m}{\sigma_0^m}\right] \tag{2.38}$$

上式中的试件体积 V 应指试件的有效体积,即试件中可能开裂的那部分体积。如果是三点弯曲试件,真正可能出现开裂的体积仅指位于跨度中点,且占很小部分的受拉应力区域。另外,这个区域的大小还与材料的韦伯模数 m 有关。当然在实际计算 V 时,所选用的 m 值只是估计值,待整个问题解决之后,再用求得的 m 值加以修正。

对三点弯曲,有效体积 $V = \frac{V_T}{2(m+1)^2}$,四点弯曲试件,有效体积 $V = \frac{V_T(m+2)}{4(m+1)^2}$。式中 V_T 为试件的整个体积。例如当 $m=10$ 时,前者为 $0.004V_T$,后者为 $0.025V_T$。

2.4.3 韦伯统计的应用及实例

式(2.38)可以用来求使用应力。例如要求不断裂的几率为 95%,应选用多大的

使用应力？因 $P_V=95\%$，则 $S=1-0.95=5\%$，代入式(2.38)，可求得使用应力。

今有一组热压 Al_2O_3 瓷的断裂强度数据，见表 2.4。试件的体积为 5 cm³，问在不超过多大的外加应力作用下，材料不发生断裂的几率为 95%？

表 2.4 韦伯模数计算表

顺序号 n	断裂几率 $S=n/(N+1)$	断裂强度 $\sigma/100$ MPa	$\dfrac{N+1}{N+1-n}$	$\lg\lg\dfrac{N+1}{N+1-n}$	$(\sigma-\sigma_u)/100$ MPa	$\lg(\sigma-\sigma_u)$
1	0.125	4.5	1.14	−1.2366	0.5	−0.3010
2	0.250	4.7	1.33	−0.9033	0.7	−0.1549
3	0.375	4.8	1.60	−0.6901	0.8	−0.0970
4	0.500	5.0	2.00	−0.5214	1.0	0
5	0.625	5.2	2.67	−0.3706	1.2	0.0790
6	0.750	5.2	4.00	−0.2204	1.2	0.0790
7	0.875	5.6	8.00	−0.0443	1.6	0.2040

注：$n=7$，选得 $\sigma_u=4.0\times 10^8$ Pa。

先选定 $\sigma_u=400$ MPa，根据表 2.4 的 $\lg\lg\left(\dfrac{N+1}{N+1-n}\right)$ 和 $\lg(\sigma-\sigma_u)$ 作图得到图 2.13，为一直线。如果不是直线，则改变 σ_u 值，使此线逐步变直。求出斜率 $m=2.432$ 及截距 −0.505。

根据式(2.37)，

$$-0.505 = \lg 0.4343 + \lg V - 2.432\lg\sigma_0$$

设 $m=2.5, V=\dfrac{5}{2(2.5+1)^2}=0.204$，解上式可得：$\sigma_0=0.5954$，代入式(2.38)得到

$$S = 1 - \exp\left[-0.204\left(\dfrac{\sigma-4.0}{0.5954}\right)^{2.432}\right] \qquad (2.38a)$$

将测得的断裂强度 σ 分别代入上式，求得断裂几率如表 2.5 所示。

断裂几率与断裂强度之间的关系见图 2.14。

表 2.5 不同断裂强度下的断裂几率

σ	$\sigma-4.0$	$-0.204\left(\dfrac{\sigma-4}{0.5954}\right)^{2.432}$	S
4.5	0.5	−0.1334	0.1248
4.7	0.7	−0.3024	0.2609
4.8	0.8	−0.4184	0.3419
5.0	1.0	−0.7199	0.5123
5.2	1.2	−1.1216	0.6742
5.2	1.2	−1.1216	0.6742
5.6	1.6	−2.2578	0.8954

第 2 章　无机材料的断裂强度

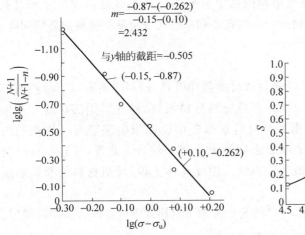

图 2.13　韦伯断裂几率图

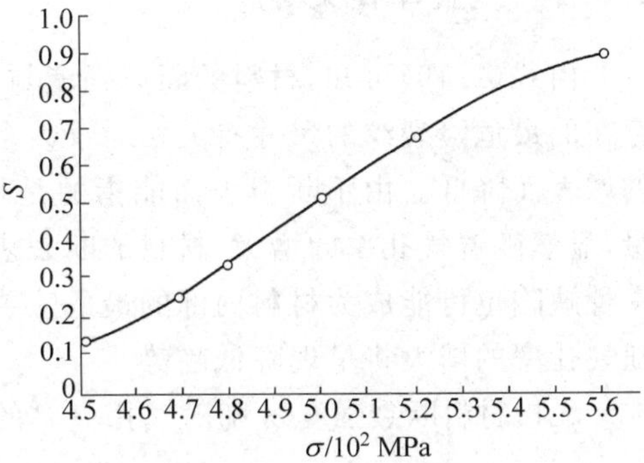

图 2.14　韦伯统计断裂几率与断裂强度关系图

如要求保证率 95%，即 $S=0.05$，代入式(2.38a)求得 $\sigma=433.7$ MPa。

对于同一批试件，σ_u，σ_0 和 m 都是常数。但对不同批的材料，即使生产条件一样，σ_u，σ_0 和 m 也有差别，就是说，这些常数和制造过程及试验条件有关。

2.4.4　两参数韦伯分布及其应用

为了简化计算，在韦伯断裂概率函数公式(2.38)中，设 σ_u 为零，即假设最小断裂强度为零，则该式简化为

$$S = 1 - \exp\left[-V\left(\frac{\sigma}{\sigma_0}\right)^m\right] \quad (2.39)$$

式中仅剩下 m 和 σ_0 两个参数，故称为两参数韦伯分布，而式(2.38)则称为三参数韦伯分布。

用式(2.39)可以使运算简化，但计算得到的 m 值一般偏大。有时 $\lg\lg\left(\frac{N+1}{N+1-n}\right) - \lg\sigma$ 不是一条直线而是多段直线，违背了韦伯分布的定义。典型的例子如图 2.15 所示。从图中可以分析不同缺陷所起的作用。

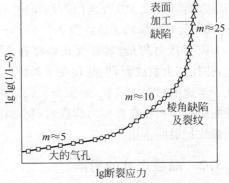

图 2.15　不同缺陷在韦伯分布上的表现

2.5　显微结构对无机材料断裂强度的影响

材料的显微结构对断裂强度影响十分复杂，许多细节尚不完全清楚。但是，借助于 Griffith 微裂纹理论，仍然可以就显微结构对断裂强度的影响问题作一些初步的

讨论。一般说来，描述陶瓷材料显微结构的两个重要的特征参数是晶粒尺寸和气孔率。由此，下面我们就分别简要地讨论一下气孔率和晶粒尺寸对断裂强度的影响问题。

2.5.1 气孔率的影响

由式(2.19)可知，材料的断裂强度与材料的弹性模量、断裂表面能以及材料内部存在的最危险裂纹的尺寸有关。对于大多数无机材料而言，弹性模量随材料气孔率的增大而降低。由于断裂表面能指的是材料新形成单位面积断裂表面所消耗的能量，显然随着气孔率的增大，材料的断裂表面能也呈减小趋势。此外，气孔本身作为一种缺陷也可能成为材料内部的最危险裂纹。因此总体上说，无机材料的断裂强度随气孔率的增大将呈现降低趋势。

无机材料断裂强度 σ_f 随气孔率 P 的变化关系可以用如下的经验方程加以描述：

$$\sigma_f = \sigma_0 \exp(-nP) \tag{2.40}$$

式中，n 为常数，一般为 4~7；σ_0 为没有气孔的情况下材料的断裂强度。由式(2.40)可知，当气孔率为 10% 时，强度将下降至没有气孔时强度的 50%，而 10% 的气孔率在一般的无机材料中则是较为常见的。由此可见气孔率对强度的影响程度。

图 2.16 是实验测得的 $MoSi_2$ 发热体材料断裂强度随气孔率的变化关系曲线，可以看出实验数据与式(2.40)所预测的结果吻合得很好，回归分析得到的 n 值约为 3.5。

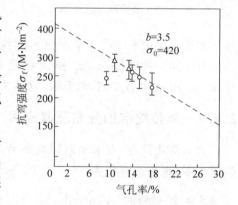

图 2.16　$MoSi_2$ 发热体材料的强度随气孔率的变化关系

需要指出的是，尽管气孔多存在于晶界上，往往成为裂纹源，但是存在于晶粒内部的互不连通的封闭式气孔，特别是气孔呈微小的均匀分散状态时，也有可能导致材料强度的提高。在存在高应力梯度时(例如由热震引起的应力)，气孔能起到容纳变形，阻止裂纹扩展的作用。

2.5.2 晶粒尺寸的影响

对于多晶材料，大量实验证明：晶粒尺寸越小，材料的强度就越高。因此，微晶材料就称为无机材料发展的一个重要方向。几年来已经研制出了许多晶粒小于 1 μm、气孔率接近于 0 的高强度高致密无机材料。随着一系列先进的材料制备手段的出现，无机材料的晶粒尺寸已经可以达到亚微米甚至纳米级，相应地，材料的强度也得到了大幅度的提高。如已经有文献报道，纳米晶 Si_3N_4 材料的弯曲强度已经可以达到 1 500 MPa，而纳米晶四方氧化锆多晶体材料的强度则达到了 2 200 MPa。

实验证明，断裂强度 σ_f 与晶粒尺寸 d 的平方根成反比，即

$$\sigma_f = \sigma_0 + K_1 d^{-1/2} \qquad (2.41)$$

式中,σ_0 和 K_1 为材料常数。

如果起始裂纹受晶粒所限制,其尺度与晶粒度相当,则脆性断裂强度与晶粒尺寸的关系为

$$\sigma_f = K_2 d^{-1/2} \qquad (2.42)$$

图 2.17 为通过机械加工制得的 MgO 陶瓷试样在经过抛光处理前后强度 σ_f 与晶粒尺寸 d 的关系。可以看出,随着晶粒尺寸的增大,断裂强度呈降低趋势,与式(2.39)和式(2.42)所预测的结果相吻合。

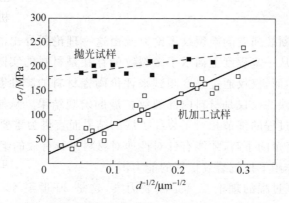

图 2.17 MgO 陶瓷断裂强度与晶粒尺寸的关系

无机材料断裂强度随晶粒尺寸的增大而降低,主要是因为材料内部固有裂纹的尺寸在很大尺度上取决于晶粒尺寸。由于晶界间的结合通常比晶粒内部原子间的结合弱得多,在材料的制备和加工过程中,裂纹的起源往往是在晶界处开始。晶粒越小,起始裂纹的尺寸就越小;相应地,材料的断裂强度就越高。

习题

1. 求熔融石英的结合强度。设估计的表面能为 $1.75\,\text{J/m}^2$;Si-O 的平衡原子间距离为 $1.6\times10^{-8}\,\text{cm}$;弹性模量值为 $75\,\text{GPa}$。

2. 表 2.6 为不同承载条件下一种 Si_3N_4 陶瓷的弯曲强度测试结果。试对这些测试结果进行比较,说明导致其数值不同的原因。

3. 对一种无机材料进行弯曲强度测试得到的数据为:782,784,866,876,884,890,915,922,922,927,942,944,1 012 及 1 023 MPa。试采用最小二乘法计算其两参数韦伯模数和三参数韦伯模数。

4. 说明图 2.15 中机加工试样断裂强度低于抛光试样的原因。为什么随着晶粒尺寸的减小,两类试样强度之间的偏差减小?

第 3 章 无机材料的断裂及裂纹扩展

Griffith 关于断裂强度的微裂纹理论以及由这一理论所导出的断裂强度与裂纹尺寸之间的关系,从一定程度上揭示了微裂纹的存在是材料的实际强度低于其理论值的根本原因。然而,仅仅通过强度测试来评价陶瓷材料的脆性断裂行为是远远不够的,因为强度反映的仅仅是材料内部裂纹扩展的宏观结果。从制备高强度材料角度上看,裂纹扩展过程的细节相对于裂纹扩展的结果而言更为重要,因为只有对裂纹扩展过程有比较清楚的了解,才能有针对性地对材料进行有效的组成与结构设计,以提高材料在外力作用下抵抗裂纹扩展的能力。

研究裂纹扩展过程的理论工具是断裂力学,这是 20 世纪 50 年代初在 Griffith 理论的基础上发展出来的一门以研究含裂纹体中裂纹起源、扩展及其失稳规律为主要内容的专门学科。20 世纪 50 年代中后期,断裂力学成为了指导金属材料的构件设计、合理选材、事故分析乃至寿命预测等的一种极为有效的理论工具。70 年代初,这一学科开始在无机材料领域发挥出越来越重要的作用。

在本章中,我们将首先介绍断裂力学中的一些基本概念,而后借助于断裂力学这一理论工具,对无机材料中裂纹扩展以及脆性断裂的一些基本规律进行讨论。

3.1 断裂力学基本概念

3.1.1 裂纹系统的机械能释放率

考虑如图 3.1 所示的一个裂纹系统:单位厚度试样中含有一条长度为 $2c$ 的贯穿裂纹,裂纹表面不受应力作用;试样的下端被刚性固定,而其上端则承受一个均匀拉应力作用。假想在裂纹尖端处施加了一个无功约束力作用以防止裂纹发生扩展,则试样可以视作一条处于平衡状态的弹簧。根据胡克定律,试样的伸长量 u 与外加荷载 P 之间存在如下关系:

$$u = \lambda P \quad (3.1)$$

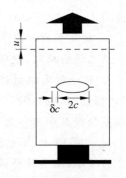

图 3.1 柔度试验样品

式中的比例常数 λ 称为试样的柔度。

根据材料力学理论,图 3.1 所示系统的弹性应变能 W_E 等于外加荷载 P 所做的功,即

$$W_E = \int_0^u P(u)\mathrm{d}u = \frac{1}{2}P^2\lambda = \frac{1}{2}\left(\frac{u^2}{\lambda}\right) \tag{3.2}$$

现在把"施加"在裂纹尖端处的无功约束力撤去,允许裂纹在外力作用下发生增量为 δc 的扩展,这时裂纹系统的机械能将发生变化。我们先讨论两种极限情况。

1. 常力加载

常力加载指的是在裂纹扩展过程中,外加荷载 P 始终保持不变。这时,由式(3.1)和式(3.2)就可以很方便地确定荷载功 W_P 和弹性应变能 W_E 的变化情况:

$$\begin{cases} \delta W_P = P\delta u = P^2 \delta\lambda \\ \delta W_E = \frac{1}{2}P^2 \delta\lambda \end{cases} \tag{3.3}$$

而总的机械能变化量则为

$$\delta(W_E - W_P)_P = -\frac{1}{2}P^2 \delta\lambda \tag{3.4}$$

2. 常位移加载

常位移加载通常又称为固定边界加载,指的是在裂纹扩展过程中加载系统本身不发生位移,即 $\delta u = 0$。利用式(3.2),系统能量的变化为

$$\begin{cases} \delta W_P = 0 \\ \delta W_E = -\frac{1}{2}\left(\frac{u}{\lambda}\right)^2 \delta\lambda = -\frac{1}{2}P^2 \delta\lambda \end{cases} \tag{3.5}$$

于是得到

$$\delta(W_E - W_P)_u = -\frac{1}{2}P^2 \delta\lambda \tag{3.6}$$

比较式(3.4)和式(3.6)可以看出,在恒定荷载和恒定位移这两种不同的加载条件下,裂纹扩展任一微小增量 δc 时系统所释放的机械能 $\delta(W_E - W_P)$ 与加载系统的具体情况无关。

更严格的力学分析表明,这一结论是普遍成立的。因而,当裂纹尺寸增大时,可以普遍地定义裂纹扩展单位长度时系统的机械能释放率为

$$G = -\frac{\mathrm{d}(W_E - W_P)}{2\mathrm{d}c} \tag{3.7a}$$

在更一般的情况下,机械能释放率 G 应该定义为裂纹扩展过程中系统释放的机械能对开裂面积 A($A = 2c \times$ 厚度,厚度设为1)的导数,即

$$G = -\frac{\mathrm{d}(W_E - W_P)}{\mathrm{d}A} \tag{3.7b}$$

由式(3.7)看出,机械能释放率 G 的量纲是[力][长度]$^{-1}$,国际单位为 $\text{N}\cdot\text{m}^{-1}$ 或

MPa·m。

考虑到机械能释放率 G 与加载系统的具体细节无关,因而通常只需研究简单的恒定位移加载时的情况。这时,式(3.7b)变为

$$G = -\left(\frac{dW_E}{dA}\right) \tag{3.8}$$

这就定义了裂纹扩展单位面积时系统所释放的弹性应变能,称为系统的弹性应变能释放率。

顺便指出一点,根据上面的讨论不难看出:

$$G = \begin{cases} \dfrac{1}{2}P^2\left(\dfrac{d\lambda}{dA}\right)_P \\ \dfrac{1}{2}\left(\dfrac{u}{\lambda}\right)^2\left(\dfrac{d\lambda}{dA}\right)_u \end{cases} \tag{3.9}$$

式(3.9)反映了机械能释放率 G 与试样柔度 λ 之间的关系,通常称为 Irwin-Kies 公式。这一关系在用柔度标定法确定特殊裂纹系统的机械能释放率 G 的表达式时具有重要的作用。

3.1.2 裂纹尖端处的应力场强度

对于含裂纹体的断裂问题,也可以采用应力分析的方法进行研究,这是因为裂纹在外界因素作用下是否发生扩展与裂纹尖端附近区域的应力分布情况有着直接的关系。一般说来,对于比较复杂的裂纹系统,确定其裂纹尖端应力场分布情况是十分困难的,通常需要引进一些近似条件。我们在这里考虑一种比较简单的情况,即平面裂纹问题。

在对平面裂纹问题进行应力分析之前,有必要区分一下裂纹扩展的三种不同的基本方式。根据裂纹在外力作用下发生扩展的方式的不同,断裂力学研究中通常把材料中常见的裂纹分为如图 3.2 所示的三种类型,这三类裂纹的基本力学特征分别为:

掰开型(Ⅰ型) 在与裂纹面正交的拉应力作用下,裂纹面沿垂直于拉应力方向产生张开位移。

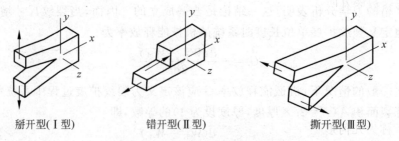

掰开型(Ⅰ型)　　　　错开型(Ⅱ型)　　　　撕开型(Ⅲ型)

图 3.2　裂纹扩展的三种类型

错开型（Ⅱ型） 在平行于裂纹面与裂纹尖端线垂直的剪应力作用下，裂纹面沿剪应力作用方向产生相对滑动。这类裂纹的剪切方式与刃位错的运动方式是类似的。

撕开型（Ⅲ型） 在平行于裂纹面与裂纹尖端线也平行的剪应力作用下，裂纹面沿剪应力作用方向产生相对滑动。这类裂纹的剪切方式与螺位错的运动方式是相似的。

三类裂纹中，Ⅰ型裂纹的受力扩展是低应力断裂的主要原因，也是实验和理论研究的主要对象，这里主要介绍这类裂纹的扩展。

Irwin 应用弹性力学理论对裂纹尖端附近的应力场进行深入的分析发现，对于Ⅰ型裂纹，在如图 3.3 所示的坐标系中，其裂纹尖端的应力场为

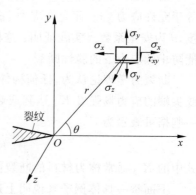

图 3.3 裂纹尖端附近的应力分布

$$\left.\begin{aligned}\sigma_{xx} &= \frac{K_\mathrm{I}}{\sqrt{2\pi r}}\cos\frac{\theta}{2}\left(1-\sin\frac{\theta}{2}\sin\frac{3\theta}{2}\right)\\ \sigma_{yy} &= \frac{K_\mathrm{I}}{\sqrt{2\pi r}}\cos\frac{\theta}{2}\left(1+\sin\frac{\theta}{2}\sin\frac{3\theta}{2}\right)\\ \tau_{xy} &= \frac{K_\mathrm{I}}{\sqrt{2\pi r}}\cos\frac{\theta}{2}\sin\frac{\theta}{2}\cos\frac{3\theta}{2}\end{aligned}\right\} \quad (3.10)$$

式中，K_I 为与外加应力 σ、裂纹长度 c、裂纹类型及其受力状态有关的参数，称为应力场强度因子，其下标Ⅰ表示所考虑的裂纹为Ⅰ型裂纹。应力场强度 K_I 的单位为 $\mathrm{MPa \cdot m^{1/2}}$。

式（3.10）也可以写成如下的通式形式：

$$\sigma_{ij} = \frac{K_\mathrm{I}}{\sqrt{2\pi r}}f_{ij}(\theta) \quad (3.11)$$

式中，r 为半径向量；θ 为角坐标。

在裂纹扩展方向上邻近裂纹尖端处，有 $r \ll c$，$\theta \to 0$，相应可以得到：

$$\sigma_{xx} = \sigma_{yy} = \frac{K_\mathrm{I}}{\sqrt{2\pi r}} \quad (3.12)$$

显然，式（3.12）中的 σ_{yy} 即为式（2.10）中的 σ_A，因此可以将式（3.12）改写成

$$K_\mathrm{I} = \sqrt{2\pi r}\sigma_\mathrm{A} = \frac{2\sqrt{2\pi r}}{\sqrt{\rho}}\sigma\sqrt{c} = Y\sigma\sqrt{c} \quad (3.13)$$

式中的 Y 称为几何形状因子，与裂纹型式、试件几何形状有关。求 K_I 的关键在于求 Y，而 Y 则可通过试验得到。各种不同裂纹系统的 Y 值计算方法已汇编成册，可供查阅。

3.1.3 临界应力场强度因子及断裂韧性

按照经典强度理论,在设计构件时,断裂准则是 $\sigma \leqslant [\sigma]$,即使用应力 σ 应小于或等于允许应力 $[\sigma]$,而允许应力 $[\sigma] = \sigma_f/n$ 或 σ_{ys}/n,其中:σ_f 为断裂强度,σ_{ys} 为屈服强度,n 为安全系数。实践证明:这种设计方法和选材的准则没有抓住断裂的本质,不能防止低应力下的脆性断裂。

断裂力学理论认为,任何构件的断裂破坏都是由裂纹的失稳扩展导致的。当裂纹尖端的应力场强度 K_I 达到或超过了一个临界水平 K_{IC} 时,构件将发生断裂。这一判据可表示为

$$K_I = Y\sigma\sqrt{c} \geqslant K_{IC} \tag{3.14}$$

式中的 K_{IC} 通常称为材料的断裂韧性。

下面举一具体例子来说明上述两种设计选材方法的差异。有一构件,实际使用应力 σ 为 1.30 GPa。有两种钢待选:甲钢 $\sigma_{ys}=1.95$ GPa,$K_{IC}=45$ MPa·m$^{1/2}$;乙钢 $\sigma_{ys}=1.56$ GPa,$K_{IC}=75$ MPa·m$^{1/2}$。根据传统的强度设计理论,两种钢的安全系数分别为

甲钢:$n = \dfrac{\sigma_{ys}}{\sigma} = \dfrac{1.95 \text{ GPa}}{1.30 \text{ GPa}} = 1.5$

乙钢:$n = \dfrac{1.56}{1.30} = 1.2$

可见选择甲钢比选乙钢安全。

但是根据断裂力学观点,构件的脆性断裂是裂纹扩展的结果,所以应该计算 K_I 是否超过 K_{IC}。设两种钢中存在的最大裂纹尺寸 c 均为 1 mm,相应的裂纹几何形状因子 Y 均为 1.5,由 $\sigma_c = K_{IC}/Y\sqrt{c}$ 可以得到:

甲钢的断裂应力:$\sigma_c = \dfrac{45 \times 10^6}{1.5\sqrt{0.001}} = 1.0$ GPa

乙钢的断裂应力:$\sigma_c = \dfrac{75 \times 10^6}{1.5\sqrt{0.001}} = 1.67$ GPa

甲钢的 σ_c 小于 1.30 GPa,显然是不安全的,会导致低应力脆性断裂;乙钢的 σ_c 大于 1.30 GPa,因而是安全可靠的。

从上面的例子中可以看出,两种设计方法得出了截然相反的结果。按断裂力学观点设计,既安全可靠,又能充分发挥材料的强度,合理使用材料。而按传统观点,片面追求高强度,其结果不但不安全,而且还埋没了乙钢这种非常适用的材料。

对于大多数无机材料而言,其断裂韧性通常较小,一般在 0.5~15 MPa·m$^{1/2}$ 之间,由式(3.14)可知,一条很小的裂纹的存在就可能导致无机材料强度的大幅度降低。因此,从断裂力学角度分析材料的强度行为、进行安全合理选材,对于无机材料构件的设计和使用来说尤为重要。

材料断裂韧性 K_{IC} 是材料的本征参数,它反映了含有裂纹的材料对外界作用的一种抵抗能力,也可以说是阻止裂纹扩展的能力,是材料的固有性质。这一点可以通过分析如图 2.4 所示的裂纹系统加以简要的说明。在 2.1.2 节中已经导出,如图 2.4 所示的裂纹系统的弹性应变能由式(2.13)决定,于是由式(3.8)可以得到该系统的应变能释放率为:

$$G = \frac{dW_e}{2dc} = \frac{\pi c \sigma^2}{E} \tag{3.15}$$

当外加应力 σ 达到裂纹系统所能承受的临界值即系统的断裂强度 σ_c 时,则可以得到裂纹系统的临界应变能释放率 G_C 为:

$$G_C = \frac{\pi c \sigma_c^2}{E} \tag{3.16}$$

另一方面,对于如图 2.4 所示的裂纹系统,其应力场强度 K_I 由下式给出:

$$K_I = \sqrt{\pi} \sigma \sqrt{c} \tag{3.17}$$

相应地,临界应力场强度或断裂韧性 K_{IC} 为:

$$K_{IC} = \sqrt{\pi} \sigma_c \sqrt{c} \tag{3.18}$$

结合式(3.15)~式(3.18)可以得到

$$G = \frac{K_I^2}{E} \tag{3.19}$$

$$G_C = \frac{K_{IC}^2}{E} \tag{3.20}$$

对于脆性材料,$G_C = 2\gamma$,由此得

$$K_{IC} = \sqrt{2E\gamma} \tag{3.21}$$

可见 K_{IC} 与材料本征参数 E,γ 等物理量有直接关系,因而 K_{IC} 也应是材料的本征参数。

上面的分析有几点是需要加以说明的。首先,我们通过对如图 2.4 所示的一个典型的裂纹系统进行的分析得到了应变能释放率 G 与应力场强度 K_I 之间的关系式(3.19),严格的断裂力学分析表明这个关系式对于所有的裂纹系统都是适用的。其次,在导出式(3.19)~式(3.21)的过程中,我们所考虑的裂纹系统都是处于平面应力状态的,在考虑平面应变问题时,我们只需将这些式子中的参数 E 用 $E/(1-\nu^2)$ 代替即可。

3.1.4 平面应变断裂韧性

上一小节中给出的断裂判据式(3.14)是以线弹性力学为基础推导出来的。实际上由于存在高度的应力集中效应,裂纹前沿附近区域在临近临界状态之前就已出现小区域的塑性形变,从而使得这样区域内的应力状态发生变化。如果此区域的大小与原有裂纹长度等尺寸相差不大,就很难将这种应力状态处理为线弹性的。因此,为了正确地应用由线弹性力学理论导出的断裂判据,就必须将可能出现的塑性小区域的大小限制在一定范围之内。具体限制有两个方面:

1. 裂纹前沿的塑性变形区尺寸对裂纹长度的要求

在 Irwin 应力场公式中，当 $\theta = 0$ 时（即在裂纹前沿附近），y 方向的应力 $\sigma_y = \dfrac{K_I}{\sqrt{2\pi r}}$，$r$ 为距裂纹尖端的距离。根据分析，该处的主应力也是 σ_y，σ_y 与 r 的关系如图 3.4 所示。

当 $r = r_0$ 时，$\sigma_y = \sigma_{ys}$。由于屈服应力下，材料可容纳很大程度的塑性变形，所以在 $r < r_0$ 的区域，σ_y 也都等于 σ_{ys}，此区域即称为塑性变形区。据此可得到塑性区尺寸：

$$r_0 = \frac{K_I^2}{2\pi \sigma_{ys}^2} \tag{3.22}$$

对于给定的材料，应力强度因子 K_I 越大，塑性区尺寸 r_0 就越大。

在平面应变状态下，考虑了原试样的侧向约束，实际的屈服强度更高一些，即 $\sigma_{ys}' = \sqrt{2\sqrt{2}}\,\sigma_{ys}$，因此平面应变状态下，塑性区尺寸将减小为

$$r_0' = \frac{1}{4\sqrt{2}\,\pi}\left(\frac{K_I}{\sigma_{ys}}\right)^2 \tag{3.23}$$

其极限尺寸为

$$(r_0')_c = \frac{1}{4\sqrt{2}\,\pi}\left(\frac{K_{IC}}{\sigma_{ys}}\right)^2 \tag{3.23a}$$

J. F. Knott 用边界配位法计算了紧凑拉伸试样和三点弯曲试样上不同 r/c 处的 σ_y 分量的精确解

$$c_{ij}(r,\theta) = c_1 f_1(\theta) r^{-1/2} + c_2 f_2(\theta) r^0 + c_3 f_3(\theta) r^{1/2} + c_4 f_4(\theta) r + c_5 f_5(\theta) r^{3/2} + \cdots$$

并与近似解 $\sigma_1 = \dfrac{K_I}{\sqrt{2\pi r}}$ 进行了对比，得出相对误差 $\dfrac{\sigma_1 - \sigma}{\sigma} \times 100\%$ 随 r/c 的变化规律，见图 3.5。从曲线可知，如果 $r/c < 1/15\pi$，则用三点弯曲试件时，相对误差小于 6%，说明近似解法的误差不大，而且应力值偏大，使用时在安全一侧。

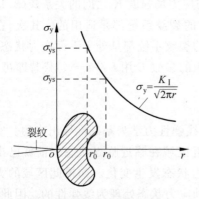

图 3.4 裂纹尖端的塑性变形区

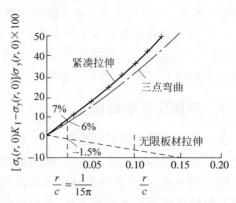

图 3.5 不同试样应力场的近似解与精确解的相对误差

因此，如果限制塑性区尺寸 r_0，使得 $r/c < 1/15\pi$，近似求解线弹性应力场强度因子 K_I 可行性成立。即对裂纹长度的限制为

$$c \geqslant 15\pi \times (r_0')_c = 15\pi \times \frac{1}{4\sqrt{2}\pi}\left(\frac{K_{IC}}{\sigma_{ys}}\right)^2 = 2.5\left(\frac{K_{IC}}{\sigma_{ys}}\right)^2 \qquad (3.24)$$

如果满足这个条件，则称为小范围塑性形变。线弹性断裂判据仅适用于这种条件下。换句话说，用试样测 K_{IC} 时，裂纹的程度不能太短，要满足上式。例如，对氧化铝瓷：

$$c \geqslant 2.5\left(\frac{5}{350}\right)^2 = 0.51 \text{(mm)}$$

对钢材：

$$c \geqslant 2.5\left(\frac{120}{1\,600}\right)^2 = 14 \text{(mm)}$$

所以金属试样和高分子材料试样的预制裂纹不能太小。也就是说，试样的几何尺寸不能太小。

2. 对试样其他尺寸的要求

如果试样的前后表面不受外力，即 $\sigma_z = 0$，对于太薄的试样，只受 σ_x 和 σ_y，则为平面应力状态。在这种情况下，倾斜截面上的剪应力 τ_{xy} 较大，所以发生塑性变形的可能性大，脆性断裂的倾向就小。这也是上节研究裂纹尖端塑性区尺寸时，平面应力状态的塑性区尺寸较大的原因。

一般试样有足够的厚度，在离试样表面一定距离的内部属于平面应变状态，而前后两个表面则属于平面应力状态。表面上的较大的应力状态不然要影响到厚度中间的平面应变状态。越薄的试样，这种影响就越大。因此，断裂判据的适用条件还要求试样的厚度

$$B \geqslant 2.5\left(\frac{K_{IC}}{\sigma_{ys}}\right)^2 \qquad (3.25)$$

同样，对试样的净宽（即开裂剩余部分的尺寸）也有所限制，即

$$(W - c) \geqslant 2.5\left(\frac{K_{IC}}{\sigma_{ys}}\right)^2 \qquad (3.26)$$

式中，W 为试样的宽度。

由于无机材料本身的屈服强度很高，但断裂韧性 K_{IC} 却较低，上述限制均不难满足，所以试样的尺寸可以做得相当小，高、宽仅几毫米。

3.1.5 几何形状因子的柔度标定技术

确定一个给定的裂纹系统的应力场强度的关键在于其几何形状因子表达式的确定。几何形状因子表达式一般可以通过应力分析的方法得到，在一些特定的情况下也可以借助于实验手段确定。这里简要介绍一种确定几何形状因子的实验技术——柔度标定技术。

柔度标定技术一般采用已知弹性及变形常数 E 和 μ 的一种典型脆性材料（即断

裂时断口无明显塑性变形的材料,如高强合金铝),将材料加工成具有规定的尺寸比例和受力方式、规定的人工切口形状及切口宽度的试样,系统地改变切口深度 c 以模拟裂纹扩展的不同阶段,进而测定不同 c/W (W 为在裂纹长度方向上试样的尺寸)下的荷载 P 与试件变形 δ 之间的关系曲线,如图 3.6 所示。在弹性变形范围内,对应于每一 c/W,试件的柔度 $\lambda = \delta/P$ 为一常数。

在缓慢加载条件(位移速率为 0.05 mm/min)下,裂纹开始扩展的瞬间可视 P_c 为常数,此时试件存贮的弹性应变能

$$W_e = \frac{P_c \delta_c}{2} = \frac{1}{2} P_c^2 \lambda \tag{3.27}$$

当裂纹扩展了 dc 时,裂纹扩展动力为(以直通切口弯曲梁为例)

$$G_c = \left(\frac{dW_e}{dA}\right)_c = \frac{1}{2} P_c^2 \left(\frac{d\lambda}{dA}\right)_c = \frac{P_c^2}{2BW} \frac{d\lambda}{d(c/W)} \tag{3.28}$$

式中,B 和 W 分别为弯曲梁试样的宽度和高度;$\dfrac{d\lambda}{d(c/W)}$ 则可通过测得的 λ-c/W 曲线的斜率 $f'\left(\dfrac{c}{W}\right)$ 求得,见图 3.7。用曲线拟合法,选择相关系数最大的曲线形式,得

$$\frac{d\lambda}{d(c/W)} = f'\left(\frac{c}{W}\right).$$

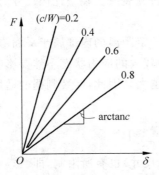 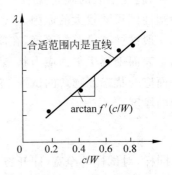

图 3.6 不同相对切口深度下的柔度量测曲线   图 3.7 λ-c/W 曲线

从另一角度分析,在平面应变条件下,有

$$\left.\begin{array}{l} K_{1C}^2 = \dfrac{EG_c}{1-\mu^2} \\[6pt] K_{1C}^2 = Y^2 \sigma_c^2 c = Y^2 \sigma_c^2 W\left(\dfrac{c}{W}\right) \end{array}\right\} \tag{3.29}$$

将式(3.28)代入式(3.29),即可求得几何形状因子 Y 随 c/W 而变化的表达式。

3.2 无机材料断裂韧性测试方法

断裂韧性测试是无机材料力学行为研究中的一个重要内容。无机材料断裂韧性测试的技术中较为成熟的当属直通切口梁法。这一方法最初是从金属材料领域移植

过来的，经过长期的实验和理论研究，目前已经发展成为一种简便、通用的无机材料断裂韧性测试技术。

3.2.1 直通切口梁测试技术

直通切口梁又称为单边切口梁，通常简记为 SENB。SENB 试样的几何形状如图 3.8 所示：弯曲试样为一具有矩形截面的平板状；试样受拉面中部垂直于长度方向的人工裂纹通常采用机械加工方法引进。机械加工方法引进的切口端部一般呈凸起的弧形，如图 3.9 所示。因此在试样断裂后测量切口深度（即裂纹尺寸）时，需要按如图 2.9 所示测量五个等分点的数据，以其算术平均值作为切口深度。

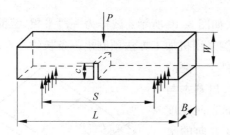
图 3.8 直通切口梁试样尺寸及受力简图

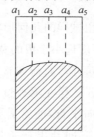
图 3.9 SENB 试样裂纹尺寸的量测

对于无机材料断裂力学研究中常用的三点弯曲 SENB 试样，在试样高宽比 $W/B=2$、高跨比 $W/L=1/4$、裂纹长度与试样厚度比 $c/W=0.4\sim0.6$ 的条件下，由边界配位法得到的 K_I 近似表达式为

$$K_\mathrm{I} = \frac{PL}{BW^{3/2}} f\left(\frac{c}{W}\right) \tag{3.30}$$

式中，P 为外加荷载；L 为三点弯曲跨距；$f\left(\dfrac{c}{W}\right)$ 称为试样的几何形状因子，由下式给出：

$$f\left(\frac{c}{W}\right) = 2.9\left(\frac{c}{W}\right)^{\frac{1}{2}} - 4.6\left(\frac{c}{W}\right)^{\frac{3}{2}} + 21.8\left(\frac{c}{W}\right)^{\frac{5}{2}} - 37.6\left(\frac{c}{W}\right)^{\frac{7}{2}} + 38.7\left(\frac{c}{W}\right)^{\frac{9}{2}} \tag{3.30a}$$

表 3.1 列出了 $a/W=0.4\sim0.5$ 之间的 $f\left(\dfrac{c}{W}\right)$ 值。

表 3.1 三点弯曲单边切口梁的 $f\left(\dfrac{c}{W}\right)$ 值 $\left(\dfrac{W}{B}=2;\ \dfrac{W}{L}=\dfrac{1}{4}\right)$

c/W	$f\left(\dfrac{c}{W}\right)$	c/W	$f\left(\dfrac{c}{W}\right)$	c/W	$f\left(\dfrac{c}{W}\right)$
0.400	1.981	0.435	2.186	0.470	2.426
0.405	2.009	0.440	2.218	0.475	2.463
0.410	2.037	0.445	2.251	0.480	2.502
0.415	2.065	0.450	2.284	0.485	2.541
0.420	2.095	0.455	2.318	0.490	2.581
0.425	2.124	0.460	2.353	0.495	2.623
0.430	2.155	0.465	2.389	0.500	2.665

将单边切口试样的断裂荷载 P_C 代入式(3.30)即可计算出材料的断裂韧性,单位为 $MPa \cdot m^{1/2}$。

国家标准规定,加载速度按形变速度来控制为 0.05 mm/min。试验机上应有记录瞬时最大荷载的装置。实验表明,直通切口梁法只适用于晶粒尺寸在 $20 \sim 40\ \mu m$ 左右的无机材料断裂韧性测试,对于细晶无机材料,其测试结果往往比真实值大。这是因为切口有一定的厚度(一般要求切口的厚度不大于 0.25 mm),其尖端处有一定的曲率半径,比真实裂纹偏钝,从而导致断裂荷载偏大。

3.2.2 双扭法

典型的双扭试样的几何形状及受力方式如图 3.10 所示:试样为一薄平板,截面为长方形,板的厚度远小于板的宽度。试样一侧采用机加工方法预制出一条长约 0.5 mm 的人工裂纹;四点弯曲荷载施加在试样含裂纹一侧的端点处。为保证试样在承载过程中裂纹的扩展基本与试样的长度方向平行,通常需要在试样的下表面宽度跨中处沿切口方向开出一条贯穿整个长度方向的窄小的裂纹扩展导向槽,槽深一般约为板厚的 $1/3 \sim 1/2$。双扭试样的尺寸一般为 2 mm 厚×24 mm 宽×$(30 \sim 40\ mm)$ 长。

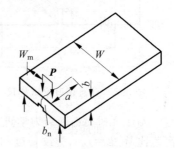

图 3.10 双扭试样示意图

双扭试样可以近似处理为由两块左右对称的在端点处承受点力作用的弹性扭转板组成。对于扭转板,在扭矩 $T = PW_m/2$ 作用下,板的扭转角 θ 为:

$$\theta \approx \frac{y}{W_m} \approx \frac{6Ta}{Wb^3G} \tag{3.31}$$

式中,a 为扭转板的长度(即双扭试样中的裂纹长度),y 为扭转板荷载点处的位移,G 为材料的剪切模量,W、W_m 及 b 为试样的几何尺寸,如图 3.10 所示。

由式(3.31)可以直接得到双扭试样的柔度 λ 与裂纹尺寸 a 之间关系表达式:

$$\lambda = \frac{y}{P} \approx \frac{3W_m^2 a}{Wb^3 G} \tag{3.32}$$

利用 Irwin-Kies 公式(3.9),并考虑到双扭试样中实际开裂面积 $A = ab_n$(b_n 为裂纹所在平面的厚度),得到

$$G = \frac{P^2}{2b_n}\left(\frac{d\lambda}{da}\right) = \frac{3P^2 W_m^2}{2Wb^3 b_n G} \tag{3.33}$$

再由式(3.29)及 $E/\mu = 2(1+\nu)$,便可以得到双扭试样的 K_I 表达式:

$$K_I = PW_m \left[\frac{3(1+\nu)}{Wb^3 b_n}\right]^{1/2} \tag{3.33a}$$

双扭试样的一个突出的优点是：试样的应力场强度 K_I 与裂纹尺寸无关。

3.2.3 山形切口法

山形切口指的是一种形状呈 V 形的机加工切口，图 3.11 示出了试样断面上的山形切口形状。含有山形切口的试样在承载初期，材料整体处于弹性形变阶段，而在山形切口尖端处由于局部的高度应力集中会发生早期的塑性屈服，当该点处的应力达到材料的极限应力时，该点处会突然释放能量，产生开裂。在试样出现裂纹之后，由于总的形变量突然增大（柔度增大），加在试样上的荷载会马上降低，从而减小了山形切口尖端处应力场强度，裂纹也就随之而止裂；进一步加大荷载，又导致裂纹进一步扩展。因而整个加载过程中，裂纹一旦在山形切口尖端处形成后便进入到了一个稳态扩展阶段，一条尖锐裂纹逐渐形成；同时，裂纹

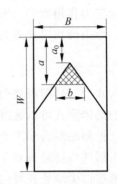

图 3.11 试样断面上的山形切口

宽度随之也逐渐增大，使得裂纹前缘逐渐由平面应力状态过渡到平面应变状态。当裂纹长度达到一个特定的临界值 a_c 时，裂纹的扩展由稳态过渡到失稳，从而导致试样断裂。将裂纹失稳时所对应的外加荷载（即最大荷载）P_c 代入相应的 K_I 表达式，即可获得平面应变断裂韧性 K_{IC} 值。这就是山形切口试样法测定陶瓷材料断裂韧性的基本原理。

最早出现的山形切口试样是一种具有圆形截面的短棒试样，如图 3.12(a)所示。此后，又逐渐发展出了一些其他形状的山形切口试样，如具有方形（或矩形）截面的短棒试样（图 3.12(b)）、三点弯曲或四点弯曲梁（图 3.12(c)）等。

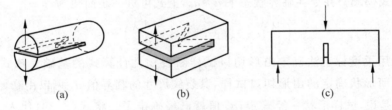

图 3.12 三类典型的山形切口试样

山形切口试样的 K_I 表达式一般通过柔度标定实验确定。对于不同尺寸比例的试样，K_I 表达式有所不同。柔度标定法确定山形切口试样 K_I 表达式的理论基础是 Irwin-Kies 公式(3.9)。对于山形切口试样，Irwin-Kies 公式可以写成

$$G = \frac{P^2}{2}\left(\frac{d\lambda}{dA}\right) = \frac{P^2}{2b}\left(\frac{d\lambda}{da}\right) \tag{3.34}$$

式中的 λ 为试样的柔度，随裂纹尺寸而变；A 为试样的实际开裂面积：

$$A = \frac{b}{2}(a - a_0) \tag{3.35}$$

其中,b 为裂纹前缘宽度;a 为最大拉应力作用面到实际裂纹前缘的距离;a_0 则为最大拉应力作用面到山形切口尖端处的距离(参见图 3.11)。

令山形切口夹角为 θ,则由简单的几何关系不难得到:

$$b = 2(a - a_0)\tan\left(\frac{\theta}{2}\right) \tag{3.36}$$

代入式(3.34)即可获得一个只包含裂纹尺寸 a 一个变量在内的 G 表达式,这个表达式的具体形式可以通过专门设计的柔度标定实验确定。

根据断裂力学理论,当 $G \geqslant G_C$ 时裂纹将发生扩展。在理想情况下,由于承载前的山形切口已经具有了一个尖锐的尖端,$b \to 0$,故试样一承载即有 $G \to \infty$,从而引起山形切口尖端处开裂(为了避免开裂时能量释放过度集中,通常需要在山形切口尖端处开一小口,使 b 值增大);此后裂纹扩展的稳定性就取决于 $\frac{dG}{dA}$ 与 $\frac{dG_C}{dA}$ 的相对大小了。对于各向同性均质材料,G 的最大值 G_C 发生在 $\frac{dG_C}{dA} = 0$,故山形切口试样的断裂条件为

$$\frac{dG}{dA} = \frac{1}{b}\left[\left(\frac{d\lambda}{da}\right)\frac{d}{da}\left(\frac{P^2}{2b}\right) + \frac{P^2}{2b}\left(\frac{d^2\lambda}{da^2}\right)\right] \geqslant 0 \tag{3.37}$$

等号成立时为临界状态,即

$$\left(\frac{d\lambda}{da}\right)\frac{d\left(\frac{1}{2b}\right)}{da} = -\frac{1}{2b}\left(\frac{d^2\lambda}{da^2}\right) \tag{3.38}$$

应用式(3.36)并令在临界状态下 $a = a_0$,上式可进一步简化为

$$\left(\frac{d\lambda}{da}\right)_{a=a_c} = (a_c - a_0)\left(\frac{d^2\lambda}{da^2}\right)_{a=a_c} \tag{3.39}$$

这就是采用柔度标定法确定山形切口试样断裂韧性计算式的基础。该式说明,对于一种几何形状确定的山形切口试样,其裂纹尺寸的临界值 a_c 可以由初始值 a_0 决定。也就是说,试样形状一经确定,a_c 值就已经确定了。将式(3.39)代入式(3.34)得到

$$G_C = \frac{P_C^2}{2b_c}\left(\frac{d\lambda}{da}\right)_{a=a_c} = \frac{P_C^2}{4(a_c - a_0)\tan\left(\frac{\theta}{2}\right)}\left(\frac{d\lambda}{da}\right)_{a=a_c} \tag{3.40}$$

将式(3.40)代入式(3.29)得到

$$K_{IC} = \frac{P_C}{2(a_c - a_0)^{1/2}\tan^{1/2}\left(\frac{\theta}{2}\right)(1-\nu^2)^{1/2}}\left(E\frac{d\lambda}{da}\right)_{a=a_c}^{1/2} \tag{3.41}$$

进一步推出

$$K_{IC} = \frac{P_C}{2W^{3/2}(1-\nu^2)^{1/2}\tan^{1/2}\left(\frac{\theta}{2}\right)} Y\left(\frac{a_0}{W}\right) \qquad (3.41a)$$

式中 $Y(a_0/W)$ 称为无量纲几何形状因子,由下式给出

$$Y\left(\frac{a_0}{W}\right) = \frac{W^{3/2}}{2(a_c - a_0)^{1/2}}\left[\frac{d(\lambda E)}{da}\right]_{a=a_c}^{1/2} \qquad (3.42)$$

对于山形切口三点弯曲梁,规定 $B:W:L=4:6:24$,$\theta=(60\pm1)°$,$a_0/W=0.10\sim0.15$,按此比例进行柔度标定:选 a_0 不同的一系列试样,各求其柔度 λ 与裂纹深度 a 的实验关系,拟合成经验曲线公式 $\frac{1}{\lambda}=A+Ba$,对 a 求导得 $\left(\frac{d\lambda}{da}\right)$ 表达式,将不同 a_0 的 $\left(\frac{d\lambda}{da}\right)$ 代入式(3.42),得 $Y\left(\frac{a_0}{W}\right)$ 值,按 $\left(\frac{a_0}{W}\right)$ 值拟合得式(3.42a):

$$Y\left(\frac{a_0}{W}\right) = 17.959 + 20.807\left(\frac{a_0}{W}\right) + 179.543\left(\frac{a_0}{W}\right)^2 \qquad (3.42a)$$

此式适用于同样尺寸比例的各种材料。

此外,在构件或零件上,利用维氏压头压制成正方形的压痕。当选择的压制荷载较大时,从压痕四角会有裂纹顺着正方形对角线延伸出来。如果延伸长度 c 大于压痕对角线半长 a 的 2.5 倍时,该裂纹将成为相互正交的两条半饼状裂纹。根据这一裂纹的尺寸则可以计算出材料的断裂韧性值。本书 3.5.3 节将介绍这部分内容。

3.3 显微结构对断裂韧性的影响

绝大多数无机材料的断裂韧性都较低。无机材料具有较低断裂韧性的根本原因在于:在裂纹扩展过程中,除了形成新表面消耗能量之外,传统的无机材料中几乎就没有任何其他可以显著消耗能量的机制。低的断裂韧性对于无机材料的工程应用是极为不利的。试举一个典型的例子:Al_2O_3 多晶体的断裂韧性一般只有 $3\ MPa\cdot m^{1/2}$ 左右,如果要求这种材料在 500 MPa 应力作用下能安全工作,根据裂纹扩展判据式(3.14),材料中固有裂纹的尺寸就不能超过 12 μm(取 $Y=\sqrt{\pi}$)。这一裂纹尺寸限制条件对于无机材料的制作工艺而言是极为苛刻的。因此,"增韧"设计已经成为了无机材料研究的中心问题之一。

无机材料的增韧设计,实质上就是通过调整材料的显微结构,以进一步提高材料的裂纹扩展阻力。因此,从断裂力学角度对显微结构与裂纹扩展阻力之间的关系进行研究,是无机材料增韧设计的理论基础。

3.3.1 裂纹偏转与裂纹偏转增韧

研究显微结构与材料裂纹扩展阻力之间的关系,首先遇到的各种显微结构不均匀因素(如晶界、气孔、夹杂、第二相粒子、大晶粒等)对裂纹扩展路径的影响问题。

在多晶材料中,裂纹扩展过程中裂纹尖端遭遇最频繁的将是晶界。在大多数无机材料中,由于晶界间的结合力一般小于晶粒内部原子面之间的结合力,固有裂纹大多存在在晶界处。当固有裂纹在外力作用下沿所在的晶界扩展一段距离后,将受到下一个与之成一定角度的晶界的阻碍。这时,裂纹进一步的扩展就存在有两种可能性:或者径直穿过晶界而进入到下一个晶粒内部继续扩展,或者发生偏转而沿着遇到的那条晶界继续扩展。前者称为穿晶裂纹扩展,相应导致的断裂称为穿晶断裂;后者则称为沿晶裂纹扩展,相应导致的断裂称为沿晶断裂。晶界以及材料内部存在的所有面缺陷是材料中的相对薄弱面。在无机材料中更是如此。共价键和离子键的方向性及电中性要求的扰乱,可能导致晶界处的内聚作用严重削弱。因此,当相邻晶粒间取向差增大时,裂纹沿晶界扩展的倾向就相应增大。

与断裂力学中所考虑的裂纹沿某一特定平面扩展的情况不同,典型的沿晶断裂的特征就是裂纹具有曲折的路径。尽管晶界对裂纹扩展的阻力可能比较低,但由于裂纹扩展途径的延长将导致裂纹扩展过程所消耗的能量增多,因而综合效果却是表观断裂表面能反而增大了;相应地,材料的断裂韧性有所提高。对一些无机材料进行的观测表明,适当地调整晶粒尺寸完全可能使材料的表观断裂表面能提高一个数量级。

顺便说明一点:晶粒尺寸的增大在增大表观断裂表面能的同时,也可能伴随有一些副作用发生,如材料中的固有裂纹的初始尺寸可能会由于晶粒尺寸的增大而增大,总的效果则可能会是材料的断裂韧性虽然提高了,但材料的断裂强度却显著降低。

裂纹扩展过程中扩展方向发生变化称为裂纹偏转。由于裂纹偏转而导致的材料断裂韧性提高称为裂纹偏转增韧。

在两相或多相材料中,第二相粒子的存在也会导致裂纹偏转。与单相材料中的沿晶裂纹扩展过程相比较,两相材料中的裂纹偏转情况更为复杂一些。这种复杂性来自许多方面,如第二相粒子的几何特征、第二相粒子的各种物理的或化学的性能、第二相粒子与基体间弹性形变与热膨胀的失配程度等,特别是两相间的弹性形变与热膨胀失配往往以另一种更为重要的方式表现出来,即材料在制作、加工过程中形成的残余内应力(参见 2.2.1 节);在裂纹扩展过程中,这些残余内应力将与外加应力场叠加,进而改变材料的表观断裂表面能。

断裂力学分析表明,在两相材料中,裂纹偏转增韧的效果与第二相粒子的形状和含量密切相关。图 3.13 示出了由三种不同形状的第二相粒子(圆柱状、圆片状及球状)分别导致的裂纹偏转增韧效果随第二相粒子在材料中所占的体积分数 V_f 的变化关系。可以看出:增韧效果最显著的第二相粒子的几何形状是圆柱状,可以导致断裂韧性增大约 2 倍。此外,对于三种几何形状而言,最佳的增韧效果均出现在第二相组元的体积分数在 25% 左右的区域内。第二相组元含量过高,由于粒子间相互距离过小,韧性增长的势头又将受到一定程度的抑制。

3.3.2 裂纹桥接与裂纹桥接增韧

在上一小节的讨论中,我们假定裂纹在扩展过程中遇到晶粒或第二相粒子的阻碍时的偏转只发生在某一个方向上。但是,在一些特定的条件下,裂纹的偏转有可能会在不同方向上同时发生,即在发生偏转的同时裂纹出现分叉。图 3.14 示出了对一种粗晶 Al_2O_3 陶瓷切口试样承载过程中表面裂纹的扩展路径进行跟踪观测的结果,发现在裂纹尖端尾部区域内,较大的 Al_2O_3 晶粒对裂纹扩展起到了一定的抑制作用。图中的(a)~(d)分别是试样中

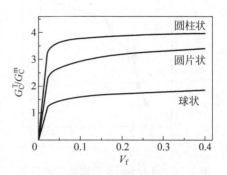

图 3.13 不同形状及含量的第二相粒子产生的裂纹偏转效果

切口前部某一特定的位置上裂纹面在裂纹扩展不同阶段时的形貌。可以看出,裂纹扩展过程中遇到大晶粒后,其扩展路径将发生显著变化,而大晶粒的存在相当于在两个相对的裂纹面之间架了一座"桥";随着裂纹的进一步扩展,两个相对裂纹面之间距离的增大必将受到晶粒的这种"架桥"作用的抑制,宏观上就表现为提高了材料的裂纹扩展阻力。这种现象通常称为裂纹桥接现象。由裂纹桥接导致的材料断裂韧性的提高则称为裂纹桥接增韧。

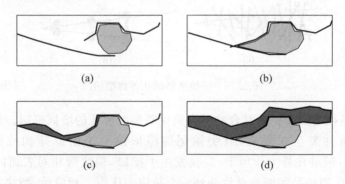

图 3.14 Al_2O_3 陶瓷中裂纹扩展路径上的晶粒桥接示意图

裂纹桥接现象在一些具有较大晶粒尺寸的无机材料中经常可以观察到。为了获得较好的裂纹桥接增韧效果,往往也通过调整材料制备工艺,有意识地使材料具备可能导致裂纹桥接增韧的一些显微结构特征。一个典型的例子是对 Si_3N_4 陶瓷进行的自增韧设计。研究表明,Si_3N_4 陶瓷的晶粒形状与材料在烧结过程中发生的 $\alpha \rightarrow \beta$ 相变的数量有关,Si_3N_4 的 $\alpha \rightarrow \beta$ 相变过程通常伴随有长柱状晶粒的形成,其形成机制被认为是在烧结过程中粉体中的等轴 β-Si_3N_4 颗粒通过吞噬 α-Si_3N_4 而沿着特定的晶向生长。对一组具有不同长径比晶粒的 Si_3N_4 陶瓷进行的断裂韧性测试表明:当长

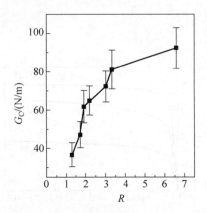

图 3.15 具有不同长径比晶粒的 Si_3N_4 陶瓷断裂韧性测试结果

柱状晶粒的长径比由约 1.2 增大至约 7 时,材料的临界应变能释放率 G_C 增大了近 2.5 倍(图 3.15)。对裂纹扩展途径的观察表明,如图 3.15 所示的材料临界应变能释放率(也就是材料的断裂韧性)提高的主要原因就是长柱状 $\beta\text{-}Si_3N_4$ 晶粒导致的裂纹桥接。

也可以采用在基体材料中添加第二相组元的方法是材料具有裂纹桥接增韧效果。几种典型的情况如图 3.16 所示。其中,图 3.16(a)所示即为大晶粒导致的裂纹桥接。图 3.16(b)～(d)则分别为定向排布的纤维、随机分布的晶须以及第二相延性颗粒所导致的裂纹桥接。在这些情况下,导致裂纹桥接的大晶粒、纤维、晶须以及第二相延性颗粒等称为桥接组元。

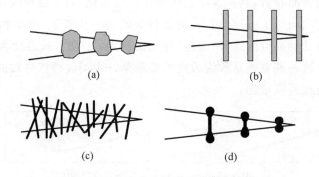

图 3.16 桥接增韧的几种典型情况

下面以晶须增韧陶瓷基复合材料为例说明裂纹桥接的增韧机制。裂纹在复合材料基体中形成并发生扩展后,其尖端尾部将形成一个由晶须构成的桥接区,如图 3.17 所示。随着在外力作用下,裂纹发生了扩展,裂纹两相对表面间的距离相应增大,起桥接作用的晶须两端就将受到一个拉应力作用。相应地,裂纹两相对表面间将受到一个压应力作用,这就使得裂纹扩展阻力得以提高。在这种情况下,只有进一步提高外加的裂纹扩展动力,才有可能使裂纹发生进一步的扩展;而裂纹的进一步扩展又将导致作用在桥接组元上的拉应力增大,进一步提高裂纹扩展阻力。如此继续,直到外加裂纹扩展动力增大到一个临界值,使得作用桥接组元上的拉应力在数值上达到其断裂应力,桥接组元发生破坏,桥接应力相应迅速降低为零。这时裂纹将发生失稳扩展,材料相应发生破坏。此外,桥接组元的破

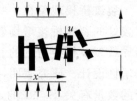

图 3.17 晶须构成的裂纹桥接区

坏也可能会以桥接组元从基体中拔出的方式发生。这种情况主要是由于桥接组元与基体间的结合力小于桥接组元自身的断裂强度而导致的。

对晶粒桥接、纤维桥接和第二相延性颗粒桥接等现象也可以进行类似的分析。

裂纹桥接增韧的一个显著的特点是，在桥接组元破坏之前发生的裂纹扩展都是稳态的，也就是说裂纹的扩展并没有直接导致材料的破坏。在裂纹的这一稳态扩展过程中，裂纹扩展阻力随裂纹尺寸的增大而增大，最终达到一个临界值。这个临界值就是通常所说的材料的断裂韧性。

裂纹扩展阻力随裂纹尺寸增大而增大的现象通常称为裂纹扩展阻力曲线行为，关于这一现象的实验研究方法及其理论上的意义将在本节结束之前加以讨论。

3.3.3 微裂纹增韧与相变增韧

在受到外力作用时，材料内部裂纹尖端处将发生高度的局部应力集中；当裂纹尖端处的局部应力达到或超过了原子间结合力时，裂纹将发生扩展。如果裂纹尖端前缘区域存在有一些可以导致应力松弛的显微结构因素，使得裂纹尖端的应力集中程度减低，则可以提高裂纹扩展阻力。所谓微裂纹增韧和相变增韧，采用的就是这一原理。

微裂纹增韧的情况如图 3.18 所示，当材料中存在的一条主裂纹受到了外力作用时，高度集中的局部应力场诱发了一定数量的微裂纹在裂纹尖端前缘区域内沿着一些具有较低断裂表面能的路径形成，因而呈随机取向。显然，微裂纹的形成将消耗一定的能量，使得裂纹尖端处的应力集中程度得到部分缓解，从而有效地提高了材料局部的断裂表面能。其次，由于微开裂必然伴随有一定程度的体积膨胀，而在裂纹尖端前部区域，这种体积膨胀由于受到了周围未开裂基质的束缚并不能完全发生；

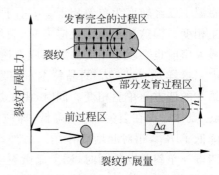

图 3.18 过程区发育过程以及相应的裂纹扩展阻力曲线

随着主裂纹尖端在较高的外力作用下向前扩展，微开裂区域相应后移到裂纹尖端的两翼。这时，由于裂纹面成为了微开裂区域的自由表面，原来受到抑制的体积膨胀便得以向两相对裂纹面之间释放。这就相当于在两个裂纹面上施加了一个压应力作用，与裂纹桥接现象所得到的效果相似，这一压应力作用也将导致裂纹扩展阻力的提高。

在无机材料增韧机制研究中，裂纹尖端前缘区域中发生了微开裂并引起能量额外消耗的那个局部小区域称为前过程区；而随着裂纹的向前扩展，在裂纹尖端之后的两翼称为尾流区，滞后的体积膨胀在此处逐渐释放出来。在过程区尾流中，随着主裂纹的扩展，滞后的体积膨胀逐渐释放，由此导致的对裂纹表面压应力的作用区域随之逐渐增大，因而对裂纹尖端的屏蔽效果也就逐渐增强。这就使得材料表现出了阻力曲线行为，即裂纹扩展阻力随裂纹尺寸的增大而增大。

图 3.18 示出了由于过程区的发育而导致的裂纹扩展阻力变化过程,图中还相应绘出了主裂纹扩展的各个阶段中过程区的形状及其与裂纹尖端间的相对位置。可以看出,随着过程区尺寸的增大,裂纹扩展阻力逐渐增大,直至过程区发育完全,裂纹扩展阻力达到最大值。

相变增韧的原理与微裂纹增韧基本相似。关于无机材料相变增韧的研究主要是借助于 ZrO_2 的相变特性展开的。ZrO_2 是一种耐高温氧化物,其熔点高达 $2680°C$。纯 ZrO_2 一般具有三种晶型,分别为立方结构(c)、四方结构(t)和单斜结构(m)。其中,单斜相是 ZrO_2 在常温下的稳定相,而立方相则是高温稳定相。烧结成瓷的温度下,首先生成的是四方相 ZrO_2 结晶。在一定的温度下,ZrO_2 由四方相向单斜相的转变,并具有三个基本特征。首先,这一相变过程属于马氏体型相变,是一类无扩散型相变;其次,四方相转变为单斜相的过程中,通常伴随有大约 8% 的剪切应变和约 3%~5% 的体积膨胀;第三,四方到单斜的可逆相变温度可以通过在 ZrO_2 基体中添加适量的其他氧化物(如 Y_2O_3,CaO,MgO,CeO_2 等)作为稳定剂而加以调整。

在稳定剂含量相同时,四方相的晶粒尺寸是影响四方→单斜相变的主要因素。对于室温下,晶体存在一个临界晶粒尺寸 d_C。如 ZrO_2 瓷的晶粒尺寸 d 大于 d_C,其室温下已经转变为单斜相了。d 小于 d_C 的晶粒冷却到室温仍能保持为四方相,不发生相变。但这种瓷在承受应力时,裂纹尖端处的应力场强度 K_I 随应力的增大而达最大值时也会发生相变。如此应力诱导的四方→单斜相变则存在一个临界晶粒尺寸 d_I。这样 $d_I \leqslant d \leqslant d_C$ 的晶粒本不应发生相变,但也会发生由应力使 K_I 达最大值而诱发的四方→单斜相变。同时,由于过程区内因体积膨胀产生压应力,阻碍裂纹的扩展,具体体现在裂尖 K_I 的降低,即应力诱发的这种相变消耗了外加应力所做的功,降低了 K_I,相对起增韧作用。另外,对于 $d>d_C$ 的晶粒,在烧成冷却过程中已发生四方→单斜相变的同时,诱发显微裂纹,这种尺寸很小的微裂纹在过程区内张开而分散,吸收能量,使主裂纹扩展阻力增大,故而使 K_{IC} 增高,这就是微裂纹增韧。至于晶粒直径在 $d_C<d<d_m$ 之间时,虽然冷却到室温时已经发生了四方→单斜相变,但由于其粒径较小,积累膨胀较小,不能诱发显微裂纹。但在这部分单斜相晶粒周围存在着残余应力。当主裂纹扩展进入残余应力区时,残余应力释放,同时有使主裂纹闭合、阻碍其扩展的作用,从而产生残余应力韧化作用。

3.3.4 裂纹扩展阻力曲线

前面两小节的讨论中都涉及到了裂纹扩展阻力曲线这一概念。现在对这一概念作一简要介绍。

裂纹扩展阻力曲线指的是裂纹扩展阻力 R 或 K_R 随裂纹尺寸 c(或裂纹扩展量 Δc)而变化的关系曲线。图 3.19 示出了裂纹扩展阻力曲线的典型情况:横坐标正方向为裂纹扩展量 Δc,纵坐标为裂纹扩展阻力 R。一般说来,对于特定的材料中一条特定的裂纹,其相应的阻力曲线的形状及位置在图 3.19 所示的坐标系中是固定的,如图中的 OBHK,而且在 $\Delta c=0$ 时具有一个初始值:只有当裂纹扩展动力 G 在数值上达到或超过了这个初始值之后,裂纹才有可能发生扩展。我们通常将裂纹扩展阻力的这个初始值称为材料的裂纹扩展门槛值,用 G_{th} 表示。裂纹扩展门槛值 G_{th} 在数值上相当于相应的单晶材料的裂纹扩展临界应变能释放率(对应于初始裂纹处于晶粒内部的情况)或多晶材料局部的晶界裂纹扩展临界应变能释放率(对应于初始裂纹位于晶界处的情况)。

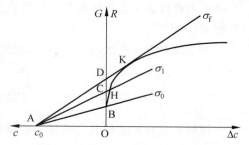

图 3.19 裂纹扩展阻力曲线

在图 3.19 所示坐标系统的左侧同时定义一个 $G\sim c$ 坐标系统,即将横坐标的负方向定义为裂纹尺寸坐标,纵坐标定义为裂纹扩展动力坐标。这样一来,对于 Griffith 裂纹,相应的裂纹扩展动力随裂纹尺寸的变化关系就可以用一条始于横轴上某一点处的射线来表示,该射线与横轴交点处的横坐标值为所考虑的裂纹的初始尺寸 c_0,与纵轴交点处的纵坐标则为裂纹扩展动力的初始值,其斜率为 $Y^2\sigma_a^2/E$(式(3.16))。不难理解,随着外加应力 σ_a 由零开始逐渐增大,裂纹扩展动力射线将相应由横坐标 Δc 的正方向开始逆时针旋转。图 3.19 分别绘出了对应于 $\sigma_0 < \sigma_1 < \sigma_f$ 这三个外加应力水平下的裂纹扩展动力射线 AB、ACH 及 ADK。

在 $\sigma_a = \sigma_0$ 时,裂纹扩展动力射线 AB、裂纹扩展阻力曲线 OBHK 及纵轴三线共点,交点为 B。这时,裂纹扩展动力与裂纹扩展阻力相等,裂纹处于平衡状态。注意到此时对于任意的 $\Delta c > 0$,射线 AB 都将处于阻力曲线 OBHK 的下方;也就是说,$G < R$。因此,在 $\sigma_a = \sigma_0$ 的条件下,裂纹处于一个稳定的平衡状态,不可能发生任何程度的扩展。

提高外加应力至 $\sigma_a = \sigma_1$,此时相应的裂纹扩展动力射线为 ACH。动力射线与纵轴的交点 C 高于阻力曲线 OBHK 与纵轴的交点 B,$G > R$,裂纹将发生扩展。随着裂纹的扩展,扩展动力沿 ACH 方向增大,而裂纹扩展阻力也相应沿 OBHK 方向增大,直至二者在 H 点处相交后满足 $G = R$,裂纹再度达到一个新的平衡状态。这个平衡状态同样是一个稳定的平衡状态,因为此后如果不再进一步增大外加应力,裂纹的扩展就将导致动力射线 ACH 进入到阻力曲线 OBHK 的下方,使得 $G < R$。

事实上对试样的加载通常是连续进行的,因而上面所讨论的裂纹扩展过程也是一个伴随着外加应力的逐渐增大而持续发生的事件,即:当外加应力达到或超过门槛值应力 σ_0 之后,由于裂纹扩展动力 G 超出了裂纹扩展阻力 R,裂纹开始扩展;裂纹的扩展导致了扩展阻力的增大,使得 $G \leqslant R$,从而裂纹止裂;随着外加应力的逐渐增大,这一开裂-止裂过程反复进行,裂纹由初始尺寸 c_0 逐渐增大至某一临界值 $c_c = c_0 + \Delta c_c$。在 c_c 处,由于外加应力的进一步增大将导致对于任意的 Δc 均有 $G \geqslant R$,此时裂纹的平衡状态就由稳定型转变成为不稳定型,裂纹将发生失稳扩展,材料相应发生破坏,此时的外加应力水平 σ_f 即为材料的断裂强度,而在失稳点处所对应的裂纹扩展动力在数值上就等于材料的临界应变能释放率 G_C(相应地可以确定材料的断裂韧性 K_{IC})。

对于具有阻力曲线行为的材料,裂纹失稳扩展的判据就需要相应修正为

$$\begin{cases} K_I \geqslant K_R \\ \dfrac{dK_I}{dc} \geqslant \dfrac{dK_R}{dc} \end{cases} \tag{3.43}$$

使材料具有显著的升高的阻力曲线行为对于提高材料的工程应用可靠性是极为有利的。这一点可以从两个方面来理解。首先,材料在断裂之前允许裂纹发生一定程度的稳态扩展而不会导致材料发生断裂(与裂纹失稳扩展不同),也不会引起材料性能的恶化(与下文将要介绍的裂纹缓慢扩展不同),这种良性的裂纹生长显然有助于无损检测技术的应用。失稳断裂前,材料韧性大小的储备,常以临界稳态生长 Δc_c 值来表示其耐开裂性,也可以认为是另一种韧性的表现。其次,由于具有升高的阻力曲线行为,材料强度对初始裂纹尺寸的依赖程度将显著降低,而这种降低所带来的一个直接的结果就是使由于固有裂纹随机分布而导致的陶瓷材料强度的统计性质得到改善。正是因为阻力曲线行为的这些重要作用,在陶瓷材料增韧设计研究中,人们更关心的是在使材料具有较高韧性的同时,使材料表现出显著的阻力曲线行为。

3.4 无机材料中裂纹的缓慢扩展

无机材料中的裂纹在受到外力作用时,除了发生上述的快速失稳扩展和稳态扩展之外,在一定条件下还会发生一种扩展速率相对较低的缓慢扩展。裂纹缓慢扩展的结果是裂纹尺寸逐渐加大,直至达到临界尺寸转变为失稳而导致材料的断裂。图 3.20 所示为在相对湿度为 50% 的空气中对玻璃试样施加一个恒定荷载作用所测定的裂纹扩展量 Δc 随试样承载时间 t 的变化关系曲线。可以看出:玻璃试样的断裂是在外力作用一段时间之后发生的;在断裂破坏之前,试样中的裂纹发生了一定程度的扩展。注意到裂纹的扩展速率(图中曲线的斜率 dc/dt)随着裂纹扩展量的增大而增大,而裂纹尖端的应力场强度又是与裂纹尺寸有关的。因此,在这一实验中裂纹扩展速率明显地依赖于裂纹尖端处的外加应力场强度,而在裂

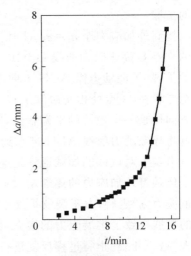

图 3.20 玻璃在湿度为 50% 的空气中的裂纹扩展速率

纹的缓慢扩展阶段,裂纹尖端的应力场强度一般都小于其临界值,即材料的断裂韧性。

图 3.20 所示的在低于材料断裂韧性的外加应力场强度作用下所发生的裂纹缓慢扩展一般称为亚临界裂纹生长,通常简记为 SCG。如所受荷载恒定不变的裂纹缓慢生长又称为静态疲劳;如承受恒定不变的循环荷载时称为循环疲劳;如以恒定不变的加载速率进行疲劳实验,记录破坏时间由之算出失稳断裂应力,这种疲劳行为称为动态疲劳。

应该指出,裂纹的缓慢扩展与上一节中介绍的裂纹的稳态扩展有着本质的不同。这一点可以从以下几个方面来加以理解。首先,裂纹的缓慢扩展是一个与时间有关的过程,在外加应力恒定的情况下,随着时间的延续,裂纹扩展持续发生,最终导致材料破坏;而裂纹稳态扩展则是一个与时间无关的过程,在一定外力作用下,裂纹很快地扩展到相应尺寸使得裂纹扩展阻力增大到在数值上等于外加裂纹扩展动力之后,裂纹扩展中止,这时只有进一步提高外力才有可能导致裂纹的进一步扩展。其次,裂纹的缓慢扩展将导致材料断裂强度的降低,而裂纹的稳态扩展则不会导致材料强度的降低。

3.4.1 裂纹缓慢扩展 $v \sim K_I$ 曲线

对大多数无机材料进行的实验研究发现,无机材料中的裂纹缓慢扩展无论以什么机理发生,其裂纹缓慢扩展速率 v 与裂纹尖端处的应力场强度 K_I 之间的关系都大致表现为如图 3.21 所示的形式。根据裂纹尖端处应力场强度 K_I 的大小,描述裂纹缓慢扩展行为的 $v \sim K_I$ 曲线可以近似地划分为四个特征区域:$K_I < K_{th}$ 为 O 区;$K_{th} < K_I < K_{Id}$ 为 I 区;$K_{Id} < K_I < K_{If}$ 为 II 区;$K_{If} < K_I < K_{IC}$ 为 III 区。其中,K_{th}、K_{Id}、K_{If} 以及 K_{IC} 称为 $v \sim K_I$ 曲线的特征参数,K_{IC} 即为材料的断裂韧性。

注意到在 O 区与 I 区的交界处,裂纹扩展速率 v 直线上升,而当 K_I 略小于 K_{th} 时,v 几乎趋近于零。这说明裂纹缓慢扩展的发生是有一定的条件的,即只有当裂纹尖端处的应力场强度 K_I 达到或超过某一极限值 K_{th} 时,裂纹才有可能发生缓慢扩展。这个极限值一般称为裂纹缓慢扩展门槛值。

当裂纹尖端处的应力场强度 K_I 处于门槛值 K_{th} 与断裂韧性 K_{IC} 之间时,裂纹将发生缓慢扩展。一般认为,由于进入到 II、III 两区之后,裂纹扩展速率较高,裂纹由初始尺寸扩展到临界状态所需的时间就基本上可以由 I 区的裂纹扩展时间决定。因而,大量的工作便主要集中在对 $v \sim K_I$ 曲线 I 区的研究上。在这一区域,裂纹的扩展相对较为缓慢,其 $v \sim K_I$ 关系可以用一个经验关系式描述如下:

$$v = AK_I^n \quad (3.44)$$

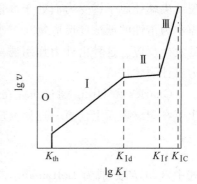

图 3.21 裂纹扩展 $v \sim K_I$ 曲线

式中的 A,n 在给定的条件下均为常数,用于描述材料中裂纹缓慢扩展的特性,通常称为裂纹缓慢扩展参数,其中 n 又称为裂纹缓慢扩展指数。

另一个描述 $v \sim K_I$ 关系的经验公式在裂纹缓慢扩展行为研究中也经常得到应用,其形式为

$$v = v_0 \exp\left[-\left(\frac{\Delta E^* - bK_I}{RT}\right)\right] \tag{3.45}$$

式中的 v_0 和 b 分别为材料/环境系统常数,ΔE^* 为裂纹扩展的激活能。

与式(3.44)相比,式(3.45)的物理意义更为明确一些,尤其是式(3.45)中含有一个 ΔE^* 项,据此我们可以通过测定同一 K_I 水平、不同温度下的裂纹扩展速率以获得裂纹扩展激活能的数值,进而对裂纹扩展机理进行分析。但在实际应用中,式(3.44)则更为方便,因为它只含有两个待定参数,便于实验确定。

对于循环疲劳,图 3.22 中的纵坐标为 dc/dN(N 为循环次数),横坐标为 ΔK_I。ΔK_I 是有循环荷载参数 σ_{max} 和 σ_{min} 算出的循环应力场强度因子之差,即 $\Delta K_I = K_{I\,max} - K_{I\,min}$。

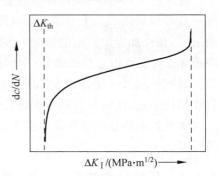

图 3.22 循环疲劳裂纹扩展 $v \sim \Delta K_I$ 曲线

3.4.2 裂纹缓慢扩展机理

关于无机材料中裂纹缓慢扩展的本质至今尚未形成成熟的理论,这里介绍两个主要的观点。

1. 应力腐蚀裂纹扩展理论

实验发现,环境中较少的水汽的存在就会明显地降低玻璃的强度,导致强度降低的原因一般被认为是水与玻璃之间发生了化学反应。在一般情况下,水与玻璃之间是不会发生化学反应的。在裂纹缓慢扩展过程中发生的水与玻璃之间的化学反应与裂纹尖端处原子键受力而处于高能状态这一点有关;也就是说,外加应力作用使得原本为惰性的低浓度反应物——水得以与玻璃在一个特定的局部区域——裂纹尖端处发生反应。这种由外力作用诱发的化学反应导致的裂纹缓慢扩展过程通常称为应力腐蚀裂纹扩展。

Charles 和 Hillig 通过研究在 Griffith 型裂纹表面上发生的化学反应的速率,导出了在裂纹表面上任意一点处反应速率 v 的表达式:

$$v = \frac{kT}{h}[A][B]\exp\left(-\frac{\Delta G^*}{RT}\right) \tag{3.46}$$

式中,k, h, R 分别为 Boltzmann 常数、Planck 常数以及气体常数;T 为绝对温度;$[A], [B]$ 分别为反应物的浓度;ΔG^* 为应力激活化学反应的激活能:

$$\Delta G^* = \Delta E^* - \sigma \Delta V^* + \gamma_f V_m/\rho \tag{3.47}$$

式中,ΔE^* 为零应力时反应激活能;σ 为表面应力;ΔV^* 为激活体积;γ_f 为断裂表面能;V_m 为摩尔体积;ρ 为裂纹尖端曲率半径。显然,由于激活能 ΔG^* 与表面应力有关,故 Charles-Hillig 方法可以用于定量地表示裂纹扩展速率与作用应力之间的关系。

多晶陶瓷在室温下发生的裂纹缓慢扩展大都也是由应力诱导化学反应诱发的。对多晶陶瓷中的应力腐蚀裂纹扩展可以解释如下:因为大多数多晶材料中或多或少总是存在有一些晶界玻璃相,在外力作用下,环境中的水将与这些玻璃相发生应力诱导化学反应,从而诱发裂纹的缓慢扩展。

2. 高温裂纹缓慢扩展机理

高温氧化被认为是热压 SiC 中裂纹缓慢扩展的主导机理。$v \sim K_I$ 曲线测试结果(图 3.23(a))发现,在裂纹扩展 $v \sim K_I$ 曲线上的 I 区,曲线的位置与温度无关;随着裂纹扩展速率的提高,裂纹扩展进行到 II 区之后,温度的影响就变得显著起来了。对这一现象的解释可以借助于图 3.23(b)进行。在裂纹扩展过程中,环境中的氧扩散到裂纹尖端并与 SiC 发生如下反应:

$$2SiC + 3O_2 \longrightarrow 2SiO_2 + 2CO \uparrow$$

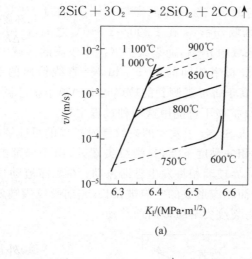

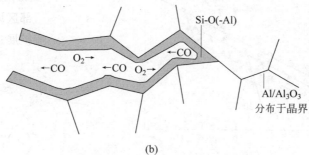

图 3.23 高温下热压 SiC 陶瓷的裂纹缓慢扩展曲线(a)及裂纹缓慢扩展的氧化机理(b)示意图

反应产物之一——CO 向环境介质中扩散,而另一反应产物 SiO_2 则附着在裂纹表面并逐渐形成一个含有晶界杂质的无定形硅酸盐薄层。这一氧化过程包括三个阶段:氧向裂纹尖端的传输、氧与 SiC 的反应以及 CO 逃逸出反应区。从动力学角度分析,三个阶段中速率最小的一个将决定裂纹扩展速率。另一方面,由于氧化层的形成本身并不会导致裂纹向前扩展,裂纹扩展的根本原因事实上在于形成的氧化层在外力作用下更易于发生形变而开裂。因此,氧化层的形变速率也是裂纹扩展速率的一个决定因素。从这一点分析,氧化促进开裂也可以说是一种应力腐蚀的结果。

顺便说明一点,尽管同是 SiC 陶瓷,对于常压烧结 SiC,即使在高达 1 400 ℃ 的高温下也观察不到显著的裂纹缓慢扩展发生。

在对另一类非氧化物陶瓷——热压 Si_3N_4 的裂纹缓慢扩展行为进行的研究中,晶界玻璃相的黏滞流动被认为是导致裂纹发生缓慢扩展的主要因素。Si_3N_4 材料由于在 1 300 ℃ 时仍能保持较高的断裂强度和断裂韧性而被普遍看好可以用作高温燃气轮机中的某些结构部件,其延迟断裂性能几十年来一直是各国学者共同关注的焦点。图 3.24 是在 1 200~1 400 ℃ 范围内测定的热压 Si_3N_4 材料的 $v \sim K_I$ 曲线。可以看出,不同温度下的 $\lg v \sim \lg K_I$ 直线具有两个不同的斜率:1 200 ℃ 时的 $v \sim K_I$ 曲线只表现出一个区域,相应的裂纹缓慢扩展指数 $n \approx 50$;在 1 350 ℃ 及其以上时,$v \sim K_I$ 曲线也只表现出一个区域,$n \approx 1$;在 1 200~1 350 ℃ 之间,$v \sim K_I$ 曲线表现为两段,裂纹扩展速率较低的区域中 $n \approx 1$,而裂纹扩展速率较高的区域中 $n \approx 50$。注意到 1 250~1 400 ℃ 之间的四段斜率相同的 $\ln v \sim \ln K_I$ 直线给出的裂纹扩展激活能($\Delta E^* = 925$ kJ/mol)远远高于曾经观测到的玻璃相中的离子扩散激活能或化学反应激活能,因此,Si_3N_4 中裂纹扩展不可能由这两种过程主导。

对高温受力状态下热压 Si_3N_4 中发生的裂纹缓慢扩展的可能解释是:如图 3.25 所示,在高温下,晶界玻璃相的黏度下降,在裂纹尖端处,由于局部的应力集中,除晶相的蠕变变形加大之外,晶界玻璃相将发生黏滞流动;在黏滞流动过程中,材料中存在的气孔或由于黏滞流动而相应形成的空腔被拉长,并向裂纹尖端处迁移,与主裂纹汇合,这在宏观上就表现为裂纹尖端缓慢向前移动。

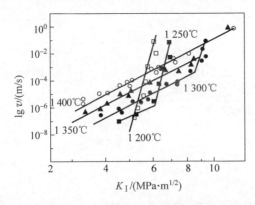

图 3.24 热压 Si_3N_4 陶瓷的高温裂纹缓慢扩展曲线

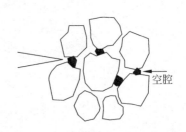

图 3.25 裂纹缓慢扩展的空腔机理

3.4.3 裂纹缓慢扩展行为研究方法

研究裂纹缓慢扩展行为的一个中心内容是式(3.44)中参数 n 的测定。

测定无机材料中裂纹缓慢扩展参数 n 的实验方法主要有两大类,分别称为直接法和间接法。直接法要求测量出裂纹扩展速率 v 随裂纹尖端应力场强度 K_I 的变化关系曲线,因此需要采用含有人工裂纹的断裂力学试样。间接法则是希望通过测定试样的延迟断裂强度确定 n 值,所采用的试样一般不需预制裂纹。这两种方法各有其优缺点。直接法的优点在于能够直接观察断裂过程的细节,但由于断裂力学试样中采用的人工裂纹尺寸通常远大于材料中固有裂纹的尺寸,因而测试结果的有效性依赖于一个关于大裂纹与小裂纹有共同性状的假设。间接法则恰好相反,虽然不能对裂纹扩展过程进行直接观测,但显然断裂是由固有裂纹导致的,可以准确地反映实际构件内部及表面的缺陷状态。由于上述缺陷的尺寸及分布的随机性,必须采用多个试样进行试验,取其统计结果。

在直接法测定无机材料裂纹缓慢扩展参数的研究中经常采用的断裂力学试样主要是双扭试样。这类方法通过量测试样中裂纹的尺寸 a 随试样承载时间的变化关系直接建立裂纹缓慢扩展的 $v \sim K_I$ 关系。直接法要求试样尺寸足够大,以便测定较宽的裂纹尺寸范围内的裂纹缓慢扩展速率。此外,在高温测试中还需要具备在高温下直接观测或间接计算试件表面开裂情况的技术。

测定裂纹扩展参数的间接方法包括静态疲劳法和动态疲劳法。

由静态疲劳技术确定裂纹缓慢扩展参数 n 的基本方程为(具体推导参见 3.4.4 节)

$$t_f = B' \sigma_a^{-n} \tag{3.48}$$

式中,

$$B' = \frac{2}{(n-2)AY^2} \left(\frac{K_{IC}}{\sigma_f} \right)^{2-n} \tag{3.48a}$$

为材料/环境系统常数。

由式(3.48)可以看出,材料的静态疲劳寿命 t_f 与恒定外加应力 σ_a 之间的关系在双对数坐标系统中表现为一条斜率为 $-n$ 的直线。

对于动态疲劳,考虑到在对试样加载过程中的任一时刻 t,有 $\sigma_a = \dot{t}\sigma_a$,因此:

$$\frac{d\sigma_a}{da} = \frac{d\sigma_a}{dt} \bigg/ \frac{da}{dt} = \frac{\dot{\sigma}_a}{AK_I^n} = \frac{\dot{\sigma}_a}{A\sigma_a^n Y^n a^{n/2}}$$

对上式稍加整理得到

$$a^{-n/2} da = \frac{AY^n}{\dot{\sigma}_a} \sigma_a^n d\sigma_a \tag{3.49}$$

式(3.49)两边同时积分:

$$\int_{a_0}^{a_c} a^{-n/2} da = \int_{\sigma_0}^{\sigma_d} \left(\frac{AY^n}{\dot{\sigma}_a} \right) \sigma_a^n d\sigma_a \tag{3.50}$$

式中，a_0 和 a_c 分别为裂纹的初始尺寸和临界尺寸；σ_d 为加载速率为 $\dot{\sigma}_a$ 时测得的断裂强度；σ_0 为初始尺寸为 a_0 的裂纹发生缓慢扩展时所需的最低应力。由于一般情况下 $a_0 \ll a_c, \sigma_0 \ll \sigma_d$，故上式可以近似地展开为

$$\sigma_d^{1+n} = \left[\frac{2(n+1)}{AY^n(n-2)}\right] a_0^{\frac{n-2}{2}} \dot{\sigma}_a \tag{3.51}$$

由 $K_{IC} = Y\sigma_{f0}\sqrt{a_0}$，上式可以进一步简化为

$$\sigma_d^{n+1} = B'' \dot{\sigma}_a \tag{3.52}$$

式中，

$$B'' = \frac{2(n+1)\sigma_{f0}^{n-2}}{(n-2)AY^n K_{IC}^{n-2}} \tag{3.52a}$$

是一个材料/环境系统常数。

式(3.52)表明，材料的动态疲劳强度 σ_d 随加载速率 $\dot{\sigma}_a$ 的变化关系在双对数坐标系统中应该表现为一条斜率为 $1/(n+1)$ 的直线。通过量测不同 $\dot{\sigma}_a$ 下的 σ_d 值，代入上述公式即可求得疲劳参数 n。

3.4.4 无机材料断裂寿命预测

无机材料制品在经受长期应力 σ_a 的作用时，制品典型受力区处的最危险裂纹将会发生亚临界裂纹缓慢扩展，最后导致断裂。裂纹从初始尺寸经亚临界扩展发育到临界尺寸最终导致制品断裂所需的时间即为制品的断裂寿命。根据前面给出的裂纹缓慢扩展理论，可以对制品的断裂寿命进行预测。

考虑到 $K_I = Y\sigma_a\sqrt{a}$，故有

$$da = \frac{2K_I}{Y^2 \sigma_a^2} dK_I \tag{3.53}$$

将式(3.53)代入式(3.44)得到

$$dt = \frac{2K_I^{1-n}}{AY^2 \sigma_a^2} dK_I \tag{3.54}$$

假定在裂纹由初始尺寸 a_0 扩展到临界尺寸 a_c 这一过程中，式(3.44)中的参数 A,n 近似保持不变(即忽略了裂纹扩展 $v \sim K_I$ 曲线的Ⅱ区和Ⅲ区)，则对式(3.54)两边积分可得

$$t_f = \frac{2}{AY^2 \sigma_a^2 (n-2)} (K_{Ii}^{2-n} - K_{IC}^{2-n}) \tag{3.55}$$

式中，t_f 为试样在恒定应力 σ_a 作用下发生破坏所需的时间，$K_{Ii} = Y\sigma_a\sqrt{a_0}$ 为材料中最危险固有裂纹尖端处应力场强度的初始值，$K_{IC} = Y\sigma_a\sqrt{a_c}$ 为材料的断裂韧性。

一般情况下，$K_{Ii}^{2-n} \gg K_{IC}^{2-n}$，故式(3.55)又可以简化为

$$t_f = \frac{2}{(n-2)AY^2 \sigma_a^2 K_{Ii}^{n-2}} \tag{3.55a}$$

考虑到

$$K_{Ii} = Y\sigma_a\sqrt{a_0} = \sigma_a\left(\frac{K_{IC}}{\sigma_{f0}}\right) \tag{3.56}$$

(式中的 σ_{f0} 为在不发生裂纹缓慢扩展的条件下测得的材料断裂强度。)将式(3.56)代入式(3.55a)并整理得到

$$t_f = B'\sigma_a^{-n} \tag{3.57}$$

即式(3.48)。

由式(3.57)的推导过程可以发现,这种寿命预测技术有一个基本假定,即裂纹缓慢扩展参数 A、n 在整个裂纹扩展过程中近似保持不变。实际上这一假定与真实情况之间是存在一定偏差的。如果我们能够通过实验测出完整的三阶段 $v \sim K_I$ 曲线,则最好以测试结果为基础,对式(3.48)进行分段积分,以得到一个更为准确的断裂寿命。

借助于式(3.57)进行寿命预测所面临的一个直接问题是强度离散性的影响。由式(3.48a)可以看出,断裂寿命 t_f 与材料的瞬时断裂强度 σ_{f0} 有关。而上一章中已经指出,由于固有裂纹尺寸 a_0 的随机分布,断裂强度 σ_{f0} 将表现出显著的离散性。这时采用 SPT 图法进行寿命预测是较为有效的。所谓 SPT 图,就是外加应力(Stress)、断裂几率(Probability)与断裂寿命(Time)三者之间的关系曲线。绘制 SPT 图的具体步骤是:在规定的条件下进行强度试验确定材料强度的韦伯分布参数;假定不同试样内最危险裂纹的几何形状因子 Y 相同,则试样强度 σ_{f0} 与固有裂纹尺寸 a_0 之间满足 $\sigma_f Y\sqrt{a} = K_{IC}$,与应力场强度通式 $K_I = Y\sigma_a\sqrt{a}$ 联立,则有

$$K_{Ii} = \frac{\sigma_a}{\sigma_{f0}}K_{IC} \tag{3.58}$$

令式(2.32)中 $\sigma_f = \sigma_{f0}$ 并解出 σ_{f0} 代入式(3.58)即可得到 K_{Ii} 与断裂几率 P_f 之间的关系:

$$K_{Ii} = \frac{\sigma_a}{\sigma_u + \exp\left[\frac{1}{m}\ln\ln\left(\frac{1}{1-P_f}\right) + \ln\sigma_e\right]}K_{IC} \tag{3.59}$$

对应于指定的断裂几率 P_f,将式(3.59)代入式(3.55a)即可获得在不同外加应力水平下材料的断裂寿命 t_f,进而给出应力(Stress)-断裂几率(Probability)-断裂寿命(Time)图。图 3.26 示出了这种 SPT 图的一般形式。注意在图 3.26 中,纵坐标为断裂寿命;在实际应用中,也可以将纵坐标取作断裂概率。

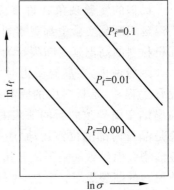

图 3.26 SPT 图的一般形式

3.4.5 无机材料的高温延迟断裂

裂纹缓慢扩展的一个直接后果是材料在受到一个低于其自身断裂强度的外力作用时,虽然不会发生瞬时断裂,但是断裂仍然可能会在外力持续作用一段时间之后突然发生。这种滞后于外力作用的断裂现象通常称为延迟断裂。对绝大多数无机材料来说,在室温下发生的延迟断裂一般都是由于材料中存在的固有裂纹在外力作用下发生缓慢扩展导致的,其断裂寿命可以采用上一小节介绍的方法进行预测。然而在高温下,无机材料中发生的延迟断裂则是一个极为复杂的过程。这种复杂性可以用一个典型的实验现象加以说明。图 3.27 是对一种热压氮化硅陶瓷在 1 200℃时进行静态疲劳实验所得到的结果。图中空心点是对带有预制裂纹的试样进行测试得到的结果,可以看出,在测试应力范围内,试样的断裂寿命与外加应力之间的关系与式(3.57)所表示的理论分析结果吻合得很好,说明材料的破坏是由预制裂纹在外力作用下发生的缓慢扩展导致的。然而,对不带预制裂纹的试样进行测试时,所得到的结果就发生了很大的变化。如图 3.27 中实心点所示,在高应力水平下,实验结果仍然可以用式(3.57)进行描述。当外加应力水平降低到一定程度之后,$t_f \sim \sigma_a$ 曲线出现了一个特征平台,也就是说,在这个很窄的应力区间里材料的断裂寿命呈现出了一个异常大的离散。而后,随着外加应力的进一步降低,$t_f \sim \sigma_a$ 关系在双对数坐标系统中再次表现为一条直线。很显然,图 3.27 中特征平台的出现应该是材料断裂机制发生转变的一个标志。

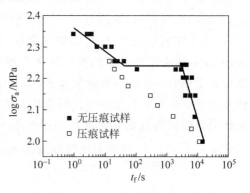

图 3.27 热压 Si_3N_4 陶瓷 1 200℃下的静态疲劳曲线

类似的实验现象在许多无机材料的高温延迟断裂实验中都观察到了。这一实验现象说明仅仅用裂纹的缓慢扩展来解释无机材料的高温延迟断裂行为是远远不够的。

一般说来,在高温受力时,无机材料内部将同时发生两个性质截然不同的缺陷发育过程,一是材料中的固有裂纹在外力作用下发生的缓慢扩展,二是由于材料的高温蠕变而导致的新的缺陷的形成。在第 1 章中曾经提到,在高温蠕变过程中,无论是晶粒内部的位错运动,还是晶界上发生的黏性流动,其基本过程都是从形变的逐渐增大而导致缺陷形成开始,进而缺陷富集形成类裂纹,最后类裂纹发生扩展而导致材料的断裂破坏。显然,由蠕变过程导致的断裂也是一种延迟断裂,通常称为蠕变断裂。

在高温受力时,蠕变断裂过程与固有裂纹的缓慢扩展过程之间存在有一种"抗争"作用,"抗争"的结果之一是材料内部的固有裂纹可能会由于尖端钝化而转化为良性,而破坏则由损伤的累积过程主导。"抗争"的另一个结果则是固有裂纹的缓慢扩展直接导致了材料的破坏。因此,任何一种无机材料在高温下的延迟断裂都可能表现出如图 3.27 所示的规律,即:在双对数坐标系中,应力-寿命曲线表现为三个区域。在高应力区域,材料的延迟断裂由固有裂纹的缓慢扩展主导,$t_f \sim \sigma_a$ 之间满足式(3.57)所描述的关系;在低应力区域,延迟断裂则由损伤的累积过程控制,这一区域内发生的延迟断裂通常称为蠕变断裂。在这两个区域之间一个很窄的中等应力范围内,损伤的累积与固有裂纹的缓慢扩展之间处于"对峙"状态,这时"抗争"的结果显然应该与材料的离散性有关:最大应力作用区内含有较大固有裂纹的试样将表现出由固有裂纹缓慢扩展主导的延迟断裂行为,反之,蠕变断裂将成为断裂的主导过程。

蠕变断裂一般可以分为两个阶段,第一阶段为蠕变裂纹的形成阶段,第二阶段为蠕变裂纹的扩展阶段。蠕变裂纹的扩展本质上也是一类亚临界裂纹扩展,其基本规律与前面介绍的固有裂纹的缓慢扩展是完全一样的。

最后需要说明一点,对于由蠕变断裂过程主导的材料延迟断裂,其断裂寿命不能用上一小节介绍的方法进行预测,因为在这种情况下,材料的断裂寿命中还包括了蠕变裂纹形成所需的时间。适用于蠕变断裂过程主导的延迟断裂过程的寿命预测技术是目前研究的重点之一。从已有的文献报道情况来看,系统的寿命预测技术尚未完全形成,但大量的实验表明,在蠕变断裂过程中,断裂寿命 t_f 与材料的稳态蠕变速率 $\dot{\varepsilon}_m$ 之间都遵循如下经验关系:

$$\ln t_f + m \ln \dot{\varepsilon}_m = B \tag{3.60}$$

式中的 m 和 B 均为常数。

3.5 无机材料的硬度与压痕开裂的应用

3.5.1 无机材料的硬度及其测试方法

硬度是无机材料的一项重要的力学性能指标,无机材料(尤其是在结构部件上使用的结构陶瓷材料)的许多应用都与其相对较高的硬度有关。但是,由于硬度测试方法很多,各种测试方法所得到的结果之间又不具备可比性,因此硬度同时又是一个很难准确定义的参数。这一点在应用硬度参数对材料进行评价和对比分析时必须加以注意。

划痕方法也许是测定材料硬度的一种最古老的方法。这一方法所得到的划痕硬度也称为莫氏硬度,只表示材料硬度由小到大的排列顺序,不能直接表示材料的软硬程度。早期的莫氏硬度分为 10 级。后来因为出现了一些人工合成的硬度较高的材料,又将莫氏硬度分为了 15 级。表 3.2 为莫氏硬度的两种分级的顺序。表中排在后面的材料可以划破排在前面的材料的表面。

表 3.2 莫氏硬度分级表

顺序 1(旧)	材　料	顺序 2(新)	材　料
1	滑石	1	滑石
2	石膏	2	石膏
3	方解石	3	方解石
4	萤石	4	萤石
5	磷灰石	5	磷灰石
6	正长石	6	正长石
7	石英	7	SiO_2 玻璃
8	黄玉	8	石英
9	刚玉	9	黄玉
10	金刚石	10	石榴石
		11	熔融氧化锆
		12	刚玉
		13	碳化硅
		14	碳化硼
		15	金刚石

目前在硬度测试中常用的方法是静载压入法,即在一个指定的静态荷载下,将一个具有规则形状的硬物(称为硬度压头,一般用金刚石制成)压入材料表面,以压头的压入深度或材料表面压入凹面(称为压痕)上所承受的平均荷载表示材料的硬度。图 3.28 是几种常用的静载压入实验示意图及其相应的硬度计算方法。其中,洛氏硬度采用的评价指标是在一定的荷载作用下压头的压入深度,布氏硬度、维氏硬度和努普硬度则是以压痕表面上的平均接触应力作为硬度的计量标准。

布氏硬度法主要用于金属中较软及中等硬度的材料,很少用于无机材料。维氏硬度法和努普硬度法都适用于较硬的材料,经常用于无机材料的硬度测试。无机材料的硬度较多地采用维氏硬度法在很低的荷载(一般小于 2 N)下测试,这样测得的维氏硬度一般称为显微硬度。洛氏硬度法应用范围较宽。根据所采用的压头材质和实验荷载的不同,洛氏硬度有 15 种不同的测试标准。对于无机材料而言,最常用的洛氏硬度为 HRA 硬度,即采用球形金刚石压头,在 60 kg 荷载下测得的洛氏硬度。

矿物、晶体和无机材料的硬度取决于其组成和结构。一般说来,离子半径越小,离子电价越高,离子配位数越小,结合能就越大,材料的硬度相应就较高。

在布氏硬度、维氏硬度和努普硬度的测试中必须注意的一个问题是,所测得的硬度值一般都是一个与所使用的测试荷载有关的值。对许多材料进行测试的结果表明,随着测试荷载的增大,所测得的硬度呈降低趋势。导致这一现象的原因目前尚不清楚。因此,在报道硬度实验结果时,一般要求同时给出所使用的测试荷载。习惯做法是在硬度符号后加以一个数字表示荷载大小,如 HV20 表示在 20 kg 荷载下测得的维氏硬度,HK0.2 表示在 0.2 kg 荷载下测得的努普硬度,HB100 则表示在 100 kg

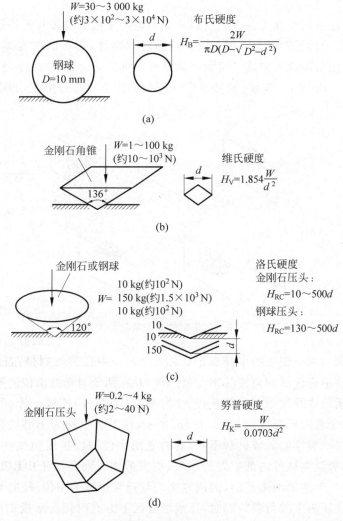

图 3.28 静载压入实验
(a) 布氏硬度;(b) 维氏硬度;(c) 洛氏硬度;(d) 努普硬度

荷载下测得的布氏硬度,等等。

3.5.2 无机材料的压痕开裂及其分类

在静载压入硬度测试过程中脆性的无机材料与硬度压头的接触点附近会产生高度的局部应力集中,从而导致压痕附近区域的材料产生开裂。在硬度实验过程中引进的裂纹称为压痕裂纹。压痕裂纹的尺寸通常比较小,接近于材料内部存在的固有裂纹的尺寸,加之压痕裂纹的形状比较规则,尺寸可以通过调整硬度测试荷载而加以控制,因此是一种比较理想的人工裂纹,近些年来在无机材料力学行为研究中得到了广泛的应用。

常规硬度压痕试验在脆性无机材料表面引进的压痕裂纹按几何特征大体上可分为如图 3.29 所示的五种类型。图 3.29(a)为环状裂纹,它在试件表面处形成,并从试件表面沿与压头加载方向成一定角度向试件内部扩展。图 3.29(b)所示的表面径向裂纹也称为 Palmqvist 裂纹,通常在塑性压痕的四个顶角处形成,并沿顶角对角线

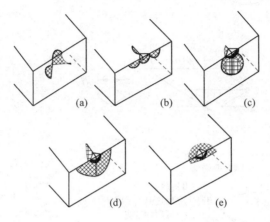

图 3.29 压痕裂纹几何特征分类图

向外扩展,形状为四个细长的半椭圆形。图 3.29(c)中位裂纹则是在压头下方材料内部的弹/塑性形变区沿四角棱的顶点处形成,并在两个对角线沿棱的平面内向下延伸,形状多为圆形或圆缺形。当荷载较大时,裂纹(b)及(c)连成一片,形成互相垂直的两条半圆或半椭圆形裂纹,如图 3.29(d)所示,这类裂纹称为半饼状裂纹。对于不同的材料,半饼状裂纹的形成机制不同,有时是由中位裂纹扩展到试件表面的结果,有时是由径向裂纹向试件内部扩展的结果,更多的则可能是由于中位裂纹和径向裂纹在扩展过程发生连通而形成的,因而这类裂纹通常也称为中位/径向裂纹系统。另外,在卸去加在压头上的荷载的同时,压痕形变区下方有时还会形成如图 3.29(e)所示的侧向裂纹。侧向裂纹垂直于压痕形成的棱的方向,与压痕角顶相交于一点,并沿四周向上扩展,形成垂直于径向/中位裂纹的曲面,直到试样表面,形状一般为碟形;在压痕压制荷载较大的情况下,侧向裂纹有可能会扩展至试件表面,从而引起试件的表面剥落甚至崩裂。

在一个具体的压痕断裂过程中究竟形成哪几类裂纹,取决于材料性能、试验环境、压头形状、压痕压制荷载等诸多因素。

在无机材料断裂力学研究中常用的压痕裂纹是由 Vickers 压头和 Knoop 压头引进的压痕裂纹。

Vickers 压痕裂纹 Vickers 压头端部呈一正棱锥形,两对棱的夹角为 148°,两对面的夹角为 136°。由简单的几何分析可以得出:在忽略压痕结束后材料发生的弹性恢复的前提下,由 Vickers 压头所引进的压痕,其深度约为对角线长度的 1/7。

Vickers 压痕裂纹如图 3.30 所示。沿正方形塑性压痕两条对角线延长线方向,分别有两组尖锐的径向裂纹生成(图 3.30(a))。从断面上看,这两组径向裂纹通常与中位裂纹交截而形成半饼状裂纹,如图 3.30(b)所示。研究中一般都假定由 Vickers 压头引进的这一中位/径向裂纹系统呈一理想的半圆形,以便于进行定量分析,但实际观测到的 Vickers 压痕裂纹与理想情况之间总是存在一些偏差;尤其是在压痕压制荷载较低的情况下,从断面上观察到的 Vickers 压痕裂纹还可能以径向裂纹的方式独立存在(图 3.30(c))。

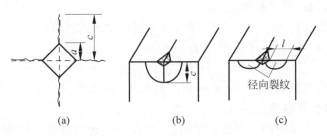

图 3.30 Vickers 压痕裂纹示意图

Knoop 压痕裂纹　　Knoop 压头的端部呈一菱锥形,其一对较长棱边的夹角为 173.5°,一对较短棱边的夹角为 130°。由简单的几何分析可以得出:这一形状使得相应形成的 Knoop 压痕长对角线长度约为短对角线长度的 7.11 倍,而压头压入深度则只有压痕长对角线的 1/30 左右。但是,由于在压头卸载后,包围在塑性压痕外部的材料弹性基质将发生一定程度的弹性恢复,导致压痕对角线尺寸减小,因而实际压痕将与上述理想情况有所偏差。在硬度试验中,通常假定 Knoop 压痕长对角线方向的弹性恢复与短对角线方向相比可以忽略不计。Knoop 压痕在材料表面上呈菱形。由较高荷载压制而成的 Knoop 压痕,其长对角线方向也应该有径向裂纹生成。但由于 Knoop 压头的最高允许使用荷载通常较低(国产 Knoop 压头的最高允许使用荷载一般只有 50 N 左右),而同一种材料 Knoop 压痕径向开裂临界荷载 P_C 又远高于 Vickers 压痕,因而在材料表面上通常观察不到 Knoop 压痕的微开裂现象。从断面上看,Knoop 压痕裂纹通常表现为一个半椭圆形(图 3.31),这一半椭圆形的清晰度因材料而异。研究表明,在合适的压痕压制荷载范围内,Knoop 压痕裂纹的椭圆度为 $a/c=0.60\sim 0.95$,因材料而异。

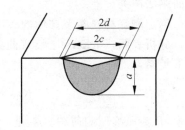

图 3.31 Knoop 压痕裂纹示意图

3.5.3　压痕裂纹在断裂韧性测试中的应用

借助于压痕裂纹测定无机材料的断裂韧性主要有两类不同的方法。一类是直接压痕法,另一类是压痕弯曲梁法。

直接压痕法指的是直接由材料表面上的压痕裂纹尺寸直接算出材料的断裂韧性的方法,这种方法主要采用 Vickers 压痕裂纹进行。如果材料表面上 Vickers 压痕裂纹的 c/a（即压痕裂纹半长与压痕对角线半长之比）大于 2.5,一般可以认为压痕裂纹能完整地发育成半饼状裂纹,可以采用以下公式计算出材料的 K_{IC}：

$$K_{IC} = \delta \left(\frac{E}{H}\right)^{1/2} \frac{P}{c^{3/2}} \tag{3.61}$$

式中,E 和 H 分别为材料的弹性模量和硬度；P 为压痕压制荷载；δ 是一个与材料无关的无量纲常数,其经验值为 0.016。

如果压痕裂纹的 c/a 小于 2.5,则可以采用以下公式计算：

$$\left(\frac{K_{IC}\Phi}{H\sqrt{a}}\right)\left(\frac{H}{E\Phi}\right)^{0.4} = 0.035 \left(\frac{l}{a}\right)^{-\frac{1}{2}} \tag{3.62}$$

式中,$l=c-a$ 为材料表面 Palmqvist 裂纹的尺寸（参见图 3.30）；Φ 是一个与材料无关的无量纲常数,其经验值为 3。

由于压痕裂纹系统的复杂性,关于这一系统的精确的理论解尚未得到,因此这两个公式实际上只是半经验性的。实验发现,由上述两个公式计算得到的断裂韧性一般都存在有不大于 30% 的误差。

也有一些学者提出过一些形式各异的经验或半经验公式用于压痕法断裂韧性的计算。这些公式大都只适用于某些特定的材料,不具有普遍的适用性。因此,建议尽可能采用式（3.61）和式（3.62）进行计算。

直接压痕法测定无机材料断裂韧性要求试样具有一个光亮如镜的表面,对试样的尺寸则没有任何特殊要求,可大可小,因此比较适合于从零部件上直接取样测试。

压痕弯曲梁法测定断裂韧性的一般做法是：在常规的弯曲强度试样受拉面上引进一条压痕裂纹,进而测定弯曲梁的断裂强度以确定材料的断裂韧性。根据引进压痕裂纹方式的不同,压痕弯曲梁法又可以分为 Knoop 压痕弯曲梁法和 Vickers 压痕弯曲梁法两类。

测定陶瓷材料断裂韧性的 Vickers 压痕弯曲梁法是 20 世纪 80 年代初发展起来的。分析表明,Vickers 压痕弯曲梁的断裂强度 σ_f 与材料的断裂韧性 K_{IC} 之间存在如下关系：

$$K_{IC} = \eta_V^R \left(\frac{E}{H}\right)^{1/8} (\sigma_f P^{1/3})^{3/4} \tag{3.63}$$

式中,P 为压痕压制荷载；η_V^R 是一个与材料无关的常数,经验值为 0.59。由于 η_V^R 是一个经验值,因此,由式（3.63）计算得到的材料断裂韧性值的误差一般也在 30% 左右。

与 Vickers 压痕弯曲梁法相比,Knoop 压痕弯曲梁法的测试精度较高。Knoop 压痕弯曲梁的断裂应力 σ_f 与材料的断裂韧性 K_{IC} 之间的关系为：

$$\sigma_f + \frac{\chi P}{\psi a^2} = \frac{K_{IC}}{\psi}\sqrt{\frac{1}{a}} \tag{3.64}$$

式中，a 为 Knoop 压痕裂纹的深度（见图 3.31）；χ 和 ψ 均为常数，其中 ψ 为压痕裂纹的几何形状因子，由下式决定：

$$\psi = M_e \sqrt{\frac{\pi}{Q}} \tag{3.65}$$

式中，M_e 为裂纹自由表面修正因子，由裂纹深度 a 与试样厚度 t 的比值决定（见图 3.32）；Q 为裂纹形状因子：

$$Q = \varphi^2 - 0.212 \left(\frac{\sigma_f}{\sigma_{ys}}\right)^2 \tag{3.66}$$

式中，σ_f 和 σ_{ys} 分别为材料的断裂强度和拉伸屈服强度。因为无机材料的拉伸屈服强度通常远远大于其断裂强度，因此有 $Q \approx \varphi^2$。φ 为第二类椭圆积分，

$$\varphi = \int_0^{\pi/2} \left(1 - \frac{c^2 - a^2}{c^2} \sin^2\theta\right)^{\frac{1}{2}} d\theta \tag{3.67}$$

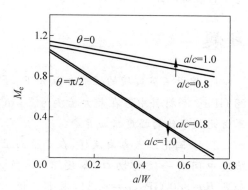

图 3.32　表面修正因子曲线

在常用范围内的 φ^2 值列于表 3.3。

表 3.3　φ^2 值

a/c	φ^2	a/c	φ^2	a/c	φ^2	a/c	φ^2	a/c	φ^2
0.00	1.00	0.39	1.30	0.59	1.60	0.76	1.90	0.89	2.20
0.06	1.02	0.41	1.32	0.60	1.62	0.77	1.92	0.90	2.22
0.12	1.04	0.42	1.34	0.61	1.64	0.78	1.94	0.91	2.24
0.15	1.06	0.44	1.36	0.62	1.66	0.79	1.96	0.92	2.26
0.18	1.08	0.45	1.38	0.64	1.68	0.80	1.98	0.93	2.28
0.20	1.10	0.46	1.40	0.65	1.70	0.81	2.00	0.93	2.30
0.23	1.12	0.48	1.42	0.66	1.72	0.81	2.02	0.94	2.32
0.25	1.14	0.49	1.44	0.67	1.74	0.82	2.04	0.95	2.34
0.27	1.16	0.50	1.46	0.68	1.76	0.83	2.06	0.96	2.36
0.29	1.18	0.52	1.48	0.69	1.78	0.84	2.08	0.97	2.38
0.31	1.20	0.53	1.50	0.70	1.80	0.85	2.10	0.98	2.40
0.32	1.22	0.54	1.52	0.71	1.82	0.86	2.12	0.98	2.42
0.34	1.24	0.55	1.54	0.72	1.84	0.86	2.14	0.99	2.44
0.36	1.26	0.56	1.56	0.73	1.86	0.87	2.16	1.00	2.46
0.38	1.28	0.57	1.58	0.74	1.88	0.88	2.18		

实验发现，对于陶瓷材料中的 Knoop 压痕裂纹，参数 P/a^2 表现为一个材料常数，因而，式(3.64)表明：Knoop 压痕弯曲梁的断裂应力 σ_f 与压痕裂纹深度的倒数平方根 $(1/a)^{1/2}$ 之间呈线性关系，由该直线的斜率即可方便地确定材料的断裂韧性。因此，Knoop 压痕弯曲梁法测定无机材料断裂韧性的一般做法是：对同一材料的不

同试样,采用不同的荷载压痕后分别测定其断裂强度,而后拟合实验所测得的 $\sigma_f - (1/a)^{1/2}$ 直线关系,由该直线的斜率直接确定材料的断裂韧性。

应用 Knoop 压痕弯曲梁的一个主要问题在于,试样断面上的 Knoop 压痕裂纹尺寸的准确测定一般较为困难。

习 题

1. 熔融石英玻璃的性能参数如下：$E=73$ GPa；$\gamma=1.56$ J/m^2；理论强度 $\sigma_{th}=28$ GPa。如材料中存在最大长度为 $2\ \mu$m 的内裂,且此内裂垂直于作用力的方向,计算由此而导致的强度折减系数。

2. 一陶瓷三点弯曲试样,在受拉面上于跨度中间有一竖向切口,如图 3.33 所示。如果 $E=380$ GPa,$\mu=0.24$,求 K_{IC} 值。设极限荷载达 50 kg。计算此材料的断裂表面能。

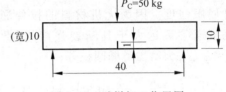

图 3.33　试样切口位置图

3. 根据 $\sigma = \dfrac{K_{IC}}{\sqrt{\pi c}}$,如 Si$_3N_4$ 瓷的 K_{IC} 测得为 5.0 MPa·m$^{0.5}$。求用这种材料测得其强度分别为 1 000、800 及 500 MPa 时,其相应的最大裂纹尺寸是多少? 加入此 Si$_3$N$_4$ 瓷的 K_{IC} 提高到 6.0 MPa·m$^{0.5}$,其 1 000 MPa 强度的相应裂纹尺寸为何? 由此分析增韧的意义。

4. 一钢板受有长向拉应力 350 MPa,如在材料中有一垂直于拉应力方向的中心穿透缺陷,长 8 mm($=2c$)。此钢材的屈服强度为 1 400 MPa,计算塑性区尺寸 r_0 及其与裂缝半长 c 的比值。讨论用此试样来求 K_{IC} 值的可能性。

5. 一陶瓷零件上有一垂直于拉应力的边裂,如果边裂长度为：(1) 2 mm；(2) 0.049 mm；(3) 2 μm,分别求上述三种情况下的临界应力。设此材料的断裂韧性为 1.62 MPa·m$^{0.5}$。讨论诸结果。

6. 画出作用应力与预期寿命之间的关系曲线。材料为 ZTA 陶瓷零件,温度在 900℃,K_{IC} 为 10 MPa·m$^{0.5}$,慢裂纹扩展指数 $N=40$,常数 $A=10^{-40}$,Y 取 $\sqrt{\pi}$。设保证试验应力取作用应力的 2 倍。

第 4 章　无机材料的热学性能

无机材料的热学性能包括热容、热膨胀、热传导、热稳定性、熔化和升华等。本章就这些热性能与无机材料的宏观、微观本质之间的关系进行探讨,为选材、用材、改善材质、研制新材料、制定新工艺等打下物理理论基础。

材料各种热性能的物理本质均与晶格热振动有关。无机材料由晶体及非晶体组成。晶体点阵中的质点(原子、离子)总是围绕着平衡位置作微小振动,称为晶格热振动。晶格热振动是三维的,可以根据空间力系将其分解成三个方向的线性振动。设每个质点的质量为 m,在任一瞬间该质点在 x 方向的位移为 x_n,其相邻两个质点的位移分别为 x_{n-1},x_{n+1}。根据牛顿第二定律,该质点的运动方程为

$$m\frac{\mathrm{d}^2 x_n}{\mathrm{d}t^2} = \beta(x_{n+1} + x_{n-1} - 2x_n) \tag{4.1}$$

式中 β 为微观弹性模量。

式(4.1)称为简谐振动方程,晶格热振动的振动频率随 β 的增大而提高。每个质点的 β 有所不同,因此每个质点在热振动时都有各自不同的频率。材料内有 N 个质点,就有 N 个频率的振动组合在一起。温度高时动能增大,所以各质点的振幅和频率均增大。各质点热运动时动能的总和即为该物体的热量,即

$$\sum_{i=1}^{N} (\text{动能})_i = \text{热量} \tag{4.2}$$

由于材料中各质点之间存在着很强的相互作用力,由此一个质点的振动会使邻近质点随之振动。相邻质点间的振动存在着一定的相位差,从而使得晶格振动以弹性波的形式(又称格波)在整个材料内传播。弹性波是多频率振动的组合波。

由实验测得弹性波在固体中的传播速度 $v = 3 \times 10^3$ m/s,晶体的晶格常数 a 约为 10^{-10} m 数量级,而晶格振动的最小周期为 $2a$,故它的最大振动频率约为

$$\gamma_{\max} = \frac{v}{2a} = 1.5 \times 10^{13} \text{ Hz}$$

如果振动着的质点中包含频率甚低的格波,质点彼此之间的位相差不大,则格波类似于弹性体中的应变波,称为"声频支振动"。格波中频率甚高的振动波,质点间的位相差很大,邻近质点的运动几乎相反时,频率往往在红外光区,称为"光频支振动"。

一维双原子点阵中的格波如图 4.1 所示:在一无限长的直线上相间有序地排列着两种不同的原子,各有独立的振动频率。在这种情况下,即使各原子的振动频率都

与晶胞振动频率相同,由于两种原子的质量不同,振幅不同,因此相邻两原子之间总会有相对运动。声频支可以看成是相邻原子具有相同的振动方向,如图 4.1(a)所示;光频支则可以看成相邻原子振动方向相反,形成一个范围

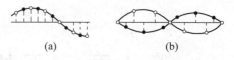

图 4.1　一维双原子点阵中的格波
(a) 声频支;(b) 光频支

很小,频率很高的振动。对于离子型晶体,光频支振动相当于正负离子间的相对振动。根据电动力学理论,当异号离子间有反向相对位移时便构成了一个偶极子(见第 6 章),在振动过程中偶极子的偶极矩是周期性变化的,会发生电磁波,电磁波的强度取决于振幅的大小。在室温下,所发射的这种电磁波是微弱的,如果从外界辐射入相应频率的红外光,则会立即被晶体强烈吸收从而激发总体振动。这表明离子晶体具有很强的红外光吸收特性,这也就是该支格波被称为光频支的原因。

由于光频支是不同原子相对振动引起的,所以如果一个分子中有 n 个不同的原子,则会有 $(n-1)$ 支不同频率的光频波。如果晶格有 N 个分子,则有 $N(n-1)$ 个光频波。

4.1　无机材料的热容

热容是描述材料中分子热运动的能量随温度而变化的一个物理量,定义为使物体温度升高 1 K 所需要外界提供的能量。

由热容的定义不难理解,物体的热容是一个与温度密切相关的物理量,不同温度下物体的热容可能会有所不同。一般地,在温度 T 时物体的热容为

$$C_T = \left(\frac{\partial Q}{\partial T}\right)_T \tag{4.3}$$

工程上通常使用"平均热容"这一概念,平均热容指的是物体从温度 T_1 升温至 T_2 所吸收的热量的平均值,即:

$$C_{均} = \frac{Q}{T_2 - T_1} \tag{4.4}$$

平均热容是比较粗略的,(T_2-T_1) 的范围愈大,平均热容的精度就愈差。因此,应用平均热容数据时要特别注意其所能适用的温度范围。

物体的质量不同,热容也不同。一克物质的热容称为"比热容",单位是 J/(g·K)。一摩尔物质的热容称为"摩尔热容",单位是 J/(mol·K)。

另外,物体的热容还与它的热过程有关。假如加热过程是在恒压条件下进行的,所测定的热容称为比定压热容,用符号 C_P 表示。假如加热过程中保持物体体积不变,所测定的热容则称为恒容热容,用符号 C_V 表示。二者的定义式如下:

$$C_P = \left(\frac{\partial Q}{\partial T}\right)_P = \left(\frac{\partial H}{\partial T}\right)_P \tag{4.5a}$$

$$C_V = \left(\frac{\partial Q}{\partial T}\right)_V = \left(\frac{\partial E}{\partial T}\right)_V \tag{4.5b}$$

式中，Q 为热量，E 为热力学能(内能)，H 为焓。

C_P 的测定比较简单，但 C_V 在理论上具有更重要的作用，因为它可以直接通过系统的能量变化从理论上计算得出。根据热力学第二定律可以导出 C_P 和 C_V 之间存在以下关系：

$$C_P - C_V = \frac{\alpha^2 V_0 T}{\beta} \tag{4.6}$$

式中，$\alpha = \dfrac{\mathrm{d}V}{V\mathrm{d}T}$ 为材料的体膨胀系数，$\beta = \dfrac{-\mathrm{d}V}{V\mathrm{d}p}$ 为压缩系数，V_0 为摩尔容积。

由式(4.6)可以看出，由于恒压加热过程中，物体除温度升高外，还要对外界做功(体积膨胀)，所以一般有 $C_P > C_V$。对于物质的凝聚态，C_P 和 C_V 的差异在温度不太高的情况下一般可以忽略，只有在较高温度下，二者的差别才比较显著(参见图 4.2)。

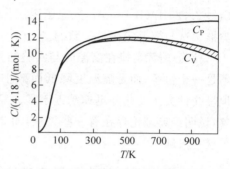

图 4.2 NaCl 晶体摩尔热容随温度的变化关系曲线

4.1.1 晶态固体热容的经验定律和经典理论

早在 19 世纪，人们就已经发现了有关晶体热容的两个经验定律——元素的热容定律和化合物的热容定律。

元素的热容定律也称为杜隆-珀替定律。定律指出：恒压下元素的原子热容为 25 J/(mol·K)。实验发现，大部分元素的原子热容都接近这一数值，特别是高温时符合得更好。但是，一些轻元素的原子热容则与这一数值有所偏差。表 4.1 列出了这部分轻元素的原子热容值。

表 4.1 一些轻元素的原子热容值

元素	H	B	C	O	F	Si	P	S	Cl
C_P/(J/mol·K)	9.6	11.3	7.5	16.7	20.9	15.9	22.5	22.5	20.4

化合物的热容定律也称为柯普定律，其内容为：化合物分子热容等于构成此化合物各元素原子热容之和。

借助于经典的热容理论可以对上述两条经验定律作出较好的解释。

根据晶格振动理论，在固体中可以用谐振子代表每个原子在一个自由度的振动。按照经典热力学理论，能量按自由度均分，每个振动自由度的平均动能和平均位能都为 $kT/2$(证明见下节)。一个原子有三个振动自由度，平均动能和平均位能的总和等于 $3kT$。1 mol 固体中有 N 个原子，总能量为

$$E = 3NkT = 3RT \tag{4.7}$$

式中：$N = 6.023 \times 10^{23}$/mol 为阿伏伽德罗常数，T 为绝对温度(K)，$k = 1.381 \times$

10^{-23} J/K 为玻耳兹曼常数，$R=8.314$ J/(K·mol)为气体常数。

由热容定义：

$$C_V = \left(\frac{\partial E}{\partial T}\right)_V = \left[\frac{2(3NkT)}{\partial T}\right]_V = 3Nk = 3R \approx 25 (\text{J/K·mol}) \quad (4.8)$$

由式(4.8)可知，热容与温度无关，与原子的种类无关，是一个常数。这就是杜隆-珀替定律。对于双原子的固态化合物，一摩尔中的原子数为 $2N$，故摩尔热容为 $C_V = 2 \times 25$ J/(K·mol)，三原子固态化合物的摩尔热容 $C_V = 3 \times 25$ J/(K·mol)，余类推。这与柯普定律是一致的。

杜隆-珀替定律在高温时与实验结果是很符合的。但在低温时，热容的实验值并不是一个恒量，而是随温度降低而减小，在接近绝对零度时，热容值一般与 T^3 近似地呈线性关系变化并迅速趋近于零。经典的热容理论不能解释低温下热容减小的现象，说明经典理论存在有一些欠缺，而20世纪初发展起来的量子理论则较好地克服了这一欠缺。

4.1.2 晶态固体热容的量子理论

普朗克在研究黑体辐射时提出了振子能量的量子化理论，他认为在一物体内，即使温度 T 相同，但在不同质点上所表现出的热振动(简谐振动)的频率 ν 也不尽相同，因此物体内质点热振动时所具有的动能有大有小，即使同一质点的能量也是时大时小；但是，无论如何，质点热振动的能量总是量子化的，以 $h\nu$ 为最小变化单位，即每个质点的能量只能是 $0, h\nu, 2h\nu, \cdots, nh\nu$。其中，$n = 0, 1, 2, \cdots$ 称为量子数，$h\nu$ 称为量子能阶。实验测得普朗克常数 h 的平均值为 6.626×10^{-34} J·s。

质点的振动频率也可以用角频率 ω 描述，ω 与 ν 之间的关系为

$$h\nu = h\frac{\omega}{2\pi} = \hbar\omega \quad (4.9)$$

式中的 $\hbar$ 也称为普朗克常数，$\hbar = 1.055 \times 10^{-34}$ J·s。

频率为 ω 的谐振子的能量具有统计性。按照统计热力学的原理，在温度为 T，谐振子的频率为 ω 时，它所具有的能量为 $n\hbar\tilde{\omega}$ 的几率与 $\exp\left(-\frac{n\hbar\tilde{\omega}}{kT}\right)$ 成正比，即

$$\frac{N_n}{\sum_{i=0}^{\infty} N_i} = \exp\left(-\frac{n\hbar\omega}{kT}\right) \Big/ \sum_{i=0}^{\infty} \exp\left(-\frac{i\hbar\tilde{\omega}}{kT}\right)$$

根据麦克斯韦-玻耳兹曼分配定律可推导出：在温度为 T 时，一个振子的平均能量为：

$$\bar{E} = \frac{\sum_{n=0}^{\infty} n\hbar\omega \exp\left(-\frac{n\hbar\tilde{\omega}}{kT}\right)}{\sum_{n=0}^{\infty} \exp\left(-\frac{n\hbar\tilde{\omega}}{kT}\right)} \quad (4.10)$$

将上式中多项式展开后,取前几项并化简得到

$$\overline{E} = \frac{\hbar\omega}{\exp\left(\dfrac{\hbar\widetilde{\omega}}{kT}\right) - 1} \tag{4.11}$$

晶格热振动的最大频率 $\omega_{\max}$ 一般处于在红外区,即大约为 6×10^{13} rad/s,所以,$(\hbar\widetilde{\omega})_{\max} = 9.93\times10^{-21}$ J。在温度较高的情况下,kT 将比 $\hbar\omega$ 大得多,因此式(4.11)可以近似为

$$\overline{E} = \frac{\hbar\omega}{1 - \left(1 - \dfrac{\hbar\omega}{kT}\right)} = kT \tag{4.12}$$

即每个振子单向振动的总能量与经典理论一致,这时可以按经典理论计算热容。

然而,在室温下 $kT = 4.14\times10^{-21}$ J $\approx (\hbar\omega)_{\max}$,这时式(4.11)不能近似简化为式(4.12)。也就是说,在室温下经典理论就不适用了。

由于 1 摩尔固体中有 N 个原子,每个原子的热振动自由度是 3,所以 1 摩尔固体的振动可看做 $3N$ 个振子的合成振动,1 摩尔固体的平均能量为

$$\overline{E} = \sum_{i=1}^{3N} \overline{E}_{\omega_i} = \sum_{i=1}^{3N} \frac{\hbar\omega_i}{\exp\left(\dfrac{\hbar\widetilde{\omega}_i}{kT}\right) - 1} \tag{4.13}$$

因而固体的摩尔热容为

$$C_V = \left(\frac{\partial E}{\partial T}\right)_V = \sum_{i=1}^{3N} k\left(\frac{\hbar\widetilde{\omega}_i}{kT}\right)^2 \frac{\exp\left(\dfrac{\hbar\widetilde{\omega}_i}{kT}\right)}{\left[\exp\left(\dfrac{\hbar\widetilde{\omega}_i}{kT}\right) - 1\right]^2} \tag{4.14}$$

这就是按照量子理论求得的热容表达式。由上式计算 C_V 必须精确地测定谐振子的频谱,这是非常困难的事,因此实际上通常采用简化的爱因斯坦模型或德拜模型。

1. 爱因斯坦模型

爱因斯坦提出的假设是:每一个原子都是一个独立的振子,原子之间彼此无关,并且都以相同的角频率 ω 振动。由这一假设,式(4.14)变为

$$\overline{E} = \frac{3N\hbar\omega}{\exp\left(\dfrac{\hbar\widetilde{\omega}}{kT}\right) - 1} \tag{4.15}$$

相应地,固体的摩尔热容为

$$C_V = \frac{\partial \overline{E}}{\partial T} = 3Nk\left(\frac{\hbar\omega}{kT}\right)^2 \frac{\exp\left(\dfrac{\hbar\widetilde{\omega}}{kT}\right)}{\left[\exp\left(\dfrac{\hbar\widetilde{\omega}}{kT}\right) - 1\right]^2} = 3Nk f_e\left(\frac{\hbar\omega}{kT}\right) \tag{4.16}$$

式中的 $f_e\left(\dfrac{\hbar\omega}{kT}\right)$ 称为爱因斯坦比热函数,选取适当的角频率 ω 就可以使理论上的 C_V

值与实验值吻合得比较好。

令 $\theta_E = \dfrac{\hbar\omega}{k}$（$\theta_E$ 称为爱因斯坦温度），则 $f_e\left(\dfrac{\hbar\omega}{kT}\right) = f_e\left(\dfrac{\theta_E}{T}\right)$。当温度 T 很高时，$T \gg \theta_E$，此时

$$\exp\left(\frac{\hbar\widetilde{\omega}}{kT}\right) = \exp\left(\frac{\theta_E}{T}\right) = 1 + \frac{\theta_E}{T} + \frac{1}{2!}\left(\frac{\theta_E}{T}\right)^2 + \frac{1}{3!}\left(\frac{\theta_E}{T}\right)^3 + \cdots \approx 1 + \frac{\theta_E}{T}$$

则

$$C_V = 3NT\left(\frac{\theta_E}{T}\right)^2 \frac{\exp\left(\dfrac{\theta_E}{T}\right)}{\left(\dfrac{\theta_E}{T}\right)^2} \approx 3Nk \tag{4.17}$$

此即经典的杜隆-珀替公式。也就是说，量子理论所导出的热容值如按爱因斯坦的简化模型计算，在高温时与经典公式一致。

但在低温时，$T \ll \theta_E$，情况就不同了。由于 $\exp\left(\dfrac{\theta_E}{T}\right) \gg 1$，式(4.16)可以近似为

$$C_V = 3Nk\left(\frac{\theta_E}{T}\right)^2 \exp\left(-\frac{\theta_E}{T}\right) \tag{4.18}$$

上式表明：C_V 值按指数律随温度而变化，与实验所得到的按 T^3 变化的规律不一致。这就使得在低温区域，按爱因斯坦模型计算出的 C_V 值与实验值相比下降太多。导致这一偏差的原因在于爱因斯坦模型中的基本假设有问题。实际固体中各原子的振动并不是彼此独立地以同样频率振动，原子振动间有耦合作用，温度较低时这一效应尤其显著。忽略振动之间频率的差别是爱因斯坦模型在低温不准的原因。

2. 德拜的比热模型

德拜模型认为：晶格中对热容的主要贡献是特性波的振动，也就是波长较长的声频支在低温下的振动占主导地位，而声频波的波长远大于晶体的晶格常数，因此可以把晶体近似为连续介质，而声频支的振动也可以近似地看做是连续的，具有从 0 到 ω_{max} 的谱带。ω_{max} 由分子密度及声速决定。高于 ω_{max} 不在声频支而在光频支范围，对热容贡献很小，可以略而不计。在这些假设的基础上，德拜导出了热容的表达式：

$$C_V = 3Nk f_D\left(\frac{\theta_D}{T}\right) \tag{4.19}$$

式中，$f_D\left(\dfrac{\theta_D}{T}\right) = 3\left(\dfrac{T}{\theta_D}\right)^3 \int_0^{\theta_D/T} \dfrac{x^4 e^x}{(e^x-1)^2} \mathrm{d}x$，称为德拜比热函数，$x = \dfrac{\hbar\omega}{kT}$；$\theta_D = \dfrac{\hbar\omega_{max}}{k} \approx 0.76 \times 10^{-11} \omega_{max}$，称为德拜特征温度。

当温度较高时，由于 $T \gg \theta_D$，式(4.19)可以近似为

$$C_V \approx 3Nk$$

这就是杜隆-珀替定律。

当温度很低时，由于 $T \ll \theta_D$，由式(4.19)可以导出：

$$C_V = \frac{12\pi^4 Nk}{5}\left(\frac{T}{\theta_D}\right)^3 \tag{4.20}$$

即:当 $T \to 0$ 时,C_V 与 T^3 成比例并迅速趋近于零。这就是著名的德拜 T^3 定律。

对于原子晶体和一部分简单的离子晶体,如 Al,Ag,C,KCl,Al_2O_3 等在较宽的温度范围内的实验结果与德拜模型的预测都吻合得很好。但是,对于具有复杂结构的其他化合物,德拜模型的理论预测结果与实验结果之间仍然存在一些偏差,这是因为复杂的分子结构往往会导致各种复杂的高频振动耦合,使得德拜模型的基本假设失效。至于多晶多相的无机材料,更为复杂的微观结构更使得德拜模型的精确度受到极大的限制。

4.1.3 无机材料的热容

根据德拜热容理论,在高于德拜温度 θ_D 时,热容趋于常数 25 J/(K·mol),而在低于 θ_D 时热容则与 T^3 成正比。不同材料的 θ_D 是不同的,例如石墨为 1 973 K,BeO 为 1 173 K,Al_2O_3 为 923 K 等。德拜温度 θ_D 取决于键的强度、材料的弹性模量、熔点等。图 4.3 示出几种陶瓷材料的热容-温度关系曲线。图中的几条曲线不仅形状相似,而且数值也很接近。绝大多数氧化物、碳化物等无机材料的热容-温度关系曲线都与图 4.3 所示曲线相似,即热容从低温时的一个较低的数值逐渐增加到 1 273 K 左右的近似于 25 J/(K·mol) 的数值;此后随着温度的进一步升高,热容基本上没有什么变化。大多数无机材料的 θ_D 值约为其熔点(热力学温度)的 0.2~0.5 倍。

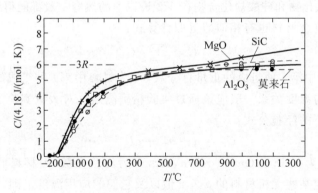

图 4.3 某些陶瓷材料的热容-温度关系曲线

根据前面提及的柯普经验定律可以预计,具有相同化学组成但结构不同的材料,其热容之间的差别应该不大。一个典型的例子如图 4.4 所示:CaO 和 SiO_2 以 1∶1 的比例混合所得到的混合物的热容-温度关系曲线与化合物 $CaSiO_3$ 的热容-温度曲线基本重合。

注意到在图 4.4 所示的 SiO_2 以及 $CaO+SiO_2$ 混合物的热容-温度关系曲线上都出现了一个突变点,这一突变点所对应的温度为 α 型石英转化为 β 型时的温度。一一般说来，在相变温度附近，由于热量的不连续变化，热容也会相应发生突变。所有晶体在多晶转化、铁电转变、有序-无序转变等情况下都会出现类似的现象。

虽然固体材料的摩尔热容对结构并不敏感，但是单位体积的热容却与材料中的气孔率有关。多孔材料因为质量轻，所以热容小，因此提高轻质隔热砖的温度所需要的热量远低于致密的耐火砖。

周期加热的窑炉所用的多孔硅藻土砖、泡沫刚玉等因为重量轻，可减少热量

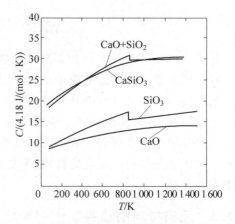

图 4.4 摩尔比为 1∶1 的不同形式的 $CaO + SiO_2$ 热容-温度关系曲线的比较

损耗，从而加快窑炉的升降温速度。实验室小型电炉用的隔热材料一般可以选用重量较轻的钼片、碳毡等，使重量降低，吸热少，便于炉体迅速升降温，同时降低热量损耗。

实验证明：在较高温度下，固体摩尔热容约等于构成该固态化合物的各元素原子热容之和，即：

$$C = \sum n_i C_i \tag{4.21}$$

式中，n_i 为化合物中元素 i 的原子数；C_i 为化合物中元素 i 的摩尔热容。这一公式对于计算大多数氧化物和硅酸盐化合物在 573 K 以上的热容一般都能得到较好的结果。

对于多相复合材料也有相似的近似计算式：

$$C = \sum g_i C_i \tag{4.22}$$

式中，g_i 为材料中第 i 种组成的重量百分数，C_i 为材料中第 i 种组成的比热容。

材料热容与温度关系一般应该通过实验精确测定。对大量实验数据进行的整理分析得到了如下的经验公式：

$$C_P = a + bT + cT^{-2} + \cdots \tag{4.23}$$

式中 C_P 的单位为 4.18 J/(mol·K)，$a,b,c,\cdots$ 为经验参数，因材料而异。表 4.2 列出了由实验确定某些无机材料的 a,b,c 值以及它们的应用温度范围。

表 4.2 一些无机材料的热容-温度关系经验方程式系数

材　料	a	$b \times 10^3$	$c \times 10^{-5}$	适用温度范围/K
氮化铝	5.47	7.80	—	298～900
刚玉(α-Al_2O_3)	27.43	3.06	8.47	298～1 800
莫来石($3Al_2O_3 \cdot 2SiO_2$)	87.55	14.96	26.68	298～1 100
碳化硼	22.99	5.40	10.72	298～1 373
氧化铍	8.45	4.00	3.17	298～1 200

续表

材 料	a	$b\times 10^3$	$c\times 10^{-5}$	适用温度范围/K
氧化铋	24.74	8.00	—	298~800
氮化硼(α-BN)	1.82	3.62	—	273~1 173
硅灰石(CaSiO$_3$)	26.64	3.60	6.52	298~1 450
氧化铬	28.53	2.20	3.74	298~1 800
钾长石(K$_2$O·Al$_2$O$_3$·6SiO$_2$)	63.83	12.90	17.05	298~1 400
氧化镁	10.18	1.74	1.48	298~2 100
碳化硅	8.93	3.09	3.07	298~1 700
α-石英	11.20	8.20	2.70	298~848
β-石英	14.41	1.94	—	298~2 000
石英玻璃	13.38	3.68	3.45	298~2 000
碳化钛	11.83	0.80	3.58	298~1 800
金红石(TiO$_2$)	17.97	0.28	4.35	298~1 800

4.2 无机材料的热膨胀

4.2.1 热膨胀系数

物体的体积或长度随温度的升高而增大的现象称为热膨胀。材料的热膨胀性能可以借助于热膨胀系数加以描述。

假设物体的初始长度为 l_0，温度升高 ΔT 后长度增加量为 Δl，则材料的线膨胀系数 α_l 可以定义为

$$\alpha_l = \frac{\Delta l}{l_0 \Delta T} \tag{4.24}$$

也就是温度升高 1 K 时物体的相对伸长。大多数情况下，无机材料的 α_l 并不是一个常数，而是随温度稍有变化，通常随温度升高而增大。无机材料的线膨胀系数一般都不大，数量级约为 $10^{-5} \sim 10^{-6}$/K。

类似地，材料的体积膨胀系数可以定义为

$$\alpha_V = \frac{\Delta V}{V_0 \Delta T} \tag{4.25}$$

式中，V_0 为材料的初始体积；ΔV 为温度升高 ΔT 之后材料体积的增加量。

考虑一个初始边长为 l_0、初始体积为 V_0 的立方体材料，在温度升高 ΔT 后，其边长为 l_T，相应的体积为 V_T。由上述定义不难得到

$$V_T = l_T^3 = l_0^3(1+\alpha_T \Delta T)^3 = V_0(1+\alpha_T \Delta T)^3$$

由于 α_l 值很小，上式中可以忽略 α_l^2 以上的高次项，则

$$V_T \approx V_0(1+3\alpha_l \Delta T) \tag{4.26}$$

另一方面，由式(4.25)可得

$$V_T = V_0(1 + \alpha_V \Delta T) \tag{4.27}$$

比较式(4.26)和式(4.27)就有了如下的近似关系：

$$\alpha_V \approx 3\alpha_l \tag{4.28}$$

上面的推导假定了材料为各向同性体，即材料在各个方向上的热膨胀是相同的。对于各向异性晶体，各晶轴方向的线膨胀系数不同，令其分别为 $\alpha_a, \alpha_b, \alpha_c$，则

$$V_T = l_{at} l_{bt} l_{ct} = l_{a0} l_{b0} l_{c0} (1 + \alpha_a \Delta T)(1 + \alpha_b \Delta T)(1 + \alpha_c \Delta T)$$

同样忽略 α 二次方以上的项，得到

$$V_T = V_0[1 + (\alpha_a + \alpha_b + \alpha_c)\Delta T]$$

所以

$$\alpha_V = \alpha_a + \alpha_b + \alpha_c \tag{4.29}$$

必须指出，由于热膨胀系数实际上并不是一个恒定的值，而是随温度变化的(图4.5)，所以上述的 α 值所指的都是指定温度范围内的平均值。与平均热容一样，应用报道的热膨胀系数数值时要注意其适用的温度范围。一般隔热用耐火材料的线膨胀系数通常指 20~1000℃ 范围内的 α_l 的平均值。

考虑到温度的影响后，材料热膨胀系数的精确表达式应该为

$$\alpha_l = \frac{\partial l}{l \partial T}, \quad \alpha_V = \frac{\partial V}{V \partial T} \tag{4.30}$$

热膨胀系数在无机材料中是个重要的性能参数。例如在玻璃灯泡的制作过程中有一道工序为玻璃与金属的封接，为了使灯泡满足

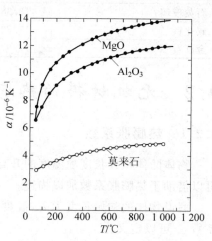

图 4.5 某些无机材料的热膨胀系数随温度的变化关系

电真空的要求，玻璃与金属的封接必须十分牢固，这就要求在低温和高温下玻璃和金属这两种材料的 α_l 值都比较相近。高温钠灯的制作也存在同样的问题，钠灯所用的透明 Al_2O_3 灯管的 α_l 为 $8 \times 10^{-6}/K$，选用的封接导电金属 Nb 的 α_l 为 $7.8 \times 10^{-6}/K$，二者相近，基本可以满足要求。

在多晶多相无机材料以及复合材料中，由于各相之间以及任一相内各方向的 α_l 不同所引起的热应力问题已成为选材、用材中的突出矛盾。例如，石墨垂直于 c 轴方向的 $\alpha_l = 1.0 \times 10^{-6}/K$，平行于 c 轴方向的 $\alpha_l = 27 \times 10^{-6}/K$，所以石墨在常温下极易因热应力较大而强度不高，在高温时内应力消除，强度反而升高。

材料的热稳定性也直接与热膨胀系数的大小有关：α_l 小热稳定性就好。Si_3N_4 的 $\alpha_l = 2.7 \times 10^{-6}/K$，在陶瓷材料中是偏低的，因此热稳定性相对较好。关于材料的热稳定性问题，我们在本章的后续部分还将进行进一步的讨论。

4.2.2 固体材料热膨胀机理

固体材料热膨胀的物理本质可以归结为点阵结构中质点间平均距离随温度升高而增大。

我们在讨论晶格的热振动时,曾经近似地假定质点的热振动是简谐振动。对于简谐振动,升高温度只能增大振幅,并不会改变平衡位置,因此质点间平均距离不会因温度升高而改变,从而也就不会有热膨胀。这样的结论显然是不正确的。造成这一错误的原因在于:在晶格的热振动过程中,相邻质点间的作用力实际上是非线性的,即作用力并不简单地视作与位移成正比。如图4.6所示,在热振动过程中,在质点平衡位置 r_0 的两侧合力曲线的斜率是不等的,也就是说质点在平衡位置两侧时所分别受到的力并不对称:当 $r<r_0$ 时曲线的斜率较大;$r>r_0$ 时斜率较小。所以,$r<r_0$ 时斥力随位移增大得较快;$r>r_0$ 时引力随位移的增大相对则要慢一些。在这样的受力情况下,质点振动时的平均位置就不在 r_0 处,而要向右偏移,从而导致相邻质点间平均距离增加。温度越高,振幅越大,质点在 r_0 两侧受力不对称情况越显著,平衡位置向右移动越多,相邻质点间平均距离就增加得越多,以致晶胞参数增大,宏观上便表现为晶体的热膨胀。

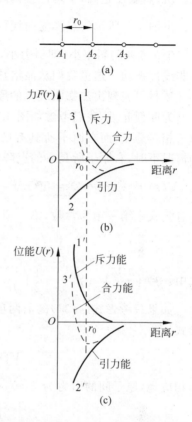

图4.6 晶体中质点间引力-斥力曲线及相应的位能曲线

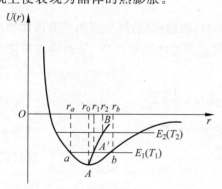

图4.7 晶体中质点振动非对称性的示意图

根据点阵能曲线的非对称性同样可以对无机材料的热膨胀现象作出较具体的解释。如图4.7所示,分别作平行于横轴的平行线 $E_1,E_2,\cdots$,这些平行线与横轴间的距离分别代表了在温度 $T_1,T_2,\cdots$ 下质点振动的总能量。温度为 T_1 时,质点的热振动位置相当于在 r_a 与 r_b 间变化,相应的总能量则在 aAb 间变化。位置在 A 时,$r=r_0$,位能最低,动能最大。在 $r=r_a$ 和 $r=r_b$ 时,动能为零,位能等于总能量。ab 的非对称性使得平均位置不在 r_0 处,而在 $r=r_1$ 处。同理,当温度升高

到 T_2 时,平均位置移到了 $r=r_2$ 处。结果,平均位置随温度的不同,沿 AB 曲线变化。所以,温度越高,平均位置偏离 r_0 越远,这就引起了晶体的热膨胀。

由图 4.7 所示的点阵能曲线可以看出,曲线在 a 点处的斜率 $\left(F=\dfrac{\mathrm{d}u}{\mathrm{d}r}\right)$ 大,即斥力大;在 b 点处的斜率小,即引力小。这说明热振动不是左右对称的线性振动,而是一种非线性振动。这里我们从晶格热振动的非线性特征出发,简要地从理论上分析一下导致材料表现出热膨胀现象的原因。

为简便起见,我们考虑如图 4.1 所示的双原子模型中的任意一对原子。假定左原子相对静止,而右原子所具有的点阵能最小值为 $V(r_0)$。在原子间距离增大了 δ 的情况下时,右原子所具有的点阵能变为 $V(r_0+\delta)=V(r)$。将此通式展开为

$$V(r)=V(r_0+\delta)=V(r_0)+\left(\frac{\partial V}{\partial r}\right)_{r_0}\delta+\frac{1}{2!}\left(\frac{\partial^2 V}{\partial r^2}\right)_{r_0}\delta^2+\frac{1}{3!}\left(\frac{\partial^3 V}{\partial r^3}\right)_{r_0}\delta^3+\cdots$$

注意到式中第一项为常数,第二项为零,因此得到

$$V(r)=V(r_0)+\frac{1}{2}\beta\delta^2-\frac{1}{3}\beta'\delta^3+\cdots \tag{4.31}$$

式中:$\beta=\left(\dfrac{\partial^2 V}{\partial r^2}\right)_{r_0}$;$\beta'=-\dfrac{1}{2}\left(\dfrac{\partial^3 V}{\partial r^3}\right)_{r_0}$。

如果只考虑式(4.31)的前两项,则可以将点阵能曲线近似处理为如下的抛物线形式:

$$V(r)=V(r_0)+\frac{1}{2}\beta\delta^2 \tag{4.32}$$

而相应地,原子间的引力为

$$F=-\frac{\partial V}{\partial r}=-\beta\delta \tag{4.33}$$

与式(4.1)一样,β 是微观弹性系数。

式(4.33)表明,晶格的热振动为线性简谐振动,平衡位置在 r_0 处。该式对于热容分析具有足够的精度。

在研究热膨胀问题时,如果也只考虑式(4.31)的前两项,就会得出所有固体物质均无热膨胀的结论。这显然是不合理的。因此必须再考虑第三项,从而将点阵能曲线近似地处理为三次曲线,即

$$V(r)=V(r_0)+\frac{1}{2}\beta\delta^2-\frac{1}{3}\beta'\delta^3 \tag{4.34}$$

用玻耳兹曼统计方法可以算出晶格振动的平均位移为

$$\bar{\delta}=\frac{\beta'kT}{\beta^2} \tag{4.35}$$

由此得到材料的热膨胀系数为

$$\alpha=\frac{\mathrm{d}\bar{\delta}}{r_0\mathrm{d}T}=\frac{1}{r_0}\frac{\beta'k}{\beta^2} \tag{4.36}$$

对于给定的点阵能曲线,由于式(4.36)中的 r_0, β, β' 均为常数,因此可以得出 α 也是常数的结论。但是必须说明的是,这只是一个在假定点阵能曲线为三次曲线的基础上所得到的一个近似的结果。如果在式(4.34)中再考虑更多的高次项,则可获得 α 随温度而变化的一些基本规律。

以上所讨论的是导致热膨胀现象的一些主要原因。此外,晶体中各种热缺陷的形成也将造成点阵局部的畸变和膨胀。这虽然是次要因素,但随着温度的升高,热缺陷浓度呈指数增加,所以在高温时,这些次要的影响对某些晶体而言也就会变得重要起来了。

4.2.3 热膨胀和其他性能的关系

1. 热膨胀和结合能、熔点的关系

晶格点阵中质点热振动的振幅与质点间的结合力有关。在相同的温度下,质点间结合力较强则质点的热质点振幅就较小,随着温度的升高,其振幅的变化也相对较小。因此可以预料,质点间结合力较强的材料热膨胀系数相应较小。

材料的熔点是晶格点阵中质点间结合力大小的一种量度:熔点越高,质点间结合力越大,因此材料的热膨胀系数就越小。表 4.3 列出了几种单质材料的结合能、熔点和热膨胀系数。

表 4.3 几种单质材料的结合能、熔点和热膨胀系数

材 料	$(r_0)_{min}$/Å	结合能/(kJ/mol)	熔点/℃	$\alpha_l/10^{-6}$
金刚石	1.54	712.3	3 500	2.5
硅	2.35	364.5	1 415	3.5
锡	5.30	301.7	232	5.3

2. 热膨胀与温度、热容的关系

从图 4.7 所示晶体热振动的点阵能曲线可以看出,随着温度的升高,二质点间的平衡距离将由 r_0 逐渐增大至 $r_1, r_2, \cdots$,这些平衡距离的连线构成了一条平衡位置曲线 $AA'B$。如果我们将图 4.7 中的纵坐标 $U(r)$ 用温度代替,则可以得到如图 4.8 所示的 AB 曲线。考虑到

$$\alpha = \frac{dL}{L dT} = \frac{\delta}{r_0 dT} = \frac{1}{r_0}\frac{dr}{dT} = \frac{1}{r_0} \cdot \tan\theta$$

也就是说,曲线 $AA'B$ 上任一点处的一阶导数 $\tan\theta$ 与热膨胀系数 α_l 具有相同的物理意义。因此,温度低则 α_l 小,温度高则 α_l 大。图 4.5 给出了几种无机材料的热膨胀系数 α_l 与温度 T 之间的关系。

热膨胀是固体材料受热以后晶格振动加剧而引起的体积膨胀,而晶格振动的加剧又意味着热运动能量的增大。升高单位温度时能量的变化量就是热容。因此,热膨胀系数显然与热容密切相关并有着相似的随温度而变化的规律。图 4.9 示出了

Al$_2$O$_3$ 陶瓷的热膨胀系数和热容随温度的变化关系曲线。可以看出,两条曲线近乎平行,变化趋势相同。其他的物质也有类似的规律。一般说来,在 0 K 时,α 与 C 都趋于零;而在高温时,由于存在显著的热缺陷等因素,C 趋于恒定时,α 仍表现出连续的增大趋势。

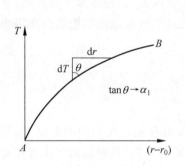

图 4.8 平衡位置随温度的变化

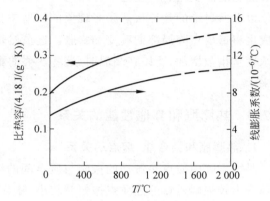

图 4.9 Al$_2$O$_3$ 的热容与热膨胀系数在宽广的温度范围内的平行变化

3. 热膨胀和结构的关系

对于相同组成的物质,由于结构不同,膨胀系数也有所不同。通常结构紧密的晶体,膨胀系数较大,而类似于无定形的玻璃,则往往有较小的膨胀系数。结构紧密的多晶二元化合物一般都具有比玻璃大得多的膨胀系数。这是由于玻璃的结构比较疏松,内部空隙较多,所以当温度升高,原子振幅加大,原子间距离增加时,热膨胀引起的体积增大部分地被结构内部的空隙所容纳,使得宏观上看整个物体的膨胀量并不大。一个典型的例子是,石英的膨胀系数为 12×10^{-6}/K,而石英玻璃的膨胀系数却只有 0.5×10^{-6}/K。

此外,温度变化时发生的晶型转化也会引起体积变化,从而导致材料热膨胀系数的变化。例如 ZrO$_2$ 晶体室温时为单斜晶型,$a=5.194$ Å,$b=5.266$ Å,$c=5.308$ Å,$\beta=80°48'$,理论密度为 5.56 g/cm^3。当温度增至 1 000 ℃ 以上时,单斜 ZrO$_2$ 将转变成四方晶型,$a=5.07$ Å,$c=5.16$ Å,理论密度为 6.1 g/cm^3。这一相变过程伴随有约 4% 的体积收缩,如图 4.10 所示。这显然将导致材料热膨胀系数的变化。

在高温下,晶格的热振动有使晶体更加对称的趋势。四方晶系中 c/a 将会下降,α_c/α_a 也趋于降低,逐渐接近 1。

有时,因为材料的各向异性,会使整体的 α_r 值为负值,在陶瓷材料中,α 值较低的有堇青石、钡长石及硅酸

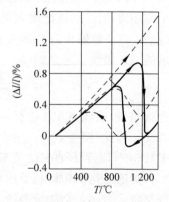

图 4.10 ZrO$_2$ 的热膨胀曲线

铝锂等。

表 4.4 和表 4.5 分别给出了一些无机材料与一些各向异性晶体的热膨胀系数测试结果。

表 4.4　几种无机材料的平均线膨胀系数（273～1 273 K）

材　料	$\alpha/(10^{-6}/K)$	材　料	$\alpha/(10^{-6}/K)$
Al_2O_3	8.8	钠钙硅玻璃	9.0
BeO	9.0	电瓷	3.5～4.0
MgO	13.5	刚玉瓷	5～5.5
莫来石	5.3	硬质瓷	6
尖晶石	7.6	滑石瓷	7～9
SiC	4.7	镁橄榄石瓷	9～11
ZrO_2	10.0	金红石瓷	7～8
TiC	7.4	钛酸钡瓷	10
B_4C	4.5	堇青石瓷	1.1～2.0
TiC 金属陶瓷	9.0	粘土质耐火砖	5.5
石英玻璃	0.5		

表 4.5　某些各向异性晶体的主膨胀系数

晶　体	主膨胀系数 $\alpha/(10^{-6}/K)$	
	垂直 c 轴	平行 c 轴
刚玉	8.3	9.0
Al_2TiO_5	-2.6	11.5
莫来石	4.5	5.7
金红石	6.8	8.3
锆英石	3.7	6.2
方解石	-6	25
石英	14	9
钠长石	4	13
红锌矿	6	5
石墨	1	27

4.2.4　多晶体和复合材料的热膨胀

实际上，无机材料都是一些多晶体或由几种晶体和玻璃相组成的复合体。各向同性晶体组成的多晶体的热膨胀系数与单晶体相同。假如晶体是各向异性的，或复合材料中各相的膨胀系数不相同，则它们在烧成后的冷却过程中将会由于各向异性热膨胀而产生局部的内应力。对于所有组成都是各向同性晶体且各相均匀分布的复合材料，如果各组成的膨胀系数不同，复合材料内部也会产生内应力。由于各相热膨胀不匹配所产生的内应力可由下式计算：

$$\sigma_i = K(\bar{\alpha}_V - \alpha_i)\Delta T \tag{4.37}$$

式中：σ_i 是第 i 相所受到的内应力；$\bar{\alpha}_V$ 是复合体的平均体积膨胀系数；α_i 是第 i 相的热膨胀系数；ΔT 是从应力松弛状态算起的温度变化，K 为复合材料的体积模量（参见第 1 章）。

复合材料中的不同相或多晶体中晶粒的不同方向上的热膨胀系数相差很大时，由于热膨胀失配而产生的内应力甚至会导致坯体产生微裂纹。因此在设计复合材料的组成时，应该尽可能使所选用的各相具有彼此相当的热膨胀系数，以避免由于热膨胀失配而导致的材料性能劣化。

由于热膨胀失配而产生的内应力以及相应形成的微裂纹对材料热膨胀系数的测定有时也会产生一定程度的影响，通常表现为多晶体或复合材料热膨胀系数测试结果的滞后。例如，多晶氧化钛陶瓷在烧成后的冷却过程中坯体内通常会由于各向异性热膨胀而出现微裂纹，在测定材料的热膨胀系数的加热过程中，这些裂纹趋于愈合。因此，与单晶氧化钛相比，在不太高的温度下测得的单晶氧化钛的膨胀系数一般要低很多。在高温（1 273 K 以上）下，由于微裂纹已基本闭合，测得的膨胀系数与单晶的数值趋于一致。微裂纹对热膨胀系数的影响的另一个突出例子是石墨。石墨单晶垂直于 c 轴的膨胀系数约为 $1\times 10^{-6}/K$，平行于 c 轴为 $27\times 10^{-6}/K$。而多晶石墨样品在较低温度下的线膨胀系数却只有 $(1\sim 3)\times 10^{-6}/K$。

由热应力诱发的微裂纹可能出现在晶粒内部，也可能出现在晶界上，但最常见的还是在晶界上。晶界上内应力的大小与晶粒尺寸有关。一般情况下，晶界裂纹和热膨胀系数滞后主要是发生在大晶粒样品中。

从宏观上看，复合材料各部分的内应力之和应该为零，即：

$$\sum \sigma_i V_i = \sum K_i(\bar{\alpha}_V - \alpha_i)V_i\Delta T = 0 \tag{4.38}$$

式中，V_i 是第 i 相的体积。

设 W_i 为复合材料中第 i 相的质量，W 为复合材料的总质量，$x_i = \dfrac{W_i}{W}$ 为第 i 相所占的质量分数，ρ_i 是第 i 相的密度，则

$$V_i = \frac{W_i}{\rho_i} = \frac{Wx_i}{\rho_i}$$

代入式(4.38)并整理得到

$$\bar{\alpha}_V = \frac{\sum \alpha_i K_i x_i/\rho_i}{\sum K_i x_i/\rho_i} \tag{4.39}$$

将 $\bar{\alpha}_l = \dfrac{1}{3}\bar{\alpha}_V$ 代入式(4.39)则有

$$\bar{\alpha}_l = \frac{\sum \alpha_i K_i x_i/\rho_i}{3\sum K_i x_i/\rho_i} \tag{4.40}$$

式(4.40)一般称为特纳公式。在特纳公式的推导过程中,假设了微观的内应力都是纯拉应力或压应力,而忽略了交界面上可能存在的剪应力作用。但实际材料中的内应力状态往往都要比这一假定复杂得多,而且一般都存在有剪应力作用。在考虑了剪应力的影响之后,二相材料的热膨胀系数与组成之间有如下的近似关系:

$$\bar{\alpha}_V = \alpha_1 + V_2(\alpha_2 - \alpha_1) \times \frac{K_1(3K_2 + 4G_1)^2 + (K_2 - K_1)(16G_1^2 + 12G_1K_2)}{(4G_1 + 3K_2)[4V_2G_1(K_2 - K_1) + 3K_1K_2 + 4G_1K_1]}$$

(4.41)

式中,$G_i (i=1,2)$为第i相的剪切模量。式(4.41)有时也称为克尔纳公式。

图4.11对克尔纳公式和特纳公式的计算结果进行了比较。可以看出,在第二相含量很少或很多这两种常见情况下,两个公式的计算结果相差不大,特纳公式的计算值略低一些;而在两相含量相当的情况下,特纳公式的计算值明显低于克尔纳公式的计算结果。实验表明,对于大多数第二相含量不是太多的两相材料,式(4.40)和式(4.41)与实验结果之间的偏差并不十分明显。

复合材料中含有一些易于发生晶型转变的组分时,因晶型转变而导致的体积不均匀变化将同时导致复合材料热膨胀系数的不均匀变化。图4.12是含有方石英的坯体A和含有β-石英的坯体B的两条热膨胀曲线。坯体A在200℃附近(180~270℃)因方石英的多晶转化,所以膨胀系数出现不均匀的变化。坯体B因在573℃有β-石英的晶型转化,所以在500~600℃膨胀系数变化较大。

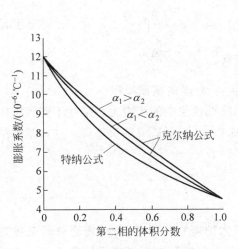

图4.11 两相材料的热膨胀系数
计算值的比较

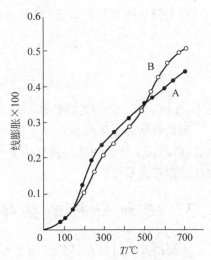

图4.12 含不同晶型石英的两种瓷坯的
热膨胀曲线

材料中均匀分布的气孔也可以看做是复合体中的一个相。由于空气体积模数非常小,对于膨胀系数的影响可以忽略。

4.2.5 陶瓷品表面釉层的热膨胀系数

陶瓷材料与其他材料复合使用时,例如在电子管生产中最常见的与金属材料相封接,为了封接得严密,除了必须考虑陶瓷材料与焊料的结合性能外,还应该使陶瓷和金属的膨胀系数尽可能接近。但对一般陶瓷制品,考虑表面釉层的膨胀系数并不一定按照上述原则。这是因为实践证明,当选择釉的膨胀系数适当地小于坯体的膨胀系数时,制品的力学强度将得以提高。釉的膨胀系数比坯体小,烧成后的制品在冷却过程中表面釉层的收缩比坯体小,使釉层中存在压应力,均匀分布的预压应力能明显地提高脆性材料的力学强度。同时,这一压应力也抑制釉层微裂纹的发生,并阻碍其发展,因而使强度提高;反之,当釉层的膨胀系数比坯体大,则在釉层中形成张应力,对强度不利,而且过大的张应力还会使釉层龟裂。同样,釉层的膨胀系数也不能比坯体小得太多,否则会使釉层剥落,造成缺陷。

考虑一个无限大的上釉陶瓷平板样品,其釉层对坯体的厚度比为 j,从应力松弛状态温度 T_0(在釉的软化温度范围内)开始逐渐降温,可以按下式计算釉层和坯体的应力(通常习惯以正应力表示张应力):

$$\sigma_{釉} = E(T_0 - T)(\alpha_{釉} - \alpha_{坯})(1 - 3j + 6j^2) \quad (4.42a)$$

$$\sigma_{坯} = E(T_0 - T)(\alpha_{坯} - \alpha_{釉})(1 - 3j + 6j^2) \quad (4.42b)$$

上式用于一般陶瓷材料都可得到较好的结果。

对于圆柱体薄釉样品,有如下表达式:

$$\sigma_{釉} = \frac{E}{1-\mu}(T_0 - T)(\alpha_{釉} - \alpha_{坯})\frac{A_{坯}}{A} \quad (4.43a)$$

$$\sigma_{坯} = \frac{E}{1-\mu}(T_0 - T)(\alpha_{坯} - \alpha_{釉})\frac{A_{釉}}{A_{坯}} \quad (4.43b)$$

式中,$A, A_{坯}, A_{釉}$ 分别为圆柱体总横截面积和坯、釉层的横截面积。

陶瓷制品的坯体吸湿会导致体积膨胀而降低釉层中的压应力。某些不够致密的制品,时间长了还会使釉层的压应力转化为张应力,甚至造成釉层龟裂。这在某些精陶产品中较为常见。

4.3 无机材料的热传导

不同的无机材料在导热性能上可以有很大的差别。因此,有些陶瓷材料是极为优良的绝热材料,有些又会是热的良导体。用无机材料作为绝热或导热体是无机材料的主要用途之一。

4.3.1 固体材料热传导的宏观规律

当固体材料一端的温度比另一端高时,热量会从热端自动地传向冷端,这一现象称为热传导。假如固体材料垂直于 x 轴方向的截面积为 ΔS,材料沿 x 轴方向的温

度变化率为 $\dfrac{\mathrm{d}T}{\mathrm{d}x}$，在 Δt 时间内沿 x 轴正方向传过 ΔS 截面上的热量为 ΔQ，则实验表明，对于各向同性的物质，在稳定传热状态下具有如下的关系式：

$$\Delta Q = -\lambda \times \dfrac{\mathrm{d}T}{\mathrm{d}x}\Delta S \Delta t \tag{4.44}$$

式中的常数 λ 称为热导率（或导热系数），$\dfrac{\mathrm{d}T}{\mathrm{d}x}$ 称为 x 方向上的温度梯度。式中负号表示热流是沿温度梯度向下的方向流动。即：$\dfrac{\mathrm{d}T}{\mathrm{d}x}<0$ 时，$\Delta Q>0$，热量沿 x 轴正方向传递；$\dfrac{\mathrm{d}T}{\mathrm{d}x}>0$ 时，$\Delta Q<0$，热量沿 x 轴负方向传递。

由式(4.44)可以看出，导热系数 λ 就是单位温度梯度下在单位时间内通过单位垂直面积的热量，所以它的单位为 $W/(m^2 \cdot K)$ 或 $J/(m^2 \cdot s \cdot K)$。

式(4.44)也称为傅里叶定律，它只适用于稳定传热的条件，即传热过程中材料在 x 方向上各处的温度 T 是恒定的，与时间无关，$\dfrac{\Delta Q}{\Delta t}$ 是常数。

物体内各处的温度随时间而变化的传热过程称为不稳定传热过程。一个与外界无热交换、本身存在温度梯度的物体，随着时间的推移温度梯度逐渐趋于零的过程就是一个典型的不稳定传热过程。在这一过程中，热端温度不断降低，冷端温度不断升高，最终热端和冷端到达一致的平衡温度。在这种情况下，该物体内单位面积上温度随时间的变化率为

$$\dfrac{\partial T}{\partial t} = \dfrac{\lambda}{\rho C_P} \times \dfrac{\partial^2 T}{\partial x^2} \tag{4.45}$$

式中，ρ 为物体的密度；C_P 为比定压热容。

4.3.2 固体材料热传导的微观机理

在固体中，组成晶体的质点牢固地处在一定的位置上，相互间有一恒定的距离，质点只能在平衡位置附近作微小的振动，不能像气体分子那样杂乱地自由运动，所以也不能像气体那样依靠质点间的直接碰撞来传递热能。固体中的导热主要是由晶格振动的格波和自由电子的运动来实现的。金属中有大量的自由电子，而且电子的质量很轻，能迅速地实现热量的传递，因此金属一般都具有较大的热导率。晶格振动对金属热导率的贡献是很次要的。在非金属晶体（如一般的离子晶体）的晶格中，自由电子很少，因此晶格振动则是它们的主要导热机制。

假设晶格中一质点处于较高的温度下，它的热振动较强烈，平均振幅也较大，而其邻近质点所处的温度较低，热振动较弱。由于质点间存在相互作用力，振动较弱的质点在振动较强质点的影响下，振动加剧，热运动能量增加。这样，热量就得以转移和传递，使整个晶体中热量从温度较高处传向温度较低处，产生热传导现象。假如系统对周围是热绝缘的，振动较强的质点受到邻近质点较弱质点的牵制，振动减弱下

来，使整个晶体最终趋于一平衡状态。

在上述的过程中，热量是由晶格振动的格波来传递的。在本章开始时，已经介绍过格波可分为声频支和光频支两类，下面我们就这两类格波对热传导的影响分别进行讨论。

1. 声子和声子热导

在温度不太高时，光频支格波的能量是很微弱的，因此在讨论热容时忽略了它的影响。同样，在导热过程中，温度不太高时，也主要是声频支格波起作用。为了便于讨论，我们首先要引入"声子"的概念。

根据量子理论，谐振子的能量是不连续的，能量的变化不能取任意值，而只能是最小能量单元——量子的整数倍。一个量子所具有的能量为 $h\nu$。晶格振动中的能量同样也应该是量子化的。

我们把声频支格波看成是一种弹性波，类似于在固体中传播的声波。因此可以把声频波的量子称为声子，它所具有的能量也应该是 $h\nu$，通常用 $\hbar\omega$ 来表示，其中 $\omega=2\pi\nu$ 是格波的角频率。

把格波的传播看成是质点-声子的运动，就可以把格波与物质的相互作用理解为声子和物质的碰撞，把格波在晶体中传播时遇到的散射看做是声子同晶体中质点的碰撞，把理想晶体中热阻归结为声子-声子的碰撞。也正因为如此，可以用气体中热传导的概念来处理声子热传导的问题。因为气体热传导是气体分子碰撞的结果，晶体热传导是声子碰撞的结果。它们的热导率也就应该具有相似的数学表达式。

气体的热传导公式为

$$\lambda = \frac{1}{3}C\bar{v}l \tag{4.46}$$

根据上面的讨论，可以认为式(4.46)同样适用于晶体材料中的声子碰撞传热过程。在声子碰撞传热过程中，上式中的 C 是声子的体积热容，$\bar{v}$ 是声子平均速度，l 是声子的平均自由程。

可以认为声频支声子的速度仅与晶体的密度和弹性力学性能有关，与角频率无关。但是热容 C 和自由程 l 都是声子振动频率 ν 的函数，所以固体热导率的普遍形式可写成：

$$\lambda = \frac{1}{3}\int C(v)vl(v)\mathrm{d}v \tag{4.47}$$

下面就声子的平均自由程 l 加以说明。如果把晶体热振动看成是严格的线性振动，则晶格上各质点是按各自的频率独立地作简谐振动。也就是说，格波间没有相互作用，各种频率的声子间不相干扰，没有声子-声子碰撞，没有能量转移，声子在晶格中是畅通无阻的。晶体中的热阻也应该为零(仅在到达晶体表面时，受边界效应的影响)。这样，热量就以声子的速度在晶体中得到传递。然而实际上，在很多晶体中热量传递速度很迟缓，这是因为晶格热振动并非是线性的，晶格间有着一定的耦合作用,声子间会产生碰撞,使声子的平均自由程减小。格波间相互作用愈强,声子间碰撞几率就愈大,相应的平均自由程愈小,热导率也就愈低。因此,声子间碰撞引起的散射是晶格中热阻的主要来源。

另外,晶体中的各种缺陷、杂质以及晶粒界面都会引起格波的散射,也等效于声子平均自由程的减小,从而降低热导率。

平均自由程还与声子振动频率有关。不同频率的格波,波长不同。波长长的格波容易绕过缺陷,使自由程加大,所以频率 ν 为音频时,波长长,l 大,散射小,因此热导率大。

平均自由程还与温度有关。温度升高,声子的振动能量加大,频率加快,碰撞增多,所以 l 减小。但其减小有一定限度,在高温下,最小的平均自由程等于几个晶格间距;反之,在低温时,最长的平均自由程可以达到晶粒的尺度。

2. 光子热导

固体中除了声子的热传导外,还有光子的热传导。这是因为固体中分子、原子和电子的振动、转动等运动状态的改变,会辐射出频率较高的电磁波。这类电磁波覆盖了较宽的频谱,其中具有较强效应的是波长在 0.4~40 μm 间的可见光与部分近红外光的区域。这部分辐射线就称为热射线。热射线的传递过程称为热辐射。由于它们都在光频范围内,其传播过程和光在介质(透明材料、气体介质)中传播的现象类似,也有光的散射、衍射、吸收和反射、折射,所以可以把它们的导热过程看作是光子在介质中传播的导热过程。

在温度不太高时,固体中电磁波辐射能很微弱,对材料热传导过程的影响可以忽略。但在高温时,电磁波的影响就比较显著了,因为其辐射能量与温度的四次方成正比。例如,在温度 T 时单位容积黑体的辐射能 E_T 为

$$E_T = \frac{4\sigma n^3 T^4}{v} \quad (4.48)$$

式中,σ 是斯蒂芬-玻耳兹曼常数 $(5.67 \times 10^{-8} \text{ W}/(\text{m}^2 \cdot \text{K}^4))$;$n$ 是折射率;v 是光速 $(3 \times 10^{10} \text{ cm/s})$。由于在辐射传热中,容积热容相当于提高辐射温度所需的能量,所以

$$C_R = \left(\frac{\partial E}{\partial T}\right) = \frac{16\sigma n^3 T^3}{v} \quad (4.49)$$

同时辐射线在介质中传播的速度 $v_r = v/n$,将这一关系以及式(4.49)代入式(4.46),可得到辐射能的传导率 λ_r:

$$\lambda_r = \frac{16}{3}\sigma n^2 T^3 l_r \quad (4.50)$$

式中,l_r 是辐射线光子的平均自由程。

实际上,光子传导的 C_R 和 l_r 都依赖于频率,所以更一般的形式仍应是式(4.47)。

对于介质中辐射传热过程,可以定性地解释为:任何温度下的物体既能辐射出一定频率的射线,同样也能吸收类似的射线。在热稳定状态,介质中任一体积单元平均辐射的能量与平均吸收的能量相等。当介质中存在温度梯度时,相邻体积间温度

高的体积元辐射的能量大，吸收的能量小；温度较低的体积元正好相反，吸收的能量大于辐射的能量，因此，产生能量的转移，整个介质中热量从高温处向低温处传递。λ_r描述的就是介质中这种辐射能的传递能力，它主要取决于辐射能传播过程中光子的平均自由程l_r。对于辐射线可以自由透过的介质，其热阻很小，相应地l_r就较大；对于辐射线透过阻力较大的介质，l_r很小；对于辐射线不能透过的介质，$l_r=0$，在这种介质中，辐射传热可以忽略。单晶和玻璃对于辐射线是比较透明的，因此在773~1273 K时辐射传热很明显，而大多数烧结陶瓷材料对于辐射线而言是半透明的或透明度很差，其l_r要比单晶和玻璃的小得多，因此在1773 K高温下辐射传热才明显。

  光子的平均自由程除与介质透过辐射线的能力有关外，对于频率在可见光和近红外光的光子，其吸收和散射也很重要。例如，吸收系数小的透明材料，当温度为几百摄氏度时，光辐射是主要的；吸收系数大的不透明材料，即使在高温时光子传导也不重要。在无机材料中，主要是光子的散射问题，这使得l_r比玻璃和单晶都小，只是在1 500℃以上，光子传导才是主要的，因为高温下陶瓷呈半透明的亮红色。

4.3.3 影响热导率的因素

  在无机材料中，热传导机制和过程是很复杂的，因而对其热导率的定量分析也十分困难。下面就无机材料影响热导率的一些主要因素进行定性的讨论。

1. 温度的影响

  在温度不太高的范围内，无机材料中的热传导主要是声子传导，热导率由式(4.46)给出。其中声子平均速度v通常可看作是常数。但是在温度较高时，介质由于结构松弛而产生蠕变，导致介质的弹性模量迅速下降，v则呈现出随温度增大而减小的趋势。一些多晶氧化物在温度高于973~1273 K时就会出现这一效应。

  声子的体积热容C在低温下与T^3成正比，在超过德拜温度后便趋于一恒定值。

  声子平均自由程l随着温度升高而降低。实验发现l值随温度的变化规律是：低温下l值的上限为晶粒的线度；高温下l值的下限为晶格间距。图4.13是几种晶态氧化物及玻璃态SiO_2的$1/l$-T关系曲线。

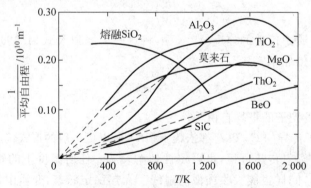

图4.13 几种晶态氧化物及玻璃态SiO_2的$1/l$-T曲线

图 4.14 是氧化铝单晶热导率随温度的变化关系曲线。在很低温度下,声子的平均自由程 l 就增大到了晶粒的大小,达到了上限水平,因此 l 值基本上没有太大变化。热容 C_R 在低温下与温度的三次方成正比,因此 λ 也近似与 T^3 成比例地变化。随着温度的升高,λ 迅速增大。然而,当温度继续升高,C_V 随温度 T 的变化也不再与 T^3 成比例,在升高到德拜温度以后,逐渐趋于一恒定值,因而 l 值随温度升高而减小成了主要影响因素。因此,λ 值随温度升高而迅速减小。这样,在某个低温处(~40 K),λ 值出现极大值。在更高的温度,由于 C_V 已基本上无变化,l 值也逐渐趋于下限,所以随温度的变化 λ 又变得缓和了。在达到 1 600 K 的高温后,λ 值又有少许回升。这是高温时辐射传热带来的影响。

物质种类不同,热导率随温度的变化规律也有很大不同。各种气体随温度上升热导率增大,这是因为温度升高,气体分子的平均运动速度增大,虽然平均自由程因碰撞几率加大而有所缩小,但前者的作用占主导地位,因而热导率增大。对于金属材料,在温度超过一定值后,热导率随温度的上升而缓慢下降。耐火氧化物多晶材料在实用的温度范围内,随温度的上升,热导率下降,如图 4.15 所示。至于不密实的耐火材料,如粘土砖、硅藻土砖、红砖等,气孔导热占一定分量,随着温度的上升,热导率略有增大。非晶体材料的 λ-T 曲线,则呈另外一种性质,将在下一段介绍。

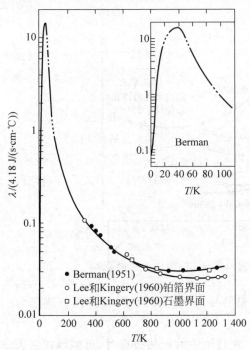

图 4.14 氧化铝单晶的热导率随温度的变化关系曲线

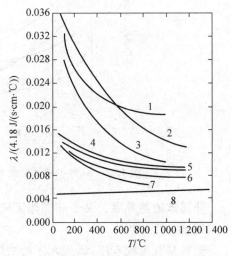

图 4.15 校正到理论密度后的多晶氧化物的热导率曲线

1—CaO;2—尖晶石;3—NiO;4—莫来石;
5—锆英石;6—TiO_2;7—橄榄石;8—稳定 ZO_2

2. 显微结构的影响

晶体结构的影响 声子传导与晶格振动的非谐性有关。晶体结构愈复杂,晶格振动的非谐性程度愈大,格波受到的散射愈大。因此,声子平均自由程较小,热导率较低。例如,镁铝尖晶石的热导率比 Al_2O_3 和 MgO 的热导率都低。莫来石的结构更复杂,所以热导率比尖晶石还低得多。

各向异性晶体的热导率 非等轴晶系的晶体热导率呈各向异性。石英、金红石、石墨等都是在膨胀系数低的方向热导率最大。温度升高时,不同方向的热导率差异减小。这是因为温度升高,晶体的结构总是趋于更好的对称。

多晶体与单晶体的热导率 对于同一种物质,多晶体的热导率总是比单晶小,这是因为多晶体中晶粒尺寸小,晶界多,缺陷多,晶界处杂质也多,声子更易受到散射,它的平均自由程比单晶体要小得多。图 4.16 示出了几种单晶和多晶体热导率与温度的关系,可以看出,低温时多晶的热导率与单晶的平均热导率一致,但随着温度升高,二者间的差异迅速变大。这说明了晶界、缺陷、杂质等在较高温度下对声子传导有更大的阻碍作用,同时也是单晶在温度升高后比多晶在光子传导方面有更明显的效应。

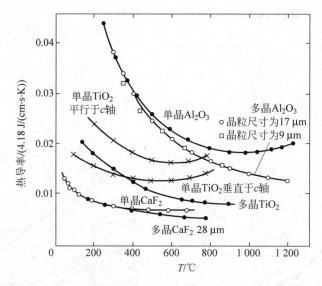

图 4.16 几种不同晶型的无机材料热导率随温度的变化关系

非晶体的热导率 关于非晶体无机材料的导热机理和规律,我们以玻璃作为一个实例来进行分析。

玻璃具有近程有序、远程无序的结构。在讨论它的导热机理时,近似地把它当作由直径为几个晶格间距的极细晶粒组成的"晶体",就可以用声子导热的机构来描述玻璃的导热行为和规律。在前面对晶体声子导热机制的讨论中已经指出,声子的平均自由程由低温下的晶粒直径大小逐渐变化到高温下的几个晶格间距的大小。因此,对于上述晶粒极细的玻璃来说,它的声子平均自由程在不同温度下将基本上表现为常数,其值近似等于几个晶格间距。

由式(4.46),在较高温度下玻璃的导热主要由热容与温度的关系决定,在较高温度以上则需考虑光子导热的贡献。

(1) 在中低温(400～600 K)以下,光子导热的贡献可忽略不计。声子导热随温度的变化由声子热容随温度变化的规律决定,即随着温度的升高,热容增大,玻璃的热导率也相应地上升。这相当于图 4.17 中的 OF 段。

(2) 从中温到较高温度(600～900 K)主要范围,随着温度的不断升高,声子热容不再增大,逐渐为一常数,因此声子导热对热导率的贡献也不再随温度升高而增大,因而玻璃的热导率曲线出现一段几乎与横坐标平行的直线,即图 4.17 中所示的 Fg 段。如果此时光子导热对总的热导率的贡献已经开始增大,则表现为图 4.17 中的 Fg' 段。

(3) 在高温(超过 900 K)下,随着温度的进一步升高,声子导热变化仍不大,这相当于图 4.17 中的 gh 段。但由于光子的平均自由程明显增大,根据式(4.50),光子导热系数 λ_r 将随温度的三次方增大。此时光子导热系数曲线由玻璃的吸收系数、折射率以及气孔率等因素决定。这相当于图 4.17 中的 $g'h'$ 段。对于不透明的非晶体材料,由于它的光子导热很小,不会出现 $g'h'$ 段。

将晶体和非晶体的热导率曲线(图 4.17 中的 Og 段)画成图 4.18 进行分析对照,可以从理论上解释二者热导率变化规律的差别。

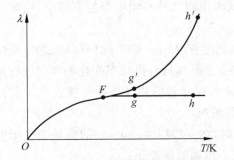
图 4.17 非晶体热导率随温度的变化关系曲线示意图

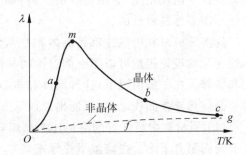
图 4.18 晶体和非晶体材料热导率-温度关系曲线的比较

(1) 非晶体的热导率(不考虑光子导热的贡献)在所有温度下都比晶体小,这主要是因为非晶体的声子平均自由程在绝大多数情况下都比晶体的小得多。

(2) 晶体和非晶体材料的热导率在高温时比较接近,这主要是因为当温度升到 c 点或 g 点时,晶体的声子平均自由程已减小到下限值,像非晶体的声子平均自由程那样,等于几个晶格间距的大小;而晶体与非晶体的声子热容也都接近为 $3R$;光子导热还未有明显的贡献,因此晶体与非晶体的热导率在较高温时就比较接近。

(3) 非晶体热导率曲线与晶体热导率曲线的一个重大区别是前者没有热导率的峰值

点 m。这也说明非晶体物质的声子平均自由程在几乎所有温度范围内均接近一常数。

对许多不同组分玻璃的热导率实验测定结果表明,它们的热导率曲线几乎都与理论曲线(图 4.18)相似。几种常用玻璃实测的热导率曲线见图 4.19。虽然这几种玻璃的组分差别较大,但其热导率的差别却比较小。这说明玻璃组分对其热导率的影响要比晶体材料中组分对热导率的影响小。这一点是由非晶体材料所特有的无序结构所决定的。这种结构使得不同组成的玻璃的声子平均自由程都被限制在几个晶格间距的量级之内。

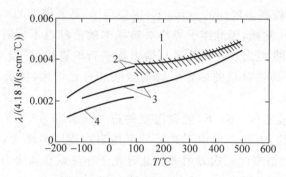

图 4.19 几种玻璃的热导率曲线
1—钠玻璃；2—熔融 SiO_2；3—耐热玻璃；4—铅玻璃

实验已经证实：玻璃组分中含有较多的重金属离子(如 Pb),将导致其热导率的降低。这一点在图 4.19 中也有所反映：在所考虑的几种不同组分的玻璃中,铅玻璃的热导率显然是最低的。

许多无机材料中往往都是晶体和非晶体同时存在的。对于这种材料,热导率随温度变化的规律仍然可以用上面讨论的晶体和非晶体材料热导率变化的规律进行预测和解释。在一般情况下,这种晶体和非晶体共存材料的热导率曲线往往介于晶体和非晶体热导率曲线之间,可能出现以下三种情况：

(1) 当材料中所含有的晶相比非晶相多时,在一般温度以上,它的热导率将随温度上升而稍有下降。在高温下热导率基本上不再随温度变化；

(2) 当材料中所含的非晶相比晶相多时,它的热导率通常将随温度升高而增大；

(3) 当材料中所含的晶相和非晶相为某一适当的比例时,它的热导率可以在一个相当大的温度范围内基本上保持常数。

3. 化学组成的影响

不同组成的晶体,其热导率往往有很大差异,这是因为构成晶体的质点的大小、性质以及晶格振动状态的不同,肯定会导致热量传导能力的不同。一般说来,质点的原子质量愈小,密度愈小,杨氏模量愈大,德拜温度愈高,则热导率愈大。因此,轻元素的固体和结合能大的固体,热导率通常较大。金刚石的 $\lambda = 1.7 \times 10^{-2}$ W/(m·K),较轻的硅、锗的热导率则分别为 1.0×10^{-2} 和 0.5×10^{-2} W/(m·K)。

图 4.20 给出了某些氧化物和碳化物中阳离子的原子质量与热导率之间的关系曲线。可以看出,凡是阳离子原子质量较小(大约与氧及碳的原子质量相近)的氧化物和碳化物的热导率比原子质量较大的要大一些。在氧化物陶瓷中 BeO 具有最大的热导率。

晶体中存在的各种缺陷和杂质会导致声子的散射,降低声子的平均自由程,使热导率变小。固溶体的形成同样也会降低热导率,而且取代元素的质量和大小与基质元素相差愈大,取代后结合力改变愈大,对热导率的影响也就愈大。这种影响在低温

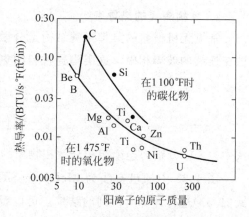

图 4.20 一些氧化物和碳化物中阳离子原子质量对热导率的影响

时随着温度的升高而加剧;而当温度高于德拜温度的一半时,则与温度无关。这是因为极低温度下,声子传导的平均波长远大于线缺陷的线度,所以不引起散射。随着温度升高,平均波长减小,在接近点缺陷线度后散射达到最大值,此后温度再升高,散射效应也不变化,从而与温度无关了。

图 4.21 给出了 MgO-NiO 固溶体和 Cr_2O_3-Al_2O_3 固溶体在不同温度下 $1/\lambda$ 随组成的变化关系曲线。在取代元素浓度较低时,$1/\lambda$ 与取代元素的体积百分率成直线关系,即杂质的影响很显著。图中不同温度下的直线是平行的,说明在较高温度下,杂质效应与温度无关。

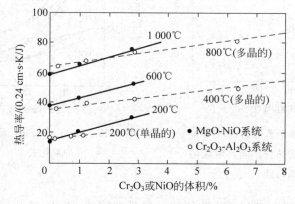

图 4.21 MgO-NiO 及 Cr_2O_3-Al_2O_3 固溶体的热导率随组成的变化关系曲线

图 4.22 表示了 MgO-NiO 固溶体热导率与组成的关系。在杂质浓度很低时,杂质效应十分显著。在接近纯 MgO 或纯 NiO 处,杂质含量稍有增加,λ 值便迅速下降。随着杂质含量的增加,这个效应不断减弱。从图中还可以看出,杂质效应在 473 K 时比在 1 273 K 时要强。若低于室温,杂质效应会更强烈。

4. 复相陶瓷的热导率

常见无机材料的典型微观结构是分散相均匀地分散在连续相中。例如，晶相分散在连续的玻璃相中。这类陶瓷材料的热导率可按下式计算：

$$\lambda = \lambda_c \times \frac{1 + 2V_d\left(1 - \frac{\lambda_c}{\lambda_d}\right) \Big/ \left(\frac{2\lambda_c}{\lambda_d} + 1\right)}{1 - V_d\left(1 - \frac{\lambda_c}{\lambda_d}\right) \Big/ \left(\frac{2\lambda_c}{\lambda_d} + 1\right)} \tag{4.51}$$

式中，λ_c，λ_d 分别为连续相和分散相物质的热导率；V_d 为分散相的体积分数。

图 4.23 中的粗实线为 $MgO-Mg_2SiO_4$ 系统实测的热导率曲线，细实线则是按式(4.51)进行计算所得到的结果。可以看出，在 MgO 和 Mg_2SiO_4 含量较高的两端，计算值与实验值是很吻合的。这是由于 MgO 含量高于 80%，或 Mg_2SiO_4 含量高于 60% 时，它们都成为连续相，而在中间组成时，连续相和分散相的区别就不明显了。正是这种结构上的过渡状态使得热导率的变化曲线呈 S 形。

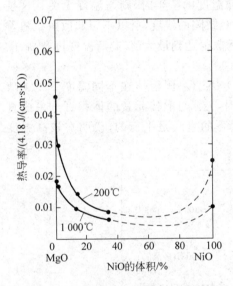

图 4.22 在更宽掺杂范围内 MgO-NiO 固溶体的热导率随其组成的变化关系曲线

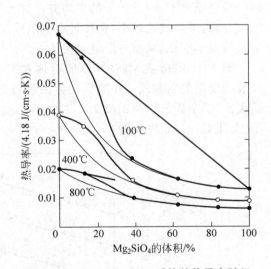

图 4.23 $MgO-Mg_2SiO_4$ 系统的热导率随组成的变化关系

在普通的瓷和粘土制品中，连续相一般是玻璃相，因此，其热导率更接近其成分中玻璃相的热导率。

5. 气孔的影响

无机材料中一般都含有气孔。气孔对热导率的影响较为复杂。一般来说，对于气孔率不是很高、气孔尺寸很小且气孔基本上均匀分布的无机材料，在温度不太高的条件下，气孔也可以看作一种分散相，材料的热导率仍然可以按式(4.51)计算。注意到与固体相比,气体的热导率很小,可近似看作零,即 $\lambda_{pore}(=\lambda_d) \approx 0$。令 $Q = \dfrac{\lambda_c}{\lambda_d}$,则式(4.51)可以改写为

$$\lambda = \lambda_c \times \dfrac{1 + 2V_d \times \dfrac{1-Q}{2Q+1}}{1 - V_d \times \dfrac{1-Q}{2Q+1}} = \lambda_c \times \dfrac{2Q(1-V_d)}{2Q(1+\frac{1}{2}V_d)} \approx \lambda_c(1-V_d) = \lambda_s(1-p) \tag{4.52}$$

式中,λ_s 为固相的热导率;p 是气孔所占的体积分数。

更精确一些的计算,是在式(4.52)的基础上再考虑气孔的辐射传热而导出的公式:

$$\lambda = \lambda_c(1-p) + \dfrac{p}{\dfrac{1}{\lambda_c}(1-p_L) + \dfrac{p_L}{4G\varepsilon\sigma dT^3}} \tag{4.53}$$

式中,p 是气孔的面积分数;p_L 是气孔的长度分数;ε 是辐射面的热发射率;d 是气孔的最大尺寸;G 是几何因子。对于顺向长条气孔,$G=1$;对于横向圆柱形气孔,$G=\pi/4$;对于球形气孔,$G=2/3$。

当热发射率 ε 较小,或温度低于 500℃ 时,可以直接使用式(4.52)。

在不改变结构状态的情况下,气孔率增大总是使 λ 降低(见图 4.24)。这就是多孔、泡沫硅酸盐、纤维制品、粉末和空心球状轻质陶瓷制品的保温原理。从构造上看,最好是均匀分散的封闭气孔。如是大尺寸的孔洞,且有一定贯穿性,则易发生对流传热,在这种情况下不能单独使用上述公式。

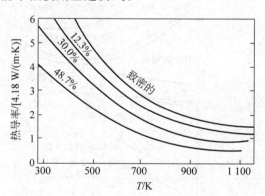

图 4.24 气孔率对氧化铝陶瓷热导率的影响

含有微小气孔的多晶陶瓷,其光子自由程显著减小,因此,大多数无机材料的光子传导率要比单晶和玻璃的小 1~3 个数量级,光子传导效应只有在温度大于 1 773 K 时才是重要的。另一方面,少量的大气孔对热导率影响较小,而且当气孔尺寸增大时,气孔内气体会因对流而加强传热。当温度升高时,热辐射的作用增强,它与气孔

的大小和温度的三次方成比例。这一效应在温度较高时,随温度的升高加剧。这样气孔对热导率的贡献就不可忽略,(4.52)式也就不适用了。

粉末和纤维材料的热导率比烧结材料低得多,这是因为在其间气孔形成了连续相。材料的热导率在很大程度上受气孔相热导率所影响。这也是粉末、多孔和纤维类材料有良好热绝缘性能的原因。

一些具有显著各向异性的材料和膨胀系数较大的多相复合物,由于存在大的内应力会形成微裂纹,气孔以扁平微裂纹出现并沿晶界发展,使热流受到严重的阻碍。这样,即使气孔率很小,材料的热导率也明显地减小。因此对于复合材料,实验测定值也比按式(4.52)的计算值要小。

4.3.4 某些无机材料的热导率

根据以上的讨论可以看到,影响无机材料热导率的因素是比较复杂的,因此实际材料的热导率一般还需要通过实验测定。图4.25所示为实验测得的某些材料的热导率,其中石墨和BeO具有最高的热导率,低温时接近金属铂的热导率。致密稳定的ZrO_2是良好的高温耐火材料,它的热导率相当低。气孔率大的保温砖具有更低的热导率。粉状材料的热导率极低,具有最好的保温性能。

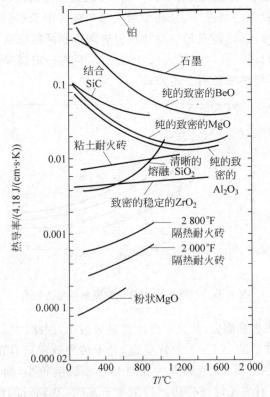

图4.25 一些典型无机材料的热导率

通常，低温时有较高热导率的材料，随着温度升高，热导率呈降低趋势。而低热导率的材料正相反。前者如 Al_2O_3，BeO 和 MgO 等，它们的热导率随温度变化的规律相似。根据实验结果，可以整理出以下的经验公式：

$$\lambda = \frac{A}{T-125} + 8.5 \times 10^{-36} T^{10} \tag{4.54}$$

式中，T 是热力学温度，K；A 是常数。对于 Al_2O_3，MgO 和 BeO，A 分别为 16.2，18.8 和 55.4。

式(4.54)的适用温度范围，对 Al_2O_3 和 MgO 是室温到 2 073 K，对于 BeO 是 1 273～2 073 K。

玻璃体的热导率随温度的升高而缓慢增大。高于 773 K 后，由于辐射传热的效应使热导率有较快的上升。其经验方程式如下：

$$\lambda = cT + d \tag{4.55}$$

式中的 c、d 均为常数。

某些建筑材料、粘土质耐火砖以及保温砖等，其热导率随温度升高呈线性增大。一般的经验方程式是：

$$\lambda = \lambda_0(1 + bt) \tag{4.56}$$

式中，λ_0 是 0℃时材料的热导率；b 是与材料性质有关的常数。

4.4 无机材料的热稳定性

热稳定性是指材料承受温度急剧变化而不致破坏的能力，又称为抗热震性。由于无机材料在加工和使用过程中，经常会受到环境温度起伏的热冲击，因此热稳定性是无机材料的一个重要性能。

一般无机材料的热稳定性是比较差的。它们的热冲击损坏有两种类型：一种是材料发生瞬时断裂，抵抗这类破坏的性能称为抗热冲击断裂性能；另一种是在热冲击循环作用下，材料表面开裂、剥落，并不断发展，最终碎裂或变质，抵抗这类破坏的性能称为抗热冲击损伤性能。

4.4.1 热稳定性的评价方法

不同的应用场合对材料热稳定性的要求不同。例如，对于一般日用瓷器，只要求能承受温差大约为 200 K 左右的热冲击，而火箭喷嘴就要求瞬时能承受高达 3 000～4 000 K 的热冲击，而且还要经受高温气流的机械和化学作用。目前对于热稳定性虽然有一定的理论解释，但尚不完善，还不能建立实际材料或器件在各种场合下热稳定性的数学模型。因此，实际上对材料或制品的热稳定性评价一般还是采用比较直观的测定方法。例如，日用瓷器通常是以一定规格的试样，加热到一定温度，然后立即置于室温的流动水中急冷，并逐次提高温度和重复急冷，直至观测到试样发生龟裂，以产生龟裂的前一次加热温度来表征其热稳定性。对于普通耐火材料,则通常将试样的一端加热到1 123 K并保温40 min,然后置于283~293 K的流动水中3 min或在空气中5~10 min,并重复这样的操作,直至试件失重20%为止,以这样操作的次数来表征材料的热稳定性。某些高温陶瓷材料是以加热到一定温度后,在水中急冷,然后测其抗折强度的损失率来评定它的热稳定性。如制品具有较复杂的形状,则在可能的情况下,可直接用制品来进行测定,这样就免除了形状和尺寸带来的影响。如高压电瓷的悬式绝缘子等,就是这样来考核的。测试条件应参照使用条件并更严格一些,以保证实际使用过程中的可靠性。总之,对于无机材料尤其是制品的热稳定性,尚需提出一些评定的因子。从理论上得到一些评定热稳定性的因子,对探讨材料性能的机理显然还是有意义的。

4.4.2 热应力

不改变外力作用状态,材料仅因热冲击而造成开裂或断裂损坏,这必然是由于材料在温度作用下产生的内应力超过了材料的力学强度极限所致。对于这种内应力的产生和计算,先从下述的简单情况来讨论。

假如有一长为 l 的各向同性的均质杆件,当它的温度从 T_0 升到 T' 后,杆件膨胀 Δl。若杆件能自由膨胀,则杆件内不会因膨胀而产生应力;若杆件的二端是完全刚性约束的,热膨胀不能实现,杆件与支撑体之间就会产生很大的应力。显然,在这一条件下杆件所受的抑制力,相当于把样品自由膨胀后的长度 $(l+\Delta l)$ 压缩为 l 时所需的压力。因此,杆件所承受的压应力,正比于材料的弹性模量 E 和相应的弹性应变 $-\Delta l/l$,因此,材料中的内应力 σ 可由下式计算:

$$\sigma = E\left(-\frac{\Delta l}{l}\right) = -E\alpha(T'-T_0) \tag{4.57}$$

若上述情况发生在冷却过程,$T_0 > T'$,则材料中内应力为张应力(正值),这种应力才会使杆件断裂。

由于材料热膨胀或收缩引起的内应力称为热应力。

在很多涉及温度变化的应用场合下都可能产生热应力。具有不同膨胀系数的多相复合材料,可以由于结构中各相膨胀收缩的相互牵制而产生热应力,例如上釉陶瓷制品中坯、釉间产生的应力。即使各向同性的材料,当材料中存在温度梯度时也会产生热应力,例如一块玻璃平板从373 K的沸水中掉入273 K的冰水浴中,假设表面层在瞬间降到273 K,则表面层趋于 $\alpha\Delta T=100\alpha$ 的收缩,但此时内层还保持在373 K,并无收缩,这样在表面层就产生了一个张应力,而内层则有一相应的压应力,其后由于内层温度不断下降,材料中热应力逐渐减小,见图4.26。当平板表面以恒定速率冷却时,温度分布呈抛物线。表面温度 T_s 比平均温度 T_a 低,表面产生张应力 σ_+;中心温度 T_c 比 T_a 高,所以中心是压应力 σ_-。假如样品处于加热过程,情况则刚好相反。

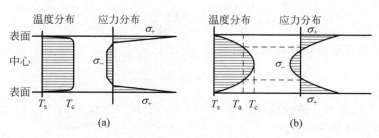

图 4.26 玻璃平板冷却时温度和热应力分布示意图
(a) 接触水的刹那；(b) 数秒钟后

实际无机材料受三向热应力,三个方向都会有膨胀或收缩,而且互相影响。下面分析一陶瓷板的热应力状态。

如图 4.27 所示,一无限大陶瓷薄板 y 方向厚度较小,在材料突然冷却的瞬间,垂直 y 轴各平面上的温度是一致的;但在 x 轴和 z 轴方向上,瓷体的表面和内部的温度有差异。外表面温度低,中间温度高,它约束前后两个表面的收缩($\varepsilon_x = \varepsilon_z = 0$),因而产生应力 $+\sigma_x$ 及 $+\sigma_z$。y 方向由于可以自由胀缩,$\sigma_y = 0$。

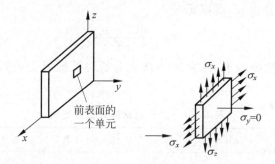

图 4.27 无限大陶瓷薄板及其热应力图

根据广义胡克定律：

$$\varepsilon_x = \frac{\sigma_x}{E} - \mu\left(\frac{\sigma_y}{E} + \frac{\sigma_z}{E}\right) - \alpha\Delta T = 0 \quad (\text{不允许 } x \text{ 方向涨缩})$$

$$\varepsilon_z = \frac{\sigma_z}{E} - \mu\left(\frac{\sigma_x}{E} + \frac{\sigma_y}{E}\right) - \alpha\Delta T = 0 \quad (\text{不允许 } z \text{ 方向涨缩})$$

$$\varepsilon_y = \frac{\sigma_y}{E} - \mu\left(\frac{\sigma_x}{E} + \frac{\sigma_z}{E}\right) - \alpha\Delta T$$

解得

$$\sigma_x = \sigma_z = \frac{\alpha E}{1-\mu}\Delta T \tag{4.58}$$

在 $t=0$ 的瞬间,$\sigma_x = \sigma_z = \sigma_{max}$。如果 σ_{max} 在数值上达到或超过了材料的极限抗拉强度 σ_f,则前后二表面将开裂破坏,代入上式得临界时的最大温差:

$$\Delta T_{\max} = \frac{\sigma_f(1-\mu)}{E\alpha} \tag{4.59}$$

对于其他非平面板状的材料制品,

$$\Delta T_{\max} = S \times \frac{\sigma_f(1-\mu)}{E\alpha} \tag{4.60}$$

式中,S 为形状因子。薄板试样的 $S=1/(1-\mu)$;长柱状试样的 $S=2$;管状试样的 $S=1$;球形试样的 $S=3/2$。

式(4.60)可以用于计算材料在骤冷时的最大允许温差。注意此式中仅包含材料的几个本征性能参数,并不包括形状尺寸数据,因而可以用于一般形态的陶瓷材料及制品。

4.4.3 抗热冲击断裂性能

1. 第一热应力断裂抵抗因子 R

根据上面的分析,只要材料中最大热应力值 $\sigma_{\max}$(一般在表面或中心部位)不超过材料的强度极限 σ_f,材料就不会损坏。显然,$\Delta T_{\max}$ 值愈大,材料能承受的温度变化 ΔT 就愈大,热稳定性愈好,所以定义:

$$R = \frac{\sigma_f(1-\mu)}{\alpha E} \tag{4.61}$$

为表征材料热稳定性的因子,称为第一热应力断裂抵抗因子或第一热应力因子。R 的经验值见表 4.6。

表 4.6 一些无机材料 R 的经验值

材 料	σ_f/MPa	μ	$\alpha/(10^{-6}\ \mathrm{K}^{-1})$	E/GPa	R/℃
Al_2O_3	345	0.22	7.4	379	96
SiC	414	0.17	3.8	400	226
TZP	1 300	0.25	10.0	200	230
反应烧结 Si_3N_4	310	0.24	2.5	172	547
热压烧结 Si_3N_4	690	0.27	3.2	310	500
LAS_4(锂辉石)	138	0.27	1.0	70	1 460

2. 第二热应力断裂抵抗因子 R'

材料是否出现热应力断裂,固然与热应力 $\sigma_{\max}$ 密切相关,但还与材料中应力的分布、产生的速率和持续时间,材料的特性(例如塑性、均匀性、弛豫性)以及原先存在的裂纹、缺陷等有关。因此,R 虽然在一定程度上反映了材料抗热冲击性的优劣,但并不能简单地认为就是材料允许承受的最大温度差,R 只是与 $\Delta T_{\max}$ 有一定的关系。

热应力引起的材料断裂破坏,还涉及材料的散热问题,散热使热应力得以缓解。与此有关的因素包括:

（1）材料的热导率 λ 愈大,传热愈快,热应力持续一定时间后很快缓解,所以对热稳定有利。

（2）传热途径的长短,即材料或制品的厚薄,薄的传热通道短,容易很快使表里温度均匀。

（3）材料表面散热速率。如果材料表面向外散热快（例如吹风）,材料内、外温差变大,热应力也大,如窑内进风会使降温的制品炸裂。所以引入表面热传递系数 h。h 定义为：如果材料表面温度比周围环境温度高 1 K（或 1°F）,在单位表面积上,单位时间带走的热量。

对于半厚为 r_m（cm）的材料,定义 $hr_m/\lambda = \beta$ 为毕奥（Biot）模数。β 无单位,是一个程度系数。显然,β 大对热稳定不利,$\beta \geqslant 20$ 近乎骤冷。h 的实测值见表 4.7。

表 4.7　h 实测值

条　件	$h/(W/m^2 \cdot K)$
空气流过圆柱体	
流速 287 kg/(s·m^2)	1 090
流速 120 kg/(s·m^2)	500
流速 12 kg/(s·m^2)	113
流速 0.12 kg/(s·m^2)	11
从 1 000℃向 0℃辐射	147
从 500℃向 0℃辐射	40
水淬	4 000～41 000
喷气涡轮机叶片	210～800

在无机材料的实际应用中,不会像理想骤冷那样,瞬时产生最大应力 σ_{max},而是由于散热等因素,使 σ_{max} 滞后发生,且数值也折减。设折减后实测应力为 σ,令 $\sigma^* = \dfrac{\sigma}{\sigma_{max}}$,称之为无因次表面应力,其随时间的变化规律见图 4.28。从图中可见,不同 β 值下最大应力的折减程度也不一样,β 愈小的折减愈多,即可能达到的实际最大应力要小得多,且随 β 值的减小,实际最大应力的滞后也愈厉害。比奥模数不同,相应的无因次表面应力的峰值 $(\sigma^*)_{max}$ 也不同,二者间有一些经验关系。β 处于 5～20 之间时,

$$\frac{1}{(\sigma^*)_{max}} = 1.0 + \frac{3.25}{\beta^{2/3}} \tag{4.62a}$$

$\beta < 5$ 时,

$$\frac{1}{(\sigma^*)_{max}} = 1.5 + \frac{3.25}{\beta} \tag{4.62b}$$

$\beta \ll 1$ 时,

$$\frac{1}{(\sigma^*)_{\max}} = \frac{3.25}{\beta} \quad (4.62c)$$

也即：

$$(\sigma^*)_{\max} = 0.31\beta \quad (4.63)$$

式(4.63)所描述的情况相当于通常在对流和辐射传热条件下观察到的比较低的表面传热系数时的情况。

由图 4.28 还可以看出，骤冷时的最大温差只适用于 $\beta \geqslant 20$ 的情况。例如水淬玻璃的 $\lambda = 0.017$ J/(cm·s·K)，$h = 1.67$ J/(cm·s·K)，根据 $\beta \geqslant 20$，算得 r_m 必须大于 0.2 cm，才能使用式(4.59)。也就是说，玻璃厚度小于 4 mm 时，最大热应力会下降。这就是薄玻璃杯不易因冲开水而炸裂的根本原因。

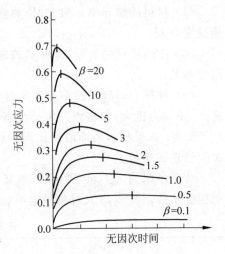

图 4.28 具有不同 β 的无限平板的无因次表面应力随时间的变化

在实际 β 值很小（$\ll 1$）时，将式(4.59)与式(4.63)合并得到：

$$(\sigma^*)_{\max} = \frac{\sigma_f}{\frac{E\alpha}{1-\mu}\Delta T_{\max}} = 0.31\frac{r_m h}{\lambda}$$

$$\Delta T_{\max} = \frac{\lambda\sigma_f(1-\mu)}{E\alpha} \times \frac{1}{0.31 r_m h} \quad (4.64)$$

令

$$R' = \frac{\lambda\sigma_f(1-\mu)}{E\alpha} \quad (4.65)$$

为第二热应力断裂抵抗因子，单位为 J/(cm·s)，则

$$\Delta T_{\max} = R'S \times \frac{1}{0.31 r_m h} \quad (4.66)$$

上面的推导是按无限平板计算的，$S=1$。其他形状的试样，应乘以前面给出的 S 值。

如果 β 值实际处于其他范围内时，则应采用该范围的经验公式算出 $\sigma^*_{\max}$ 值，然后按类似于式(4.65)的方法求得 $\Delta T_{\max}$。

图 4.29 表示某些材料在 673 K（其中 Al_2O_3 分别按 373 K 及 1 273 K 计算）时，$\Delta T_{\max} \sim r_m h$ 的计算曲线。从图中可以看到，一般材料在 $r_m h$ 值较小时，$\Delta T_{\max}$ 与 $r_m h$ 成反比；当 $r_m h$ 值较大时，$\Delta T_{\max}$ 趋于一恒定值。要特别注意的是，图中几种材料的曲线是交叉的，BeO 最突出。它在 $r_m h$ 很小时具有很大的 $\Delta T_{\max}$，即热稳定性很好，仅次于石英玻璃和 TiC 金属陶瓷；而 $r_m h$ 很大时（如 >1），抗热震性就很差，仅优于 MgO。因次，不能简单地排列出各种材料抗热冲击断裂性能的顺序来。

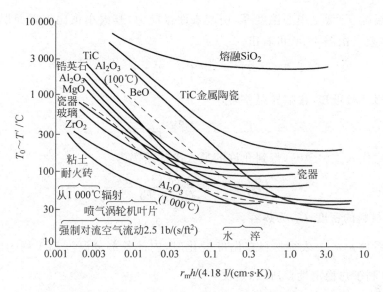

图 4.29 不同传热条件下材料淬冷断裂的最大温差

3. 冷却速率引起材料中的温度梯度及热应力

在一些实际场合中往往关心材料所允许的最大冷却（或加热）速率$\frac{dT}{dt}$。

对于厚度为$2r_m$的无限平板，在降温过程中，内外温度的变化见图 4.30 所示。其温度分布呈抛物线形，即：

$$T_c - T = kx^2, \quad -\frac{dT}{dx} = 2kx, \quad -\frac{d^2T}{dx^2} = 2k \tag{4.67}$$

在平板的表面，

$$T_c - T_s = kr_m^2 = T_0 \tag{4.68}$$

代入上式得

$$-\frac{d^2T}{dx^2} = 2 \times \frac{T_0}{r_m^2} \tag{4.69}$$

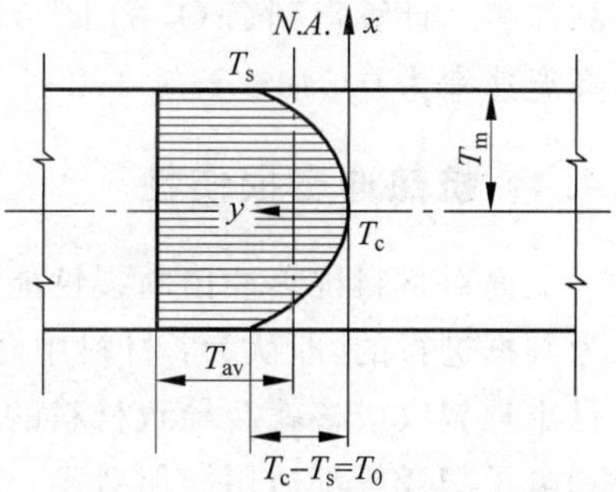

将式(3.69)代入式(3.45)，得

$$\frac{\partial T}{\partial t} = \frac{\lambda}{\rho C_P} \cdot \frac{-2T_0}{r_m^2} \tag{4.70}$$

图 4.30 无限大平板剖面上的温度分布图

$$T_0 = T_c - T_s = \frac{\frac{dT}{dt} r_m^2 \times 0.5}{\lambda/\rho C_P} \tag{4.71}$$

式中，$\frac{\lambda}{\rho C_P}$称为导温系数或热扩散率。

式(4.71)中T_0是指由于降温速率不同所导致的无限平板上中心与表面的温差。对于其他形状的材料，式(4.71)也是适用的，只是系数不是 0.5。

表面温度 T_s 低于中心温度 T_c 引起表面张应力,其大小正比于表面温度与平均温度 T_{av} 之差。由图 4.30 可看出

$$T_{av} - T_s = \frac{2}{3}(T_c - T_s) = \frac{2}{3}T_0 \tag{4.72}$$

由式(4.59)可知,在临界温差时,

$$T_{av} - T_s = \frac{\sigma_f(1-\mu)}{E\alpha}$$

将以上二式代入式(4.70),得到允许的最大冷却速率为

$$-\left(\frac{dT}{dt}\right)_{max} = \frac{\lambda}{\rho C_P} \frac{\sigma_f(1-\mu)}{E\alpha} \frac{3}{r_m^2} \tag{4.73}$$

式中,ρ 为材料的密度,C_P 为热容。

导温系数 $\alpha \equiv \frac{\lambda}{\rho C_P}$ 表征材料在温度变化时,内部各部分温度趋于均匀的能力。α 越大,越有利于热稳定性。所以,定义:

$$R'' \equiv \frac{\sigma_f(1-\mu)}{\alpha E} \frac{\lambda}{\rho C_P} = \frac{R'}{C_P \rho} = R_\alpha \tag{4.74}$$

为第三热应力因子。这样,式(4.73)就具有下列的形式:

$$\left(\frac{dT}{dt}\right)_{max} = R'' \times \frac{3}{r_m^2} \tag{4.75}$$

这是材料所能承受的最大降温速率。陶瓷在烧结冷却时,不得超过此值,否则会出现制品炸裂。计算得到 ZrO_2 的 $R''=0.4\times 10^{-4}$ m² · K/s。当平板厚 10 cm 时,能承受的降温速率为 0.048 3 K/s(172 K/h)。

4.4.4 抗热冲击损伤性

上面对材料抗热冲击断裂性能的讨论是从热弹性力学的观点出发的,以强度-应力为判据进行的,即认为:材料中热应力达到抗拉强度极限后,材料就产生开裂,而一旦出现裂纹成核就会导致材料的完全破坏。这样导出的结果对于一般的玻璃、陶瓷和电子陶瓷等都适用。但对于一些含有微孔的材料(如粘土质耐火制品建筑砖等)和非均质的金属陶瓷等却不适用。研究发现,这些材料在热冲击作用下产生裂纹时,即使裂纹是从表面开始,在裂纹的瞬时扩张过程中也可能被微孔、晶界或金属相所阻止,而不致引起材料的完全断裂。一个典型的例子是,一些筑炉用的耐火砖中含10%～20%气孔率时反而具有最好的抗热冲击损伤性能,而气孔的存在会降低材料的强度和热导率,因此 R 和 R' 值都要减小。这一现象无法用强度-应力理论加以解释。实际上,凡是以热冲击损伤为主的热冲击破坏都是如此。因此,对抗热震性问题就发展了第二种处理方式,这就是从断裂力学观点出发,以应变能-断裂能为判据的理论。

在强度-应力理论中,计算热应力时认为材料外形是完全受刚性约束的。因此,

第 4 章 无机材料的热学性能

整个坯体中各处的内应力都处在最大热应力状态。这实际上只是一个条件最恶劣的力学假设。它认为材料是完全刚性的,任何应力释放(例如位错运动或粘黏流动等)都是不存在的,裂纹产生和扩展过程中应力释放也不予考虑,因此,按此计算的热应力破坏会比实际情况更严重。按照断裂力学的观点,对于材料的损坏,不仅要考虑材料中裂纹的产生情况(包括材料中原有的裂纹情况),还要考虑在应力作用下裂纹的扩展和蔓延。如果裂纹的扩展、蔓延能抑制在一个很小的范围内,也可能不致使材料完全破坏。

通常在实际材料中都存在一定大小、数量的固有微裂纹,在热冲击条件下,这些裂纹扩展以及蔓延的程度与材料中储存的弹性应变能和裂纹扩展的断裂表面能有关。当材料中储存的弹性应变能较小,固有裂纹的扩展可能性就小;裂纹蔓延时消耗的断裂表面能大,则裂纹蔓延的程度小,材料热稳定性就好。因此,抗热应力损伤性应该正比于断裂表面能,反比于应变能释放率。基于这一考虑,提出了两个抗热应力损伤因子 R''' 和 R'''':

$$R''' = E/\sigma^2(1-\mu) \tag{4.76}$$

$$R'''' = E \times 2\gamma_{\text{eff}}/\sigma^2(1-\mu) \tag{4.77}$$

式中,$2\gamma_{\text{eff}}$ 为断裂表面能(形成两个断裂表面)。R''' 实际上是材料的弹性应变能释放率的倒数,用来比较具有相同断裂表面能的材料。R'''' 用来比较具有不同断裂表面能的材料。R''' 或 R'''' 值高的材料抗热应力损伤性好。

根据 R''' 和 R'''' 的定义可知,热稳定性好的材料应该具有低的 σ 和高的 E。这与由 R 和 R' 的定义导出的结论正好相反。其间的原因在于二者的判据不同。抗热应力损伤性研究认为强度高的材料,原有裂纹在热应力的作用下容易扩展蔓延,对热稳定性不利,尤其在一些晶粒较大的样品中经常会遇到这样的情况。

Hasselman 曾试图统一上述二种理论。由式(3.16),材料的断裂强度 σ_{f} 与断裂力学参数 G(即弹性应变能释放率)之间存在如下关系:

$$\sigma_{\text{f}} = \sqrt{\frac{GE}{\pi c}} \tag{4.78}$$

将式(4.78)代入第二热应力断裂抵抗因子定义式(4.65)得到

$$R' = \frac{\sqrt{GE}}{\sqrt{\pi c}} \times \frac{\lambda}{E\alpha}(1-\mu) = \frac{1}{\sqrt{\pi c}}\sqrt{\frac{G}{E}} \times \frac{\lambda}{\alpha}(1-\mu) \tag{4.79}$$

Hasselman 认为式中的 $\sqrt{\frac{G}{E}} \times \frac{\lambda}{\alpha}$ 描述了材料抵抗裂纹扩展的能力,并据此提出了一个热应力裂纹安定性因子 R_{st},定义如下:

$$R_{\text{st}} = \left(\frac{\lambda^2 G}{\alpha^2 E_0}\right)^{\frac{1}{2}} \tag{4.80}$$

式中,E_0 是材料无裂纹时的弹性模量。R_{st} 大,裂纹不易扩展,热稳定性好。这实际上与 R 和 R' 的考虑是一致的。

图 4.31 为理论上预期的裂纹长度以及材料强度随 ΔT 的变化关系曲线。假如材料中原有裂纹的长度为 l_0，相应的材料强度为 σ_0，当 $\Delta T < \Delta T_c$ 时，裂纹是稳定的；当 $\Delta T = \Delta T_c$ 时，裂纹迅速地从 l_0 扩展到 l_f，相应地，σ_0 迅速地降到 σ_f。由于 l_f 对 ΔT_c 是亚临界的，只有 ΔT 增长到 $\Delta T'_c$ 后，裂纹才准静态地、连续地扩展。因此，在 $\Delta T_c < \Delta T < \Delta T'_c$ 区间，裂纹长度无变化，相应地强度也不变。$\Delta T > \Delta T'_c$，强度同样连续地降低。这一结论为很多实验所证实。例如，图 4.32 所示为将直径 5 mm 的氧化铝杆加热到不同温度后投入水中急冷，在室温下测得的强度曲线，可以看出与图 4.31 所示的理论预期结果是符合的。

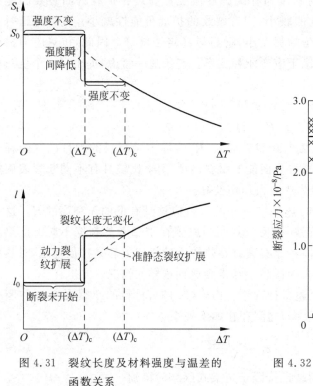

图 4.31　裂纹长度及材料强度与温差的函数关系

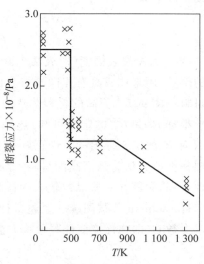

图 4.32　不同温度的氧化铝杆在水中急冷后的强度

然而，精确地测定材料中存在的微小裂纹及其分布以及裂纹扩展过程，目前在技术上还有不少困难，因此还不能对 Hasselman 的理论作出直接的验证。由于材料中固有裂纹的尺寸一般并不固定，影响热稳定性的因素又是多方面的，包括热冲击的方式、条件和材料中热应力的分布等，加之材料的一些物理性能在不同的条件下也有不同程度的变化，因此，这个理论还在待于进一步发展。

4.4.5　提高抗热冲击断裂性能的措施

提高陶瓷材料抗热冲击断裂性能的措施，主要根据是上述抗热冲击断裂因子所涉及的各个性能参数对热稳定性的影响。分述如下：

(1) 提高材料强度 σ_f，减小弹性模量 E，使 σ_f/E 提高。这意味着提高材料的柔韧性，使其在热冲击过程中能吸收较多的弹性应变能而不致开裂，从而提高材料的热稳定性。大多数无机材料的 σ_f 不低但 E 很大，普通玻璃更是如此。另一方面，金属材料则是 σ_f 大 E 小。因此，金属材料的抗热冲击断裂性能一般都优于无机材料。同一种材料，如果晶粒比较细，晶界缺陷小，气孔少且分散均匀，则往往强度高，抗热冲击性好。

(2) 提高材料的热导率 λ，使 R' 提高。λ 大的材料传递热量快，因此在热冲击过程中，材料表面与内部之间的温差能够较快地得到缓解、平衡，从而降低了短时期热应力的聚集。金属的 λ 一般较大，所以比无机材料的热稳定性好。在无机材料中只有 BeO 瓷可与金属类比。

(3) 减小材料的热膨胀系数 α。α 小的材料，在同样的温差下，产生的热应力小。石英玻璃的 σ_f 并不高，仅为 100 MPa 左右，其 σ_f/E 比陶瓷稍高一些，但 α 只有 $0.5 \times 10^{-6}/K$，比一般陶瓷低一个数量级，所以热应力因子 R 高达 3 000，其 R' 在陶瓷类中也是较高的，故石英玻璃的热稳定性好。Al_2O_3 的 $\alpha = 8.4 \times 10^{-6}/K$，$Si_3N_4$ 的 $\alpha = 2.75 \times 10^{-6}/K$，因此虽然二者的 σ_f 与 E 都相差不大，但后者的热稳定性却明显优于前者。

(4) 减小表面热传导系数 h。表 4.7 所列 h 值差别很大。为了降低材料的表面散热速率，周围环境的散热条件特别重要。例如在烧成冷却工艺阶段，维持一定的炉内降温速率，制品表面不吹风，保持缓慢地散热降温等都是提高产品质量及成品率的重要措施。

(5) 减小产品的有效厚度 r_m。

以上所列，是针对密实性无机材料的，目的是提高抗热冲击断裂性能。但对多孔、粗粒、干压和部分烧结的制品，则需要从抗热冲击损伤性角度加以考虑。如耐火砖的热稳定性较差，主要表现为在循环热冲击过程表面层层剥落。这是由于表面裂纹或微裂纹的扩展导致的。根据 R''' 及 R'''' 因子的定义，要提高耐火砖的热稳定性，就应该尽可能减小材料的弹性应变能释放率 G，这就要求材料具有高的 E 及低的 σ_f，使材料在胀缩时，所储存的用以开裂的弹性应变能小；另一方面，则要选择断裂表面能 γ_{eff} 大的材料，一旦开裂就会吸收较多的能量使裂纹很快止裂。

阻止裂纹扩展所要求的材料特性（高 E 和 γ_{eff}，低 σ_f），刚好与避免断裂发生所要求的条件（R 和 R' 高）相反。对于具有较多表面孔隙的耐火砖类材料，主要还是避免既有裂纹的长程扩展所引起的深度损伤。

近期的研究工作发现微裂纹（例如晶粒间相互收缩引起的晶间裂纹）对抵抗由热冲击导致的灾难性破坏有显著的作用。由表面撞击引起的比较尖锐的初始裂纹，在不太严重的热应力作用下就会导致破坏。Al_2O_3-TiO_2 陶瓷内晶粒间的收缩孔隙可使初始裂纹变钝，从而阻止裂纹扩展，显著地降低了热震损伤。在抗张强度关系不大的用途中,利用各向异性热膨胀,有意引入裂纹,是避免灾难性热震破坏的一个有效途径。

4.5 无机材料的熔融与分解

4.5.1 晶体的熔点与结合能

在一个大气压下,晶体从固态熔化为液态的温度称为该晶体的熔点。

固体材料中只有晶体才有确定的熔点。非晶态物质例如玻璃,随着温度升高渐渐熔化,并没有确定的熔点。对于多相组成的陶瓷材料,因其中各类晶体的熔点不同,而且还有玻璃相的存在,因此也无确定的熔点。

熔点是高温材料的一个重要特性,它与材料的一系列高温作业性能有着密切的联系。晶体的熔化过程有着较复杂的本质。随着温度的升高,晶体中质点的热运动不断加剧,热缺陷浓度随之增大。当温度升到晶体的熔点时,强烈的热运动克服了质点间相互作用力的约束,使质点脱离原来的平衡位置,晶体严格的点阵结构受到破坏,热缺陷增多,晶格已不能保持稳定。这时,宏观上晶体失去了固定的几何外形而熔化。

晶体的熔点与质点间的结合力的性质和大小有关。例如离子晶体和共价晶体中键力较强,熔点很少低于 473 K,而分子晶体中则几乎没有熔点超过 573 K 的。在耐高温材料中,用得较多的是氧化物,它们多属于离子晶体。

离子晶体的结合能一般可以根据玻恩-哈伯热化学循环法来测定,但其中电子亲和能不易精确测定,通常以数值上与之相等的互作用势能 E 来计算。一摩尔二元化合物离子晶体的结合能为

$$u = -E = \frac{NAz_1z_2e^2}{r_0}\left(1 - \frac{1}{n}\right) \tag{4.81}$$

式中,N 为阿伏伽德罗常数;z_1,z_2 分别为正、负离子的电价数;e 为电子的电荷量;r_0 为正负离子间的平衡距离;n 为与离子的结构类型有关的玻恩指数;A 为与晶体结构有关的马德隆常数。

由式(4.81)可知,同一结构类型中,离子的电价愈高,离子间距愈小,晶格能就愈大,晶体的熔点相应就高。同时,晶体的硬度大,膨胀系数小。表 4.8 列出了几种 NaCl 型离子晶体化合物的结合能及其熔点。

在式(4.81)的推导过程中,没有考虑极化作用,并忽略了表面能、范德华力和晶格零点能,因此是近似的。在有较强的极化效应时,计算值会有较大的偏差。例如,BeO 有较强的极化作用,因此,虽然铍原子半径比镁原子小,但 BeO 的熔点却比 MgO 低。

因为晶格能是使晶体中的质点转变成气体所需的能量,而熔点则是从固态到液态的转变温度,显然熔化所需的能量在数值上要比晶格能小,所以熔点的变化规律并不严格地与晶格能的变化规律相一致,但是在结构类型相同时,大体上熔点还是随晶格能的增大而升高的,参见表 4.9。

表 4.8 几种 NaCl 型离子晶体化合物的结合能和熔点

晶体	离子间平衡距离 r_0/Å	$z_1=z_2$	结合能 E /(kJ/mol)	熔点/K	体膨胀系数 $\alpha/(10^{-6}\text{ K})$	莫氏硬度
NaF	2.31	1	890	1 265	108	3.2
NaCl	2.82	1	764	1 074	120	2.5
NaBr	2.89	1	731	1 020	129	
NaI	3.32	1	686	935	145	
MgO	2.10	2	3 920	3 073	40	6.5
CaO	2.40	2	3 475	2 843	63	4.5
SrO	2.57	2	3 200	2 703		3.5
BaO	2.76	2	3 035	2 196		3.3
ScN	2.20	3	8 780	2 923		7.5
TiC	2.16	4	16 700	3 413		8.5

表 4.9 几种氧化物的晶格能和熔点

晶格类型	氧化物	晶格能/(kJ/mol)	熔点/K
岩盐	MgO	3 920	3 073
	CaO	3 470	2 833
	SrO	3 280	2 733
	BaO	3 095	2 198
	CdO	3 650	
	FeO	3 965	
	NiO	4 050	2 233
纤锌矿	BeO	4 520	2 843
	ZnO	4 110	1 533
萤石	ZrO_2	11 100	2 963
	ThO_2	10 200	3 573
	UO_2	10 410	3 073
金红石	TiO_2	11 600	2 103
	SnO_2	11 420	2 073
石英	SiO_2	12 850	1 996
刚玉	Al_2O_3	15 580	2 323
	Cr_2O_3	15 400	2 473

4.5.2 间隙相的熔点

在常见的耐高温材料中,除了氧化物外,还有碳、氮和硼等的化合物。这些化合物大都是间隙结构,金属元素的质点为简单的密堆积结构,非金属元素填充在其空隙中。金属的结构有八面体空隙和四面体空隙。若非金属的原子半径与金属原子半径的比 $r_x/r_M<0.41$,则能填入四面体空隙。若 $0.597>r_x/r_M>0.41$,则填入八面体空隙。这种间隙结构并不改变金属原子原来的密堆积,故为简单的填隙结构。这样的结晶相称为间隙相。当 $r_x/r_M>0.597$ 时,因 r_x 较大,金属原子已不能维持紧密堆积的结构,原子之间被非金属质点撑开而膨胀,晶格发生畸变,形成复杂的填隙结构。

具有填隙结构的晶体一般都有较高的熔点和硬度,是重要的高温结构材料和超硬材料,同时它们也保持有一些明显的金属特性,如金属光泽、能导电、延性较低和极低温度下可能呈现超导现象等。一般认为间隙相中金属原子之间仍存在金属键,但对金属与非金属间的结合力性质至今还不十分清楚。

过渡金属的氮化物、碳化物和硼化物中,因氮的原子半径较小(0.72 Å),大多形成简单的填隙结构;碳原子半径约为 0.77 Å,有些形成简单填隙结构,有的形成复杂填隙结构;硼原子半径较大(0.98 Å),一般形成复杂的填隙结构,金属和非金属原子数的比值,可以是整数,但也可以形成复杂的填隙固溶体。

某些碳化物、氮化物和硼化物的结构和熔点见表 4.10。

表 4.10 某些碳化物、氮化物和硼化物的结构和熔点

化合物	结构类型	熔点/K	化合物	结构类型	熔点/K
HfC	面心立方	4 160	TiB$_2$	六方	2 873
MoC°	六方	2 965	ZrB$_2$	六方	3 273
Mo$_2$C	正交	2 960	HfB$_2$	六方	3 355
NbC	面心立方	3 773	NbB$_2$	六方	3 273
TaC	面心立方	4 150	TaB$_2$	六方	3 373
ThC	面心立方	2 898	WB	四方	3 193
TiC	面心立方	3 413	TiN	立方	3 223
VC	面心立方	4 173	ZrN	立方	3 253
UC	面心立方	2 523	HfN	立方	3 583
WC	六方	3 140	VN	立方	2 303
ZrC	面心立方	3 803	UN	面心立方	2 903
Ta$_2$C	六方	3 673	TaN	—	3 253

4.5.3 升华与分解

大多数高温材料的蒸气压都很小(例如 Al$_2$O$_3$ 在接近熔化温度时的蒸气压只有 10^{-2} Pa),因此常压下是稳定的,不会气化分解。大多数晶体材料的平衡状态图中,三相点的饱和蒸气压都低于常压。因此在常压下加热,无机材料一般是先在熔点温度处熔化,然后在更高的沸点温度气化。但是,有些无机材料三相点的饱和蒸气压高于常压,因此在常压下是没有熔点的,只有从固态直接到气态的升华温度。如石墨的三相点约为 100 个大气压和 4 000 K,在高温时,蒸气压迅速增大,常压下约在 3 323 K 升华,只有在高于 100 个大气压下才能使石墨熔化成液态。这类材料的高温状态稳定性与升华温度密切有关。升华温度与熔点一样,与晶格能有关,晶格能高的升华温度

也高。

有些材料虽然在常压下并无明显的升华现象,但随着温度的升高,蒸气压显著增大,在高温使用时严重挥发,这就限制了它们的使用温度和高温使用寿命。例如 MgO 虽然熔点高达 2 650℃,但在真空下,不宜在超过 1 873 ~ 1 973 K 的温度下使用。

除此以外,有些材料在加热过程中未经熔化就发生分解,如粘土矿物。分解产物中全部或部分仍是固态物质,因此,它们也无熔点。有些材料容易被氧化,如碳化物、氮化物等,必须在保护气氛下才能测得其熔点。

习题

1. 计算室温(298 K)及 1 273 K 高温下莫来石陶瓷的摩尔热容值,并与杜龙-伯蒂规律计算的结果比较。

2. 证明固体材料的热膨胀系数不因内含均匀分散的气孔而改变。

3. 掺杂固溶体瓷与两相陶瓷的热导率随成分体积分数而变化的规律有何异同?

4. 康宁 1 723 玻璃(铝硅酸盐玻璃)的一些基本性能参数为:$\lambda = 0.021$ J/(cm·s·℃); $\alpha = 4.6 \times 10^{-6}$/℃; $\sigma_f = 70$ MPa; $E = 67$ GPa; $\nu = 0.25$。求第一及第二热冲击断裂抵抗因子。

5. 一热机部件由反应烧结氮化硅制成,其热导率 $\lambda = 0.184$ J/(cm·s·℃),最大厚度为 120 mm。如果表面热传递系数 $h = 0.05$ J/(cm^2·s·℃),估算这一部件在应用过程中可以承受的最大允许热冲击温差(设 $S=1$)。

6. Hassleman 定义的热应力裂纹安定性因子 R_{st} 的单位是什么?

第5章 无机材料的光学性能

某些无机材料因具有透光性等独特的光学性能而应用在光学仪器、光学设备中。近年来在高科技领域的开发应用，使得无机材料的价值日趋重要。例如将无机材料制作成透镜、棱镜、滤光镜、激光器、光导纤维等时，其光学性能就显得十分重要。制作高压钠灯的灯管所需的无机材料，要求必须能够承受1 000℃以上的高温以及钠蒸气的腐蚀，一般的无机玻璃是不能满足这一要求的，必须使用具有良好透光性的高温结构陶瓷材料。类似的例子还有高温窗口、高温透镜等。在其他方面应用的无机材料，例如建筑瓷砖(面砖)、餐具、艺术瓷、搪瓷、卫生瓷等，对它们的光学性能则要求颜色、光泽、半透明度等各式各样的表面效果。我国著名的艺术瓷、餐具瓷等，也正是以其优异的表面光学性能而久负盛名，被视为国际上的珍品。

本章将简要地介绍与无机材料实际应用密切相关的一些基本光学性能。

5.1 光通过介质的现象

5.1.1 折射

当光从真空进入较致密的透明材料时，其传播的速度会有所降低。光在真空和材料中的速度之比定义为材料的折射率：

$$n = \frac{v_{真空}}{v_{材料}} = \frac{c}{v_{材料}} \tag{5.1}$$

如果光从材料1通过界面传入材料2时，与界面法向所形成的入射角 i_1，折射角 i_2 与两种材料的折射率 n_1 和 n_2 有如下关系：

$$\frac{\sin i_1}{\sin i_2} = \frac{n_2}{n_1} = n_{21} = \frac{v_1}{v_2} \tag{5.2}$$

式中，v_1 及 v_2 分别表示光在材料1和材料2中的传播速度；n_{21} 为材料2相对于材料1的相对折射率。

介质的折射率永远是大于1的正数，如空气的 $n=1.000\ 3$，固体氧化物 $n=1.3\sim2.7$，硅酸盐玻璃 $n=1.5\sim1.9$。不同组成、不同结构的介质折射率不同。影响 n 值的因素有以下四个方面。

1. 构成材料元素的离子半径

根据马克斯威尔电磁波理论，光在介质中的传播速度应为

第 5 章 无机材料的光学性能

$$v = \frac{c}{\sqrt{\varepsilon\mu}} \tag{5.3}$$

式中，c 为真空中的光速，ε 为介质的介电常数，μ 为介质的导磁率。

根据式(5.1)和式(5.3)可得

$$n = \sqrt{\varepsilon\mu} \tag{5.4}$$

在无机材料类电介质中，$\mu=1$，$\varepsilon\neq 1$，则

$$n = \sqrt{\varepsilon} \tag{5.5}$$

亦即介质的折射率随介质的介电常数 ε 的增大而增大。ε 与介质的极化现象有关。当光的电磁辐射作用到介质上时，介质的原子受到外加电场的作用而极化，正电荷沿着电场方向移动，负电荷沿着反电场方向移动，这样正负电荷的中心发生相对位移。外电场越强，原子正负电荷中心距离愈大。由于电磁辐射和原子的电子体系的相互作用，光波就被减速了。

本书的第 7 章将论证介质材料的离子半径与介电常数之间的关系。一般说来，当离子半径增大时，其 ε 增大，因而 n 也随之增大。因此，可以用大离子制备高折射率的材料(如 PbS 的 $n=3.912$)，而用小离子制备低折射率的材料(如 $SiCl_4$ 的 $n=1.412$)。

2. 材料的结构、晶型和非晶态

折射率除与离子半径有关外，还和离子的排列密切相关。对于非晶态(无定型体)和立方晶体这些各向同性的材料，当光通过时光速不因传播方向改变而变化，材料只有一个折射率，称之为均质介质。除立方晶体以外的其他晶型都是非均质介质。光进入非均质介质时，一般都要分为振动方向相互垂直、传播速度不等的两个波，它们分别构成两条折射光线，这个现象称为双折射。双折射是非均质晶体的特性，这类晶体的所有光学性能都和双折射有关。

上述两条折射光线中，平行于入射面的光线的折射率称为常光折射率 n_0。不论入射光的入射角如何变化，n_0 始终为一常数，因而常光折射率严格服从折射定律。另一条与之垂直的光线的折射率则不遵守折射定律，而是随入射线方向的改变而变化，称为非常光折射率 n_e。一般说来，沿着晶体密堆积程度较大的方向 n_e 较大。当光沿晶体光轴方向入射时，只有 n_0 存在；而光与光轴方向垂直入射时，n_e 达最大值，此最大值为材料特性，记为 n_{em}。石英的 $n_0=1.543$，$n_{em}=1.552$；方解石的 $n_0=1.658$，$n_{em}=1.486$；刚玉的 $n_0=1.760$，$n_{em}=1.768$。

3. 材料所受的内应力

有内应力的透明材料，垂直于受拉主应力方向的 n 大，平行于受拉主应力方向的 n 小。

4. 同质异构体

在同质异构材料中，高温下稳定的晶型折射率较低，低温下稳定的晶型折射率较高。例如常温下的石英玻璃，$n=1.46$，数值最小。常温下的石英晶体，$n=1.55$，数

值最大；高温时的鳞石英，$n=1.47$；方石英，$n=1.49$。至于普通钠钙硅酸盐玻璃，$n=1.51$，比石英的折射率小。提高玻璃折射率的有效措施是掺入铅和钡的氧化物。例如含 PbO 90%（体积）的铅玻璃 $n=2.1$。

表 5.1 列出了一些玻璃和晶体的折射率。

表 5.1　一些玻璃和晶体的折射率

材　料	平均折射率	双　折　射
玻璃		
氧化硅玻璃	1.458	
钠钙硅玻璃	1.51～1.52	
硼硅酸盐玻璃	1.47	
重燧石光学玻璃	1.6～1.7	
硫化钾玻璃	2.66	
晶体		
氟化钙	1.434	
刚玉	1.76	0.008
方镁石	1.74	
石英	1.55	0.009
尖晶石	1.72	
锆英石	1.95	0.055
正长石	1.525	0.007
金红石	2.71	0.287
碳化硅	2.68	0.043
方解石	1.65	0.17
钛酸锶	2.49	
铌酸锂	2.31	
氧化钇	1.92	
钛酸钡	2.40	

5.1.2　色散

材料的折射率随入射光频率的减小（或波长 λ 的增加）而减小的性质，称为折射率的色散。几种材料的色散见图 5.1 所示。

在给定入射光波长的情况下，材料的色散为

$$色散 = \frac{dn}{d\lambda} \tag{5.6}$$

色散值可以直接由图 5.1 确定。然而，最实用的方法是用固定波长下的折射率来表达，而不是去确定完整的色散曲线。最常用的数值是倒数相对色散，即色散系数：

$$\gamma = \frac{n_D - 1}{n_F - n_C} \tag{5.7}$$

式中，n_D，n_F 和 n_C 分别为以钠的 D 谱线、氢的 F 谱线和 C 谱线（5 893 Å，4 861 Å 和 6 563 Å）为光源测得的折射率。描述光学玻璃的色散还用平均色散（平均色散＝$n_F - n_C$）。由于光学玻璃一般都或多或少具有色散现象，因而使用这种材料制成的单片透镜，成像不够清晰，在自然光的透过下，在像的周围环绕了一圈色带。克服的方法是用不同牌号的光学玻璃，分别磨成凸透镜和凹透镜组成复合镜头，就可以消除色差，这叫做消色差镜头。

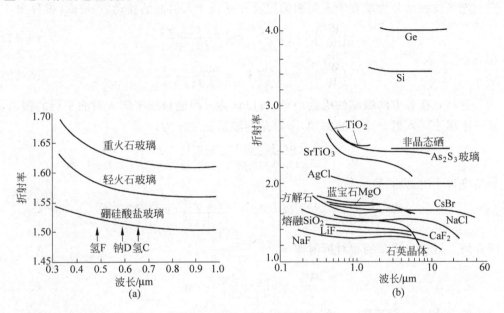

图 5.1　几种玻璃和晶体的色散
（a）玻璃；（b）晶体和玻璃

5.1.3　反射

当光线由介质 1 入射到介质 2 时，光在介质面上分成了反射光和折射光，如图 5.2 所示。这种反射和折射，可以连续发生。例如当光线从空气进入介质时，一部分反射出来了，另一部分折射进入介质。当遇到另一界面时，又有一部分发生反射，另一部分折射进入空气。

反射使得透过部分的光的强度减弱。设光的总能量 W 为

$$W = W' + W'' \tag{5.8}$$

式中，W、W'、W'' 分别为单位时间通过单位面积的入射光、反射光和折射光的能量流。根据波

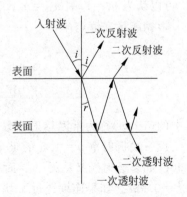

图 5.2　光通过透明介质界面时的反射与透射

动理论,
$$W \propto A^2 vS \tag{5.9}$$

由于反射波的传播速度及横截面积都与入射波相同,所以,
$$\frac{W'}{W} = \left(\frac{A'}{A}\right)^2 \tag{5.10}$$

式中,A' 和 A 分别为反射波和入射波的振幅。

把光波振动分为垂直于入射面的振动和平行于入射面的振动,Fresnel 推导出
$$\left(\frac{W'}{W}\right)_\perp = \left(\frac{A'_s}{A_s}\right)^2 = \frac{\sin^2(i-r)}{\sin^2(i+r)} \tag{5.11}$$

$$\left(\frac{W'}{W}\right)_{/\!/} = \left(\frac{A'_p}{A_p}\right)^2 = \frac{\tan^2(i-r)}{\tan^2(i+r)} \tag{5.12}$$

自然光在各方向振动的机会均等,可以认为一半能量属于同入射面平行的振动,另一半属于同入射面垂直的振动,所以总的能量流之比为
$$\frac{W'}{W} = \frac{1}{2}\left[\frac{\sin^2(i-r)}{\sin^2(i+r)} + \frac{\tan^2(i-r)}{\tan^2(i+r)}\right] \tag{5.13}$$

当角度很小时,即垂直入射
$$\frac{\sin^2(i-r)}{\sin^2(i+r)} = \frac{\tan^2(i-r)}{\tan^2(i+r)} = \frac{(i-r)^2}{(i+r)^2} = \frac{(i/r-1)^2}{(i/r+1)^2}$$

因介质 2 对于介质 1 的相对折射率 $n_{21} = \frac{\sin i}{\sin r} \approx \frac{i}{r}$,故
$$\frac{W'}{W} = \left(\frac{n_{21}-1}{n_{21}+1}\right)^2 = m \tag{5.14}$$

式中的 m 称为反射系数。

由式(5.14)可知,在垂直入射的情况下,光在界面上的反射的多少取决于两种介质的相对折射率 n_{21}。如果 n_1 和 n_2 相差很大,那么界面反射损失就严重;如果 $n_1 = n_2$,则 $m = 0$,因此在垂直入射的情况下,几乎没有反射损失。如果介质 1 为空气,可以认为 $n_1 = 1$,则 $n_{21} = n_2$。

根据能量守恒定律:
$$W = W' + W''$$

故:
$$\frac{W'}{W} = 1 - \frac{W'}{W} = 1 - m \tag{5.15}$$

式中的 $(1-m)$ 称为常温透射系数。

设一块折射率 $n = 1.5$ 的玻璃,光反射损失为 $m = 0.04$,透过部分为 $1-m = 0.96$。如果透射光又从另一界面射入空气,即透过两个界面,此时透过部分为 $(1-m)^2 = 0.922$。如果连续透过 x 块平板玻璃,则透过部分应为 $(1-m)^{2x}$。

由于陶瓷、玻璃等材料的折射率较空气的大,所以反射损失严重。如果透镜系统由许多块玻璃串联组成,则反射损失更可观。为了减小这种界面损失,常常采用折射

率和玻璃相近的胶将它们粘起来,这样,除了最外和最内的表面是玻璃和空气的相对折射率外,内部各界面都是玻璃和胶的较小的相对折射率,从而大大减小了界面的反射损失。

5.2 无机材料的透光性

5.2.1 介质对光的吸收

1. 吸收的一般规律

光作为一种能量流在穿过介质时,会引起介质的价电子跃迁或使原子振动而消耗能量。此外,介质中的价电子会吸收光子能量而激发,当尚未退激而发出光子时,在运动中与其他分子碰撞,电子的能量转变成分子的动能亦即热能,从而构成光能的衰减。

即使在对光不发生散射的透明介质(如玻璃、水溶液)中,光也会有能量的损失,即光的吸收。

设有一厚度为 x 的平板材料(图 5.3),入射光强度为 I_0,通过此材料后光的强度衰减为 I'。选取其中一薄层,并认为光通过此薄层的吸收损失 $-\mathrm{d}I$ 正比于在此处的光强度 I 和薄层的厚度 $\mathrm{d}x$,即

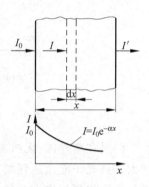

图 5.3 光通过材料时的衰减规律

$$-\mathrm{d}I = \alpha I \mathrm{d}x$$

对上式两边积分:

$$\int_{I_0}^{I} \frac{\mathrm{d}I}{I} = -\alpha \int_0^x \mathrm{d}x$$

展开后得到

$$I = I_0 \exp(-\alpha x) \tag{5.16}$$

式(5.16)表明,光强度随厚度的变化符合指数衰减规律。此式称为朗伯特定律。式中的 α 为物质对光的吸收系数,其单位为 cm^{-1}。α 取决于材料的性质和光的波长。材料越厚 α 就越大,相应地,光就被吸收得越多,因而透过后光的强度就越小。不同的材料的 α 差别很大,空气的 $\alpha \approx 10^{-5} \mathrm{cm}^{-1}$,玻璃的 $\alpha = 10^{-2} \mathrm{cm}^{-1}$,金属的 α 则达几万到几十万,所以金属实际上是不透明的。

2. 光吸收与光波长的关系

如上所述,金属对光能吸收很强烈。这是因为金属的价电子处于未满带,吸收光子后即呈激发态,用不着跃迁到导带即能发生碰撞而发热。从图 5.4 中可见,在电磁波谱的可见光区,金属和半导体的吸收系数都是很大的。但是电介质材料包括玻璃、陶瓷等无机材料的大部分在这个波谱区内都有良好的透过性,也就是说吸收系数很小。这是因为电介质材料的价电子所处的能带是填满了的,它不能吸收光子而自由

运动,而光子的能量又不足以使价电子跃迁到导带,所以在一定的波长范围内,吸收系数很小。

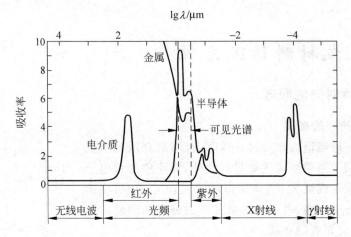

图 5.4 金属、半导体和电介质的吸收率与波长的关系

但是在紫外区,无机材料出现了紫外吸收端,这是因为波长越短,光子的能量就越大。当光子能量达到禁带宽度时,电子就会吸收光子能量从满带跃迁到导带,此时吸收系数将骤然增大。紫外吸收端相应的波长可根据材料的禁带宽度 E_g 求得

$$E_g = h\nu = h \times \frac{c}{\lambda} \tag{5.17}$$

$$\lambda = \frac{hc}{E_g} \tag{5.18}$$

式中,$h=6.63\times 10^{-34}$ J·s 为普朗克常数;c 为光速。

式(5.18)表明,禁带宽度大的材料,紫外吸收端的波长比较小。要求材料在电磁波谱的可见光区的透过范围大,就必须要求紫外吸收端的波长小,因此要求 E_g 大。如果 E_g 小,甚至可能在可见光区也会被吸收而不透明。

常见材料的禁带宽度变化较大,如硅的 $E_g=1.2$ eV,锗的 $E_g=0.75$ eV,其他半导体材料的 E_g 约为 1.0 eV。电介质材料的 E_g 一般在 10 eV 左右。NaCl 的 $E_g=9.6$ eV,因此发生吸收峰的波长为 $\lambda = \frac{6.624\times 10^{-27}\times 3\times 10^8}{9.6\times 1.602\times 10^{-12}} = 0.129(\mu m)$,此波长位于极远紫外区。

由图 5.4 可以看出,电介质及大多数无机材料在红外区也有一个吸收峰,这是由离子的弹性振动与光子辐射发生谐振而消耗能量所导致的。要使谐振点的波长尽可能远离可见光区,即吸收峰处的频率尽可能小,则需选择较小的材料热震频率 γ。此频率 γ 与材料其他常数呈如下关系:

$$\gamma^2 = 2\beta\left(\frac{1}{M_c} + \frac{1}{M_a}\right) \tag{5.19}$$

式中的 β 是与离子间作用力有关的常数，M_c 和 M_a 则分别为阳离子和阴离子的质量。为了有较宽的透明频率范围，最好有高的电子能隙值和弱的原子间结合力以及大的离子质量。对于高原子质量的一价碱金属卤化物，这些条件都是最优的。表 5.2 列出一些厚度为 2 mm 的材料的透光超过 10% 的波长范围。

表 5.2　一些材料的透光波长范围

材　料	能透过的波长范围 $\lambda/\mu m$	材　料	能透过的波长范围 $\lambda/\mu m$
熔融石英	0.18～4.2	硒化锌	0.48～22
铝酸钙玻璃	0.4～5.5	单晶硅	1.2～15
偏铌酸锂	0.35～5.5	单晶锗	1.8～23
方解石	0.2～5.5	氯化钠	0.2～25
二氧化钛	0.43～6.2	氯化钾	0.21～25
钛酸锶	0.39～6.8	氯化银	0.4～30
氧化铝	0.2～7	溴化钾	0.2～38
氧化钇	0.26～9.2	溴化铯	0.2～55
单晶氧化镁	0.25～9.5	碘化钠	0.25～25
多晶氧化镁	3～9.5	碘化钾	0.25～47
硫化锌	0.6～14.5	碘化铯	0.25～70

吸收还可分为选择吸收和均匀吸收。同一物质对某一种波长的吸收系数非常大，而对另一种波长的吸收系数则非常小，这种现象称为选择吸收。透明材料的选择吸收使其呈不同的颜色。如果介质在可见光范围对各种波长的吸收程度相同，则称为均匀吸收。在此情况下，随着吸收程度的增加，颜色从灰变到黑。

5.2.2　介质对光的散射

材料中如果有光学性能不均匀的结构（例如含有小粒子的透明介质、光性能不同的晶界相、气孔或其他夹杂物），都会引起一部分光束被散射，从而减弱光束强度。散射产生的原因是光波遇到不均匀结构产生的次级波与主波方向不一致，与主波合成出现干涉现象，使光偏离了原来的方向所致。由于散射，光在前进方向上的强度减弱了。对于相分布均匀材料，其减弱的规律与吸收规律具有相同的形式：

$$I = I_0 \exp(-Sx) \tag{5.20}$$

式中，I_0 为光的原始强度；I 为光束通过厚度为 x 的试件后由于散射在光前进方向上的剩余强度；S 称为散射系数，与散射（质点）的大小、数量以及散射质点与基体的相对折射率等因素有关，其单位为 cm^{-1}。

如果将吸收定律与散射定律的式子统一起来，则可得到：

$$I = I_0 \exp[-(\alpha + S)x] \tag{5.21}$$

图 5.5 示出了一种玻璃材料中的散射质点的尺寸对散射系数 S 的影响规律。实验所用光线为 Na_D 谱线（$\lambda = 0.589\ \mu m$）。材料中所含的散射质点为 1%（体积比）

TiO$_2$ 颗粒。二者的相对折射率 $n_{21}=1.8$。从图中可以看出,在某一个确定的散射质点直径处将出现散射的峰值。研究表明散射最强时质点的直径 d_{max} 与光的波长 λ 有关:

$$d_{max} = \frac{4.1\lambda}{2\pi(n_{21}-1)} = 0.48(\mu m) \tag{5.22}$$

从图 5.5 中还可以看出,曲线由左右两条不同形状的曲线所组成,各自有着不同的规律。若散射质点的体积浓度不变,当 $d<d_{max}$ 时,则随着 d 的增加,散射系数 S 也随之增大;当 $d>d_{max}$ 时,则随着 d 的增加,S 反而减小;当 $d=d_{max}\approx\lambda$ 时,S 达到最大值。所以可根据散射中心尺寸和波长的相对大小,分别用不同的散射基因和规律进行处理,可求出 S 与其他因素的关系。

当 $d>\lambda$ 时,基于 Fresnel 规律,即反射、折射引起的总体散射起主导作用。此时,由于散射质点和基体的折射率的差别,当光线碰到质点与基体的界面时,就要产生界面反射和折射。由于连续的反射和折射,总的效果相当于光线被散射了。对于这种散射,可以认为散射系数正比于散射质点的投影面积:

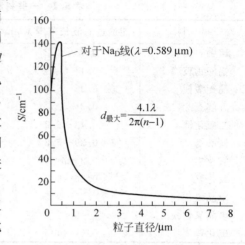

图 5.5 质点尺寸对散射系数的影响

$$S = KN\pi R^2 \tag{5.23}$$

式中,N 为单位体积内的散射质点数;R 为散射质点的平均半径;K 为散射因素,取决于基体与质点的相对折射率。当两者相近时,由于无界面反射,$K\approx 0$。由于 N 不好计算,设散射质点的体积含量为 V,可以得到

$$V = \frac{4}{3}\pi R^3 N$$

则式(5.23)变为

$$S = \frac{3KV}{4R} \tag{5.24}$$

故

$$\frac{I}{I_0} = \exp(-Sx) = \exp\left(-3KV\frac{x}{4R}\right) \tag{5.25}$$

由式(5.25)可知,$d>\lambda$ 时,R 越小,同时 V 越大,则 S 越大,符合实验规律。同时 S 随相对折射率的增大而增大。

当 $d<\lambda/3$ 时,可近似地采用 Rayleigh 散射来处理,此时散射系数

$$S = \frac{32\pi^4 R^3 V}{\lambda^4}\left(\frac{n^2-1}{n^2+2}\right)^2 \tag{5.26}$$

总之,不管在上述哪种情况下,散射质点的折射率与基体的折射率相差越大,将产生

越严重的散射。

$d \approx \lambda$ 的情况属于 Mie 散射为主的散射，不在这里讨论。

5.2.3 无机材料的透光性

无机材料是一种多晶多相体系，内含杂质、气孔、晶界、微裂纹等缺陷，光通过无机材料时会遇到一系列的阻碍，所以无机材料并不像晶体、玻璃体那样透光。多数无机材料看上去是不透明，主要是由于散射引起的。

透光性是个综合指标，即光通过无机材料后剩余光能所占的百分比。光的能量（强度）可以用照度来表示，也可用一定距离外的光电池转换得到的电流强度来表示。按照图 5.3 所示，将光源照在一定距离之外的光电池上，测定其光电流强度 I_0，然后在光路中插入一厚度为 x 的无机材料，同样测得剩余光电流强度 I，按式(5.16)算出综合吸收系数。显然，算出的 α 内，除吸收系数外，实际还包括了散射系数以及材料两个表面的界面损失 $(1-m)^2$。

光通过厚度为 x 的透明陶瓷片时，各种光能的损失见图 5.6 所示。强度为 I_0 的光束垂直地入射到陶瓷左表面。由于陶瓷片与左侧空间介质之间存在相对折射率 n_{21}，因而在表面上有反射损失

$$L_① = mI_0 = \left(\frac{n-1}{n+1}\right)^2 I_0 \quad (5.27)$$

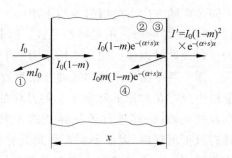

图 5.6 光通过陶瓷片时的吸收损失与反射损失

透进材料中的光强度为 $I_0(1-m)$。这一部分光能穿过厚度为 x 的材料后，又消耗于吸收损失②和散射损失③。到达材料右表面时，光强度剩下 $I_0(1-m)\exp[-(\alpha+S)x]$。再经过表面，一部分光能反射进材料内部，其数量为

$$L_④ = I_0 m(1-m)\exp[-(\alpha+S)x] \quad (5.28)$$

另一部分传至右侧空间，其光强度为

$$I = I_0(1-m)^2 \exp[-(\alpha+S)x] \quad (5.29)$$

显然 I/I_0 才是真正的透光率。如此所得的 I 中并未包括 $L_④$ 反射回去的光能。再经左、右表面，进行二三次反射之后，仍然会有从右侧表面传出的那一部分光能。这部分光能显然与材料的吸收系数、散热系数有密切关系，也和材料表面光洁度、材料厚度以及光束入射角有关。影响因素复杂，无法具体算出数据。当然，如果考虑这一部分透光，将会使整个透光率提高。实验观测结果往往偏高就是这个原因。

下面具体分析影响材料透光性的各种因素。

1. 吸收系数

对于陶瓷、玻璃等电介质材料，材料的吸收率或吸收系数在可见光范围内是比较

低的,见图5.4所示。所以,陶瓷材料的可见光吸收损失相对来说比较小,在影响透光率的因素中不占主要地位。

2. 反射系数

材料对周围环境的相对折射率大,反射损失也大。另一方面,材料表面的光洁度也影响透光性能,这一点在后面界面反射一节中细述。

3. 散射系数

这一因素最影响陶瓷材料的透光率。细分析起来,有以下几个方面:

(1) 材料的宏观及显微缺陷

材料中的夹杂物、掺杂、晶界等对光的折射性能是与主晶相不同,因而在不均匀界面上形成相对折射。相对折射率越大则反射系数(在界面上的,不是指材料表面的)越大,散射因子也越大,因而散射系数变大。

(2) 晶粒排列方向的影响

如果材料不是各向同性的立方晶体或玻璃态,则存在有双折射问题。与晶轴成不同角度的方向上的折射率均不相同。这样,由多晶材料组成的无机材料,晶粒与晶粒之间,结晶的取向不见得都一致。因此,晶粒之间产生折射率的差别,引起晶界处的反射及散射损失。图5.7所示为一个典型的双折射引起的不同晶粒取向的晶界损失。图中两个相邻晶粒的光轴互相垂直。设光线沿左晶粒的光轴方向射入,则在左晶粒中只存在常光折射率 n_0。右晶粒的光轴垂直于左晶粒的光轴,也就垂直于晶界处的入射光。由于此晶体有双折射现象,因而不但有常光折射率 n_0,还有非常光折射率 n_e。左晶粒的 n_0 与右晶粒的 n_0 相对折射率为 $n_0/n_0=1, m=0$,无反射损失,但左晶粒的 n_0 与右晶粒的 n_e 则形成相对折射率 $n_0/n_e \neq 1$。此值导致反射系数和散射系数,引起相当可观的晶界散射损失。因此对多晶无机材料说,影响透光率的主要因素在于组成材料的晶体的双折射率。例如金红石晶体的 $n_0=2.854$,$n_e=2.567$,因而其反射系数

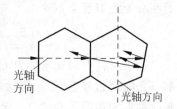

图 5.7 双折射晶体在晶粒界面产生连续的反射和折射

$$m = \left(\frac{2.854/2.567 - 1}{2.854/2.567 + 1} \right)^2 = 2.8 \times 10^{-3}$$

数值虽不大,但许多晶粒之间经多次反射损失之后,光能仍有积累起来的可观损失。如材料厚度 3 mm,平均晶粒直径 3 μm,理论上具有 1 000 个晶界,则剩余光能只剩下 $(1-m)^{1000} = 0.06$ 了。此外,从散射损失来分析,由于 n_{21} 较大,因之 K 较大,由式(5.24)可知 S 大,散射损失较大,故金红石瓷不透光,不能制成透明陶瓷。

α-Al_2O_3 晶体的情况就有所不同。对于这类材料,$n_0=1.760, n_e=1.768$。假设相邻晶粒的取向彼此垂直,则晶界面的反射系数 $m=5.14 \times 10^{-6}$。如材料厚 2 mm,晶粒平均直径 10 μm,理论上具有 200 个晶界,则除去晶界反射损失后,剩余光强占

$(1-m)^{200}=0.99897$,损失并不大。从散射损失来分析,设入射光系可见光($\lambda=0.39\sim0.77~\mu m$),材料的晶粒尺寸 $d=10~\mu m\gg\lambda$,$n_{21}=1.768/1.760\approx1$,所以 $K\approx0$,亦即 $S\approx0$。也就是说,散射损失也很小。这就是氧化铝陶瓷有可能制成透光率很高的灯管的原因。

同样可以证明,无论是石英玻璃,还是微晶玻璃,透光率都是很高的。

MgO,Y_2O_3 等立方晶系材料没有双折射现象,本身透明度较高。如果使晶界玻璃相的折射率与主晶相的相差不大,可望得到透光性较好的透明陶瓷材料。但这是相当不容易做到的。

多晶体陶瓷的透光率远不如同成分的玻璃大,这是因为相对来说玻璃内不存在晶界反射和散射这两种散射。

(3) 气孔引起的散射损失

存在于晶粒之内的以及晶界玻璃相内的气孔、孔洞,从光学上讲构成了第二相。其折射率 n_1 可视为1,与基体材料之 n_2 相差较大,所以相对折射率 $n_{21}=n_2$ 也较大。由此引起的反射损失、散射损失远较杂质、不等向晶粒排列等因素引起的损失为大。

一般陶瓷材料的气孔直径大约在 $1~\mu m$,均大于可见光的波长($\lambda=0.39\sim0.79~\mu m$),所以计算散射损失时应采用公式(5.24)。

散射因子 K 与相对折射率 n_{21} 有关。上面已经说过,气孔与陶瓷材料的相对折射率几乎等于材料的折射率 n_2,数值较大,所以 K 值也较大。气孔的体积含量 V 越大,散射损失也越大。例如一材料含气孔 0.2%(体积),平均晶粒尺寸为 $2~\mu m$,试验所得散射因子 $K=2\sim4$,则散射系数

$$S = K \times \frac{3V}{4R} = 2 \times \frac{3 \times 0.002}{4 \times 0.002} \text{mm}^{-1} = 1.5 \text{mm}^{-1}$$

如果此材料厚为 3 mm,$I=I_0 e^{-1.5\times3}=0.011 I_0$,剩余光能只为1%左右,可见气孔对透光率影响之大。

反之,可以采用真空干压成型等静压工艺消除较大的气孔。假如只剩下尺寸为 $0.01~\mu m$ 的微小气孔,情况就有根本的变化。以 Al_2O_3 陶瓷为例,如果其晶粒尺寸 $\bar{d}<\lambda/3$(λ 为可见光的波长),气孔体积含量为0.63%,根据式(5.27):

$$S = \frac{32\pi^4 (0.005 \times 0.001)^3 \times 0.0063}{(0.6 \times 0.001)^4} \left(\frac{1.76^2-1}{1.76^2+2}\right)^2 \text{mm}^{-1} = 0.0032~\text{mm}^{-1}$$

如果材料厚 2 mm,$I=I_0 e^{-0.0032\times 2}=0.994 I_0$,散射损失不大,仍是透光性材料。

5.2.4 提高无机材料透光性的措施

1. 提高原材料纯度

在无机材料中杂质形成的异相,其折射率与基体不同,等于在基体中形成分散的散射中心,使 S 提高。杂质的颗粒大小直接影响到 S 的数值,尤其当其尺度与光的波长相近时,S 达到峰值。所以杂质浓度以及与基体之间的相对折射率都会影响到

散射系数的大小。

从材料的吸收损失角度,不但对基体材料,而且对杂质的成分也要求在使用光的波段范围内,吸收系数 α 不得出现峰值。这是因为不同波长的光,对材料及杂质的 α 值均有显著影响。特别是在紫外波段,吸收率 k 有一峰值,正像前面所述,要求材料及杂质具有尽可能大的禁带宽度 E_g,这样可使吸收峰处的光的波长尽可能短一些,因而不受吸收影响的光的频带宽度可放宽。

2. 掺加外加剂

表面看起来,掺加主成分以外的其他成分,虽然掺量很少,也会显著地影响材料的透光率,因为这些杂质质点会大幅度地提高散射损失。但是,正如前面分析的那样,影响材料透光性的主要因素是材料中所含的气孔。气孔由于相对折射率的关系,其影响程度远大于杂质等其他结构因素。此处所说的掺加外加剂,目的是降低材料的气孔率,特别是降低材料烧成时的闭孔(大尺寸的闭孔称为孔洞),这是提高透光率的有力措施。

闭孔的生成是在烧结阶段。成瓷或烧结后晶粒长大,把坯体中的气孔赶至晶界,成为存在于晶界玻璃相中的气孔和相界面上的孔洞。这些气孔很难逸出。另外,在晶粒内部还有一个个的圆形闭孔,与外界隔绝得很好。这些小气孔虽然对材料强度无多大影响,但对其光学性能特别是透光率影响颇大。

Coble 提出在 Al_2O_3 中加入少量 MgO 来抑制晶粒长大,在新生成晶粒表面形成一层黏度较低的 $MgO·Al_2O_3$ 尖晶石。后者一方面在烧结后期可以阻碍 Al_2O_3 晶粒的迅速长大,另一方面又使气泡有充分时间逸出,从而使透明度增大。但是新生成的尖晶石的折射率 $n=1.72$,比 Al_2O_3 的折射率($n=1.76$)小,使 Al_2O_3 与尖晶石的相界面上产生的相对折射率不等于1,从而增加了反射和散射。所以 MgO 虽有排除气孔的作用,掺得过多也会引起透光率下降。适宜的掺量一般约为 Al_2O_3 总重的 $0.05\sim0.5\%$。

为了进一步提高 Al_2O_3 陶瓷的透光性,近年来,除了加入 MgO 以外,还加入 Y_2O_3,La_2O_3 等外加剂。这些氧化物溶于尖晶石中,形成固溶体。根据 Lorentz-Lorenz 公式,离子半径越大的元素,电子位移极化率越大,因而折射率也越大。上述氧化物中,Mg^{2+} 的半径为 0.65 Å,Y^{3+} 的半径为 0.93 Å,La^{3+} 的半径为 1.15 Å。由 MgO 及 Al_2O_3 组成的尖晶石的折射率($n=1.72$)偏离了 MgO 及 Al_2O_3 的折射率。将 Y_2O_3 固溶于尖晶石后,将使尖晶石的折射率接近于主晶相的折射率($n=1.76$),从而减少了晶界的界面反射和散射。

3. 工艺措施

一般采取热压法要比普通烧结法更便于排除气孔,因而热压是获得透明陶瓷较为有效的工艺。热等静压法效果更好。

有人采用热锻法使陶瓷织构化,从而改善其性能。这种方法就是在热压时采用较高的温度和较大的压力,使坯体产生较大的塑性变形。大压力下的流动变形使得晶粒定向排列,结果大多数晶粒的光轴趋于平行。这样在同一个方向上,晶粒之间的折射率就变得一致了,从而减少了界面反射。用热锻法制得的 Al_2O_3 陶瓷是相当透明的。

5.3　界面反射和光泽

5.3.1　镜反射和漫反射

上面各节所分析的光的反射,是指材料表面光洁度非常高的情况下的反射,反射光线具有明确的方向性,一般称之为镜反射。在光学材料中利用这个性能达到各种应用目的。例如雕花玻璃器皿,含铅量高,折射率高,因而反射率约为普通钠钙硅酸盐玻璃的 2 倍,达到装饰效果。同样,宝石的高折射率使之具有强折射和高反射性能。玻璃纤维作为通讯的光导管时,有赖于光束总的内反射。这是用一种可变折射率的玻璃或用涂层来实现的。

有的光学应用中,希望得到强折射和低反射相结合的玻璃产品。这可以在镜片上涂一层折射率为中等、厚度为光波长 1/4 的涂层来实现。所指光的波长可采用可见光谱的中部波长(即 0.60 μm 左右)。这样,当光线射至带有涂层的玻璃上时,其一次反射波刚好被涂层与玻璃接触平面反射的大小相等、位相相反的二次反射波所抵消。在大多数显微镜和许多其他光学系统中都采用这种涂层的物镜。同样的系统可以用来制作"不可见"的窗户。

但是,陶瓷中大多数表面并不是十分光滑的。当光照射到粗糙不平的材料表面上时会发生一定程度的漫反射。对一不透明材料,测量单一入射光束在不同方向上的反射能量,得到图 5.8 的结果。漫反射的原因是由于材料表面粗糙,在局部地方的入射角参差不齐,反射光的方向也各式各样,致使总的反射能量分散在各个方向上,形成漫反射。材料表面越粗糙,镜反射所占的能量分数越小。

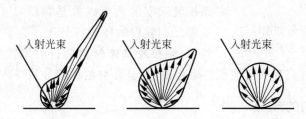

图 5.8　镜反射和漫反射能量图(从左到右表面粗糙度增大)

5.3.2　光泽

要对光泽下个精确的定义是困难的,但它与镜反射和漫反射的相对含量密切相关。已经发现表面光泽与反射影像的清晰度和完整性,亦即与镜反射光带的宽度和它的强度有密切的关系。这些因素主要由折射率和表面光洁度决定。在日用瓷的生产中,为了获得高的表面光泽,通常需要采用铅基的釉或搪瓷组分,烧到足够高的温度,使釉铺展而形成完整的光滑表面。为了减小表面光泽,可以采用低折射率玻璃相或增加表面粗糙度,例如采用研磨或喷砂的方法,表面化学腐蚀的方法以及由悬浮液、溶液或者气相沉积一层细粒材料的方法产生粗糙表面。获得高光泽的釉和搪瓷的困难通常是由于晶体形成时造成的表面粗糙、表面起伏或者气泡爆裂造成的凹坑。

5.4 不透明性(乳浊)和半透明性

5.4.1 不透明性

陶瓷坯体有气孔,而且色泽不均匀,颜色较深,缺乏光泽,因此常用釉加以覆盖。釉的主体为玻璃相,有较高的表面光泽和不透明性。陶瓷珐琅也是要求具有不透明性,否则底层的铁皮就要显露出来。

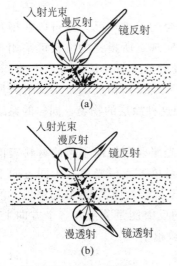

图 5.9 镜面反射和漫反射
(a) 釉或搪瓷;(b) 毛玻璃或瓷体

乳白玻璃也是利用光的散射效果,使光线柔和,釉、搪瓷、乳白玻璃和瓷器的外观和用途在很大程度上取决于它们的反射和透射性能。图 5.9 所示为釉或搪瓷以及玻璃板或瓷体中小颗粒散射的总效果。影响该效果的光学特性是:镜反射光的分数(它决定光泽);直接透射光的分数;入射光漫反射的分数以及透射光漫透射的分数。要获得高度乳浊(不透明性)和覆盖能力,就要求光在达到具有不同光学特性的底层之前被漫反射掉。为了有高的半透明性,光应该被散射。透射的光是扩散开的,但是大部分入射光应当透射过去而不是被漫反射掉。

正如以前所述,决定总散射系数从而影响两相系统乳浊度的主要因素是颗粒尺寸、相对折射率以及第二相颗粒的体积百分比。为了得到最大的散射效果,颗粒及基体材料的折射率数值应当有较大的差别,颗粒尺寸应当和入射波长约略相等,并且颗粒的体积分数要高。

5.4.2 乳浊剂的成分

构成釉及搪瓷的主要成分的硅酸盐玻璃,其折射率限定在 1.49～1.65。作为一种有效的散射剂,加进玻璃内的乳浊剂必须具有和上述数值显著不同的折射率。此外,乳浊剂还必须能够在硅酸盐玻璃基体中形成小颗粒。

乳浊剂可以是与玻璃完全不起反应的材料,它们是在熔制时形成的惰性产物,或者是在冷却或再加热时从熔体中结晶出来的。后者是经常使用的,是获得所希望颗粒尺寸的最有效方法。釉、搪瓷和玻璃中常用的乳浊剂及其平均折射率见表 5.3。由表中可见,最有效的乳浊剂是 TiO_2。由于它能够成核并结晶成非常细的颗粒,所以广泛地用于要求高乳浊度的搪瓷釉中。

表 5.3 适用于硅酸盐玻璃介质($n_{玻}=1.5$)的乳浊剂

乳 浊 剂	$n_{分散}$	$n_{晶}/n_{玻璃}$
惰性添加剂		
SnO_2	1.99~2.09	1.33
$ZrSiO_4$	1.94	1.30
ZrO_2	2.13~2.20	1.47
ZnS	2.4	1.6
TiO_2	2.50~2.90	1.8
熔制反应的惰性产物		
气孔	1.0	0.67
As_2O_5 和 $Ca_4Sb_4O_{13}F_2$	2.2	1.47
玻璃中成核、结晶成的		
NaF	1.32	0.87
CaF_2	1.43	0.93
$CaTiSiO_5$	1.9	1.27
ZrO_2	2.2	1.47
$CaTiO_3$	2.35	1.57
TiO_2(锐钛矿)	2.52	1.68
TiO_2(金红石)	2.76	1.84

5.4.3 乳浊机理

入射光被反射、吸收和透射所占的分数取决于釉层的厚度、釉的散射和吸收特性。对于无限厚的釉层,其反射率 m_∞ 等于釉层的总反射(入射光被漫反射和镜面反射)的分数。对于没有光吸收的釉层,$m_\infty=1$。吸收系数大的材料,其反射率低。好的乳浊剂必须具有低的吸收系数,亦即在微观尺度上,具有良好的透射特性。m_∞ 决定于吸收系数和散射系数之比:

$$m_\infty = 1 + \frac{\alpha}{S} - \left(\frac{\alpha^2}{S^2} + \frac{2\alpha}{S}\right)^{1/2} \tag{5.30}$$

也就是说,釉层的反射同等程度地由吸收系数和散射系数所决定。

但是,在实际的釉、搪瓷的应用中,釉层厚度是有限的。釉层底部与基底材料的界面,也会有反射上来的光线增加到总反射率中去。下面分两种情况分析:①设釉层与底材之间的反射率 $m=0$(底材为一种完全吸收或完全透过入射光的材料),则釉层表面的反射率为 m_0;②与反射率为 m' 的底材相接触的釉层的表面光反射率 m'_R 由 R. Kubelka 和 F. Munk 给出的公式计算:

$$m'_R = \frac{(1-m_\infty)(m'-m_\infty)-m_\infty(m'-1/m_\infty)\exp[Sx(1/m_\infty-m_\infty)]}{(m'-m_\infty)-(m'-1/m_\infty)\exp[Sx(1/m_\infty-m_\infty)]} \tag{5.31}$$

这个方程的求解是困难的,但它表明,当底材的反射率、散射系数、釉层厚度以及釉层反射率增加时,实际反射率也增加。

釉层的覆盖能力和 m_0 与 m'_R 的比值有关。$C'_R = m_0/m'_R$ 称为对比度或乳浊能力。取基底的反射率 $m'=0.80$ 比较方便,这样上式变为

$$C'_{0.80} = m_0/m_{0.80} \tag{5.32}$$

式中 $m_{0.80}$ 是指基底反射率为 0.80 时,釉层表面的反射率。用高的反射率、厚的釉层和高的散射系数或它们的某些结合,可以得到良好的乳浊效果。

5.4.4 常用乳浊剂

前面所列的乳浊剂大都是折射率显著高于玻璃折射率的晶体,氟化物的折射率较低,但比起玻璃的折射率又不会低得太多,磷灰石的折射率与玻璃的相近。它们多与其他乳浊剂合用才有较好的乳浊效果。但在玻璃中的乳浊机理有些不同,其中所含的氟或磷酐有促进其他晶体在玻璃中析出的作用,因而显示乳浊效果。

含锌的釉也有达到较好乳浊效果的。可能是析出了锌铝尖晶石的晶粒。由于含锌化合物在釉中溶解度高,即使有乳浊作用,烧成温度范围也是窄的。TiO_2 的折射率特别高,但在釉和玻璃中都没有用作乳浊剂,这是由于高温,特别是在还原气氛下,会使釉着色。但在搪瓷中,TiO_2 却是良好的乳浊剂。由于烧搪瓷的温度仅为 $973\sim1073$ K 的低温范围,不会出现变色情况,因而在搪瓷工业中 TiO_2 是一种有良好遮盖能力的乳浊剂。Sb_2O_5 在釉和玻璃中有较大的溶解度,一般也不作为它们的乳浊剂,但却是搪瓷的主要乳浊剂之一,CeO 也是良好的乳浊剂,效果很好,但由于稀有而昂贵,限制了它的推广使用。ZnS 在高温时易溶于玻璃中,降温时从玻璃中析出微小的 ZnS 结晶而具乳浊效果,在某些乳白玻璃中常有使用。SnO_2 是另一种广泛使用的优质乳浊剂,在釉及珐琅中普遍使用,已有几十年的历史。在多种不同组成的釉中,含量一定的 SnO_2 都能保证良好的乳浊效果。其缺点是烧成时如遇还原气氛则还原成 SnO 而溶于釉中,乳浊效果消失。并且比较稀少,价格较贵,使得它的应用受到一定限制。近年较深入地研究了锆化合物乳浊剂,推广使用效果很好。它的优点是乳浊效果稳定,不受气氛影响。通常使用天然的锆英石($ZrSiO_4$)而不用它的加工制品 ZrO_2,这样成本要低得多。

5.4.5 改善乳浊性能的工艺措施

釉和珐琅都是把原料细磨成浆,施于制品上,入窑煅烧的。制作珐琅时,先把绝大部分原料熔融淬冷,再湿磨成琅浆。釉也有先把部分原料制成熔块,再配其他生料湿磨成釉浆。这称为熔块釉。但也有全用生料的生料釉。乳浊釉浆制备方法不同,乳浊效果差别很大。

组成相同的两份乳浊釉,一份乳浊釉全部配在熔块中,另一份乳浊釉不加入熔块,全部在磨釉时加入(预先经振动磨细至 3~6 μm)。试验结果,前者的乳浊效果比后者好得多。经显微镜观察,前者的乳浊剂结晶颗粒全是细小且尺寸一致的微晶粒。都是在熔体中的析晶产物。后者则基本上是乳浊剂的残余颗粒,只有少数的微晶析出。对于等量的乳浊剂,均匀的小晶粒的数量当然比粗大的残余颗粒的量要多得多。另外,析出的小晶粒的大小与光波波长接近,散射强烈,因而有更良好的乳浊效果。搪瓷制品由于烧成温度低,所用原料基本上事先熔融淬冷后磨细,因而保证乳浊剂粒子绝大部分都是从熔体中析出的微小颗粒,从而获得良好的乳浊效果。

乳浊釉的烧成制度对乳浊性能影响很大。以锆英石为乳浊剂,全部进入熔块的乳浊釉为例,将釉施于坯体上,从 973 K 开始到 1 573 K,以 100 K/h 的速度均匀升温。每 50 K 取一次试样,再均匀冷却。发现釉的乳浊程度随着温度上升,开始增加,到一定温度后达到最大,以后又下降,最终变成透明。又将细磨的釉粉填充于瓷舟中,放在温度 873~1 573 K 的梯温电炉中煅烧,所得结果与上相仿。瓷舟中部乳浊程度最高,向两端逐渐减弱,在高温端则变成透明的玻璃体,低温端是未烧结的粉料。从 923 K 开始,釉粉烧结成块。用电子显微镜可以察看到微小的晶核。甚至在约 900 K 的未烧结釉粉中也可以找到这种晶核。将已发现了晶核的烧结釉块或未烧结的釉粉置于乳浊最适宜的温度下,保温一段时间,就能达到很好的乳浊效果。而经过高温完全熔透的那部分釉块,即使放在最适宜的乳浊温度下保温长时间,也只是在表面有少量结晶,釉失去光泽,没有明显的乳浊效果。以上说明了晶核容易在两相界面生成,在熔体内部析出相当困难。没有晶核的存在,即使外界条件再好也不能生长出导致显著乳浊效果的晶粒。釉料是经过细磨成浆,施于器物表面再焙烧的,因而颗粒与空气充分接触,有许许多多的界面,大大有利于晶核的生成,所以有显著的乳浊效果。

5.4.6 半透明性

乳白玻璃和半透明瓷器(包括半透明釉)的一个重要光学性质是半透明性,即除了由玻璃内部散射所引起的漫反射以外,入射光中漫反射的分数对于材料的半透明性起着决定作用。对于乳白玻璃来说,最好是具有明显的散射而吸收最小,这样就会有最大的漫透射。最好的方法是在这种玻璃中掺入和基质材料的折射率相近的 NaF 和 CaF_2。这两种乳浊剂的主要作用不是乳浊剂本身的析出,而是起矿化作用,促进其他晶体从熔体中析出。例如,含氟乳白玻璃中析出的主要晶相是方石英,有时也会有失透石($Na_2O \cdot 3CaO \cdot 6SiO_2$)和硅灰石。这些颗粒细小的析晶起着乳浊作用。有时在使用氟化物乳浊剂的同时,其组成中应增加 Al_2O_3 等的含量,目的是提高熔体的高温黏度,在析晶过程中生成大量的晶核,使得分散相的尺寸得以控制,从而获得良好的乳浊效果。

单相氧化物陶瓷的半透明性是它的质量标志。在这类陶瓷中存在的气孔往往具有固定的尺寸,因而半透明性几乎只取决于气孔的含量。例如,氧化铝瓷的折射率比较高,而气相的折射率接近1,相对折射率 $n_{21} \approx 1.80$。气孔的尺寸通常和原料的原始颗粒尺寸相当,一般是 $0.5 \sim 2.0~\mu m$,接近于入射光的波长,所以散射最大。因此,如图5.10所示,当气孔率增加到3%左右时,透射率将降低到0.01%;而当气孔率降低到0.3%时,透射率仍然只有完全致密试件的10%。这就是说,对于含有小气孔率的高密度单相陶瓷,半透明度是衡量残留气孔率的一种敏感的尺度,因而也是瓷品的一种良好的质量标志。

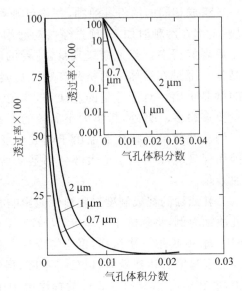

图5.10 含有少量气孔的单晶氧化铝瓷的透射率

一些重要的工艺瓷,像骨灰瓷和硬瓷,半透明性是主要的鉴定指标。通常构成瓷体的相是折射率接近1.5的玻璃、莫来石和石英。在致密的玻化瓷的显微组织中,细针状莫来石结晶出现在具有较大的石英晶体的玻璃基体之中。这种石英晶体是未溶解的或部分溶解的。因此虽然莫来石的晶粒尺寸是在微米级范围,但石英的晶粒尺寸要大得多。由于晶粒尺寸和折射率的差别,莫来石在陶瓷体内对于散射和降低透明性起着主要的作用。因此提高半透明性的主要方法是增加玻璃含量,减少莫来石的量。提高长石对粘土的比例可实现此要求。

如前所述,气孔在磁体中的存在会降低半透明性。只有把制品烧到足够的温度,使由粘土颗粒间的孔隙形成的细孔完全排除,才能得到半透明的瓷件。当制品成分中长石或熔块含量高,因而形成大量玻璃相的情况下可以制成这种制件。把制品加热到足够高的温度,因而致密化过程得以充分进行,这样可得到半透明瓷。

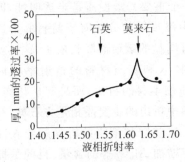

图5.11 液相折射率对陶瓷半透明性的影响(含20%石英、20%莫来石和60%液相)

获得高度半透明体的另一个方法是调整各个相的折射率使之有较好的匹配。但由于石英和莫来石的折射率相差较大,改变由这两种成分组成的瓷的配方效果不大。有人改变玻璃的折射率使之接近细颗粒的莫来石的折射率。有一种骨灰瓷,含有折射率约为1.56的液相,其折射率几乎等于所出现的晶相的数值。利用这一措施,并结合低气孔率,使骨灰瓷具有很好的半透明性。液相折射率对陶瓷透光性的影响见图5.11。

5.5 无机材料的颜色

硅酸盐工业中,陶瓷、玻璃、搪瓷、水泥的使用中都离不开颜料,如玻璃工业中的彩色玻璃和物理脱色剂,搪瓷上用的彩色珐琅罩粉和水泥生产中的彩色水泥。陶瓷使用颜料的范围最广,色釉、色料和色坯中都要使用颜料。

低温颜料色彩丰富。高温颜料受到温度高的限制,因为高温下稳定的着色化合物不太多,故色彩比较单调。在陶瓷坯釉中起着色作用的有着色化合物(简单离子着色或复合离子着色)、胶体粒子。形成色心也能着色,但色心的出现不是我们所希望的(如粘土中作为杂质的氧化钛)。用作陶瓷颜料的有分子(离子)着色剂与胶态着色剂两大类。其显色的原因和普通的颜料、染料一样,是由于着色剂对光的选择性吸收而引起选择性反射或选择性透射,从而显现颜色。

从本质上说,某种物质对光的选择性吸收,是吸收了连续光谱中特定波长的光量子,以激发吸收物质本身原子的电子跃迁。当然,在固体状态下,由于原子的相互作用、能级分裂,发射光谱谱线变宽。同样道理,吸收光谱的谱线也要加宽,成为吸收带或有较宽的吸收区域。这样,剩下的就是较窄的(即色调较纯的)反射或透射光。

在分子着色剂中,主要起作用的是其中的离子。或是简单离子本身可着色,或是复合离子才可以着色。对于简单离子来说,当外层电子是惰性气体型或铜型时,本身比较稳定,因此需要较大的能量才能激发电子进入上层轨道,这就需要吸收波长较短的量子来激发外层电子,因而造成了紫外区的选择性吸收,对可见光则无影响,因此往往是无色的。过渡元素的次外层有未成对的 f 电子,镧系元素的第三外层含未成对的 f 电子,它们较不稳定,能量较高,需要较少的能量即可激发,故能选择吸收可见光。常见的例子是过渡元素 Co^{2+},吸收橙、黄和部分绿光,呈带紫的蓝色;Cu^{2+} 吸收红、橙、黄及紫光,让蓝、绿光通过;Cr^{2+} 着黄色;Cr^{3+} 吸收橙、黄,着成鲜艳的紫色。锕系与镧系相同,系放射性元素,如 U^{5+},吸收紫、蓝光,着成带绿荧光的黄绿色。复合离子如其中有显色的简单离子则会显色;如全为无色离子,但互作用强烈,产生较大的极化,也会由于轨道变形,而激发吸收可见光。如 V^{5+},Cr^{6+},Mn^{7+},O^{2-} 均无色,但 VO_3^- 显黄色,CrO_4^{2-} 也呈黄色,MnO_4^- 显紫色。化合物的颜色多取决于离子的颜色。离子有色则化合物必然有色。通常为使高温色料(如釉下彩料等)的颜色稳定,一般都先将显色离子合成到人造矿物中去。最常见的是形成尖晶石形式 $AO \cdot B_2O_3$,这里 A 是二价离子,B 是三价离子。因此只要离子的尺寸合适,则二价三价离子均可固溶进去。由于堆积紧密,结构稳定,所制成的色料稳定度高。此外,也有以钙钛矿型矿物为载体,把发色离子固溶进去而制成陶瓷高温色料的。

胶态着色剂最常见的有胶体金(红)、银(黄)、铜(红)以及硫硒化镉等几种。但金属与非金属胶体粒子有完全不同的表现。金属胶体粒子的吸收光谱或者说呈现的色调,决定于粒子的大小,而非金属胶体粒子则主要决定于它的化学组成,粒子尺寸的影响很小。如有人以胶态金属的水溶液作试验,$d≈20～50$ nm 时,是强烈的红色。这是最好的粒度。当 $d<20$ nm 时,溶液逐渐变成接近金盐溶液的弱黄色,而当 $d≈50～100$ nm 时,则依次从红变到紫红再变到蓝色。$d≈100～150$ nm 时,透射呈蓝色,反射呈棕色,已接近金的颜色。说明这时已形成晶态金的颗粒。因此,以金属胶态着色剂着色的玻璃或釉,它的色调决定于胶体粒子的大小,而颜色的深浅则决定于粒子的浓度。但在非金属胶态溶液,如金属硫化物中,则颗粒尺寸增大对颜色的影响甚小,而当粒子尺寸达到 100 nm 或以上时,溶液开始浑浊,但颜色仍然不变。在玻璃中的情况也完全相同,最好的例子就是以硫硒化镉胶体着色的著名的硒红宝石,总能得到色调相同、颜色鲜艳的大红玻璃。但当颗粒的尺寸增大至 100 nm 或以上时,玻璃开始失去透明。通常含胶态着色剂的玻璃要在较低的温度下以一定的制度进行热处理显色,使胶体粒子形成所需要的大小和数量,才能出现预期的颜色。假如冷却太快,则制品将是无色的,必须经过再一次的热处理,方能显现应有的颜色。

陶瓷坯釉、色料等的颜色,除主要决定于高温下形成的着色化合物的颜色外,加入的某些无色化合物如 ZnO、Al_2O_3 等对色调的改变也有作用。烧成温度的高低,特别是气氛的影响,关系更大。某些色料应在规定的气氛下才能产生指定的色调,否则将变成另外的颜色。如钧红釉是我国一种著名的传统铜红釉,在强还原气氛下烧成,便能获得由于金属铜胶体粒子析出而着成的红色。但控制不好,还原不够或又重新氧化,偶然也会出现红蓝相间,杂以多种中间色调的"窑变"制品,绚丽斑斓,异彩多姿,其装饰效果反而超过原来单纯的红色。温度的高低,对颜料所显颜色的色调影响不大,但与浓淡、深浅则直接有关。通常制品只有在正烧的条件下才能得到预期的颜色效果,生烧往往颜色浅淡,而过烧则颜色昏暗。成套餐具、成套彩色卫生洁具、锦砖等产品出现的色差,往往是烧成时的温差引起的。这种色差会影响配套。

5.6 其他光学性能的应用

随着新技术的发展,某些新材料的光学性能方面的运用,开拓了对无机材料化学和物理本质的深入认识。下面举几种常见的应用。

1. 荧光物质

电子从激发能级向较低能级的衰变可能伴随有热量向周围传递,或者产生辐射,在此过程中,光的发射称为荧光或磷光,取决于激发和发射之间的时间。

荧光物质广泛地应用在荧光灯、阴极射线管及电视的荧光屏以及闪烁计数器中。荧光物质的光发射主要受其中的杂质影响,甚至低浓度的杂质即可起到激活剂的作用。

荧光灯的工作是由于在汞蒸气和惰性气体的混合气体中的放电作用,使得大部分电能转变成汞谱线的单色光的辐射(2 537 Å)。这种辐射激发了涂在放电管壁上的荧光剂,造成在可见光范围的宽频带发射。

例如,灯用荧光剂的基质,选用卤代磷酸钙,激活剂采用锑和锰,能提供两条在可见光区重叠发射带的激活带,发射出的荧光颜色从蓝到橙和白。

用于阴极射线管时,荧光剂的激发是由电子束提供的,在彩色电视应用中,对应于每一种原色的频率范围的发射,采用不同的荧光剂。在用于这类电子扫描显示屏幕仪器时,荧光剂的衰减时间是个重要的性能参数,例如用于雷达扫描显示器的荧光剂是 Zn_2SiO_4,激活剂用 Mn,发射波长为 530 nm 的黄绿色光,其衰减至 10% 的时间为 2.45×10^{-2} s。

2. 激光器

许多陶瓷材料已用作固体激光器的基质和气体激光器的窗口材料。固体激光物质是一种发光的固体,在其中,一个激发中心的荧光发射激发其他中心作同位相的发射。

红宝石激光器是由掺少量(<0.05%)Cr 的蓝宝石单晶组成,呈棒状,两端面要求平行。靠近两个端面各放置一面镜子,以便使一些自发发射的光通过激光棒来回反射。其中一个镜子起完全反射的作用,另一个镜子只是部分反射。激光棒沿着它的长度方向被闪光灯激发。大部分闪光的能量以热的形式散失,一小部分被激光棒吸收,用来激发 Cr 离子到高能级。在宽的频带内激发的能量被吸收;而在 6 943 Å 处三价 Cr 离子以窄的谱线进行发射,构成输出的辐射,自激光棒的一端(部分反射端)穿出。

另一个重要的晶体激光物质是掺 Nd 的钇铝石榴石单晶($Y_3Al_5O_{12}$),其辐射波长为 1.06 μm。

某些陶瓷材料,以其在固定的波段(例如红外区)具有高的透射率,因而应用于气体激光器的窗口材料。例如按波长的不同,分别选用 Al_2O_3 单晶材料、CaF_2 类碱土金属卤化物和各种Ⅱ到Ⅵ族化合物如 ZnSe 或 CdTe。

3. 通信用光导纤维

当光线在玻璃内部传播时,遇到纤维的表面,出射到空气中时,产生光的折射。改变光的入射角 i,折射角 r 也跟着改变。当 r 大于 90° 时,光线全部向玻璃内部反射回来,对于典型玻璃 $n=1.50$,按照公式:

$$\sin i_{crit} = \frac{1}{n} \tag{5.33}$$

临界入射角 i_{crit} 约为 42°。也就是说,在光导纤维内传播的光线,其方向与纤维表面的法向所成夹角,如果大于 42°,则光线全部内反射,无折射能量损失。因而一玻璃纤维能围绕各个弯曲之处传递光线而不必顾虑能量损失。

然而,从纤维一端射入的图像,在另一端仅看到近于均匀光强的整个面积。如采用一束细纤维,则每根纤维只传递入射到它上面的光线,集合起来,一个图像就能以具有等于单根纤维直径那样的清晰度被传递过去。

光导纤维传输图像时的损耗,来源于各个纤维之间的接触点,发生纤维之间同种材料的透射,对图像起模糊作用;此外,纤维表面的划痕、油污和尘粒,均会导致散射损耗。这个问题可以通过在纤维表面包覆一层折射率较低的玻璃来解决。在这种情况下,反射主要发生在由包覆层保护的纤维与包覆层的界面上,而不是在包覆层的外表面上,因此,包覆层的厚度大约是光波长的 2 倍左右以避免损耗。对纤维及包覆层的物理性能要求是相对热膨胀与黏性流动行为、相对软化点与光学性能的匹配。这种纤维的直径一般约为 50 μm。由之组成的纤维束内的包覆玻璃可在高温下熔融,并加以真空密封,以提高器件效能,构成整体的纤维光导组件。

4. 电光及声光材料

以激光技术为基础的系统,除了激光器和波导以外,还需要许多附加的硬件。例如频率的调制、开关、调幅和转换装置,光学信号的程控及自控装置。这些需求促进了材料的发展,以便能以低的损耗来进行光的传输,而由电场、磁场或外加应力来调整这些材料的光学性能,使之按规定的方式与光学信号相互作用。在这些材料中占重要的地位的是电光晶体及声光晶体。

当外加电场引起光学介电性能的改变时,产生电光效应。外加电场可能是静电场、微波电场或者是光学电磁场。在有些晶体中,电光作用基本上来源于电子;在其他晶体中,电光作用主要与振荡模式有关。在有些情况下,电光效应随着外加电场而线性地变化;另一些情况,它随场强的二次方变化。

如用单独的电子振子来描述折射率,则低频电场 E 的作用改变特征频率从 ν_0 到 ν:

$$\nu^2 - \nu_0^2 = \frac{2ve(\varepsilon_0 + 2)E}{2m\nu_0^2} \tag{5.34}$$

式中,v 是非谐力常数;e 是电子电荷;m 是电子质量;ε_0 是低频介电常数。折射率 n 随 $(\nu^2 - \nu_0^2)^{-1}$ 而变化,因此上述方程直接表示折射率随电场呈线性变化。

主要的电光效应可以用半波的场强与距离的乘积 $[El]\lambda/2$ 来描述,式中 E 是电场强度,l 是光程长度。这个乘积表示几何形状 $l/d=1$ 时,产生半波延迟所需要的电压。这里 d 是晶体在外加电场方向上的厚度。

主要的电光材料有 $LiNbO_3$,$LiTaO_3$,$Ca_2Nb_2O_7$,$Sr_xBa_{1-x}Nb_2O_6$,KH_2PO_4,$K(Ta_xNb_{1-x})O_3$ 及 $BaNaNb_5O_{15}$。在这些晶体中,其基本结构单元是 Nb 或 Ta 离子由氧离子八面体配位。由于折射率随电场而变,电光晶体可以应用在光学振荡源、频率倍增器。激光频振腔中的电压控制开关以及用在光学通信系统中的调制器。

除外加电场外,晶体的折射率还可以由应变引起变化(所谓的声光效应)。应变的作用是改变晶格的内部势能,这就使得约束弱的电子轨道的形状和尺寸发生变化,因而引起极化率及折射率的变化。应变对晶体折射率的影响取决于应变轴的方向以及光学极化相对于晶轴的方向。

当在晶体中激发一平面弹性波时,产生一种周期性的应变模式,其间距等于声波长。应变模式引起折射率的声光变化,它相当于体积衍射光栅。声光设备是根据光线以适当的角度入射到声光光栅时,发生部分衍射这一现象制成的。在这类设备中晶体的应用一般取决于压电耦合性、超声衰减以及各种声光系数。重要的声光晶体有 $LiNbO_3$，$LiTaO_3$，$PbNbO_4$ 以及 $PbMoO_5$。所有这些晶体的折射率都在 2.2 左右，而且在可见光区都是高度透明的。

习题

1. 一入射光以较小的入射角 i 和折射角 r 穿过一透明玻璃板。证明透过后的光强系数为 $(1-m)^2$。设玻璃对光的衰减不计。

2. 一透明 Al_2O_3 板厚度为 1 mm，用以测定光的吸收系数。如果光透过板厚之后，其强度降低了 15%，计算吸收及散射系数的总和。

第6章 无机材料的电导

随着生产和科学技术的发展,无机材料已广泛应用于电子技术、敏感技术、高温技术、能源技术、自动控制和信息处理等许多新兴领域。其中陶瓷材料的研究和生产已经突破了传统陶瓷的概念和范畴,形成一门崭新的材料科学——精细陶瓷。精细陶瓷一般分为功能陶瓷和结构陶瓷两大类。结构陶瓷是以高温、高强、超硬、耐磨、抗腐等机械力学性能为主要特征;功能陶瓷则是以电、磁、光、声、热和力学等性能及其相互转换为主要特征。功能陶瓷已经成为电子材料中的重要组成部分。按照陶瓷材料的电学功能可分为绝缘陶瓷、介电陶瓷、压电陶瓷、铁电陶瓷、半导陶瓷、导电陶瓷、超导陶瓷等。在无机材料的许多应用中,电导性能是十分重要的。

6.1 电导的物理现象

6.1.1 电导的宏观参数

1. 电导率和电阻率

一个长 L、横截面积 S 的均匀导电体,两端加电压 V(图 6.1)。根据欧姆定律:

$$I = \frac{V}{R} \tag{6.1}$$

在这样一个形状规则的均匀材料中,电流是均匀的,电流密度 J 在各处是一样的,总电流强度

$$I = SJ \tag{6.2}$$

同时,电场强度也是均匀的,则

$$V = LE \tag{6.3}$$

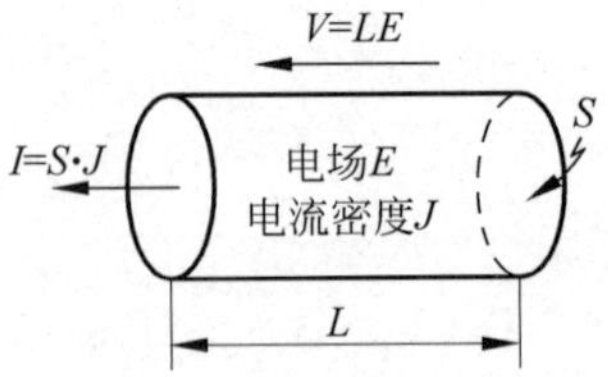

把式(6.2)和式(6.3)代入式(6.1),则

$$SJ = \frac{LE}{R} \tag{6.4}$$

图 6.1 欧姆定律示意图

除以 S 得

$$J = \frac{L}{SR}E = \frac{1}{\rho}E \tag{6.5}$$

式中 $\rho = R(S/L)$ 为材料的电阻率。电阻率的倒数定义为电导率,即 $\sigma = 1/\rho$。上式可写为

$$J = \sigma E \tag{6.6}$$

这就是欧姆定律的微分形式,它适用于非均匀导体。

微分式说明导体中某点的电流密度正比于该点的电场,比例系数为电导率 σ。这些物理量的常用单位是:电流密度 J,安培/厘米^2(A/cm^2);电场强度 E,伏特/厘米(V/cm);电阻率 ρ,欧姆·厘米($\Omega \cdot cm$);电导率 σ,欧姆$^{-1}$·厘米$^{-1}$($\Omega^{-1} \cdot cm^{-1}$)。

2. 体积电阻与体积电阻率

图 6.1 中的电流由两部分组成:

$$I = I_V + I_S \tag{6.7}$$

式中 I_V 为体积电流,I_S 为表面电流,因而定义体积电阻 R_V 及表面电阻 R_S

$$R_V = V/I_V \tag{6.8}$$

$$R_S = V/I_S \tag{6.9}$$

分别代入式(6.7)可得

$$\frac{1}{R} = \frac{1}{R_V} + \frac{1}{R_S} \tag{6.10}$$

式(6.10)表示了总绝缘电阻、体积电阻、表面电阻之间的关系。由于表面电阻与样品表面环境有关,因而只有体积电阻反映材料的导电能力。通常主要研究材料的体积电阻。

体积电阻 R_V 与材料性质及样品几何尺寸有关:

$$R_V = \rho_V \times \frac{h}{S} \tag{6.11}$$

式中,h 为板状样品厚度(cm),S 为板状样品的电极面积(cm^2),R_V 为体积电阻(Ω),因而定义 ρ_V 为体积电阻率($\Omega \cdot cm$)。ρ_V 是描述材料电阻性能的参数,它只与材料有关。

对于如图 6.2 所示的管状试样,其体积电阻可由下式求得

$$dR_V = \rho_V \times \frac{dx}{2\pi x L}$$

$$R_V = \int_{r_1}^{r_2} \frac{\rho_V}{2\pi L} \times \frac{dx}{x} = \frac{\rho_V}{2\pi L} \ln \frac{r_2}{r_1} \tag{6.12}$$

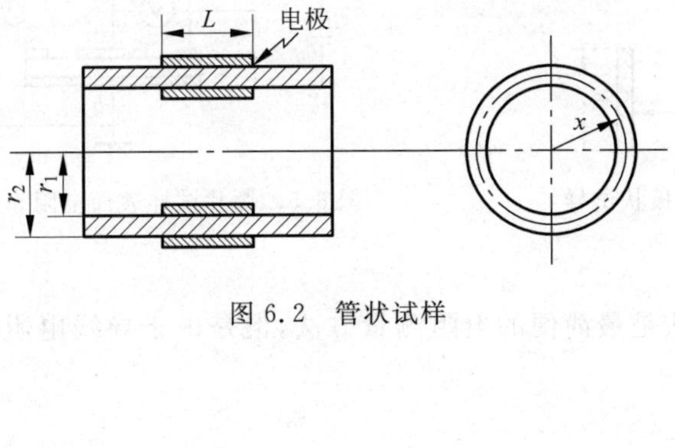

图 6.2 管状试样

对于如图 6.3 所示的圆片试样,两环形电极 a、g 间为等电位,其表面电阻可以忽略。设主电极 a 的有效面积为 S,则

$$S = \pi r_1^2 \tag{6.13}$$

那么体积电阻

$$R_V = \frac{V}{I} = \rho_V \times \frac{h}{S} = \rho_V \times \frac{h}{\pi r_1^2} \tag{6.14}$$

$$\rho_V = \frac{\pi r_1^2}{h} \times \frac{V}{I} \tag{6.15}$$

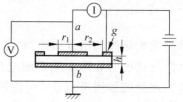

图 6.3 圆片试样体积电阻率的测量

如果要得到更精确的测定结果,可以采用下面的经验公式:

$$S = \frac{\pi}{4}(r_1 + r_2)^2 \tag{6.13'}$$

$$R_V = \rho_V \times \frac{4h}{\pi(r_1 + r_2)^2} \tag{6.14'}$$

$$\rho_V = \frac{\pi(r_1 + r_2)^2}{4h} \times \frac{V}{I} \tag{6.15'}$$

3. 表面电阻与表面电阻率

如图 6.4 所示,在一试样表面放置两块长条电极,两电极间的表面电阻由 R_S 由下式决定

$$R_S = \rho_S \times \frac{L}{b} \tag{6.16}$$

式中,L 为电极间的距离,b 为电极的长度,ρ_S 为样品的表面电阻率,ρ_S 和 R_S 的单位相同,均为欧姆。

对于圆片试样,设环形电极的内外半径分别为 r_1、r_2(图 6.5),则两环形电极间的表面电阻 R_S

$$R_S = \int_{r_1}^{r_2} \rho_S \times \frac{\mathrm{d}x}{2\pi x} = \rho_S \times \frac{\ln \frac{r_2}{r_1}}{2\pi} \tag{6.17}$$

ρ_S 不反映材料性质,它决定于样品表面状态,可用实验得出。

图 6.4 板状试样

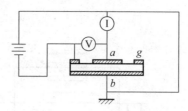

图 6.5 圆片试样表面电阻率的测量

4. 单电桥法

电压-电流计法是最简便的电阻测量方法,但是由于导线电阻、电极与试样的接

触电阻难以消除,因此测量误差较大,仅适用于测量 1 Ω 以上较大的电阻。特别是在金属材料研究中多采用精度较高的测量方法——单电桥法、双电桥法和电位差计法。

单电桥法是应用电压降平衡原理,其测量线路如图 6.6 所示。被测电阻 R_x 与标准电阻 R_N 串联,与此相对应的并联线路中串联可调电阻 R_1 和 R_2。这两对并联线路中的 B 点和 D 点间接有检流计 G,K' 和 R' 是保护检流计用的电键和电阻,K_2 是接通检流计的开关。电源由 E 供给,并由开关 K_1 控制。在电桥设计上要使 R_N 与 R_x 大致同数量级,R_1 与 R_2 也相近。在测试过程中,只需调节 R_1 与 R_2 使接通了的检流计指示为零,电桥达到平衡状态,此时 $V_{AB}=V_{AD}$,$V_{BC}=V_{DC}$,即可导出关系式:

$$R_x = \frac{R_1}{R_2} R_N \tag{6.18}$$

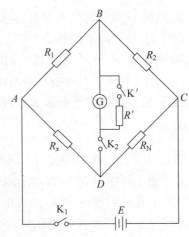

图 6.6 单电桥结构原理图

由已知的 R_N,读出调节电桥平衡时的 R_1 和 R_2 的值。即可求得被测电阻 R_x 的值。由电桥线路可知,当 R_N 与 R_x 接近,并在调节时使 R_1 与 R_2 之比接近于 1,则可提高被测电阻的精确度。由于单电桥法无需测出电压和电流值来求得 R_x,它克服了电压-电流计法的缺点,故其精确度较高。但单电桥法所测量的被测电阻 R_x 实际上包含了导线电阻和导线与接线柱间的接触电阻。这种电阻称为附加电阻。由此可见,只有当被测电阻比较大时,附加电阻引起的误差可以忽略不计,所以单电桥法通常适用于测量阻值为 1~10 Ω 的试样。若被测电阻较小,特别当被测电阻数量级接近附加电阻时,这些附加电阻引起的误差就相当大,从而得不到精确的测量结果。在这种情况下,应使用双电桥法。

5. 双电桥法

双电桥法可以克服单电桥法的缺点,并应用于测量较小的电阻,适合于研究金属内部的转变。

双电桥是在单电桥中加入一个高电阻的并联支路,其线路如图 6.7 所示。和单电桥相比可以看出,分路 ABC 中串联了两个高电阻 R_1 和 R_2,这和单电桥相同。不同之处在于:被测电阻 R_x 和标准电阻 R_N 之间加入另一个并联支路 EDF,其中串联了两个大电阻 R_3 和 R_4,并将检流计的一个接点连接在 R_3

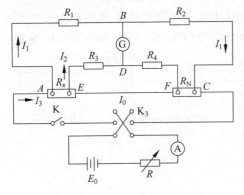

图 6.7 双电桥测量线路示意图

和 R_4 间的 D 点。电桥平衡是通过调节四个高电阻 R_1、R_2、R_3 和 R_4 来实现的。在电桥设计上,每个高电阻通常大于 50 Ω,且 $R_1=R_3$,$R_2=R_4$。并还需在结构上保证 R_1 与 R_3 成联动,R_2 与 R_4 成联动。同时要使连接 R_x 与 R_N 之间的导线 EF 的电阻尽可能地小。如此就可使电桥中分路电流 I_1 和 I_2 很小,而 I_3 相对地大得多。测量时调节可变电阻,使检流计中无电流通过,即在电桥达到平衡时可以导出:

$$R_x = \frac{R_1}{R_2} R_N \tag{6.19}$$

根据上式,R_1、R_2 和 R_N 为已知,即可求出被测电阻 R_x 值。为提高被测阻值的精确度,测量时要尽可能使 R_1 与 R_2 之比接近于 1,R_N 接近 R_x。

从上述电路原理,可以分析出双电桥法的两个显著优点:附加电阻的影响很小以及能灵敏地反映被测电阻微小的变化。在图示电流流动方向的情况下,在分路 EDF 中,D 点的电位被 $I_2R_3+I_2R_{附加}$ 所决定,由于 I_2 很小,$R_{附加} \ll R_3$,因此 ED 线路中的导线电阻与接线柱间的接触电阻对 D 点电位影响很小。在改变电流流动方向时,DF 线路中附加电阻的影响同样很小。同理,在 ABC 分路中,由于 I_1 很小,附加电阻对 B 点的影响很小,所以双电桥中附加电阻对测量的影响可以忽略不计。由于 R_x 小,EF 中的电阻极小,所以流经被测电阻 R_x(AE) 的 I_3 与 I_1、I_2 相比要大得多,于是 R_x 有一个微小的变化,即能显著地影响 B 点和 D 点的电位,从而使双电桥能精确地测出试样电阻值的微小变化。操作足够熟练时,在双电桥上能以 0.2%～0.3% 的精确度测量大小为 $10^{-4} \sim 10^{-3}$ Ω 左右的电阻。

在更精确的测量中,应消除热电势的影响。由于试样和连接导线不太可能是同种材料,所以电流通过时会因珀尔贴热电效应而产生热电势,以及在测量高温电阻时,试样两端往往不可能绝对均匀,也会产生热电势的影响。在电源的回路上接一个换向开关 K_3,可以改变电流方向进行两次测量,然后取两次测量的平均值即可。

6. 电位差计法

电位差计是测量直流电动势的精密仪表,也可以用来精确测量电阻。电位差计的工作原理是电位补偿原理,因而能完全消除附加电阻对测量电阻值的影响。电位差计的原理电路如图 6.8 所示。E_N 是标准电池(电势为 1.019 8～1.076 V),E_x 是被测电势,E_1 是工作电源,R_N 是标准电阻,R_x 是可变电阻,R_1 是调节工作电流的可变电阻,G 是检流计。测量前,将电键 K 拨向标准一侧,调节 R_1 使工作电流 I 在 R_N 上的电压降等于标准电动势 E_N,即 $E_N = IR_N$,因两者反接,相互补偿,故检流计指零。此时的工作电流被标准的 E_N 和 R_N 所确定,称为工作电流标准化。这个标准化的工作电

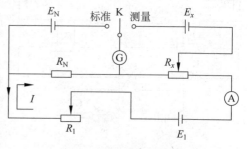

图 6.8 电位差计原理图

流也是流经被测电势 E_x 的电流。当将电键拨向测量一侧时,测量回路 $E_x GR$ 闭合,调节测量电阻 R 至某一个 R_x 值,使 I 在 R_x 上的电压降与 E_x 相等,即 $E_x = IR_x$,检流计也将指零。由于流经 R_x 的电流也是标准化后的电流,故可得出:

$$E_x = \frac{E_N}{R_N} \cdot R_x \tag{6.20}$$

式中,E_N 和 R_N 为已知;R_x 可由仪表刻度读出,E_x 即可求得。通常 E_x 也可从仪表刻度上直接读出。精密的低电势电位差计可测出 $10^{-8} \sim 10^{-7}$ V 的微小电势。

用电位差计法测量电阻的线路如图 6.9 所示。它是将被测电阻 R_x 与标准电阻 R_N 串联,并与工作电源 E、可变电阻 R 构成一回路(不要与电位差计中的 R_x、R_N、R 混淆),然后用电位差计分别测出被测电阻的电压降 U_x、标准电阻的电压降 U_N。由于 R_x 与 R_N 串联,其上电流均为 I,$I = U_N / R_N$,$I = U_x / R_x$,故有

$$R_x = \frac{U_x}{U_N} \cdot R_N \tag{6.21}$$

增大 U_x 与 U_N 的数值,可以减小测量误差。这可以通过增大电流 I 的方法来达到。为此。以不产生明显的热效应为前提,应尽可能地增大电流 I。

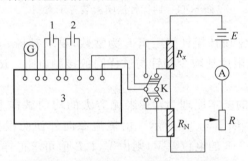

图 6.9 电位差计法测量电阻线路图

1—标准电池;2—电位差计恒流源;3—精密电位差计;E—直流电源;A—电流表;
R—可变电阻;K—双刀开关;R_x—待测电阻;R_N—标准电阻;G—检流计

在测量时,无需电流数值准确,但要求回路中流经 R_x、R_N 的电流十分稳定。这可用多个电池并联等方法来实现。

由于电位差计采用了电位补偿原理,在待测回路中无电流通过,因此能完全消除接线电阻对测量的影响。在测试高温电阻或低温电阻时,由于试样处于设备中,引出导线长,若用双电桥法,附加电阻影响难以消除,而采用电位差计法,则可获得很高的精确度。

7. 直流四端电极法

对于具有中、高电导率的材料,为消除电极非欧姆接触对测量结果的影响,通常采用直流四端电极法测量试件的电导率。图 6.10 为四端电极法测量用试样。若内

侧两极间距离为 L，试样截面积为 S，则其电导率为

$$\sigma = \frac{L}{S} \times \frac{I}{V} \tag{6.22}$$

8. 直流四探针法

直流四探针法是目前最常用的电阻率测量方法，测量范围为 $10^{-3} \sim 10^4$ $\Omega \cdot cm$。四探针法实验装置如图 6.11 所示，主要由三部分组成：①四探针装置；②恒流电源；③电压测量仪。

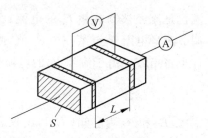

图 6.10 四端电极法测量试样

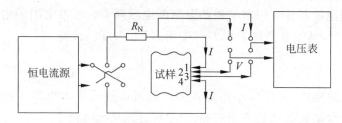

图 6.11 四探针法实验装置示意图

四探针法装置通常设计探针间距离 L 为常数，要求对每一根探针提供适当荷载（100～200 g）以最大限度地减少探针与试样间的接触电阻。R_N 为标准电阻，用来测量试样的电流值。

四探针测量方法的基本原理为：在半无穷大的均匀试样上，有四根等间距为 L 的探针排列成一直线，如图 6.12 所示。由恒流源向外面两根探针 1、4 通入小电流 I，测量中间两根探针 2、3 的电位差 V，则由 V、I、L 值可求得样品的电阻率 ρ。

当电流 I 由探针 1 流入样品时，若将探针与接触处看成点电源，如图 6.13 所示，则等势面是以点电源为中心的一系列半球面。因此，在距离探针 r 处的电流密度为

$$J = \frac{I}{2\pi r^2} \tag{6.23}$$

由微分欧姆定律 $J = E/\rho$ 可得出距离探针 r 处的电场强度 E 为

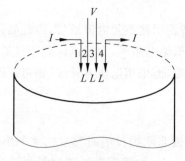

图 6.12 直线四探针

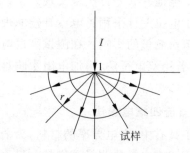

图 6.13 点电源的半球等势面

$$E = \frac{I\rho}{2\pi r^2} \qquad (6.24)$$

由于 $J = -\dfrac{\mathrm{d}V}{\mathrm{d}r}$ 而且 $r \to \infty$ 时，$V \to 0$，则在距离探针 r 处的电位为

$$V = \frac{I\rho}{2\pi r} \qquad (6.25)$$

同理，电流由探针 4 流出样品时，在 r 处的电位为

$$V = -\frac{I\rho}{2\pi r} \qquad (6.26)$$

用直线 4 探针法测量电阻率时，电流 I 从探针 1 流入，探针 4 流出。根据电位叠加原理，探针 2、3 处的电位可分别写成

$$V_2 = \frac{I\rho}{2\pi}\left(\frac{1}{L} - \frac{1}{2L}\right) \qquad (6.27)$$

$$V_3 = \frac{I\rho}{2\pi}\left(\frac{1}{2L} - \frac{1}{L}\right) \qquad (6.28)$$

因此探针 2、3 间的电位差

$$V = V_2 - V_3 = \frac{I\rho}{2\pi L} \qquad (6.29)$$

即

$$\rho = 2\pi L \frac{V}{I} \qquad (6.30)$$

式(6.30)是直线四探针法测量电阻率的基本公式，它要求试样为半无穷大，且半导体各边界与探针的距离远大于探针的间距。实际上当试样的厚度及任一探针与试样最近边界的距离至少大于 4 倍探针间距时，即可以认为已满足上述要求。当此条件不满足时就需进行边界条件的修正，此时电阻率的计算公式为

$$\rho = 2\pi L \frac{V}{I} \cdot \frac{1}{B} \qquad (6.31)$$

式中，B 为修正因子。现将测量电阻率时常遇到的三种情况的修正因子列出。

(1) 薄试样(试样厚度为 d，试样四周为绝缘介质)的修正因子列于表 6.1。

表 6.1 薄试样的修正因子

L/d	B	L/d	B	L/d	B
0.1	1.000 9	0.7	1.222 5	1.6	2.241 0
0.2	1.007 0	0.8	1.306 2	1.8	2.508 3
0.3	1.022 7	0.9	1.400 8	2.0	2.779 9
0.4	1.051 1	1.0	1.504 5	2.5	3.467 1
0.5	1.093 9	1.2	1.732 9		
0.6	1.151 2	1.4	1.980 9		

(2) 薄试样及四探针平行于试样边界（图 6.14）且探针至边界的距离 L_0 与探针间距 L 相比拟时的修正因子（试样四周为绝缘介质）列于表 6.2。

表 6.2　薄试样及四探针平行于试样边界时的修正因子

L_0/L L/d	0	0.1	0.2	0.5	1.0	2.0	5.0	10.0
0.0	2.000	1.966 1	1.876 4	1.519 8	1.189	1.037 9	1.002 6	1.004
0.1	2.002	1.97	1.88	1.52	1.19	1.040	1.004	1.001 7
0.2	2.016	1.98	1.89	1.53	1.20	1.052	1.014	1.009 4
0.5	2.188	2.15	2.06	1.70	1.35	1.176	1.109	1.097 7
1.0	3.009	2.97	2.87	2.45	1.98	1.676	1.534	1.512
2.0	5.560	5.49	5.34	4.61	3.72	3.104	2.838	2.795
5.0	13.863	13.72	13.32	11.51	9.28	7.744	7.078	6.969
10.0	27.726	27.43	26.71	23.03	16.58	15.49	14.156	13.938

(3) 薄试样及四探针与试样边界垂直（图 6.15）且最边缘探针至边界距离 L_0 与探针间距 L 相比拟时的修正因子（试样四周为绝缘介质）列于表 6.3。

表 6.3　薄试样及四探针垂直于试样边界时的修正因子

L_0/L L/d	0	0.1	0.2	0.5	1.0	2.0	5.0	10.0	∞
0.0	1.450 0	1.333 0	1.255 5	1.133 3	1.059 5	1.019 4	1.002 8	1.000 5	1.000 0
0.1	1.450 1	1.333 1	1.255 6	1.133 5	1.059 7	1.019 8	1.003 5	1.001 5	1.000 9
0.2	1.451 9	1.335 2	1.257 9	1.640	1.063 7	1.025 5	1.010 7	1.008 4	1.007 0
0.5	1.528 9	1.416 3	1.347 6	1.230 7	1.164 8	1.126 3	1.102 9	1.096 7	1.093 9
1.0	2.032 5	1.925 5	1.852 6	1.729 4	1.638 0	1.569 0	1.522 5	1.510 2	1.504 5
2.0	3.723 6	3.566 0	3.448 6	3.226 2	3.047 0	2.909 0	2.816 0	2.791 3	2.779 9
5.0	9.281 5	8.894 3	8.602 5	8.047 2	7.599 1	7.254 0	7.021 6	6.960 0	6.931 5
10.0	18.563 0	17.788 6	17.205 0	16.094 9	15.198 3	14.508 3	14.043 1	13.919 9	13.862 9

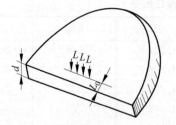

图 6.14　薄试样及四探针平行于试样边界时情况

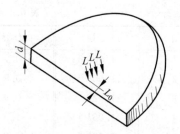

图 6.15　薄试样及四探针垂直于试样边界时情况

6.1.2 电导的物理特性

1. 载流子

电流是电荷在空间的定向运动。任何一种物质,只要存在荷电的自由粒子——载流子,就可以在电场作用下产生导电电流。金属导体中的载流子是自由电子,无机材料中的载流子可以是电子(负电子、空穴)、离子(正、负离子或空位)。载流子为离子的电导为离子电导。载流子为电子的电导为电子电导。

电子电导和离子电导具有不同的物理效应,由此可以确定材料的电导性质。

(1) 霍尔效应 电子电导的特征是具有霍尔效应。如图 6.16,沿试样 x 轴方向通入电流 I(电流密度 J_x),z 轴方向加一磁场 H_z,那么在 y 轴方向将产生一电场 E_y,这一现象称为霍尔效应。所产生的电场:

$$E_y = R_H J_x H_z \qquad (6.32)$$

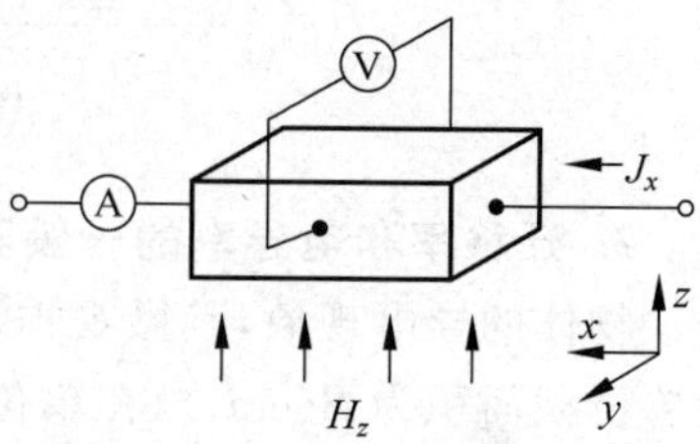

R_H 为霍尔系数。若载流子浓度为 n_i,则

$$R_H = \pm \frac{1}{n_i e} \qquad (6.33)$$

图 6.16 霍尔系数的测量

其正负号同载流子带电符号相一致。根据电导公式 $\sigma = n_i e \mu_i$,则

$$\mu_H = R_H \sigma \qquad (6.34)$$

μ_H 称为霍尔迁移率。测量过程中,为防止外界干扰,通常加以屏蔽。为了消除直流法中热磁效应以及磁阻效应所带来的误差,测量时可以改变电流或磁场方向以及采用交流法等。

霍尔效应的产生是由于电子在磁场作用下,产生横向移动的结果,离子的质量比电子大得多,磁场作用力不足以使它产生横向位移,因而纯离子电导不呈现霍尔效应。利用霍尔效应可检验材料是否存在电子电导。

(2) 电解效应 离子电导的特征是存在电解效应。离子的迁移伴随着一定的质量变化,离子在电极附近发生电子得失,产生新的物质,这就是电解现象。法拉第电解定律指出:电解物质与通过的电量成正比,即

$$g = CQ = Q/F \qquad (6.35)$$

式中,g 为电解质的量,Q 为通过的电量,C 为电化学当量,F 为法拉第常数。固体电解质的 Tubandt 实验原理如图 6.17 所示,图中 M、X、MX 分别为各物质原子质量或相对分子质量。当在 MX 型化合物中通过电量 Q 进行电解时,其总电流可以分为迁移数分别为 t_{e^-}、t_{X^-}、t_M 的三部分电流,结果产生如图中所示各部分的重量变化。由此可以检验陶瓷材料是否存在离子电导,并且可以判定载流子是正离子还是负离子。

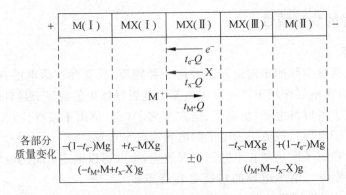

图 6.17 Tubandt 法原理

2. 迁移率和电导率的一般表达式

物体的导电现象,其微观本质是载流子在电场作用下的定向迁移。如图 6.18, 设单位截面积为 $S(\text{cm}^2)$, 在单位体积($1\ \text{cm}^3$)内载流子数为 $n(\text{cm}^{-3})$, 每一载流子的荷电量为 q, 则单位体积内参加导电的自由电荷为 nq。如果介质处在外电场中,则作用于每一载流子的力等于 qE。在这个力的作用下,每一载流子在 E 方向发生漂移,其平均速度为 $v(\text{cm/s})$。容易看出,单位时间($1\ \text{s}$)通过单位截面的电荷为

$$J = nqv$$

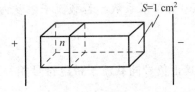

图 6.18 导电现象

J 即为电流密度。显然,$J = I/S$, 因为在单位时间内通过单位截面的电荷量就等于 J。长度为 v、截面为 S 的体积内的载流子总电荷量 nqv。根据欧姆定律及 $R=\rho h/S$, 可得

$$J = E/\rho = E\sigma \tag{6.36}$$

式(6.36)为欧姆定律最一般的形式。因为 ρ、σ 只决定于材料的性质,所以电流密度 J 与几何因子无关,这就给讨论电导的物理本质带来了方便。

由式(6.36)可以得到电导率为

$$\sigma = J/E = nqv/E \tag{6.37}$$

令 $\mu = v/E$, 并定义其为载流子的迁移率,其物理意义为载流子在单位电场中的迁移速度:

$$\sigma = nq\mu \tag{6.38}$$

电导率的一般表达式为

$$\sigma = \sum_i \sigma_i = \sum_i n_i q_i \mu_i \tag{6.39}$$

式(6.28)反映了电导率的微观本质,即宏观电导率 σ 与微观流子的浓度 n、每一种载流子的电荷量 q 以及每一种载流子的迁移率的关系。以后我们将主要依据式(6.39)讨论电导的性能。

6.2 离子电导

离子晶体中的电导主要为离子电导。晶体的离子电导可以分为两类：第一类源于晶体点阵的基本离子的运动，称为固有离子电导（或本征电导）。这种离子自身随着热振动离开晶格形成热缺陷。这种热缺陷无论是离子或者空位都是带电的，因而都可作为离子电导载流子。显然固有电导在高温下特别显著；第二类是由固定较弱的离子的运动造成的，主要是杂质离子。杂质离子是弱联系离子，所以在较低温度下杂质电导表现显著。

6.2.1 载流子浓度

对于固有电导（本征电导），载流子由晶体本身热缺陷——弗仑克尔缺陷和肖特基缺陷提供。弗仑克尔缺陷的填隙离子和空位的浓度是相等的，都可表示为

$$N_f = N\exp(-E_f/2kT) \tag{6.40}$$

式中，N 为单位体积内离子结点数；E_f 为形成一个弗仑克尔缺陷（即同时生成一个填隙离子和一个空位）所需要的能量；k 为玻耳兹曼常数；T 为热力学温度（K）。

肖特基空位浓度在离子晶体中可以表示为

$$N_s = N\exp(-E_s/2kT) \tag{6.41}$$

式中，N 为单位体积内离子对的数目；E_s 为离解一个阴离子和一个阳离子并达到表面所需要的能量。

由以上两式可以看出，热缺陷的浓度决定于温度 T 和离解能 E。常温下，kT 比起 E 来很小，因而只有在高温下热缺陷浓度才显著大起来，即固有电导在高温下显著。E 和晶体结构有关，在离子晶体中，一般肖特基缺陷形成能比弗仑克尔缺陷形成能低许多，只有在结构很松、离子半径很小的情况下才易形成弗仑克尔缺陷，如 AgCl 晶体易生成间隙离子 $Ag_i^{\cdot}$。

表 6.4 列出了碱卤晶体中缺陷形成以及缺陷扩散的能量。可以看出，扩散能比离解能小许多。

表 6.4　碱金属卤化物晶体内的作用能　　　　　　　　　　　　eV

作用能	NaCl	KCl	KBr
离解正离子的能量	4.62	4.47	4.23
离解负离子的能量	5.18	4.79	4.60
一对离子的晶格能	7.94	7.18	6.91
阴离子空位扩散能	0.56	—	—
阳离子空位扩散能	0.51	—	—
填隙离子的扩散能	2.90	—	—
一对离子的扩散能	0.38	0.44	—

杂质离子载流子的浓度决定于杂质的数量和种类。因为杂质离子的存在,不仅增加了电流载体数,而且使点阵发生畸变,杂质离子离解活化能变小。与固有电导不同,在低温下,离子晶体的电导主要由杂质载流子浓度决定。

6.2.2 离子迁移率

离子电导的微观机构为载流子——离子的扩散。下面讨论间隙离子在晶格间隙的扩散现象。间隙离子处于间隙位置时,受周围离子的作用,处于一定的平衡位置(称此为半稳定位置)。如果它要从一个间隙位置跃入相邻原子的间隙位置,需克服一个高度为 U_0 的"势垒"。完成一次跃迁,又处于新的平衡位置(间隙位置)上,如图 6.19 所示。这种扩散过程就构成了宏观的离子"迁移"。

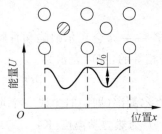

图 6.19 间隙离子的势垒

下面专门讨论离子迁移率。

由于 U_0 相当大,远大于一般的电场能,即在一般的电场强度下,间隙离子单从电场中获得的能量不足以克服势垒 U_0 进行跃迁,因而热运动能是间隙离子迁移所需要能量的主要来源。通常热运动平均能量仍比 U_0 小许多(相应于 1 eV 的温度为 10^4 K),因而可用热运动的涨落现象来解释。

考虑某一间隙由于热运动,越过位垒跃迁到邻近间隙位置的情况。根据玻耳兹曼统计规律,单位时间沿某一方向跃迁的次数为

$$P = \frac{\nu_0}{6}\exp(-U_0/kT) \tag{6.42}$$

式中,ν_0 为间隙离子在半稳定位置上振动的频率。

无外加电场时,间隙离子在晶体中各方向的"迁移"次数都相同,宏观上无电荷定向运动,故介质中无导电现象。

加上电场后,由于电场力的作用,晶体中间隙离子的势垒不再对称,如图 6.20 所示,对于正离子,受电场力作用,$F=qE$,F 与 E 同方向,因而正离子顺电场方向迁移容易,反电场方向迁移困难。设电场 E 在 $\delta/2$ 距离上(δ 为相邻半稳定位置间的距离)造成的位势差 $\Delta U = F \cdot \delta/2 = qE \cdot \delta/2$,则顺电场方向和逆电场方向填隙离子单位时间内跃迁的次数分别为

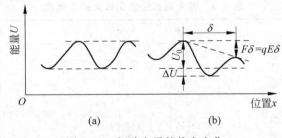

图 6.20 间隙离子的势垒变化
(a) 无电场;(b) 施加外电场 E

$$P_{顺} = \frac{\nu_0}{6}\exp[-(U_0 - \Delta U)/kT] \tag{6.43}$$

$$P_{逆} = \frac{\nu_0}{6}\exp[-(U_0 + \Delta U)/kT] \tag{6.44}$$

由此,单位时间内每一间隙离子沿电场方向的剩余跃迁次数应该为

$$\Delta P = P_{顺} - P_{逆}$$

$$= \frac{\nu_0}{6}\{\exp[-(U_0 - \Delta U)/kT] - \exp[-(U_0 + \Delta U)/kT]\}$$

$$= \frac{\nu_0}{6}\exp(-U_0/kT)[\exp(+\Delta U/kT) - \exp(-\Delta U/kT)] \tag{6.45}$$

每跃迁一次的距离为 δ,所以载流子沿电场方向的迁移速度 v 可视为

$$v = \Delta P \cdot \delta = \frac{\delta \nu_0}{6}\exp(-U_0/kT)[\exp(+\Delta U/kT) - \exp(-\Delta U/kT)] \tag{6.46}$$

当电场强度不太大时,$\Delta U \ll kT$,则指数式 $\exp(\Delta U/kT)$ 可展开为

$$e^{\frac{\Delta U}{kT}} = 1 + \frac{\frac{\Delta U}{kT}}{1!} + \frac{\left(\frac{\Delta U}{kT}\right)^2}{2!} + \frac{\left(\frac{\Delta U}{kT}\right)^3}{3!} + \cdots \approx 1 + \frac{\Delta U}{kT}$$

同样

$$e^{-\frac{\Delta U}{kT}} \approx 1 - \frac{\Delta U}{kT}$$

将以上两式一起代入式(6.35),因为 $\Delta U = \frac{1}{2}qE\delta$,所以

$$v = \frac{\nu_0}{6} \times \frac{q\delta}{kT}\exp\left(-\frac{U_0}{kT}\right) \times E \tag{6.47}$$

故载流子沿电流方向的迁移率为

$$\mu = \frac{v}{E} = \frac{\delta^2 \nu_0 q}{6kT}\exp\left(\frac{-U_0}{kT}\right) \tag{6.48}$$

式中,δ 为相邻半稳定位置间的距离,等于晶格距离(cm),ν_0 为间隙离子的振动频率(s^{-1}),q 为间隙离子的电荷数(C),k 的数值为 0.86×10^{-4}(eV/K);U_0 为无外电场时间隙离子的势垒(eV)。

应当指明,不同类型的载流子,在不同的晶体中,其扩散时所需克服的势垒都是不同的,由表 6.4 看出,空位扩散能比间隙离子扩散能小许多,因此碱卤晶体的电导主要为空位电导。

通常离子迁移率约为 $10^{-13} \sim 10^{-16}$ $m^2/(S \cdot V)$。

【例】 求离子迁移率的数量级。

【解】 设离子晶体晶格常数为 5×10^{-8} cm,振动频率为 10^{12} Hz,位能 $U_0 = 0.5$ eV,在常温下 $T = 300$ K,则

$$\mu = \frac{\delta^2 \nu_0 q}{6kT} \exp\left(-\frac{U_0}{kT}\right)$$

$$= \frac{(5\times 10^{-8})^2 \times 10^{12} \times 1e}{6\times 0.86 \times 10^{-4} \times 300} \times \exp\left(-\frac{0.5}{0.86 \times 10^{-4} \times 300}\right)$$

$$\approx 6.19 \times 10^{-11} [\mathrm{cm}^2/(\mathrm{s}\cdot\mathrm{V})]$$

6.2.3 离子电导率

1. 离子电导的一般表达式

载流子浓度及迁移率确定以后,其电导率可按 $\sigma = nq\mu$ 确定。

如果本征电导主要由肖特基缺陷引起,其本征电导率可写成

$$\sigma_s = N_1 \exp\left(-\frac{E_s}{2kT}\right) \times \frac{q^2 \delta^2}{6kT} \times \nu_0 \exp\left(-\frac{U_s}{kT}\right)$$

$$= N_1 \times \frac{q^2 \delta^2}{6kT} \times \nu_0 \exp\left(-\frac{U_s + \frac{1}{2}E_s}{kT}\right)$$

$$= A_s \exp(-W_s/kT) \tag{6.49}$$

式中,W_s 称为电导活化能,它包括缺陷形成能和迁移能。在较小的温度范围内可认为 A_s 是常数,因而电导率主要由指数式决定。

本征离子电导率的一般表达式为

$$\sigma = A_1 \exp(-W/kT) = A_1 \exp(-B_1/T) \tag{6.50}$$

式中,$B_1 = W/k$,A_1 为常数。

杂质离子在晶格中的存在方式,若是间隙位置,则形成间隙离子;若是置换原晶格中的离子,则间隙离子和空位都可能存在。不管哪一种情况,都可以仿照上式写出:

$$\sigma = A_2 \exp(-B_2/T) \tag{6.51}$$

式中,$A_2 = N_2 q^2 \delta^2 \nu / 6kT$。$N_2$ 为杂质离子浓度。虽然一般 N_2 比 N_1 小得多,但因为 $B_2 < B_1$,$\exp(-B_2) \gg \exp(-B_1)$,所以杂质电导率比本征电导率仍然大得多,离子晶体的电导主要为杂质电导。

如果只有一种载流子,电导率可用单项式来表示:

$$\sigma = \sigma_0 \exp(-B/T)$$

写成对数形式:

$$\ln\sigma = \ln\sigma_0 - B/T \tag{6.52}$$

以 $\ln\sigma$ 和 $1/T$ 为坐标可绘得一直线,从直线斜率 B 可求出活化能

$$W = Bk$$

表 6.5 所列非碱卤晶体的离子电导率主要来自杂质离子,其 B 的数值由实验得出。

表 6.5　某些非碱卤晶体的活化能数据

晶 体	B	$W=Bk$	
		$/10^{-19}$ J	/eV
石英(∥c 轴)	21 000	2.88	1.81
方镁石	13 500	1.85	1.16
白云母	8 750	1.20	0.75

表 6.6　卤化物的实验数据

	$A_1/\Omega^{-1}\cdot m^{-1}$	$W_1/(kJ/mol)$	$A_2/\Omega^{-1}\cdot m^{-1}$	$W_2/(kJ/mol)$
NaF	2×10^8	216	—	—
NaCl	5×10^7	169	50	82
NaBr	2×10^7	168	20	77
NaI	1×10^6	118	6	59

对于碱卤晶体,电导率大多满足二项公式:

$$\sigma = A_1\exp(-B_1/T) + A_2\exp(-B_2/T)$$

式中第一项由本征缺陷决定,第二项由杂质决定,其实验数据见表 6.6。表中 $W=Bk$。

如果物质存在多种载流子,其总电导率可表示为

$$\sigma = \sum_i A_i\exp(-B_i/T) \tag{6.53}$$

2. 扩散与离子电导

(1) 离子扩散机构　离子电导是在电场作用下离子的扩散系现象。离子扩散机构如图 6.21 所示。空位扩散以 MgO 中的 V''_{Mg} 作为载流子的扩散运动为代表;间隙扩散则是间隙离子作为载流子的直接扩散运动,即从一个间隙位置扩散到另一个间隙位置,一般间隙扩散比空位扩散需要更大的能量。若间隙离子较大,如果直接进行间隙扩散,势必要产生较大的晶格畸变,因此扩散很难进行。在这种情况下,往往产生间隙-亚晶格扩散,即某一间隙离子取代附近的晶格离子,被取代的晶格离子进入晶格间隙,从而产生离子移动。此种扩散运动由于晶格变形小,比较容易产生。AgBr 中的 Ag^+ 就是这种扩散形式。

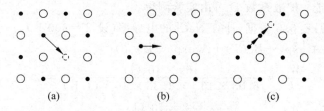

图 6.21　离子扩散机构模式图
(a) 空位扩散;(b) 间隙扩散;(c) 亚晶格间隙扩散

(2) 能斯特-爱因斯坦方程 陶瓷材料中,由于载流子离子浓度梯度所形成的电流密度为

$$J_1 = -Dq\frac{\partial n}{\partial x} \quad (6.54)$$

式中,n 为单位体积浓度;x 为扩散方向;q 为离子电荷量;D 为扩散系数。在式(6.54)中,D 是一个比例系数。当有电场存在时,其所产生的电流密度可以用欧姆定律的微分式表示:

$$J_2 = \sigma E = \sigma\frac{\partial V}{\partial x} \quad (6.55)$$

式中 V 为电位。这样一来,总电流密度 J 可用下式表示:

$$J = -Dq\frac{\partial n}{\partial x} - \sigma\frac{\partial V}{\partial x} \quad (6.56)$$

当处于热平衡状态下,可以认为 $J=0$。根据 Boltzmann 分布规律,建立下式

$$n = n_0 \exp(-qV/kT) \quad (6.57)$$

式中,n_0 为常数。因此,浓度梯度为

$$\frac{\partial n}{\partial x} = -\frac{qn}{kT}\cdot\frac{\partial V}{\partial x} \quad (6.58)$$

将式(6.58)代入式(6.56),得到

$$J = 0 = \frac{nDq^2}{kT}\cdot\frac{\partial V}{\partial x} - \sigma\frac{\partial V}{\partial x} \quad (6.59)$$

$$\sigma = D\frac{nq^2}{kT} \quad (6.60)$$

这个式子称为能斯特-爱因斯坦方程。此方程建立了离子电导率与扩散系数的关系,是一个重要的公式。由电导率公式 $\sigma=nq\mu$ 和式(6.60)还可以建立扩散系数 D 和离子迁移率 μ 的关系:

$$D = \frac{\mu}{q}kT = BkT \quad (6.61)$$

式中,B 称为离子绝对迁移率。

扩散系数 D 按指数规律随温度变化:

$$D = D_0\exp(-W/kT) \quad (6.62)$$

W 为扩散活化能;扩散系数 D 可由实验测得。

【例】根据表 6.6 数据,计算 NaCl 的电导率(设 $T=300$ K)。

【解】$\sigma = A_1\exp(-B_1/T) + A_2\exp(-B_2/T)$

$$B_1 = \frac{W_1}{k} = \frac{169\times 10^3 (\text{J})}{6.03\times 10^{23}\times 1.38\times 10^{-23}(\text{J/K})} = 2.03\times 10^4 \text{ K}$$

$$B_2 = \frac{W_2}{k} = \frac{82\times 10^3 (\text{J})}{6.03\times 10^{23}\times 1.38\times 10^{-23}(\text{J/K})} = 9.85\times 10^3 \text{ K}$$

$$\sigma = \left(5\times 10^7 \times e^{-\frac{2.03\times 10^4}{300}} + 50\times e^{-\frac{9.85\times 10^3}{300}}\right)\Omega^{-1}\cdot\text{m}^{-1}$$

$$= (1.98 \times 10^{-22} + 2.7 \times 10^{-13})\, \Omega^{-1} \cdot m^{-1}$$
$$\approx 2.7 \times 10^{-13}\, \Omega^{-1} \cdot m^{-1}$$

可见电导主要由第二项(杂质电导)引起。

6.2.4 影响离子电导率的因数

1. 温度

随着温度的升高,由式(6.50)和式(6.51)可以看出,电导按指数规律增加。图6.22表示含有杂质的电解质的电导率随温度的变化曲线。在低温下(曲线1)杂质电导占主要地位。这是由于杂质活化能比基本点阵离子的活化能小许多的缘故。在高温下(曲线2)固有电导起主要作用。因为热运动能量的提高,使本征电导的载流子数显著增多。这两种不同的电导机构,使曲线出现了转折点A。

但是温度曲线中的转折点并不一定都是由两种不同的离子导电机构引起的。刚玉瓷在低温下发生杂质离子电导,在高温下发生电子电导。

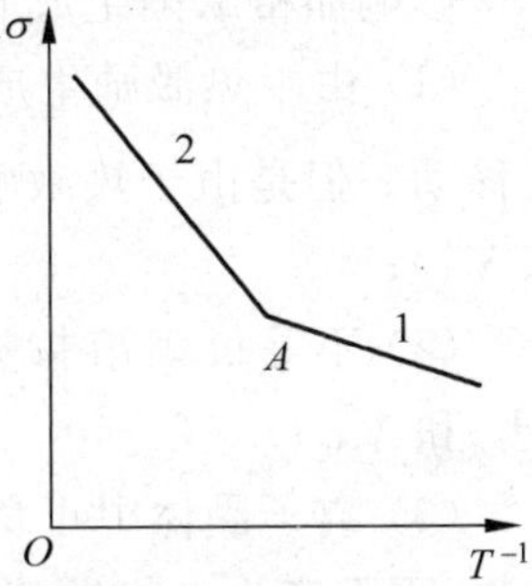

2. 晶体结构

电导率随活化能按指数规律变化,而活化能反映了离子的固定程度,它与晶体结构有关。那些熔点高的晶体,晶体结合力大,相应活化能也高,电导率就低。从表6.6列出的碱卤化合物离子活化能的数据可以看出,负离子半径增大,正离子活化能显著降低。

离子电荷的高低对活化能也有影响。一价正离子尺寸小,电荷少,活化能小;高价正离子,价键强,所以活化能大,故迁移率较低。图6.23(a)、(b)分别表示离子电荷、半径与电导(扩散)的关系。

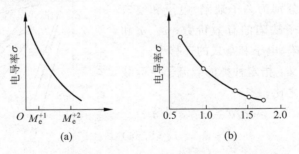

图6.22 杂质离子电导与温度的关系

图6.23 离子晶体中阳离子电荷和半径对电导的影响
(a) 离子电荷;(b) 离子半径 $r/\text{Å}$

除了离子的状态以外,晶体的结构状态对离子活化能也有影响。显然,结构紧密的离子晶体,由于可供移动的间隙小,则间隙离子迁移困难,即其活化能高,因而可获得较低的电导率。

3. 晶格缺陷

具有离子电导的固体物质称为固体电解质。实际上,只有离子晶体才能成为固体电解质,共价键晶体和分子晶体都不能成为固体电解质。离子晶体要具有离子电导的特征,必须具备以下两个条件:

(1) 电子载流子的浓度小;

(2) 离子晶格缺陷浓度大并参与电导。因此离子性晶格缺陷的生成及其浓度大小是决定离子电导的关键。

影响晶格缺陷生成和浓度的主要原因是:

(1) 由于热激励生成晶格缺陷。理想离子晶体中离子不可能脱离晶格点阵位置而移动。但是由于热激励,晶体中产生肖特基缺陷(V_A'' 和 $V_B^{\cdot\cdot}$)或弗仑克尔缺陷($A_i^{\cdot\cdot}$ 和 V_A'');

(2) 不等价固溶掺杂形成晶格缺陷。例如在 AgBr 中掺杂 Cd-Br_2,从而生成 $Cd_{Ag}^{\cdot}$ 和 V_{Ag}';

(3) 离子晶体中正负离子计量比随气氛的变化发生偏离,形成非化学计量比化合物,因而产生晶格缺陷。例如稳定型 ZrO_2,由于氧的脱离形成氧空位,其平衡式为

$$O_O^\times = \frac{1}{2}O_2 + V_O^{\cdot\cdot} + 2e'$$

这时不仅产生离子性缺陷,还同时产生电子性缺陷。因此几乎所有的电解质都或多或少地具有电子电导。

固体电解质的总电导率 σ 为离子电导率 σ_i 和电子电导率 σ_e 之和:

$$\sigma = \sigma_i + \sigma_e \tag{6.63}$$

$$\sigma_i = n_i |Z_d e| \mu_d$$

$$\sigma_e = n_e e \mu_e + n_h e \mu_h$$

式中,n_d、n_e 和 n_h 分别为离子缺陷、电子和空穴的浓度;Z_d 为离子缺陷的有效价数;μ_d、μ_e 和 μ_h 分别为离子缺陷、电子和空穴的迁移率。

迁移数的定义:指定种类的载流子所运载的电流与总电流之比。

离子迁移数 $\quad t_i = \sigma_i/\sigma = \sigma_i/(\sigma_i + \sigma_e)$
$$\tag{6.64}$$

电子迁移数 $\quad t_e = \sigma_e/\sigma = \sigma_e/(\sigma_i + \sigma_e)$
$$\tag{6.65}$$

通常把离子迁移数 $t_i > 0.99$ 的导体称为离子导体,把 $t_i < 0.99$ 的导体称为混合导体。

图 6.24 中列出了有代表性的离子导体。

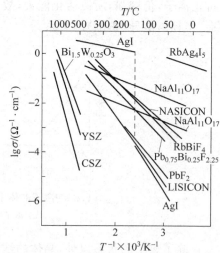

图 6.24 有代表性的离子电导体

6.2.5 固体电解质 ZrO_2

纯 ZrO_2 发生多晶型相变,其相变过程与温度为

$$\text{单斜相} \xleftrightarrow{1\,000℃} \text{四方相} \xleftrightarrow{2\,370℃} \text{立方相}$$

在单斜晶 $\leftrightarrow$ 四方晶的相变过程中,大约有 9% 的体积变化,因此难以获得稳定的 ZrO_2 烧结体。如果在 ZrO_2 中固溶 CaO、Y_2O_3 等可以获得稳定型 ZrO_2。固溶过程中产生如下反应形成 $V_O^{\cdot\cdot}$:

$$CaO \xrightarrow{ZrO_2} Ca_{Zr}'' + V_O^{\cdot\cdot} + O_O^{\times}$$

$$Y_2O_3 \xrightarrow{ZrO_2} 2Y_{Zr}' + V_O^{\cdot\cdot} + 3O_O^{\times}$$

ZrO_2 中 $V_O^{\cdot\cdot}$ 的大量产生,使高温下 O^{2-} 容易移动。当 $V_O^{\cdot\cdot}$ 浓度比较小时,离子电导率 σ_i 与 $[V_O^{\cdot\cdot}]$ 成正比,但是在 $V_O^{\cdot\cdot}$ 浓度比较大时,σ_i 达到饱和,然后,随 $V_O^{\cdot\cdot}$ 浓度进一步增大,电导率反而下降。这是因为 $V_O^{\cdot\cdot}$ 与固溶阳离子发生综合作用,生成 ($V_O^{\cdot\cdot} \cdot Ca_{Zr}''$) 所造成的。实验结果,在 1 000℃ 下,固溶 13 mol% CaO 或 8 mol% Y_2O_3,其电导率呈现极大值。

稳定型 ZrO_2 的重要应用之一是作为氧敏感元件。图 6.25 为 ZrO_2 氧敏元件的构造。

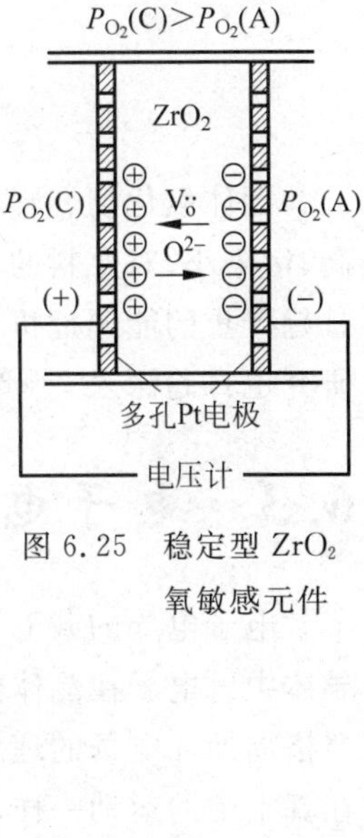

$$P_{O_2}(C):Pt \parallel 稳定型 ZrO_2 \parallel Pt:P_{O_2}(A)$$

$P_{O_2}(C) > P_{O_2}(A)$,氧离子 O^{2-} 从高氧分压侧 $P_{O_2}(C)$ 向低氧分压侧 $P_{O_2}(A)$ 移动,结果在高氧分压侧产生正电荷积累,在低氧分压侧产生负电荷积累,即

在正极侧:$\frac{1}{2}O_2[P_{O_2}(C)] + 2e' \longrightarrow O^{2-}$

在负极侧:$O^{2-} \longrightarrow \frac{1}{2}O_2[P_{O_2}(A)] + 2e'$

图 6.25 稳定型 ZrO_2 氧敏感元件

按照能斯特理论,产生的电动势为

$$E = \frac{RT}{4F} \ln \frac{P_{O_2}(C)}{P_{O_2}(A)} \tag{6.66}$$

式中,R 为气体常数;F 为法拉第常数;T 是热力学温度。当一侧的氧分压已知的条件下,可以检测另一侧的氧分压的大小。

ZrO_2 氧敏元件广泛应用于汽车锅炉燃烧空燃比的控制、冶炼金属中氧浓度以及氧化物热力学数据的测量等。若从外部施加电压,还可以用作控制氧浓度的化学泵。

稳定型 ZrO_2 的另一个重要应用是作为固体氧化物燃料电池(SOFC)的电解质

材料。燃料电池(Fuel Cell)是一种把"燃料＋氧化剂"体系中含有的化学能直接而有效地转换为直流电能的电化学装置。图6.26所示为SOFC工作原理示意图。将燃料和空气(或氧气)分别提供于隔开的电极，并在那里参加电极反应。燃料电池一般由四部分组成，即电解质、负极(燃料电极)、正极(空气电极)和连接体材料。前三者组成单电池，再通过联结体材料形成电池组，以获得大功率输出。

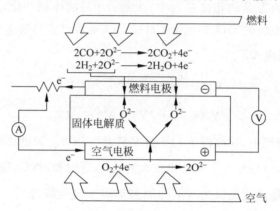

图6.26 SOFC工作原理示意图

固体氧化物燃料电池是一种新型的环境友善的发电技术，它具有能量转换效率高、污染小、对燃料的适应性强等显著的优点，因而被认为是解决人类目前所面临的日趋严重的能源危机与环境污染问题的一项关键技术，受到广泛的重视，相应的，其研究也日趋深入。

6.3 电子电导

电子电导的载流子是电子或空穴(即电子空位)。电子电导主要发生在导体和半导体中。电子在晶体中的运动状态用量子力学理论来描述。能带理论指出，在具有严格周期性电场的理想晶体中的电子和空穴，在绝对零度下的运动象理想气体分子在真空中的运动一样，电子运动时不受阻力，迁移率为无限大。只有当周期性受到破坏时，才产生阻碍电子运动的条件。电场周期破坏的来源是：晶格热振动、杂质的引入、位错和裂缝等。在电子电导的材料中，电子与点阵的非弹性碰撞引起电子波的散射是电子运动受阻的原因之一。下面我们仍从载流子的迁移率以及浓度两个方面来讨论电子电导问题。

6.3.1 电子迁移率

先讨论金属中自由电子的运动。自由电子的运动可以在经典力学的基础上结合波粒二象性来讨论，这是因为它的量子化特征不很显著的缘故，例如它的能量就不是量子化的，而是可以连续变化。下面用经典力学理论讨论。

在外电场 E 作用下，金属中的自由电子可被加速，其加速度为
$$a = eE/m_e$$

实际上导体都有电阻，因而电子不会无限地被加速，速度不会无限大。所以我们假定电子由于和声子、杂质、缺陷相碰撞而散射，从而失去前进方向上的速度分量。这就是金属有电阻的原因。发生碰撞瞬间，由于电子向四面八方散射，因而对大量电子平均而言，电子在前进方向上的平均迁移速度为 0，然后又由于电场的作用，电子仍被电场加速，获得定向速度。设每两次碰撞之间的平均时间为 2τ，则电子的平均速度为
$$\bar{v} = \tau eE/m_e$$

可以求出自由电子的迁移率
$$\mu_e = \bar{v}/E$$
$$\mu_e = \tau e/m_e$$

式中，e 为电子电荷；m_e 为电子质量；τ 为松弛时间，则 $\frac{1}{2}\tau$ 为单位时间平均散射次数。τ 与晶格缺陷及温度有关。温度越高，晶体缺陷越多，电子散射几率越大，τ 越小。

以上是用经典力学模型来讨论自由电子的运动，实际晶体中的电子不是"自由"的。对于半导体和绝缘体中的电子能态，必须用量子力学理论来描述。

根据量子力学，电子波的波包速度（群速）即为电子的前进速度，群速
$$v_g = 2\pi \frac{d\nu}{dk} \tag{6.67}$$

式中，ν 为德布罗意波的频率，k 为波数。

由于 $E = h\nu$，则
$$v_g = \frac{2\pi}{h} \cdot \frac{dE}{dk} \tag{6.68}$$

$$a = \frac{dv_g}{dt} = \frac{2\pi}{h} \cdot \frac{d}{dt}\left(\frac{dE}{dk}\right) = \frac{2\pi}{h} \cdot \frac{d^2E}{dk^2} \cdot \frac{dk}{dt} \tag{6.69}$$

现在仿照自由电子的运动形式（由于晶体中的共有化电子在每一个能带内能量变化也几乎是连续的，所以它与自由电子运动具有一定的相似性），写出加速度 a 与电场力 eE 的关系。

设电子被电场 E 加速时，在 dt 时间内，能量增加 dE：
$$dE = \frac{dE}{dk} \cdot dk = eE dx = eE(v_g \cdot dt) \tag{6.70}$$

将式(6.68)代入式(6.70)得
$$\frac{dE}{dk} \cdot dk = \frac{2\pi eE}{h} \cdot \frac{dE}{dk} \cdot dt$$

$$\frac{dk}{dt} = \frac{2\pi eE}{h} \tag{6.71}$$

上式代入式(6.69)得

$$a = eE \cdot \frac{4\pi^2}{h^2} \cdot \frac{d^2 E}{dk^2} \tag{6.72}$$

令

$$m^* = \frac{h^2}{4\pi^2}\left(\frac{d^2 E}{dk^2}\right)^{-1} \tag{6.73}$$

m^* 定义为电子的有效质量,则晶体中电子的运动状态也可写成 $F = m^* a$ 的形式。F 为外力,这里是电场力 eE,m^* 为电子的有效质量,对自由电子 $m^* = m_e$,对晶体中的电子 m^* 与 m_e 不同,m^* 决定于能态(电子与晶格的相互作用强度),如图 6.27 所示。在第Ⅰ区,E 与 k 符合抛物线关系,属于自由电子的性质,即经典现象。在这一区的底部附近,$m^* = m_e$。在第Ⅱ区,曲线的曲率 d^2E/dk^2 为负值,因而有效质量是负的,即价带(满带)顶部附近电子的有效质量是负的。第Ⅲ区为禁带,第Ⅳ区,曲率是正的因而有效质量是正的,而且由于Ⅳ区的曲率比Ⅰ区的大,所以有效质量比Ⅰ区小。此区的电子称为"轻电子"。大多数导体,由于价带只是一部分充满,所以 $m^* = m_e$,半导体和绝缘体以及部分导体,由于价带充满或几乎充满,因而 $m^* \neq m_e$。

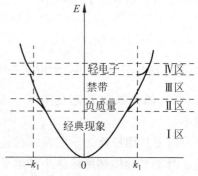

图 6.27 一维周期场中电子能量 E 与波数 k 的关系

必须指出,晶格中的电子的有效质量与自由电子真实质量不同的地方在于,有效质量已将晶格场对电子的作用包括在内了,使得外力(电场力)与电子加速度之间的关系可以简单地表示为 $F = m^* a$ 的形式,这样我们就可避免对晶格场的复杂作用的讨论,从而把问题简化。对于一定的材料结构,晶格场一定,则有效质量有确定的值,可通过实验测定。

有了有效质量的概念之后,我们可以仿照自由电子的迁移率 μ_e 的求法,计算出晶格场中的电子迁移率为

$$\mu = e\tau/m^*$$

式中 e 为电子电荷。

m^* 决定于晶格,对氧化物 m^* 一般为 m_e 的 2~10 倍;对碱性盐 $m^* = \frac{1}{2} m_e$。除与晶格缺陷有关外,还决定于温度。通常电子与空穴的迁移率不相等,一般为 1~100 cm²/(s·V),金属中 μ_e 为 20~50 cm²/(s·V)。详见表 6.7。

表 6.7 室温下载流子的近似迁移率 $cm^2/(s·V)$

晶 体	迁移率 电子	迁移率 空穴	晶 体	迁移率 电子	迁移率 空穴
金刚石	1 800	1 200	GaSb	2 500～4 000	650
Si	1 600	400	PbS	600	200
Ge	3 800	1 800	PbSe	900	700
InSb	100 000	1 700	PbTe	1 700	930
InAs	23 000	200	AgCl	50	
GaP	150	120	CdTe	600	
InP	3 400	650	GaAs	8 000	3 000
AlN		10	SnO_2	160	
FeO			$SrTiO_3$	6	
MnO		0.1	Fe_2O_3	0.1	
CoO			TiO_2	0.2	
NiO			Fe_3O_4	—	0.1

电子和空穴的有效质量的大小是由半导体材料的性质所决定的。所以不同的半导体材料,电子和空穴的有效质量也不同。平均自由运动时间的长短是由载流子的散射的强弱来决定的。散射越弱,τ越长,迁移率也就越高。掺杂浓度和温度对迁移率的影响,本质上是对载流子散射强弱的影响。散射主要有以下两方面的原因:

(1) 晶格散射

半导体晶体中规则排列的晶格,在其晶格点阵附近产生热振动,称为晶格振动。由于这种晶格振动引起的散射叫做晶格散射。温度越高,晶格振动越强,对载流子的晶格散射也将增强。在低掺杂半导体中,迁移率随温度升高而大幅度下降的原因就在于此。

(2) 电离杂质散射

杂质原子和晶格缺陷都可以对载流子产生一定的散射作用。但最重要的是由电离杂质产生的正负电中心对载流子有吸引或排斥作用,当载流子经过带电中心附近,就会发生散射作用。如图 6.28 所示。

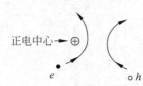

图 6.28 电离杂质散射

电离杂质散射的影响与掺杂浓度有关。掺杂越多,载流子和电离杂质相遇而被散射的机会也就越多。

电离杂质散射的强弱也和温度有关。温度越高,载流子运动速度越大,因而对于同样的吸引和排斥作用所受影响相对就越小,散射作用越弱。这和晶格散射情况是相反的,所以在高掺杂时,由于电离杂质散射随温度变化的趋势与晶格散射相反,因此迁移率随温度变化较小。

6.3.2 载流子浓度

根据能带理论,晶体中并非所有电子,也并非所有的价电子都参与导电,只有导带中的电子或价带顶部的空穴才能参与导电。从图 6.29 可以看出,导体中导带和价带之间没有禁区,电子进入导带不需要能量,因而导电电子的浓度很大。在绝缘体中价带和导带隔着一个宽的禁带 E_g,电子由价带到导带需要外界供给能量,使电子激发,实现电子由价带到导带的跃迁,因而通常导带中导电电子浓度很小。

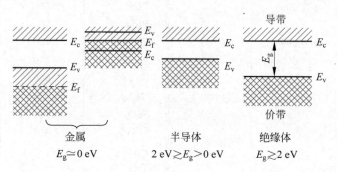

图 6.29　金属、半导体和绝缘体的能带结构

半导体和绝缘体有相类似的能带结构,只是半导体的禁带较窄(E_g 小),电子跃迁比较容易。一般绝缘体禁带宽度约为 6～12 eV,半导体禁带宽度小于 2 eV。表 6.8 列出了某些化合物的禁带宽度。

表 6.8　本征半导体室温下的禁带宽度

晶　体	E_g/eV	晶　体	E_g/eV
$BaTiO_3$	2.5～3.2	TiO_2	3.05～3.8
C(金刚石)	5.2～5.6	CaF_2	12
Si	1.1	PN	4.8
α-SiO_2	2.8～3	CdO	2.1
PbS	0.35	LiF	12
PbSe	0.27～0.5	Ga_2O_3	4.6
PbTe	0.25～0.30	CoO	4
Cu_2O	2.1	GaP	2.25
Fe_2O_3	3.1	CdS	2.42
AgI	2.8	GaAs	1.4
KCl	7	ZnSe	2.6
MgO	>7.8	Te	1.45
α-Al_2O_3	>8	γ-Al_2O_3	2.5

陶瓷材料中电子电导比较显著的主要是半导体陶瓷。下面以半导体为例,讨论载流子的浓度。

1. 本征半导体中的载流子浓度

半导体的价带和导带中隔着一个禁带 E_g,在绝对零度下,无外界能量,价带中的电子不可能跃迁到导带中去。如果存在外界作用(如热、光辐射),则价带中的电子获得能量，可能跃迁到导带中去。这样，不仅在导带中出现了导电电子，而且在价带中出现了这个电子留下的空位，叫做空穴，如图 6.30 所示。在外电场作用下，价带中的电子可以逆电场方向运动到这些空位上来，而本身又留下新的空位。换句话说，空位顺电场方向运动，所以称此种导电为空穴导电。空穴好像一个带正电的电荷，因此空穴导电也是属于电子电导的一种形式。

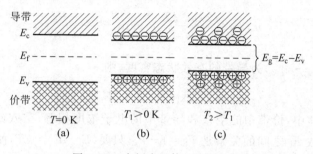

图 6.30 本征半导体的能带结构

上面这种空带中的电子导电和价带中的空穴导电同时存在，称为本征电导。本征导电的载流子电子和空穴的浓度是相等的，这类载流子只由半导体晶格本身提供，所以叫本征半导体。本征半导体的载流子是由热激发产生的，其浓度与温度成指数关系。

根据费米统计理论，可以计算出导带中电子浓度以及价带中的空穴浓度。

在某一能带（E_1 和 E_2 之间），存在的电子浓度 n_e 可以表示为

$$n_e = \int_{E_1}^{E_2} G(E) F_e(E) \mathrm{d}E \tag{6.74}$$

式中，$G(E)$ 为电子允许状态密度；$F_e(E)$ 为电子存在的几率。根据费米-狄拉克分布函数，$F_e(E)$ 为

$$F_e(E) = \frac{1}{1 + \exp[(E - E_f)/kT]} \tag{6.75}$$

E_f 为费米能级，也就是电子存在几率为 $\frac{1}{2}$ 的能级。室温下（$kT = 0.025$ eV），$E - E_f \gg kT$，则电子分布函数能近似为

$$F_e(E) \approx \exp[-(E - E_f)/kT] \tag{6.76}$$

图 6.30 的能带构造中，E_c、E_v、E_f 分别为导带底部能级、价带顶部能级和费米能级。由式(6.74)导带中存在的导电电子浓度 n_e 为

$$n_e = \int_{E_c}^{\infty} G_c(E) F_e(E) \mathrm{d}E \tag{6.77}$$

$G_c(E)$ 为导带的电子状态密度，其值为

$$G_c(E) = \frac{1}{2\pi^2} \left(\frac{8\pi^2 m_e^*}{h^2} \right)^{\frac{3}{2}} (E - E_c)^{\frac{1}{2}} \tag{6.78}$$

式中，m_e^* 为电子有效质量；h 是普朗克常数。将式(6.76)和式(6.78)代入式(6.77)，得到

$$n_e = \int_{E_c}^{\infty} G_c(E) F_e(E) \mathrm{d}E = \frac{1}{2\pi^2} \left(\frac{8\pi^2 M_e^*}{h^2} \right)^{\frac{3}{2}} \mathrm{e}^{\frac{E_f}{kT}} \int_{E_c}^{\infty} (E - E_c)^{\frac{1}{2}} \mathrm{e}^{-\frac{E}{kT}} \mathrm{d}E \quad (6.79)$$

经过积分，得出

$$n_e = 2 \left(\frac{2\pi m_e^* kT}{h^2} \right)^{\frac{3}{2}} \exp\left(-\frac{E_c - E_f}{kT} \right) \quad (6.80)$$

令 $N_c = 2 \left(\dfrac{2\pi m_e^* kT}{h^2} \right)^{\frac{3}{2}}$，为导带的有效状态密度，则

$$n_e = N_c \exp[-(E_c - E_f)/kT] \quad (6.81)$$

本征半导体中，价带中的空穴和导带中的电子浓度相等，空穴的分布函数 F_h 和电子的分布函数 F_e 之间的关系是 $F_h = 1 - F_e$，只要 $(E_f - E) \gg kT$，便有

$$F_h(E) = 1 - \frac{1}{1 + \mathrm{e}^{(E - E_f)/kT}} = \frac{1}{1 + \mathrm{e}^{(E_f - E)/kT}} \approx \mathrm{e}^{(E - E_f)/kT} \quad (6.82)$$

价带中的空穴的浓度可仿照导带电子浓度运算：

$$n_h = \int_{-\infty}^{E_v} G_v(E) F_h(E) \mathrm{d}E = 2 \left(\frac{2\pi m_h^* kT}{h^2} \right)^{\frac{3}{2}} \exp\left(-\frac{E_f - E_v}{kT} \right)$$

$$= N_v \exp\left(-\frac{E_f - E_v}{kT} \right) \quad (6.83)$$

式中，$G_v(E)$ 为价带的空穴状态密度；N_v 为价带的有效状态密度：

$$N_v = 2 \left(\frac{2\pi m_h^* kT}{h^2} \right)^{\frac{3}{2}}$$

本征半导体中，$n_e = n_h$，由式(6.81)、式(6.83)可以求出费米能级 E_f

$$E_f = \frac{1}{2}(E_c + E_v) - \frac{1}{2} kT \ln \frac{N_c}{N_v} \quad (6.84)$$

代入式(6.81)和式(6.83)得到

$$n_e = n_h = 2 \left(\frac{2\pi kT}{h^2} \right)^{\frac{3}{2}} (m_e^* m_h^*)^{\frac{3}{4}} \exp\left(-\frac{E_c - E_v}{2kT} \right)$$

$$= 2 \left(\frac{2\pi kT}{h^2} \right)^{\frac{3}{2}} (m_e^* m_h^*)^{\frac{3}{4}} \exp\left(-\frac{E_g}{2kT} \right)$$

$$= N \exp\left(-\frac{E_g}{2kT} \right) \quad (6.85)$$

式中，N 为等效状态密度：

$$N = 2 \left(\frac{2\pi kT}{h^2} \right)^{\frac{3}{2}} (m_e^* m_h^*)^{\frac{3}{4}}$$

【例】 设 PbS $m_e^* = m_h^* = 0.5 m_e$，$E_g = 0.35$ eV。求室温下载流子的浓度。

【解】 载流子浓度 $n_e = n_h = N \exp(-E_g/2kT)$

$$\exp(-E_g/2kT) = e^{-\frac{0.35 \times 1.6 \times 10^{-19}}{2 \times 1.38 \times 10^{-23} \times 300}} = 1.1 \times 10^{-8}$$

$$N = 2\left[\frac{2\pi kT (m_e^* m_h^*)^{\frac{1}{2}}}{h^2}\right]^{\frac{3}{2}}$$

$$= 2 \times \left[\frac{2 \times 3.14 \times 1.38 \times 10^{-23} \times 300 \times 0.5 \times 9 \times 10^{-28}}{(6.6 \times 10^{-34})^2}\right]^{\frac{3}{2}}$$

$$= 8.8 \times 10^{18}$$

故 $n_e = n_h = 8.8 \times 10^{18} \times 1.1 \times 10^{-3} = 9.68 \times 10^{15} (\text{cm}^{-3})$

2. 杂质半导体中的载流子浓度

杂质对半导体的导电性能影响极大,例如在硅单晶中掺入十万分之一的硼原子,可使硅的导电能力增加一千倍。

杂质半导体分为 n 型半导体和 p 型半导体。例如在四价的半导体硅单晶中掺入五价的杂质砷,一个砷原子在硅晶体中取代了一个硅原子,由于砷原子外层有五个价电子,其中四个同相邻的四个硅原子形成共价以后,还多出一个电子,这个"多余"的电子能级离导带很近(图 6.31),只差 $E_i = 0.05$ eV,大约为硅的禁带宽度的 5%,因此它比满带中的电子容易激发得多。这种"多余"电子的杂质能级称为施主能级。这类掺入施主杂质的半导体称为 n 型半导体。

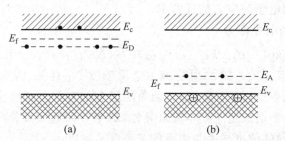

图 6.31 n 型与 p 型半导体能带结构
(a) n 型半导体;(b) p 型半导体

若在半导体硅中掺入第三族元素(如硼),因为这类元素的外层只有三个价电子,这样它和硅形成共价键就少了一个电子,或者说出现了一个空穴能级。此能级距价带很近,只差 $E_i = 0.045$ eV,如图 6.31 所示。显然价带中的电子激发到空穴能级上比越过整个禁带(1.1 eV)到导带要容易得多。这个空穴能级能容纳由价带激发上来的电子,所以称这种杂质能级为受主能级,掺入受主杂质的半导体称为 p 型半导体或空穴型半导体,因为其中的载流子为空穴。

n 型半导体的载流子主要为导带中的电子。设单位体积中有 N_D 个施主原子,施主能级为 E_D,具有电离能 $E_i = E - E_D$。当温度不很高时,即 $E_i \ll E_g$,导带中的电子几乎全部由施主能级提供。按照上述的推导,将 E_v、N_v 换为 E_D、N_D,则导带中的电子浓度 n_e 和费米能级便为

$$n_e = (N_c N_D)^{\frac{1}{2}} \exp\left(-\frac{E_c - E_D}{2kT}\right) \tag{6.86}$$

$$E_f = \frac{1}{2}(E_v + E_A) - \frac{1}{2}kT\ln\frac{N_A}{N_v} \tag{6.87}$$

p型半导体的载流子主要为空穴,仿照上式,在温度不很高时,同样可以写出:

$$n_h = (N_v N_A)^{\frac{1}{2}} \exp\left(-\frac{E_A - E_v}{2kT}\right) = (N_v N_A)^{\frac{1}{2}} \exp(-E_i/2kT) \tag{6.88}$$

$$E_f = \frac{1}{2}(E_v + E_A) - \frac{1}{2}kT\ln\frac{N_A}{N_v} \tag{6.89}$$

式中,N_A 为受主杂质浓度;E_A 为受主能级;E_i 为电离能,$E_i = E_A - E_v$。

由此可见,杂质半导体的载流子浓度与温度的关系符合指数规律。

6.3.3 电子电导率

和离子电导率一样,电子电导率仍可按公式 $\sigma = nq\mu$ 计算。但在电子电导中,载流子电子、空穴浓度、迁移率常常不一样,计算时应分别考虑。

对本征半导体,其电导率为

$$\sigma = n_e e\mu_e + n_h e\mu_h = N\exp(-E_g/2kT)(\mu_e + \mu_h)e \tag{6.90}$$

式中 μ_e、μ_h 分别为电子与空穴的迁移率。

n型半导体的电导率为

$$\sigma = N\exp(-E_g/2kT)(\mu_e + \mu_h)e + (N_c N_D)^{\frac{1}{2}}\exp(-E_i/2kT)\mu_e e \tag{6.91}$$

第一项与杂质浓度无关。第二项与施主杂质浓度 N_D 有关,因为 $E_g > E_i$,故在低温时,上式第二项起主要作用;高温时,杂质能级上的有关电子已全部离解激发,温度继续升高时,电导率增加是属于本征电导性(即第一项起主要作用)。本征半导体或高温时的杂质半导体的电导率与温度的关系可简写成

$$\sigma = \sigma_0 \exp(-E_g/2kT) \tag{6.92}$$

σ_0 与温度变化关系不太显著,故在温度变化范围不太大时,σ_0 可视为常数,因此 $\ln\sigma$ 与 $1/T$ 成直线关系,由直线斜率可求出禁带宽度 E_g。

上式取倒数,可得电阻率与温度关系

$$\rho = \rho_0 \exp(E_g/2kT)$$

$$\ln\rho = \ln\rho_0 + E_g/2kT$$

由实验测得一些本征半导体的电阻率与温度关系如图 6.32 所示。

同样也可以求出 p 型半导体的电导率为

$$\sigma = N\exp(-E_g/2kT)(\mu_e + \mu_h)e + (N_v N_A)^{\frac{1}{2}}\exp(-E_i/2kT)\mu_e e$$

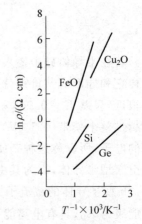

图 6.32 本征半导体 $\ln\rho$ 与 $1/T$ 的关系

实际晶体具有比较复杂的导电机构。图 6.33 示出电子电导率与温度关系的典型曲线：(a)具有线性特性，表示该温度区间具有始终如一的电子跃迁机构；(b)和(c)都在 T_K 处出现明显的曲折，其中(b)表示低温区主要是杂质电子电导，高温区以本征电子电导为主，(c)表示在同一晶体中同时存在两种杂质时的电导特性。

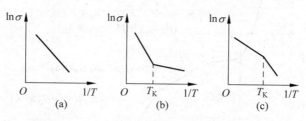

图 6.33　电导率与温度关系的典型曲线

6.3.4　影响电子电导的因素

1. 温度对电导率的影响

在温度变化不大时，电导率与温度关系符合指数式。下面详细分析温度的影响。

在迁移率 $\mu = e\tau/m^*$ 的公式中，τ 是载流子和声子碰撞的特征弛豫时间。它除了与杂质有关外，主要决定于温度。τ 随温度的变化关系决定了迁移率的温度关系。总的迁移率 μ 受散射的控制，设其包括以下两大部分：

(1) 声子对迁移率的影响可写成

$$\mu_L = aT^{-\frac{3}{2}} \tag{6.93}$$

(2) 杂质离子对迁移率的影响可写成

$$\mu_I = bT^{\frac{3}{2}} \tag{6.94}$$

上述两式中，a、b 为常数，决定于不同的材料。由于 $\rho = \dfrac{1}{\sigma} = \dfrac{1}{ne\mu}$，而总的电阻由声子、杂质两类散射机构叠加而成，因而可求出总迁移率

$$\frac{1}{\mu} = \frac{1}{\mu_I} + \frac{1}{\mu_L} \tag{6.95}$$

图 6.34 表示了 μ 与 T 的关系。可以看出，低温下杂质离子散射项起主要作用；高温下，声子散射项起主要作用。一般 μ 受 T 的影响比起载流子浓度 n 受 T 的影响要小得多。因此电导率对温度的依赖关系主要取决于浓度项。

载流子浓度与温度关系很大，符合指数式，图 6.35 表示 $\ln n$ 与 $1/T$ 的关系。图中低温阶段为杂质电导，

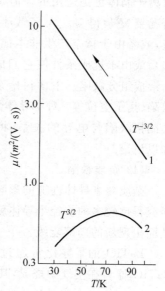

图 6.34　迁移率与温度的关系

高温阶段为本征电导,中间出现了饱和区,此时杂质全部电离解完,载流子浓度变为与温度无关。

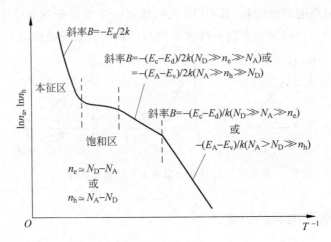

图 6.35　$\ln n$ 与 $1/T$ 的关系图

综合迁移率、浓度两个方面,对于实际材料 $\ln \sigma$ 与 $1/T$ 的关系曲线是非线性的(图 6.36)。

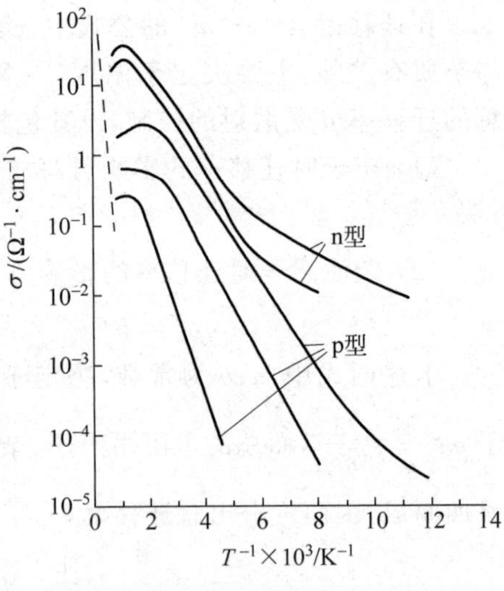

2. 杂质及缺陷的影响

我们已经介绍了共价键半导体中不等价原子替代在禁带中形成杂质能级的情况,这对离子晶体也是适用的。但是在离子晶体中情况要复杂得多。大多数半导体氧化物陶瓷,或者由于掺杂产生非本征的缺陷(杂质缺陷),或由于烧成条件使它们成为非化学计量而形成组分缺陷。下面讨论杂质缺陷及组分缺陷(离子空位等)对半导体性能的影响。有关晶格缺陷与电导的关系,将在专门一节中加以讨论。

图 6.36　SiC 半导体的电导特性

(1) 杂质缺陷

杂质对半导体性能的影响是由于杂质离子(原子)引起的新局部能级。生产上研究得比较多的价控半导体就是通过杂质的引入,导致主要成分中离子电价的变化,从而出现新的局部能级。

$BaTiO_3$ 的半导化常通过添加微量的稀土元素形成价控半导体。添加 La 的 $BaTiO_3$ 原料在空气中烧成,其反应式如下:

$$Ba^{2+}Ti^{4+}O_3^{2-} + xLa^{3+} = Ba_{1-x}^{2+}La_x^{3+}(Ti_{1-x}^{4+}Ti_x^{3+})O_3^{2-} + xBa^{2+}$$

$$La_2O_3 = 2La_{Ba}^{\cdot} + 2e' + 2O_O^{\times} + \frac{1}{2}O_2(g)$$

La占据晶格中Ba^{2+}位置,但每添加一个La^{3+}离子,晶体中多余一个正电荷,为了保持电中性,Ti^{4+}俘获了一个电子,形成Ti^{3+}。这个被俘获的电子只处于半束缚状态,容易激发,参与导电。此过程提供施主能级,因而$BaTiO_3$变成n型半导体。添加微量Nb^{5+}的$BaTiO_3$在空气中烧成,其反应式如下:

$$Ba^{2+}Ti^{4+}O_3^{2-} + yNb^{5+} \longrightarrow Ba^{2+}Nb_y^{5+}(Ti_y^{3+}Ti_{1-2y}^{4+})O_3^{2-} + yTi^{4+}$$

置换固溶的结果同样可以形成n型半导体。

把少量氧化锂加入氧化镍中,将此混合物在空气中烧成,可得电阻率极低的半导体($\rho \approx 1\ \Omega \cdot cm$),其反应式如下:

$$\frac{x}{2}Li_2O + (1-x)NiO + \frac{x}{4}O_2 \longrightarrow (Li_x^+Ni_{1-2x}^{2+}Ni_x^{3+})O$$

$$Li_2O + \frac{1}{2}O_2(g) = 2Li'_{Ni} + 2h^{\cdot} + 2O_O^{\times}$$

结果在正常的阳离子位置上,通过引进低价离子Li^+促进了高价的Ni^{3+}离子的生成。Ni^{3+}离子可以看成(Ni^{3+}+空穴)。此过程提供与Li掺杂量相同数量的空穴,因而为p型半导体。

对于价控半导体,可以通过改变杂质的组成,获得不同的电性能,但必须注意杂质离子应具有和被取代离子几乎相同的尺寸,而且杂质离子本身有固定的价数,具有高的离子化势能。

表6.9列举了一些代表性的价控半导体陶瓷。

表6.9 价控半导体陶瓷

基体	掺杂	生成缺陷种类		半导体类型	应用
NiO	Li_2O	Li'_{Ni}	$Ni_{Ni}^{\cdot}$	p	热敏电阻
CoO	Li_2O	Li'_{Co}	$Co_{Co}^{\cdot}$	p	热敏电阻
FeO	Li_2O	Li'_{Fe}	$Fe_{Fe}^{\cdot}$	p	热敏电阻
MnO	Li_2O	Li'_{Mn}	$Mn_{Mn}^{\cdot}$	p	热敏电阻
ZnO	Al_2O_3	$Al_{Zn}^{\cdot}$	Zn'_{Zn}	n	气敏元件
TiO_2	Ta_2O_5	$Ta_{Ti}^{\cdot}$	Ti'_{Ti}	n	气敏元件
Bi_2O_3	BaO	Ba'_{Bi}	$Bi_{Bi}^{\cdot}$	p	高阻压敏材料组分
Cr_2O_3	MgO	Mg'_{Cr}	$Cr_{Cr}^{\cdot}$	p	高阻压敏材料组分
Fe_2O_3	TiO_2	$Ti_{Fe}^{\cdot}$	Fe'_{Fe}		
$BaTiO_3$	La_2O_3	$La_{Ba}^{\cdot}$	Ti'_{Ti}		PTC
$BaTiO_3$	Ta_2O_5	$Ta_{Ti}^{\cdot}$	Ti'_{Ti}		PTC
$LaCrO_3$	CaO	Ca'_{La}	$Cr_{Cr}^{\cdot}$		高温电阻发热体
$LaMnO_3$	SrO	Sr'_{La}	$Mn_{Mn}^{\cdot}$	p	高温电阻发热体
$K_2O \cdot 11Fe_2O_3$	TiO_2	$Ti_{Fe}^{\cdot}$	Fe'_{Fe}	n	离子-电子混合电导
SnO_2	Sb_2O_3	$Sb_{Sn}^{\cdot}$	Sn'_{Sn}	n	透明电极

（2）组分缺陷

非化学计量配比的化合物中，由于晶体化学组成的偏离，形成离子空位或间隙离子等晶格缺陷称为组分缺陷。这些晶格缺陷的种类、浓度将给材料的电导带来很大的影响。

阳离子空位：金属氢化物 MnO、FeO、CoO、NiO 等由于氧过剩，通常写为 $M_{1-\delta}O$。δ 值决定于温度和周围氧分压的大小，并因物质种类而异。在平衡状态下，缺陷化学反应如下：

$$\left.\begin{array}{l} \frac{1}{2}O_2(g) = V_M^\times + O_O^\times \\ V_M^\times = V_M' + h^\bullet \\ V_M' = V_M'' + h^\bullet \end{array}\right\} \quad (6.96)$$

在这些金属氧化物中，阳离子通常为正二价，一旦氧过剩，为了保持电中性条件，一部分阳离子变成正三价，这可视为二价阳离子俘获一个空穴，形成弱束缚空穴。通过热激活，极易放出空穴而参与电导，成为 p 型半导体。从能带构造来看，如图 6.37 所示，$V_M^\times$、V_M' 在能带间隙内形成受主能级，这些空位的电离在价带顶部产生空穴，从而形成 p 型半导体。如果在一定温度下，阳离子空位全部电离成 V_M''。根据质量作用定律，由式 6.96 可写出平衡常数：

$$K_p = [V_M''][O_O^\times][h^\bullet]/P_{O_2}^{\frac{1}{2}}$$

从而得到

$$[h^\bullet] = 2[V_M''] \propto P_{O_2}^{\frac{1}{6}} \quad (6.97)$$

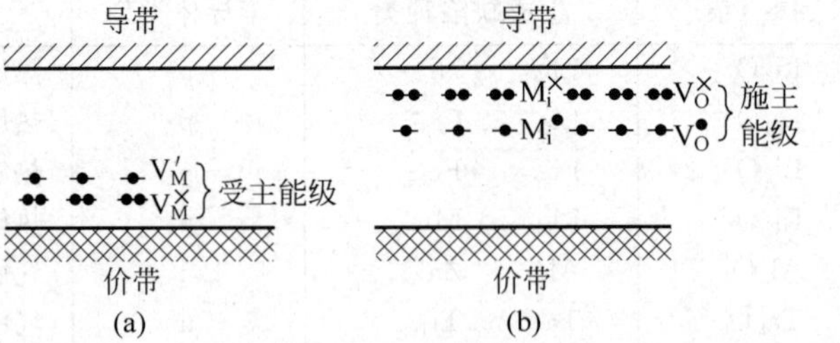

图 6.37 非化学计量配比氧化物的能带构造和晶格缺陷的能级模型
(a) 氧过剩型；(b) 氧不足型

因此，在一定温度下，空穴浓度和氧分压的 1/6 次方成正比。若迁移率 μ 不随氧分压变化，则电导率和 $P_{O_2}^{\frac{1}{6}}$ 成正比。图 6.38 为 NiO 单晶高温电导与氧分压关系的实际测量结果。

阳离子空位是一个负电中心，能束缚空穴。此空穴是弱束缚的。这种束缚了空穴的阳离子空位的能级距价带顶部很近，当吸收外来能量时，价带中的电子很容易跃迁到此能级上，形成导电的空穴。吸收能量对应一定波长的可见光能量，从而使晶体具有某种特殊的颜色。这种俘获了空穴的阳离子空位（负电中心）叫做 V-心。V-心也称为色心。

阴离子空位：TiO_2 等金属氧化物，在还原气氛中焙烧时，还原气氛夺取了 TiO_2 中的部分氧，在晶格中产生氧空位。每个氧离子在离开晶格时要交出两个电子。这两个电子可将两个 Ti^{4+} 还原成 Ti^{3+}，但三价钛离子不稳定，会恢复四价放出两个电子：

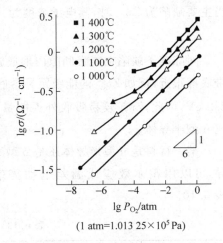

图 6.38　NiO 单晶高温电导与氧分压的关系

$$Ti^{4+}O_2 \longrightarrow \frac{x}{2}O_2(g) + Ti^{4+}_{1-2x} Ti^{3+}_{2x} O^{2-}_{2-x} \square_x$$

式中，$\square$ 为氧离子缺位。由于氧离子缺位，分子表达式为 $TiO_{2-\delta}$。上述反应的缺陷平衡式为

$$O_O^\times = V_O^{\cdot\cdot} + 2e' + \frac{1}{2}O_2(g)$$

同样，利用质量作用定律，可以得到

$$[e'] \propto P_{O_2}^{-\frac{1}{6}} \tag{6.98}$$

氧离子空位相当于一个带正电荷的中心，能束缚电子。被束缚的电子处在氧离子空位上，为最邻近的 Ti^{4+} 所共有，它的能级距导带很近，如图 6.37(b)所示。当受激发时，该电子可跃迁到导带中去，因而具有导电能力，形成 n 型半导体。因此俘获了电子的阴离子空位的性质同杂质半导体的施主能级很相似，相当于 n 型半导体的特征。通常将以上这类俘获了电子的阴离子空位称为 F-心。当吸收外来能量时，这个电子跃迁到激发态能级上，这个能量对应于一定波长的可见光的能量。因此这种晶体对某种波长的光具有特殊的吸收能力，也即具有某种特殊的颜色。这就是 TiO_2 在还原气氛中会发黑的原因。所以 F-心也称为色心。

间隙离子：金属氧化物 ZnO 中，由于金属离子过剩形成间隙离子缺陷，通常表示为 $Zn_{1+\delta}O$。在一定温度下，ZnO 晶体和周围氧分压处于平衡状态，其缺陷化学反应为

$$\left. \begin{array}{l} ZnO = Zn_i^\times + \frac{1}{2}O_2(g) \\ Zn_i^\times = Zn_i^{\cdot} + e' \\ Zn_i^{\cdot} = Zn_i^{\cdot\cdot} + e' \end{array} \right\} \tag{6.99}$$

同样，利用质量作用定律，当生成的主要缺陷为 $Zn_i^{\cdot}$ 时，其电子浓度为

$$[e'] = [Zn_i^{\cdot}] \propto P_{O_2}^{-\frac{1}{4}} \tag{6.100}$$

当主要缺陷为 $Zn_i^{\cdot\cdot}$ 时,其电子浓度为

$$[e'] = [Zn_i^{\cdot\cdot}] \propto P_{O_2}^{-\frac{1}{6}} \tag{6.101}$$

间隙离子缺陷在能带间隙内形成施主中心,如图 6.37(b)所示,其施主能级距导带底部很近,例如 $Zn_i^{\times}$ 的能级距导带底部约为 0.05 eV,$Zn_i^{\cdot}$ 的能级距导带底部约为 2.2 eV,因此,$Zn_i^{\times}$ 较易吸收外界能量而电离。电子跃迁至导带,从而参与电导,形成 n 型半导体。

某一材料是 n 型半导体还是 p 型半导体,或者说它主要为电子电导还是空穴电导,可以用霍尔效应或温差电动势效应来判断。实际材料所属半导体类型见表 6.10。

表 6.10　部分半导体材料

			n 型		
TiO_2	Nb_2O_5	CdS	Cs_2Se	$BaTiO_3$	Hg_2S
V_2O_5	MoO_3	$CdSe$	BaO	$PbCrO_4$	ZnF_2
V_3O_8	CdO	SnO_2	Ta_2O_5	Fe_3O_4	ZnO
Ag_2S	CsS	WO_3			
			p 型		
Ag_2O	CoO	Cu_2O	SnS	Bi_2Te_3	MoO_2
Cr_2O_3	SnO	Cu_2S	Sb_2S_3	Te	Hg_2O
MnO	NiO	Pr_2O_3	CuI	Se	
			两性的		
Al_2O_3	SiC	$PbTe$	Si	Ti_2S	Mn_3O_4
PbS	UO_2	Ge	Co_3O_4	$PbSe$	IrO_2,Sn

6.3.5　晶格缺陷与电子电导

实际晶体中的缺陷结构是比较复杂的,为简化起见,在研究缺陷的平衡过程中,我们把缺陷的生成反应看作化学反应,而且质量作用定律适用于缺陷化学反应。

下面以离子晶体 MO 为例,研究该晶体中缺陷种类、浓度与温度、氧分压和杂质的关系。在 MO 晶体中假定存在着 V_M''、$V_O^{\cdot\cdot}$、e' 和 $h^{\cdot}$ 四种点缺陷。当缺陷浓度较小时,缺陷之间的相互作用可以忽略。当 MO 与周围氧分压处于平衡状态下,以下四种关系式成立:

$$null = V_M'' + V_O^{\cdot\cdot}, \quad [V_M''][V_O^{\cdot\cdot}] = K_s \tag{6.102}$$

$$null = h^{\cdot} + e', \quad pn = K_i \tag{6.103}$$

$$\frac{1}{2}O_2(g) = V_M'' + 2h^{\cdot} + O_O^{\times}, \quad [V_M'']p^2 = KP_{O_2}^{\frac{1}{2}} \tag{6.104}$$

$$2[V_M''] + n = 2[V_O^{\cdot\cdot}] + p \tag{6.105}$$

这里 null 表示零状态。四个未知数可由此四个方程求解，将式中的 $[V_M'']$、$[V_O^{\cdot\cdot}]$ 及 n 均用 p 表示，然后互代化简，得到下式

$$2K_s P_{O_2}^{\frac{1}{2}} p^4 + Kp^3 - KK_i p^2 - 2K^2 P_{O_2}^{\frac{1}{2}} = 0$$

但是 p 的四次方程的求解是困难的。采用最初由 Brouwer 提出，并由 Kröger-Vink 进一步完善的近似方法，比较简单方便。

1. 在温度一定的条件下氧分压的影响

当 $K_i > K_s$ 时，即电子缺陷较肖特基缺陷容易生成时，氧分压的影响分成三个区介绍如下：

① 高氧分压区（Ⅰ）：因为 $p \gg 2[V_O^{\cdot\cdot}]$，$2[V_M''] \gg n$，所以电中性条件可以简化为

$$2[V_M''] = p \tag{6.106}$$

由式(6.102)、式(6.103)、式(6.104)可以得到

$$p = 2[V_M''] = \sqrt[3]{2K} P_{O_2}^{\frac{1}{6}}$$

$$n = K_i / \sqrt[3]{2K} P_{O_2}^{-\frac{1}{6}}$$

$$[V_O^{\cdot\cdot}] = (2K_s / \sqrt[3]{2K}) P_{O_2}^{-\frac{1}{6}}$$

在该氧分压区，各种缺陷浓度随氧分压的变化曲线如图 6.39（Ⅰ）所示。

② 中氧分压区（Ⅱ）：在（Ⅰ）区中，随着氧分压的降低，电子浓度 n 升高。进入中氧分压区时，$p \gg 2[V_O^{\cdot\cdot}]$，$n \gg 2[V_M'']$，所以电中性条件为

$$n = p \tag{6.107}$$

从而可得

$$p = n = \sqrt{K_i}$$

$$[V_M''] = (K/K_i) P_{O_2}^{\frac{1}{2}}$$

$$[V_O^{\cdot\cdot}] = (K_i K_s / K) P_{O_2}^{-\frac{1}{2}}$$

这样便得到图 6.39（Ⅱ）的变化曲线。

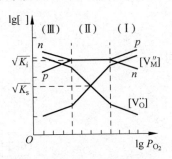

图 6.39 Kröger-Vink 图 ($K_i > K_s$)

③ 低氧分压区（Ⅲ）：随着氧分压的降低，$[V_O^{\cdot\cdot}]$ 浓度升高。进入Ⅲ区，$2[V_O^{\cdot\cdot}] \gg p$，$n \gg 2[V_M'']$，此时电中性条件变为

$$n = 2[V_O^{\cdot\cdot}] \tag{6.108}$$

可以得到如下关系，见图 6.39（Ⅲ）：

$$n = 2[V_O^{\cdot\cdot}] = \sqrt[3]{2K_s K_i^2 / K} P_{O_2}^{-\frac{1}{6}}$$

$$p = K_i \sqrt[3]{K/2K_s K_i^2} P_{O_2}^{\frac{1}{6}}$$

$$[V_M''] = 2K_s \sqrt[3]{K/2K_s K_i^2} P_{O_2}^{\frac{1}{6}}$$

当 $K_s > K_i$ 时,在各个氧分压区中的电中性条件可以近似简化如下:

(Ⅰ)区:$2[V_M''] = p$

(Ⅱ)区:$[V_M''] = [V_O^{··}]$

(Ⅲ)区:$n = 2[V_O^{··}]$

与前面一样的分析法,可以求得 Kröger-Vink 图,如图 6.40 所示。

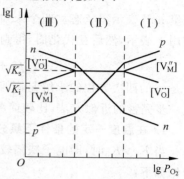

2. 杂质的影响

下面我们讨论晶体中含有杂质或有意识地掺杂后,缺陷浓度将发生怎样的变化。当 $K_i > K_s$ 时,如果杂质含量极微,即远小于 $\sqrt{K_i}$ 的情况下,杂质的影响可以忽略。若杂质含量大于 $\sqrt{K_i}$,且缺陷之间无相互作用,那么杂质将对缺陷的生成产生影响。

图 6.40 Kröger-Vink 图 ($K_s > K_i$)

若杂质是三价阳离子 $N_M^·$ 时,其电中性条件为

$$2[V_M''] + n = [N_M^·] + 2[V_O^{··}] + p \tag{6.109}$$

若杂质是一价阳离子 L_M' 时,其电中性条件为

$$[L_M'] + 2[V_M''] + n = 2[V_O^{··}] + p \tag{6.110}$$

(1) 三价阳离子的影响

高氧分压区(Ⅰ):电中性条件近似为

$$2[V_M''] = p$$

因此各缺陷浓度随氧分压的变化与前一节(Ⅰ)区相同

$$p = 2[V_M''] = \sqrt[3]{2K} P_{O_2}^{\frac{1}{6}}$$

随着氧分压下降,$[V_M'']$ 浓度减小,于是进入次高氧分压区。

次高氧分压区(Ⅱ):电中性条件为

$$2[V_M''] = [N_M^·] \tag{6.111}$$

在该区内

$$p = (2K/[N_M^·])^{\frac{1}{2}} P_{O_2}^{\frac{1}{4}}$$

$$n = K_i ([N_M^·]/2K)^{\frac{1}{2}} P_{O_2}^{-\frac{1}{4}}$$

$$[V_O^{··}] = 2K_s/[N_M^·]$$

氧分压进一步降低,n 将增加,从而进入(Ⅲ)区。

中氧分压区(Ⅲ):电中性条件为

$$n = [N_M^·] \tag{6.112}$$

各缺陷浓度随氧分压的变化式为

$$p = K_i/[N_M^·]$$

$$[V_M''] = (K[N_M^·]^2/K_i^2) P_{O_2}^{\frac{1}{2}}$$

$$[V_O^{\cdot\cdot}] = (K_s K_i^2/K[N_M']^2) P_{O_2}^{-\frac{1}{2}}$$

低氧分压区(Ⅳ)：这时$[N_M']$很小，可忽略不计，电中性条件为

$$n = 2[V_O^{\cdot\cdot}]$$

因此与前一节的(Ⅲ)区相同。三价阳离子杂质对缺陷浓度随氧分压变化的影响示于图 6.41。

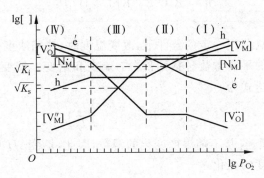

图 6.41　掺三价阳离子的 Kröger-Vink 图($K_i > K_s$)

(2) 一价阳离子杂质的影响

如图 6.42，一价阳离子杂质(Ⅰ)、(Ⅳ)氧分压区的电中性条件与三价杂质的情况相同。

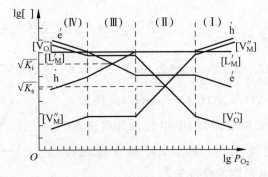

图 6.42　掺一价阳离子的 Kröger-Vink 图($K_i > K_s$)

次高氧分压区(Ⅱ)：其电中性条件为

$$p = [L_M'] \tag{6.113}$$

因此

$$n = K_i/[L_M']$$

$$[V_M''] = K/[L_M']^2 P_{O_2}^{\frac{1}{2}}$$

$$[V_O^{\cdot\cdot}] = K_s [L_M']^2/K P_{O_2}^{\frac{1}{2}}$$

中氧分压区(Ⅲ)：电中性条件为

$$2[V_O^{\cdot\cdot}] = [L_M']\quad(6.114)$$

由此可得

$$[V_M''] = 2K_s/[L_M']$$

$$p = (K[L_M']/2K_s)^{\frac{1}{2}} P_{O_2}^{\frac{1}{4}}$$

$$n = K_i(2K_s/K[L_M'])^{\frac{1}{2}} P_{O_2}^{-\frac{1}{4}}$$

3. 温度的影响

下面我们研究氧分压一定的条件下,改变温度时,缺陷浓度是如何变化的。

缺陷生成反应的平衡常数包括两部分:熵变和焓变。熵变若不随温度变化,则平衡常数的一般表达式为

$$K = K^0 \exp\left(-\frac{\Delta H}{kT}\right)\quad(6.115)$$

式中,K^0 包含熵变项,且是不随温度变化的常数,因此,焓变 ΔH 的大小与符号都直接影响缺陷浓度随温度的变化。

对于图 6.39 中 $K_i > K_s$ 的情况,若在中氧分压区,电中性条件为 $n = p$,因此

$$n = p = \sqrt{K_i} = \sqrt{K_i^0} \exp\left(-\frac{\Delta H}{2kT}\right)\quad(6.116)$$

在上式成立的温度范围内,

$$[V_M''] = \frac{K}{p^2} = \frac{K^0}{K_i^0}\exp\left(-\frac{\Delta H - \Delta H_i}{kT}\right)$$

$$[V_O^{\cdot\cdot}] = \frac{K_s}{[V_M'']} = \frac{K_s^0 K_i^0}{K^0}\exp\left(-\frac{\Delta H_s - \Delta H + \Delta H_i}{kT}\right)$$

若令 $\Delta H : \Delta H_i : \Delta H_s = 1:2:3$,那么 $\ln n - \frac{1}{T}$ 与 $\ln p - \frac{1}{T}$、$\ln[V_M''] - \frac{1}{T}$、$\ln[V_O^{\cdot\cdot}] - \frac{1}{T}$ 图的斜率分别为 $-\Delta H/k$、$\Delta H/k$、$-4\Delta H/k$。因此,当温度升高,$[V_O^{\cdot\cdot}]$ 的浓度激增,电中性条件将进入 $n = 2[V_O^{\cdot\cdot}]$ 的温度范围内;相反,若温度降低,$[V_M'']$ 的浓度增大,电中性条件将变为

$$2[V_M''] = p\quad(6.117)$$

由此可得到图 6.43 所示温度对缺陷的影响结果。图 6.39 中的低氧分压区和高氧分压区内,温度对缺陷浓度的影响结果基本上同图 6.43 类似,只是实际温度范围有差别而已。

以上我们分析了氧分压、杂质和温度对缺陷的种类和浓度的影响。根据电导率的一般公式:

$$\sigma = \sum_i n_i e \mu_i$$

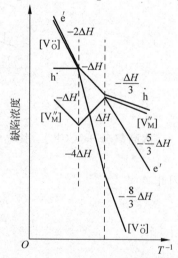

图 6.43 缺陷浓度与温度的关系

在一定温度范围内，迁移率 μ 通常可视为常数，因此电导率的变化趋势将同载流子浓度的变化趋势相似。而载流子浓度决定于主缺陷的浓度。因此晶格缺陷和缺陷化学理论是研究材料电导的基础。

6.4 玻璃态电导

在这一节里，着重讨论玻璃相对材料电导的影响，也介绍玻璃材料的电导特性。

在含有碱金属离子的玻璃中，基本上表现为离子电导。玻璃体的结构比晶体疏松，碱金属离子能够穿过大于其原子大小的距离而迁移，同时克服一些位垒。玻璃与晶体不同，玻璃中碱金属离子的能阱不是单一的数值，有高有低，如图 6.44 所示。这些位垒的体积平均值就是载流子的活化能。

纯净玻璃的电导一般较小，但如含有少量的碱金属离子就会使电导大大增加。这是由于玻璃的结构松散，碱金属离子不能与两个氧原子联系以延长点阵网络，从而造成弱联系离子，因而电导大大增加。在碱金属氧化物含量不大的情况下，电导率 σ 与碱金属离子浓度有直线关系。到一定限度时，电导率指数增长。这是因为碱金属离子首先填充在玻璃结构的松散处，此时碱金属离子的增加只是增加电导载流子数。当孔隙被填满之后继续增加碱金属离子，就开始破坏原来结构紧密的部位，使整个玻璃体结构进一步松散，因而活化能降低，电导率指数式上升。

在生产实际中发现，利用双碱效应和压碱效应，可以减少玻璃的电导率，甚至可以使玻璃电导率降低 4～5 个数量级。

双碱效应是指当玻璃中碱金属离子总浓度较大时(占玻璃组成 25%～30%)，碱金属离子总浓度相同的情况下，含两种碱金属离子比含一种碱金属离子的玻璃电导率要小。当两种碱金属浓度比例适当时，电导率可以降到很低(图 6.45)。这种现象的解释如下：K_2O、Li_2O 氧化物中，K^+ 和 Li^+ 占据的空间与其半径有关。因为 $(r_{K^+} > r_{Li^+})$

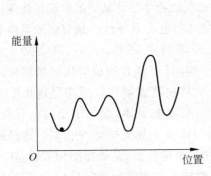

图 6.44 一价正离子在玻璃中的位垒

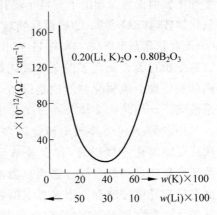

图 6.45 硼钾锂玻璃电导率与锂、钾含量的关系

在外电场作用下,一价金属离子移动时,Li^+离子留下的空位比K^+留下的空位小,这样K^+只能通过本身的空位。Li^+进入体积大的K^+空位中,产生应力,不稳定,因而也是进入同种离子空位较为稳定。这样互相干扰的结果使电导率大大下降。此外由于大离子K^+不能进入小空位,使通路堵塞,妨碍小离子的运动,迁移率也降低。

压碱效应是指含碱玻璃中加入二价金属氧化物,特别是重金属氧化物,使玻璃的电导率降低。相应的阳离子半径越大,这种效应越强。这是由于二价离子与玻璃中氧离子结合比较牢固,能嵌入玻璃网络结构,以致堵住了迁移通道,使碱金属离子移动困难,因而电导率降低。当然,如用二价离子取代碱金属离子,也得到同样效果。图 6.46 为 $0.18Na_2O$-$0.82SiO_2$ 玻璃中,各种氧化物置换 SiO_2 后,其电阻率的变化情况,表明 CaO 提高电阻率的作用最显著。

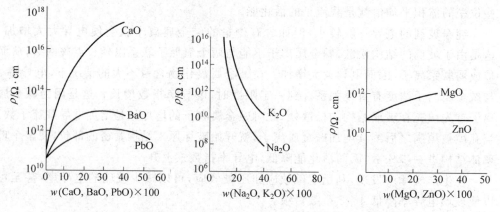

图 6.46 $0.18Na_2O$-$0.82SiO_2$ 玻璃中 SiO_2 被其他氧化物置换的效应

无机材料中的玻璃相,往往也含有复杂的组成,一般玻璃相的电导率比晶体相高,因此对介质材料应尽量减少玻璃相的电导。上述规律对陶瓷中的玻璃相也是适用的。

半导体玻璃作为新型电子材料非常引人注目。半导体玻璃按其组成可分为:①非金属氧化物玻璃(SiO_2等);②硫属化物玻璃(如 S、Se、Te 等与金属的化合物);③Ge、Si、Se 等元素非晶态半导体。表 6.11 列出代表性硫属化物半导体玻璃的组成与性能。

含有变价过渡金属离子的某些氧化物玻璃呈现出电子电导性。最有名的是磷酸钒和磷酸铁玻璃。硫属化物玻璃是以 As、Te、S、Se 等为主,添加 Si、Ge、Sb 等形成多成分系玻璃。硫属化物多成分系玻璃由于成分不同,具有特有的玻璃化区域和物理状态。其中以 Si-As-Te 系玻璃研究较多。该系材料在其玻璃化区域内呈现出半导体性质;在玻璃化区域以外,存在着结晶化状态,形成多晶体,表现出金属电导性。大多数硫属化物玻璃的电导过程为热激活过程,与本征半导体的电导相似。这是因为非晶态的半导体玻璃存在很多悬空键和区域化的电荷位置,从能带结构来看,在价带和导带之间存在很多局部能级,因此对杂质不敏感。从而难于进行价控,难于形成 p-n 结。采用 SiH_4 的辉光放电法所形成的非晶态硅,由于悬空键被 H 所补偿成为

α-Si：H,能实现价控,并在太阳能电池上获得应用。

表 6.11　硫属化物半导体玻璃的组成与性能

材料组成	透光范围 /μn	折射率 N	软化点/℃	热膨胀系数 $\alpha/(\times 10^{-6}/K)$	Knoop 硬度	弹性模量 /GPa
$Si_{25}As_{25}Te_{50}$	2~9	2.93	317	13	167	
$Ge_{10}As_{20}Te_{70}$	2~20	3.55	178	18	111	
$Si_{15}Ge_{10}As_{25}Al_{50}$	2~12.5	3.06	320	10	179	
$Ge_{30}P_{10}S_{60}$	2~8	2.15	520	15	185	
$Ge_{40}S_{60}$	0.9~12	2.30	420	14	179	
$Ge_{28}Sb_{12}Se_{60}$	1~15	2.62	326	15	154	29
$As_{50}S_{20}Se_{30}$	1~13	2.53	218	20	121	14
$As_{50}S_{20}Se_{20}Te_{10}$	1~13	2.51	195	27	94	10
$As_{35}S_{10}Se_{35}Te_{20}$	1~12	2.70	176	25	106	17
$As_{38.7}Se_{61.3}$	1~15	2.79	202	19	114	17
$As_{8}Se_{92}$	1~19	2.48	70	34		
$As_{40}S_{60}(As_{2}S_{3})$	1~11	2.41	210	25	109	16

6.5　无机材料的电导

无机材料具有较复杂的显微结构,往往为多晶多相,含有晶粒、晶界、气孔等。因此,无机材料的电导比起单晶和均质材料要复杂得多。本节所论述的无机材料的电导一般原理,同样适用于其他结构复杂的无机材料。

6.5.1　多晶多相固体材料的电导

陶瓷材料通常为多晶多相材料。一般,微晶相、玻璃相的电导率较高。因为玻璃相结构松弛,微晶相缺陷多,活化能比较低。由于玻璃相几乎填充了坯体的晶粒间隙,形成连续网络,因而含玻璃相的陶瓷,其电导很大程度上决定于玻璃相。含有大量碱性氧化物的无定形相的陶瓷材料的电导率较高。实际材料中,作绝缘子用的电瓷含有大量碱金属氧化物,因而电导率较大,刚玉瓷(Al_2O_3)含玻璃相少,电导率就小。

无机材料的固溶体和均匀混合体的电阻率如图 6.47 所示。但是陶瓷材料情况比较复杂,其导电机构有电子电导又有离子电导。一般杂质及缺陷的存在是影响导电性的主要内在因素,因而多晶多相

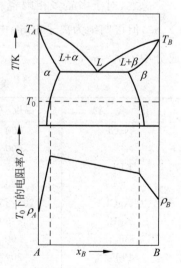

图 6.47　二元低共熔体系中电阻率-组成关系

材料中,如形成间隙或缺陷固溶体,其电导率增大。对于多价阳离子的固溶体,当非金属原子过剩,形成空穴半导体;当金属原子过剩时,形成电子半导体。

晶界对多晶材料的电导影响应联系到离子运动的自由程及电子运动的自由程。对离子电导,离子运动的自由程的数量级为原子间距;对电子电导,电子运动的自由程为 10～15 nm。因此,除了薄膜及超细颗粒外,晶界的散射效应比晶格小得多,因而均匀材料的晶粒大小对电导影响很小。相反,半导体材料急剧冷却时,晶界在低温已达平衡,结果晶界比晶粒内部有较高的电阻率。由于晶界包围晶粒,所以整个材料有很高的直流电阻。例如 SiC 电热元件,二氧化硅在半导体颗粒间形成,晶界中 SiO_2 越多,电阻越大。对于少量气孔分散相,气孔率增加,陶瓷材料的电导率减少。这是由于一般气孔相电导率较低。如果气孔量很大,形成连续相,电导主要受气相控制。这些气孔形成通道,使环境中的潮气、杂质很易进入,对电导有很大的影响。因此提高密度仍是很重要的。

与气孔相类似,各组成对电导率的影响可参阅热导部分。其规律性类似。材料的电导在很大程度上决定于电子电导。这是由于与弱束缚离子比较,杂质半束缚电子的离解能很小,容易被激发,因而载流子的浓度可随温度剧增。此外,电子或空穴的迁移率比离子迁移率要大许多个数量级。例如对于岩盐中钠离子活化能为 1.75 eV,而半导体硅的施主能级才 0.04 eV,相差 44 倍。二者迁移率相差更大。二氧化钛中电子迁移率约为 0.2 $cm^2/(s \cdot V)$,而铝硅酸盐陶瓷中离子迁移率只有 $10^{-9} \sim 10^{-12}$ $cm^2/(s \cdot V)$,因此材料中电子载流子只要有离子载流子的 $10^9 \sim 10^{12}$ 分之一,就可以达到相同的电导数值。所以在绝缘材料生产工艺中,严格控制烧成气氛,减少电子电导是很关键的。

总之,对于多晶多相陶瓷材料来说,其电导是各种电导机制的综合作用,$\sigma = \sum_i \sigma_i$,但可归纳为离子电导、电子电导。表 6.12 列出了一些材料的各种电导机构的成分中 t_i ($t_i = \sigma_i/\sigma$)。

表 6.12 一些材料的导电机构

化合物	温度/℃	t_{i+}	t_{i-}	t_e
NaCl	400	1.00	0.00	
	600	0.95	0.05	
KCl	435	0.96	0.04	
	600	0.88	0.12	
AgCl	20～350	1.00		
AgBr	20～300	1.00		
BF_2	500		1.00	
PbF_2	200		1.00	
CuCl	20	0.00		1.00
	360	1.00		0.00

续表

化 合 物	温度/℃	t_{i+}	t_{i-}	t_e
$ZrO_2+7\%CaO$	>700	0.00	1.00	10^{-4}
FeO	800	10^{-4}	—	1.00
$ZrO_2+18\%CoO$	1 500	—	0.52	0.48
$ZrO_2+50\%CeO_2$	1 500	—	0.15	0.85
$Na_2O \cdot CaO \cdot SiO_2$	—	$1.00(Na^+)$	—	
	1 500	$0.1(Ca^{2+})$	—	0.9

6.5.2 次级现象

1. 空间电荷效应

在测量陶瓷电阻时,经常可以发现,加上直流电流后,电阻需要经过一定的时间才能稳定;切断电源后,又将电极短路,发现类似的反向放电电流,并随时间减小到零,如图 6.48,随时间变化的这部分电流称为吸收电流,最后恒定的电流称为漏导电流,这种现象称为吸收现象。

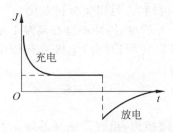

图 6.48 电流吸收现象

吸收现象主要是因为在外电场作用下,瓷体内自由电荷重新分布的结果。当不加电场时,因热扩散,正负离子在瓷体内均匀分布,各点的密度、能级大致一致。但在电场作用下,正负离子分别向负、正极移动,引起介质内各点离子密度变化,并保持在高势垒状态。在介质内部,离子减少,在电极附近离子增加,或在某地方积聚,这样形成自由电荷的积累,称空间电荷,也叫容积电荷。空间电荷的形成和电位分布改变了外电场在瓷体内的电位分布,因此引起电流变化。

空间电荷的形成主要是因为陶瓷内部具有微观不均匀结构,因而各部分的电导率不一样。运动的离子被杂质、晶格畸变、晶界所阻止,致使电荷聚集在结构不均匀处;其次在直流电场中,离子电导的结果,在电极附近生成大量的新物质,形成宏观绝缘电阻不同的两层或多层介质;另外,介质内的气泡、夹层等宏观不均匀性,在其分界面上有电荷积聚,形成电荷极化;这些都可导致吸收电流产生。

电流吸收现象主要发生在离子电导为主的陶瓷材料中。电子电导为主的陶瓷材料,因电子迁移率很高,所以不存在空间电荷和吸收电流现象。

2. 电化学老化现象

不仅离子电导,而且电子电导为主的瓷介材料都有可能发生电化学老化现象。电化学老化是指在电场作用下,由于化学变化引起材料电性能不可逆的恶化。

一般电化学老化的原因主要是离子在电极附近发生氧化还原过程,有下面几种情况:
(1)阳离子-阳离子电导 参加导电的为阳离子。晶相玻璃相中的一价正离子活动能力强，迁移率大；同时电极的 Ag^+ 也能参与漏导。最后两种离子在阴极处都被电子中和，形成新物质。

（2）阴离子-阳离子电导　参加导电的既有正离子，也有负离子。它们分别在阴极、阳极被中和，形成新物质。

（3）电子-阳离子电导　参加导电的为一种阳离子，还有电子。这种机构通常在具有变价阳离子的介质中发生。例如含钛陶瓷，除了纯电子电导以外，阳离子 Ti^{4+} 发生还原过程：

$$Ti^{4+} + e \longrightarrow Ti^{3+}$$

（4）电子-阴离子电导　参加导电的为一种阴离子，还有电子。例如 TiO_2 在高温下发生缺氧过程，在高温下，氧离子在阳极放出氧气和电子，在阴极 Ti^{4+} 被还原成 Ti^{3+}

阴极：$4Ti^{4+} + 4e \longrightarrow 4Ti^{3+}$

阳极：$2O^{2-} \longrightarrow O_2(g) + 4e$

由上可看出陶瓷电化学老化的必要条件是介质中的离子至少有一种参加电导。如果电导纯属电子电导，则电化学老化不可能发生。

金红石瓷、钙钛矿瓷的离子电导虽比电子电导小得多，但在高温和使用银电极的情况下，银电极容易发生 Ag^+ 扩散入介质，并经过一定时间后，足以使材料老化。

含钛陶瓷、滑石瓷等在高温和银电极情况下老化十分严重，因而不宜在高温下运行。对于使用严格的场合，除选用无钛陶瓷以外，还可以使用铂（金）电极或钯银电极，以避免老化过程。

6.5.3　无机材料电导的混合法则

陶瓷材料由晶粒、晶界、气孔等所组成的复杂的显微结构，给陶瓷电导的理论计算带来复杂的因素。为简化起见，假设陶瓷材料由晶粒和晶界组成，并且其界面的影响和局部电场的变化等因素可以忽略，则总电导率为

$$\sigma_T^n = V_G \sigma_G^n + V_B \sigma_B^n \tag{6.118}$$

式中 σ_G、σ_B 分别为晶粒、晶界的电导率，V_G、V_B 分别为晶粒、晶界的体积分数。$n=-1$，相当于图 6.49(a) 的串联状态，$n=1$ 为图 6.49(b) 的并联状态。图 6.49(c) 相当于晶粒均匀分散在晶界中的混合状态，可以认为 n 趋近于零。将式 (6.118) 微分，

$$n\sigma_T^{n-1} d\sigma_T = nV_G \sigma_G^{n-1} d\sigma_G + nV_B \sigma_B^{n-1} d\sigma_B$$

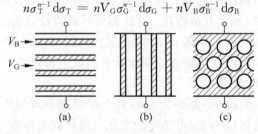

图 6.49　层状与混合模式
(a) 串联；(b) 并联；(c) 混合

因为 $n \to 0$,则

$$\frac{d\sigma_T}{\sigma_T} = V_G \frac{d\sigma_G}{\sigma_G} + V_B \frac{d\sigma_B}{\sigma_B}$$

即

$$\ln\sigma_T = V_G \ln\sigma_G + V_B \ln\sigma_B \tag{6.119}$$

这就是陶瓷电导的对数混合法则。图 6.50 表示当 $\sigma_B/\sigma_G = 0.1$ 及 $\sigma_B/\sigma_G = 0.01$ 时,总电导率 σ_T 和 V_B 的关系。通常由于陶瓷烧结体中 V_B 的值非常小,所以总电导率 σ_T 随 σ_B 和 V_B 值的变化较大。

但是,在实际陶瓷材料中,当晶粒和晶界之间的电导率、介电常数、多数载流子差异很大时,往往在晶粒和晶界之间产生相互作用,引起各种陶瓷材料特有的晶界效应,例如 $ZnO\text{-}Bi_2O_3$ 系陶瓷的压敏效应、半导体 $BaTiO_3$ 的 PTC 效应、晶界层电容器的高介电特性等。

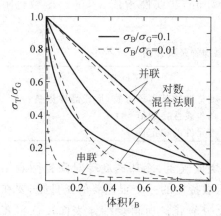

图 6.50 各种模式的 σ_T/σ_G 和 V_B 的关系

6.6 半导体陶瓷的物理效应

6.6.1 晶界效应

1. 压敏效应

压敏效应是指对电压变化敏感的非线性电阻效应,即在某一临界电压以下,电阻值非常之高,几乎无电流通过;超过该临界电压(敏感电压),电阻迅速降低,让电流通过。ZnO 压敏电阻器具有的对称非线性电压-电流特性如图 6.51 所示。

压敏电阻器的电压-电流特性可以用下式近似表示:

$$I = (V/C)^\alpha \tag{6.120}$$

式中,I 为压敏电阻器流过的电流;V 为所施加的电压;α 为非线性指数;C 为相当于电阻值的量,是一常数。压敏特征通常由 α 和 C 值决定。α 值大于 1,其值越大,压敏特性越好。C 值的测定是相当困难的,常用在一定电流下(通常为

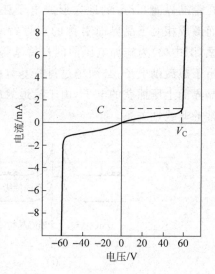

图 6.51 ZnO 压敏电阻器的电压-电流特性曲线

1 mA)所施加的电压 V_C 来代替 C 值。V_C 定义为压敏电阻器电压,其值为厚 1 mm 试样流过 1 mA 电流的电压值。因此压敏电阻器特性可以用 V_C 和 α 来表示。

目前实际使用的 ZnO 压敏电阻器添加物是 Bi_2O_3 和 Pr_6O_{11}。添加 Bi_2O_3 的典型配方为(mol%):96.5% ZnO,0.5% Bi_2O_3,1% CoO,0.5% MnO_2,1% Sb_2O_3 及 0.5% Cr_2O_3。其压敏电阻器电压 $V_{1mA} = 135$ V/mm,非线性指数 $\alpha \approx 50$。压敏电阻器添加物的种类及其作用列于表 6.13。

表 6.13 ZnO 压敏电阻的添加物及其作用

添加物	作用
Bi_2O_3,Pr_6O_{11} 等	压敏特性的基本添加物,形成晶界势垒
CoO,MnO_2,Al_2O_3 等	提高非线性指数值
Sb_2O_3,Cr_2O_3 玻璃料	改善元件的稳定性

ZnO 压敏电阻器的生产过程中,烧成温度、烧成气氛、冷却速度等对陶瓷微观结构有很大的影响,因而影响压敏特性。要获得压敏特性的一个很重要的条件是,要在空气中(氧化气氛下)烧成,缓慢冷却,使晶界充分氧化。所得烧结体表面往往覆盖着高电阻氧化层,因此在被电极前应将此氧化层除去。

压敏效应是陶瓷的一种晶界效应。为了解释压敏特性的机理,对 ZnO 压敏电阻器晶界的微观结构和组成做了大量的研究工作。通过俄歇谱仪、透射电镜、扫描电镜、电子能谱仪等分析表明,Bi_2O_3 副成分相很少存在于两个晶粒间的晶界处,大部分存在于三晶粒所形成的晶界部位。另外还发现,在 ZnO 晶粒和晶粒直接接触的晶界面附近 2~10 nm 内含有很高浓度的铋离子,即铋偏析。Bi^{3+} 置换固溶 Zn^{2+} 的位置在距晶界面 2 nm 的地方形成电子耗损层。晶界上具有负电荷吸附的受主能级,从而形成相对于晶界面对称的双肖特基势垒。图 6.52 为 ZnO 压敏电阻双肖特基势垒,图中(a)为施加电压前的肖特基势垒;(b)为施加电压后的情形。当电压较低时,由于热激励电子,必须越过肖特基势垒而流过(热电离过程)。电压到某一数值以上,晶界面上所捕获的电子,由于隧道效应通过势垒,造成电流急剧增大,从而呈现出异常的非线性关系。

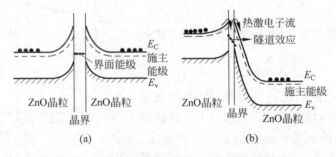

图 6.52 ZnO 压敏电阻双肖特基势垒模型
(a) 无电场;(b) 高电场

ZnO 压敏电阻已广泛用于半导体和电子仪器的稳压和过压保护以及设备的避雷器等。

在低电压领域中,往往需要电压几伏到十几伏,且电容量比较大的压敏电阻元件,而传统的 ZnO 压敏电阻器,虽然具有优异的非线性特性和耐浪涌能力,但其压敏电压很难降至几伏,并且容量比较小。于是从 20 世纪 80 年代末开始,人们相继开发了 $SrTiO_3$ 压敏电阻器,其电压范围 3~30 V,电容达 10~150 nF,可在很宽的频率范围内吸收噪声,具有较大的非线性系数,α 值达 3~8,制成环形元件主要用于直流微电机灭弧消噪。但用 $SrTiO_3$ 材料制造 30 V 以上的环形压敏电阻器时,其成品率往往比较低、工艺复杂、成本高,故而难以大规模生产。因此,研究人员已开始研制 TiO_2 压敏电阻元件。TiO_2 压敏电阻材料比较容易制得几伏到几十伏的元件,并且电容量比 ZnO 大很多,而工艺又比 $SrTiO_3$ 压敏元件简单,成本低。TiO_2 压敏电阻的性能受掺杂物浓度和种类的影响很大,掺杂元素主要有 Nb、Bi 和 Ba。

2. PTC 效应

(1) PTC 现象 1940 年发现了 $BaTiO_3$ 的铁电压电性。1955 年,Haayman 第一个发表了价控型 $BaTO_3$ 半导体专利,继而发现 $BaTO_3$ 半导体陶瓷的 PTC(正温度系数,Positive Temperature Coefficient)效应。采用阳离子半径同 Ba^{2+}、Ti^{4+} 相近、原子价不同的元素去置换固溶 Ba^{2+}、Ti^{4+} 位置,例如用 La^{3+}、Pr^{3+}、Nd^{3+}、Gd^{3+}、Y^{3+} 等稀土元素置换 Ba^{2+};用 Nb^{5+}、Sb^{5+}、Ta^{5+} 等元素置换 Ti^{4+},在氧化气氛中进行烧结,形成 n 型半导体。此外采用高温还原法也可使 $BaTiO_3$ 半导体化。$BaTO_3$ 半导化的模式有以下两种:

① 价控型
$$BaTiO_3 + xLa \longrightarrow Ba^{2+}_{1-x}La^{3+}_{1-x}(Ti^{3+}_x Ti^{4+}_{1-x})O^{2-}_3$$
$$BaTiO_3 + yNb \longrightarrow Ba^{2+}[Nb^{5+}_y(Ti^{3+}_y Ti^{4+}_{1-2y})]O^{2-}_3$$

② 还原型
$$BaTiO_3 - zO \longrightarrow Ba^{2+}(Ti^{3+}_{2z} Ti^{4+}_{1-2z})O^{2-}_{3-z}$$

价控型 $BaTO_3$ 半导体最大特征是在材料的正方相⇔立方相相变点(居里点)附近,电阻率随温度上升发生突变,增大了 3~4 个数量级,即所谓 PTC 现象。图 6.53 为 PTC 陶瓷代表性的电阻率-温度特性曲线。PTC 现象是价控型 $BaTO_3$ 半导体所特有的,$BaTiO_3$ 单晶和还原型半导体都不具有这种特性。

(2) PTC 现象的机理 PTC 现象发现以来,有各种各样的理论试图说明这种现象。其中,Heywang 理论能较好地说明 PTC 现象。图 6.54 为 Heywang 晶界模式图。该理论认为 n 型半导体陶瓷的晶界上具有表面能级,此表面能级可以捕获载流子,从而在两边晶粒内产生电子耗损层,形成肖特基势垒。这种肖特基势垒的高度与介电常数有关。在铁电相范围内,介电系数大,势垒低。当温度超过居里点,根据居里-外斯定律,材料的介电系数急剧减少,势垒增高,从而引起电阻率的急剧增加。

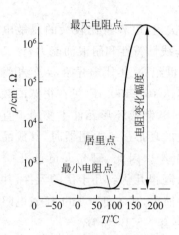
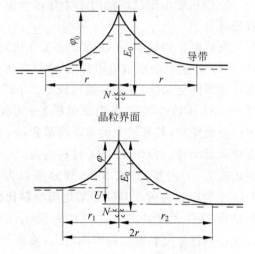

图 6.53 PTC 陶瓷电阻率-温度特性曲线　　图 6.54 Heywang 晶界模式图

由泊松方程,可以得到

$$\Phi_0 = \frac{eN_D}{2\varepsilon\varepsilon_0}r^2 \tag{6.121}$$

式中,Φ_0 为势垒高度;$2r$ 为势垒厚度;ε 为介电系数;N_D 为施主密度;e 为电子电荷。PTC 陶瓷的电阻率可以用下式表示:

$$\rho = \rho_0 \exp\left(\frac{e\Phi_0}{kT}\right) \tag{6.122}$$

铁电体在居里温度以上的介电系数遵循居里-外斯定律:

$$\varepsilon = C/(T - T_C) \tag{6.123}$$

式中,C 为居里常数;T_C 为居里温度。

由此可以看出,在居里点以下的铁电相范围内,介电系数大,Φ_0 小,所以 ρ 就低;温度超过居里点,ε 就急剧减少,Φ_0 变大,ρ 就增高。Heywang 模型能较好地定性说明 PTC 现象。

(3) PTC 陶瓷的应用　PTC 大体应用于温度敏感元件、限电流元件以及恒温发热体等方面。

温度敏感元件有两种类型:一是利用 PTC 电阻-温度特性,主要用于各种家用电器的过热报警器以及马达的过热保护;另一类是利用 PTC 静态特性的温度变化,主要用于液位计。

限电流元件应用于电子电路的过流保护、彩电的自动消磁。近年来广泛应用于冰箱、空调机等的马达起动。

PTC 恒温发热元件应用于家用电器具有构造简单、容易恒温、无过热危险、安全可靠等优点。从小功率发热元件,诸如电子灭蚊器、电热水壶、电吹风机、电饭锅等发展为大功率蜂窝状发热元件,广泛应用于干燥机、温风暖房机等。目前进一步获得了多种工业用途,如电烙铁、石油汽化发热元件、汽车冷起动恒温加热器等。

6.6.2 表面效应

1. 半导体表面空间电荷层的形成

陶瓷气敏元件主要是利用半导体表面的气体吸附反应。因此了解半导体表面的能带结构是十分重要的。半导体表面存在着各种表面能级,诸如晶格原子周期排列终止处所产生的达姆(Tamm)能级、晶格缺陷或表面吸附原子所形成的电子能级

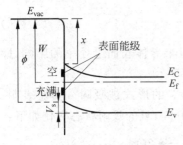

图 6.55 半导体表面能带结构图

等。这些表面能级将作为施主或受主和半导体内部产生电子授受关系。当表面能级低于半导体的费米能级即为受主表面能级时,从半导体内部俘获电子而带负电,内层带正电在表面附近形成表面空间电荷层,这种电子的转移将持续到表面能级中电子的平均自由能与半导体内部的费米能级相等为止。图 6.55 为 n 型半导体表面存在受主型表面能级时,平衡状态下的表面能带图。图中,表面附近的能带往上弯曲,空间电荷层中的电子浓度比内部小,这种空间电荷层称为耗尽层。

通常,根据表面能级所捕获的电荷和数量大小。可以形成积累层、耗尽层、反型层三种空间电荷层。空间电荷层中的多数载流子的浓度比内部大,称为积累层。这种由气体吸附所形成的积累层的状态称为积累层吸附。n 型半导体情况下,若发生下列吸附反应,将形成积累层:

$$\left.\begin{array}{l}D_{gas} \longrightarrow D_{ad} \\ D_{ad} \longrightarrow D_{ad}^+ + e\end{array}\right\} \tag{6.124}$$

式中,D_{gas} 为气体分子,D_{ad} 为吸附分子。相反,气体分子为受主时:

$$\left.\begin{array}{l}A_{gas} \longrightarrow A_{ad} \\ A_{ad} + e \longrightarrow A_{ad}^-\end{array}\right\} \tag{6.125}$$

吸附气体捕获内部电子而带负电。这样一来,所形成的空间电荷层中的多数载流子浓度(n 型为电子)比内部少,称为耗尽层。依据质量作用定律。$np = n_i^2$(n_i 为本征载流子浓度),积累层中少数载流子浓度比内部小,耗尽层中少数载流子浓度比内部大。假若电子大规模转移的结果,使 $n < n_i$,则 $p > n_i$,空间电荷层中少数载流子 p 变为多数载流子。把这种空间电荷层称为反型层。

2. 半导体表面吸附气体时电导率的变化

半导体表面吸附气体时,半导体和吸附气体分子(或气体分子分解后所形成的基团)之间,即使电子的转移不那么显著,也会在半导体和吸附分子间产生电荷的偏离。如果吸附分子的电子亲和力 χ 比半导体的功函数 W 大,则吸附分子从半导体捕

获电子而带负电；相反，吸附分子的电离势 I 比半导体的电子亲和力 χ 小，则吸附分子向半导体供给电子而带正电。因此，如果知道吸附分子（或基团）的 χ 和 I 及半导体的 W 和 χ，那么就可以判断吸附状态和对电导率的影响。通常，根据对电导率的影响来判断半导体的类型和吸附状态。当 n 型半导体负电吸附，p 型半导体正电吸附时，表面均形成耗尽层，因此表面电导率减少而功函数增加。当 n 型半导体正电吸附，p 型半导体负电吸附时，表面均形成积累层，因此表面电导率增加。比如氧分子对 n 型和 p 型半导体都捕获电子而带负电（负电吸附）：

$$\frac{1}{2}O_2(g) + ne \longrightarrow O_{ad}^{n-} \tag{6.126}$$

而 H_2、CO 和酒精等往往产生正电吸附。但是，它们对半导体表面电导率的影响，即使同一类型的半导体也会因氧化物的不同而不同。

半导体气敏元件的表面与空气接触时，氧常以 O^{n-} 的形式被吸附。实验表明，温度不同，吸附氧离子的形态也不一样。随着温度的升高，氧的吸附状态变化如下：

$$O_2 \longrightarrow \frac{1}{2}O_4^- \longrightarrow O_2^- \longrightarrow 2O^- \longrightarrow 2O^{2-}$$

例如，ZnO 半导体在温度 200～500℃ 时，氧离子吸附为 O^-、O^{2-}。氧吸附的结果，半导体表面电导减少，电阻增加。在这种情况下，如果接触 H_2、CO 等还原性气体，则它们与已吸附的氧反应

$$\left.\begin{array}{l} O_{ad}^{n-} + H_2 \longrightarrow H_2O + ne \\ O_{ad}^{n-} + CO \longrightarrow CO_2 + ne \end{array}\right\} \tag{6.127}$$

结果释放出电子，因此表面电导率增加。表面控制型气敏元件就是利用表面电导率变化的信号来检测各种气体的存在和浓度。

下面进一步研究气体吸附电导率的变化。以厚度为 d，宽度为 W，电极间距离为 L 的半导体片状试样为例。设空间电荷层宽度为 l，在空间电荷层内宽为 x 处的电导率为 $\sigma(x)$，半导体内部电导率为 σ_b，那么，试样的电导为

$$\begin{aligned} G &= \sigma_b \times \frac{W}{L} \times (d-l) + \int_0^l \sigma(x) \times \frac{W}{L} dx \\ &= \sigma_b \times \frac{W}{L} \times d + \frac{W}{L}\int_0^l [\sigma(x) - \sigma_b] dx \end{aligned} \tag{6.128}$$

因此由吸附气体所引起的电导变化量为

$$\Delta G = \Delta\sigma \times \frac{W}{L} = \frac{W}{L}\int_0^l [\sigma(x) - \sigma_b] dx \tag{6.129}$$

这里，

$$\Delta\sigma = \int_0^l [\sigma(x) - \sigma_b] dx \tag{6.130}$$

$\Delta\sigma$ 常称为表面电导率。它由载流子的电荷、浓度以及迁移率的乘积来表示，即

$$\Delta\sigma = e(\bar{\mu}_p \delta_p + \bar{\mu}_n \delta_n) \tag{6.131}$$

式中,δ_p、δ_n 分别为 1 cm² 表面的空间电荷层中的空穴和电子的过剩浓度(以半导体内部为基准)。$\bar{\mu}_p$、$\bar{\mu}_n$ 分别为表面空间电荷层中空穴和电子的平均迁移率。由于表面散射的原因,它们的值仅是半导体内部 μ_p 和 μ_n 的 1/10～1/5。

对 n 型半导体,$\Delta\sigma_n = e\bar{\mu}_n\delta_n$(空穴传导忽略);对 p 型半导体,$\Delta\sigma_p = e\bar{\mu}_p\delta_p$(电子传导忽略)。

从上述情况也说明,n 型半导体气敏元件中正电荷吸附时电导率增加,负电荷吸附时电导率减小。

半导体陶瓷气敏元件是一种多晶体,存在着晶粒之间的接触或颈部接合。如图 6.56 所示,图中(a)为晶粒相接触形成晶界。半导体接触气体时,因为在晶粒表面形成空间电荷层,因此两个晶粒之间介入这个空间电荷层部分。当 n 型半导体晶粒发生负电荷吸附时,晶粒之间便形成图 6.56(a)那样的电势垒,阻止晶粒之间的电子转移。电势垒的高度因气体种类、浓度不同而异,从而使电导率随之改变。在空气中,氧的负电荷吸附结果,电势垒高,电导率小。若接触可燃气体,则与吸附氧反应,负电荷吸附减少,电势垒降低,电导率增加。

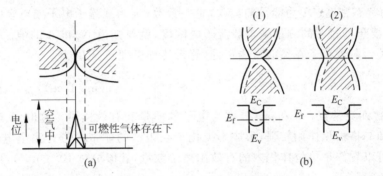

图 6.56　晶界和颈部的电导
(a) 晶界势垒;(b) 颈部能带结构

图 6.56(b)所示的晶粒间颈部接合厚度的不同,对电导率的影响也不尽相同。若颈部厚度很大,如图 6.56(b)中(2)的情况,吸附气体和半导体之间的电子转移仅仅发生在相当于空间电荷层的表面层内,不影响内部的能带构造。但是,若颈部厚度小于空间电荷层的厚度,如图 6.56(b)中(1)的情况,整个颈部厚度都直接参与和吸附气体之间的电子平衡,因而表现出吸附气体对颈部电导率较强的影响,即电导率变化最大。因此可以认为半导体气敏元件晶粒大小、接触部的形状等对气敏元件的性能有很大影响。

6.6.3　西贝克效应

半导体材料的两端如果有温度差,那么在较高的温度区有更多的电子被激发到导带中去,但热电子趋向于扩散到较冷的区域。当这两种效应引起的化学势梯度和电场梯度相等且方向相反时,就达到稳定状态。多数载流子扩散到冷端,产生 $\Delta V/\Delta T$,

结果在半导体两端就产生温差电动势。这种现象称为温差电动势效应。如图6.57所示。此现象首先由西贝克(Seebeck)发现,因此也称为西贝克效应。

温差电动势系数 α(西贝克系数)定义为

$$\alpha = \frac{dV}{dT} = -\frac{V_h - V_C}{T_h - T_C} \quad (6.132)$$

式中 $(V_h - V_C)$ 为半导体高温区和低温区之间的电位差(V),$(T_h - T_C)$ 为温度差(K)。温差电动势系数的符号同载流子带电符号一致,因此测量 α 还可以判断半导体是 p 型还是 n 型。

当半导体中存在一种类型的载流子(电子或空穴),其浓度分布规律近似于玻耳兹曼函数分布时,α 可表达为

$$\alpha = \pm \frac{k}{e}\left(\ln \frac{N_v}{n_i} + A\right) \quad (6.133)$$

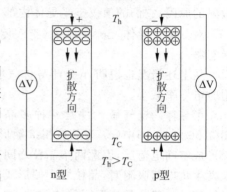

图 6.57 半导体陶瓷的西贝克效应

式中,N_v 为状态密度;A 为能量输出项,是一常数;n_i 为载流子电子或空穴的浓度。

因此,要想通过 α 的测量来求载流子的浓度,就要知道 N_v 和 A 的值。它们与导电机理有关。若载流子在宽能带内传导(能带传导机理),N_v 值为

$$N_v(\mathrm{m}^{-3}) = 2\left(\frac{2\pi m^* kT}{h^2}\right)^{\frac{3}{2}} \approx 4.84 \times 10^{21} (m^* T/m)^{\frac{3}{2}} \quad (6.134)$$

式中,h 为普朗克常数;m 和 m^* 分别为电子的质量和有效质量。这时 A 近似为 2;若载流子和晶格极化作用较强,形成小极化子在很窄的能带内进行完全电子跃迁传导,则 N_v 可以看作是单位体积内的有效阳离子数量,其值可达 $10^{28}(\mathrm{m}^{-3})$,而 A 值近似为零。

根据电导率公式 $\sigma = ne\mu$,从电导率 σ 和载流子浓度 n 的测量值,可以求出迁移率 μ 值。

表 6.14 列出了一些主要半导体材料的温差电动势系数的值。

表 6.14 主要半导体材料的温差电动势系数

材料	$\alpha/(\mu V/K)$	材料	$\alpha/(\mu V/K)$	材料	$\alpha/(\mu V/K)$
ZnO	−710	MoS$_2$	−770	PbTe(n)	−120~−230
CuO	−700		(30~230℃)		(20~400℃)
FeO	−500	CuS	−10	PbTe(p)	+150~+180
NiO	+240	FeS	+30		(20~110℃)
Mn$_2$O$_3$	+390	PbSe(n)	−180~−220	Sb$_2$Te$_3$(p)	+30~+130
Cu$_2$O	+470~+1 150	PbSe(p)	+190~+230		(−220~30℃)
	(−180~360℃)	ZnSb	+150~+200	Bi$_2$Te$_3$(n)	−240
			(−40~180℃)	Bi$_2$Te$_3$(p)	+220
				As$_2$Te$_3$	+230~+260

西贝克效应可直接应用于温度的测量技术。另外,在半导体制冷技术和高性能热电转换技术方面有着广泛的研究与应用。一方面,电子及光学仪器的小型与高性能化,半导体制造业的精密恒温控制,要求灵敏、精确的制冷或者加热,采用热电制冷这种半导体制冷技术可以满足其要求。另一方面,在世界能源紧缺的今天,热能的有效利用,为利用余热、废热等发电为目标的高性能热电材料的研究与应用带来了新的活力。热电发电与热电制冷的原理如图 6.58 所示。

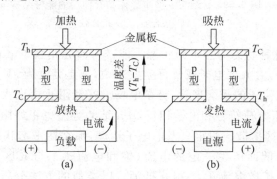

图 6.58 热电发电与热电制冷原理示意图
(a) 热电发电;(b) 热电制冷

热电材料的能量转换效率可以用其性能指数 Z 来表征:

$$Z = \frac{\alpha^2 \sigma}{\kappa} \tag{6.135}$$

式中,α 为西贝克系数(V/K);σ 为电导率(S/cm);κ 为导热系数(W/cm·K)。

6.6.4 p-n 结

1. p-n 结势垒的形成

半导体中电子和空穴的数目分别决定于费米能级与导带底和满带顶的距离。n 型半导体在杂质激发的范围,电子数远多于空穴,因此 E_f 应在禁带的上半部,接近导带;而 p 型半导体空穴远多于电子,E_f 将在禁带下部,接近于满带,于是

$$\left. \begin{array}{l} n = (N_c N_D)^{\frac{1}{2}} \exp\left(-\dfrac{E_c - E_f}{kT}\right) \\ p = (N_v N_A)^{\frac{1}{2}} \exp\left(-\dfrac{E_f - E_v}{kT}\right) \end{array} \right\} \tag{6.136}$$

当 n 型半导体和 p 型半导体相接触时,或半导体内一部分为 n 型,另一部分为 p 型时,由于 n 型和 p 型费米能级不同,因而引起电子的流动,在接触面两侧形成正负电荷积累,产生一定的接触电势差。这种情况在能带图中的反映如图 6.59 所示。接触电势差使 p 型相对于 n 型带负的电势 $-V_d$,在 p 区电子静电势能提高 eV_d,表现在 p 区整个电子能级向上移动 eV_d,恰好补偿 E_f 原来的差别,即

$$eV_d = (E_f)_n - (E_f)_p \tag{6.137}$$

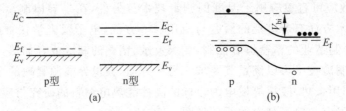

图 6.59 p 型与 n 型半导体结合前后的能带结构
(a) 接合前；(b) 接合后

使两边 E_f 拉平。这种状态为热平衡状态。能带弯曲处相当于 p-n 结的空间电荷区。其中存在强的电场，对 n 区电子或 p 区空穴来说，都是高度为 eV_d 的一个势垒。

如果从具体载流子的平衡来看，势垒电场恰好能阻止密度大的 n 区电子向 p 区扩散；对空穴，由于电荷符号和电子相反，p-n 结的势垒也正好阻止空穴由密度高的 p 区向密度低的 n 区扩散。假定只考虑电子运动，那么在平衡状态下，p 区极少量的电子由于势垒的降低而产生一定的电流（饱和电流 I_0）与 n 区电子由于势垒增高 eV_d 而产生的电流（扩散电流 I_{de}）相互抵消。以类似的方法分析空穴的运动。扩散电流 I_d 可以用下式表示：

$$I_d = A\exp\left(-\frac{eV_d}{kT}\right) \tag{6.138}$$

式中，A 为常数。

2. 偏压下的 p-n 结势垒和整流作用

如果在 p-n 结上外加偏置电压 V，且 p 区接电压正极，n 区接负极，即外加正偏压，则 p 区相对于 n 区的电势由无偏压时的 $-V_d$，改变为 $-(V_d-V)$，这时势垒高度为 $e(V_d-V)$，能带图中势垒将降低，如图 6.60 所示。在这种情况下，势垒就不再能完全抵消电子和空穴的扩散作用，结果由电子所产生的净电流为

$$I_e = I'_{de} - I_{de} = A_e\exp\left[-\frac{e(V_d-V)}{kT}\right] - A_e\exp\left(-\frac{eV_d}{kT}\right)$$

$$= A_e\exp\left(-\frac{eV_d}{kT}\right)\left[\exp\left(\frac{eV}{kT}\right) - 1\right]$$

$$= I_e^0\left[\exp\left(\frac{eV}{kT}\right) - 1\right] \tag{6.139}$$

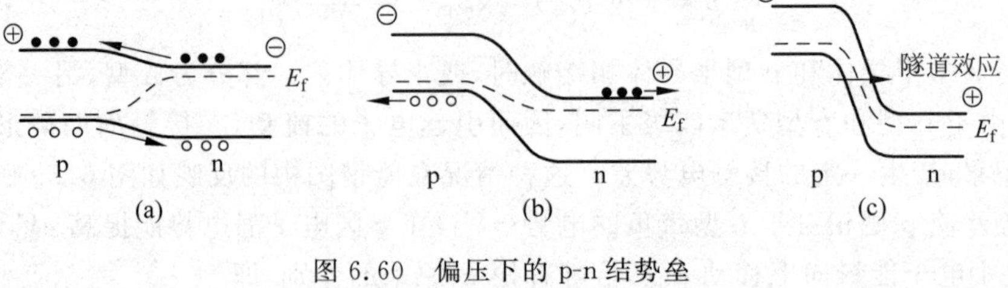

图 6.60 偏压下的 p-n 结势垒
(a) 正偏压；(b) 负偏压；(c) 高负偏压

式中，$I_e^0 = A_e \exp\left(\dfrac{eV_d}{kT}\right)$。同样，空穴所产生的净电流有类似的结果。因此通过 p-n 结的总电流可以表达为

$$I = I_0 \left[\exp\left(\frac{eV}{kT}\right) - 1\right] \tag{6.140}$$

式中 I_0 为常数。当 p-n 结上施加负偏压时，如图 6.60(b) 所示，p 区的电子和 n 区的空穴浓度都很低，仅流过极小的电流。这时的电流虽然符合式(6.140)，但不能超过 $-I_0$。当负偏压继续增大时，能带弯曲变大，如图 6.60 (c)所示，出现隧道效应。电流急剧增大，产生绝缘破坏，此时的电压称为反向击穿电压。p-n 结的 V-I 特性如图 6.61 所示。

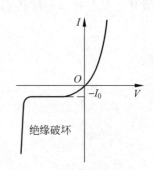

图 6.61 p-n 结的 V-I 特性

3. 光生伏特效应

如果用能量比半导体禁带宽度的光照射 p-n 结，半导体吸收光能，电子从价带激发至导带，价带中产生空穴，如图 6.62 所示。p 区的电子向 n 区移动，n 的空穴向 p 区移动，结果产生电荷积累，p 区带正电，n 区带负电，从而产生电位差。这和费米能级的弯曲相对应。若 p-n 结两侧被覆欧姆接触电极，与外电路相连就有电流通过。利用这种原理，可以将太阳能转换为电能，制造出太阳能电池或光检测器件。例如，将 n 型导体 CdS 烧结体上电析一层 p 型半导体 Cu_2S，Cu_2S 扩散在局部晶界上形成 p-n 结，从而增大 p-n 结的接触面积，提高光电流的收集效率，制得高效能的太阳能电池。

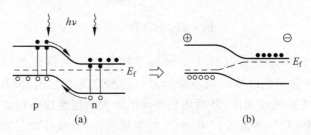

图 6.62 光生伏特效应

6.7 超导体

6.7.1 约瑟夫孙效应

近年来，随着低温技术的发展以及高临界温度陶瓷超导材料的发现，世界各国竞相开展了超导材料的研究。所谓超导体就是在液氦甚至液氮的低温下，具有零阻导电现象的物质。这是一种固体材料内特有的电子现象。自 1986 年 Bednorz 等人发现 Ba-La-Cu-O 系中存在 35 K 下的超导现象以来，在半年时间内，把从 1973 年发现

Nb$_3$Ge(23.2 K)之后十几年来没有多大进展的超导零阻温度提高到了液氮温度 77 K 以上。随后的几年里,高温超导材料的研究飞速进展。1987 年赵忠贤等人发现了 T_C 为 90 K 的 Y-Ba-Cu-O 系超导体。后来,T_C 为 110 K 的 Bi-Sr-Ca-Cu-O 系超导体问世。1993 年又发现了 T_C 为 135 K(高压下为 163 K)的 Hg-Ba-Ca-Cu-O 系超导体。超导体发现年代示于图 6.63。

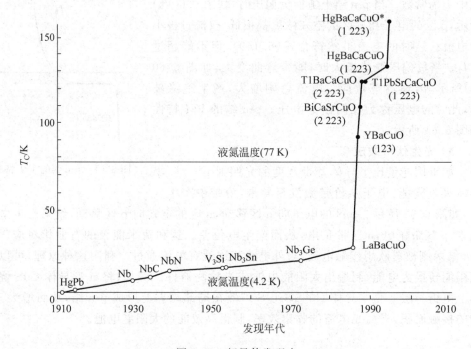

图 6.63　超导体发现史

Josephson 于 1962 年就从理论上预测了超导电子的隧道效应——超导电子(电子对)能在极薄的绝缘体阻挡层中通过。这称之为约瑟夫孙(Josephson)效应。图 6.64 为约瑟夫孙效应元件,由两块超导体中间夹一层绝缘体构成。若绝缘体较厚即使将其冷却到超导临界温度以下,由于绝缘层的阻挡,超导电子不能通过;但若绝缘层超薄至数 Å,超导电子便可通过中间绝缘层而导通,产生约瑟夫孙效应。在两边的超导体上设置电极,就可以观测到绝缘体上产生的电压 V。如果从外部通入电流 I,那么就可以观察到超导电子的隧道效应。约瑟夫孙元件的 I-V 特性如图 6.65 所示。电流 I 是绝缘体阻挡层电压 V 的函数。若电流由零逐渐增大,由于超导电子的隧道效应,绝缘体上不产生压降,好像不存在绝缘层的零阻超导状态。当电流超过某一临界电流值 I_0(A 点)时,即达最大约瑟夫孙电流,超导状态被破坏,过渡到有阻状况($A \rightarrow B$),电流进一步增大,将沿 $B \rightarrow C \rightarrow D$ 变化;相反,电流由大变小,那么将沿 $D \rightarrow C \rightarrow B \rightarrow E \rightarrow 0$ 变化,出现 I-V 特性的滞后现象。如果通过方向相反的电流,则出现与图中曲线对称的 I-V 特性曲线。

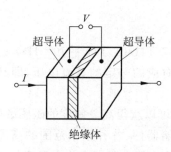
图 6.64 约瑟夫孙元件

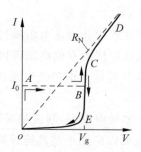
图 6.65 约瑟夫孙元件的 I-V 特性

超导状态下的电流 I 与最大约瑟夫孙电流 I_0 的关系为

$$I = I_0 \sin\theta \tag{6.141}$$

式中,θ 表示两超导体的量子状态的相位差。当 $\theta=90°$ 时,出现 $A \to B$ 的开关特性。这是由于超导电子对隧道电流和超导电子对的破坏以及热激励的单电子亚微子的隧道电流的综合结果。为了把这种超导电子电流与超导状态的直流约瑟夫孙电流加以区别,将这种超导电子电流称为交流约瑟夫孙电流。单一电子隧道电流称为亚粒子隧道电流。交流约瑟夫孙电流与隧道阻挡层产生的直流电压 V 的关系为

$$I = I_0 \sin\left(\frac{2eVt}{h} + \theta_0\right) \tag{6.142}$$

式中,θ_0 为夹有隧道阻挡层的两超导体间的相位差;h 为普朗克常数($h = 1.05 \times 10^{-34}$ J·s);e 为电子电荷($e = 1.6 \times 10^{-19}$ C)。式(6.142)表示超导电子电流是以时间 t 和角频率 $\omega = 2eV/h$ 作交变的交流电流。

Ba-La-Cu-O、Y-Ba-Cu-O 系等高温氧化物超导体从结构上看具有以下特征:①畸变的层状钙钛矿结构;②Cu^{2+} 和 Cu^{3+} 的存在;③存在氧空位。图 6.66 为 $YBa_2Cu_3O_{7-\delta}$ 的晶胞结构。对于这些高温超导体,原有超导理论很难解释,因此有关超导理论还有待进一步研究。

6.7.2 超导体的应用

超导材料是具有广泛应用前景的重要功能材料。超导材料可在超导体电机、磁悬浮列车等方面应用。利用超导体约瑟夫孙效应可以制作新型的电子器件。这种器件具有以下特点:

(1) 小功率(μW 级)超高速开关动作(ps

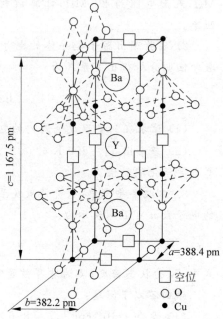
图 6.66 $YBa_2Cu_3O_{7-\delta}$ 的晶胞结构

级,ps=10^{-12} s)。

(2) 具有显著的非线性电阻特性。

(3) 施加几毫伏的直流电压可以获得高达 10 THz(1 THz=10^{12} Hz)的超高频振荡信号。从外部输入电磁波可以产生与之相对应的一定的直流电压,即具有量子效应。

(4) 产生的噪声极小,制成超导环(闭回路)可以获得高灵敏度的磁感敏器件。

以上特点可以应用于超高速计算机运算存储器件、各种频率范围的高灵敏度电磁波检测器件、超高精度电位计、超导量子干涉器件等。随着高临界温度的超导材料的研制成功,超导材料的应用还会不断扩大。

习题

1. 无机材料绝缘电阻的测量试件的外径 $\Phi=50$ mm,厚度 $d=2$ mm。电极尺寸如图 6.67 所示:$D_1=226$ mm,$D_2=38$ mm,$D_3=48$ mm,另一面为全电极。采用直流三端电极法进行测量。

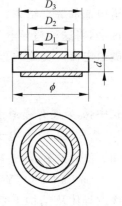

图 6.67 试样尺寸

(1) 请画出测量试件体电阻率和表面电阻率的接线电路图。

(2) 若采用 500 V 直流电源测出试件的体电阻为 250 MΩ,表面电阻为 50 MΩ,计算该材料的体电阻率和表面电阻率。

2. 实验测出离子型导体的电导率与温度的相关数据,经数学回归分析得出关系式为

$$\lg \sigma = A + B \frac{1}{T}$$

(1) 试求在测量温度范围内的电导活化能表达式。

(2) 若给出 $T_1=500$ K 时,$\sigma_1=10^{-9}$ S/cm;$T_2=1\,000$ K 时,$\sigma_2=10^{-6}$ S/cm,计算电导活化能的值。

3. 本征半导体中,从价带激发至导带的电子和价带产生的空穴参与导电。激发的电子数 n 可近似表示为

$$n = N\exp\left(-\frac{E_g}{2kT}\right)$$

式中,N 为状态密度;k 为玻耳兹曼常数;T 为绝对温度。

试回答以下问题:

(1) 设 $N=10^{23}$ cm^{-3},$k=8.6\times10^{-5}$ eV/K 时,Si($E_g=1.1$ eV),TiO$_2$($E_g=3.0$ eV)在室温(20℃)和 500℃时所激发的电子数(cm^{-3})各是多少?

(2) 半导体的电导率 σ(S/cm) 可表示为
$$\sigma = ne\mu$$
式中，n 为载流子浓度(cm^{-3})；e 为载流子电荷(电子电荷 1.6×10^{-19} C)；μ 为迁移率($cm^2 \cdot V^{-1} \cdot s^{-1}$)。当电子(e)和空穴(h)同时为载流子时，
$$\sigma = n_e e \mu_e + n_h e \mu_h$$
假设 Si 的迁移率 $\mu_e = 1\,450\ cm^2 \cdot V^{-1} \cdot s^{-1}$，$\mu_h = 500\ cm^2 \cdot V^{-1} \cdot s^{-1}$，且不随温度变化。求 Si 在室温(20℃)和 500℃ 时的电导率。

4. 根据费米-狄拉克分布函数，半导体中电子占有某一能级 E 的允许状态几率 $f(E)$ 为
$$f(E) = \left[1 + \exp\left(\frac{E - E_f}{kT}\right)\right]^{-1}$$
E_f 为费米能级，它是电子存在几率为 1/2 的能级。

如图 6.68 所示的能带结构，本征半导体导带中的电子浓度 n，价带中的空穴浓度 p 分别为
$$n = 2\left(\frac{2\pi m_e^* kT}{h^2}\right)^{\frac{3}{2}} \exp\left(-\frac{E_C - E_f}{kT}\right)$$
$$p = 2\left(\frac{2\pi m_h^* kT}{h^2}\right)^{\frac{3}{2}} \exp\left(-\frac{E_f - E_v}{kT}\right)$$
式中，m_e^*、m_h^* 分别为电子和空穴的有效质量；h 为普朗克常数。

试回答以下问题：

(1) 本征半导体中 $n = p$，利用上二式写出 E_f 的表达式。

(2) 当 $m_e^* = m_h^*$ 时，E_f 位于能带结构的什么位置？通常 $m_e^* < m_h^*$，E_f 的位置随温度将如何变化？

(3) 令 $n = p = \sqrt{np}$，$E_g = E_C - E_v$，求 n 随温度变化的函数关系(含 E_g 的函数)。

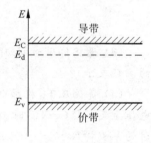

图 6.68 能带结构

(4) 如图 6.68 所示，施主能级为 E_D，施主浓度为 N_D，E_f 在 E_C 和 E_D 之间，电离施主浓度 n_D 为
$$n = n_D \exp\left(-\frac{E_f - E_D}{kT}\right)$$

若 $n = n_d$，试写出 E_f 的表达式；

当 $T = 0$ 时，E_f 位于能带结构的什么位置？

(5) 令 $n = n_d = \sqrt{nn_d}$，试写出 n 随温度变化的关系式。

5. (1) 根据缺陷化学原理，推导 NiO 电导率与氧分压的关系。

(2) 讨论添加 Al_2O_3 对 NiO 电导率的影响，并写出空穴浓度与氧分压的关系。

6. (1) 根据缺陷化学原理推导 ZnO 电导率与氧分压的关系。

(2) 讨论添加 Al_2O_3、Li_2O 对 ZnO 电导率的影响。

7. p-n 结的能带结构如图 6.69(a) 所示。如果只考虑电子的运动，那么在热平衡状态下，p 区的极少量电子由于势垒的降低而产生一定的电流（饱和电流 I_0）与 n 区的电子由于势垒的升高 V_d 靠扩散产生的电流（扩散电流 I_d）相抵消。I_d 可表示为

$$I_d = A\exp\left(-\frac{eV_d}{kT}\right)$$

式中，A 为常数，当 p-n 结上施加偏压 V，能带结构如图 6.69(b) 所示，势垒高度为 $(V_d - V)$。

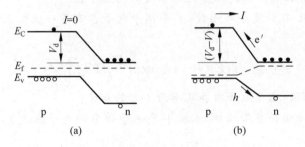

图 6.69 能带结构
(a) 无偏压时；(b) 正偏压

求：

(1) 此时的扩散电流 I_d' 的表达式。

(2) 试证明正偏压下电子产生的净电流公式为

$$I = I_0\left[\exp\left(\frac{eV}{kT}\right) - 1\right]$$

(3) 设正偏压为 V_1 时的电流为 I_1，那么，电压为 $2V_1$ 时，电流 I_2 为多少（用含 I_1 的函数表示）？

(4) 负偏压下，施加电压极大时 $(V \to \infty)$，I 的极限值为多少？但是实际当施加电压至某一值 $(-V_B)$ 时，电流会突然增大，引起压降，试定性描绘 p-n 结在正负偏压时的 V-I 特性。

第7章 无机材料的介电性能

"电介质"一词,概括了范围很广的材料。具有介电系数的任何物质,都可以看作电介质,至少在高频下是这样。

电介质系指在电场作用下,能建立极化的一切物质。当在一个真空平行板电容器的电极板间嵌入一块电介质时,如果在电极之间施加外电场,则可发现在介质表面上感应出电荷,即正极板附近的介质表面上感应出了负电荷,负极板附近的介质表面上感应出正电荷,这种表面电荷称为感应电荷,也称束缚电荷。束缚电荷不会形成漏导电流。电介质在电场作用下产生感应电荷的现象,称之为电介质的极化。

电路中的电容器的电容 C 包含几何和材料两方面的因素。对以上真空平行板电容器

$$C_0 = \varepsilon_0 \frac{A}{d}$$

式中,A 为面积;d 为板极间距;ε_0 是真空介电系数,$\varepsilon_0 = 8.85 \times 10^{-12}$ F/m(法/米)。如果在真空电容器中嵌入电介质,则

$$C = C_0 \times \frac{\varepsilon}{\varepsilon_0} = C_0 \varepsilon_r$$

式中,ε 是电介质的介电系数;ε_r 称为相对介电系数。由以上两式不难推出:

$$\varepsilon_r = \frac{C}{C_0} = \frac{1}{\varepsilon_0} \times \frac{Cd}{A}$$

ε_r 反映了电介质极化的能力。

本章讨论无机材料最一般的介电性能,包括介质的极化、介质的损耗、介电强度,着重讨论这些参数的物理概念及其与物质微观结构之间的关系。

7.1 介质的极化

7.1.1 极化现象及其物理量

介质最重要的性质是在外电场作用下能够极化。所谓极化,就是介质内质点(分子、原子、离子)正负电荷重心的分离,从而转变成偶极子。在电场作用下,构成质点的正负电荷沿电场方向在有限范围内短程移动,组成一个偶极子(图7.1)。设正电荷与负电荷的位移矢量为 l,则定义此偶极子的电偶极矩 $\mu = ql$,规定其方向从负电

荷指向正电荷,即电偶极矩的方向与外电场 E 的方向一致。

如果介质中含有极性分子,则这些极性分子都可看作偶极子。在外电场作用下,这些极性分子发生转向,转向的结果是每一个极性轴趋于电场方向,所以每一个偶极子的电偶极矩 μ 应看作原极性分子偶极矩在电场方向的投影。

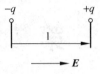

图 7.1 偶极子

单位电场强度下,质点电偶极矩的大小称为质点的极化率 α,

$$\alpha = \frac{\mu}{E_{\text{loc}}} \tag{7.1}$$

这里 E_{loc} 为作用在微观质点上的局部电场,它与外加电场并不相同。α 表征材料的极化能力,只与材料的性质有关,其单位为[法·米^2](即 F·m^2)。

定义介质单位体积内的电偶极矩总和 P 为介质的极化强度,

$$P = \frac{\sum \mu}{V} \tag{7.2}$$

其单位为[库仑/米^2](即 C/m^2)和面电荷密度单位一样。

如果介质单位体积中的极化质点数等于 n,由于每一偶极子的电偶极矩具有同一方向(电场方向),所以表示矢量和的式(7.2)可用标量代替:

$$P = \mu n = n\alpha E_{\text{loc}} \tag{7.3}$$

式中,μ 为各质点的平均偶极矩。对一定材料来说,n 和 α 一定,则 P 与宏观平均电场 E 成正比。

定义

$$P = \varepsilon_0 \chi E \tag{7.4}$$

χ 称为电介质极化系数,它将介质的宏观电场 E 和宏观物理量 P 联系起来。

7.1.2 克劳修斯-莫索蒂方程

1. 宏观电场 E

上面已提到介质宏观平均电场强度的概念。对于介质宏观电场的贡献,一是外加电场(由物体外部固定的电荷所产生的电场);二是构成物体的所有质点电荷的电场之和。

为了求出极化强度 P 对于宏观电场的贡献,可以对样品所有偶极子的和加以简化,如图 7.2 所示。极化强度 P 造成的电场可认为是由表面束缚电荷引起的。根据静电学原理,由均匀极化所产生的电场等于分布在物体表面上的束缚电荷在真空中产生的电场。令此电场强度为 E_1,它和外加电场 $E_{\text{外}}$ 方向相反,因而称之为退极化场,见图 7.2。一个椭球形样品在外电场下能产生均匀的极化强度和均匀的退极化场。这样对宏观场的贡献完

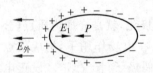

图 7.2 退极化场 E_1

来自 $E_{外}$ 和 E_1（矢量和），
$$E = E_{外} + E_1 \tag{7.5}$$

2. 原子位置上的局部电场 E_{loc}

作用在一个原子位置上的局部电场（有时称为有效电场），其数值与宏观电场之间相差甚大。晶体中作用于一个原子位置上的局部电场是外加电场 $E_{外}$ 及晶体中其他原子所产生的电场之和。

对其他原子的偶极子场求和的标准方法是以一个想象的参考原子为球心画出一个球，见图 7.3。该圆球半径应比原子间距大得多；这样对讨论的球心原子来说，球外介质可作为连续介质，即为均匀介质；同时，球半径又比整个介质（椭球样品）小得多，因此对宏观来说，可视球内为均匀的，即宏观电场对球内各点作用一样。一般可选球半径为原子间距的几十到几百倍。

洛伦兹设想把球挖空，使球外介质的作用归结为空球表面极化电荷作用场（E_2）和整个介质外边界表面极化电荷作用场（E_1）之和，球内则只考虑原点附近偶极子的影响即 E_3，如图 7.3 所示。

所以对一个参考原子（球心）来说，局部电场为
$$E_{loc} = E_{外} + E_1 + E_2 + E_3 \tag{7.6}$$

式中，E_2 称为洛伦兹场。洛伦兹曾计算此设想的空腔表面上的极化电荷所产生的电场 E_2。如图 7.4 所示，以 θ 表示相对于极化方向的夹角，θ 处空腔表面上的面电荷密度就是 $-P\cos\theta$，取 $d\theta$ 角对应的微小环球面，其表面积为：
$$dS = 2\pi r\sin\theta r d\theta = 2\pi r^2 \sin\theta d\theta$$

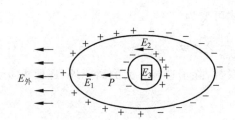
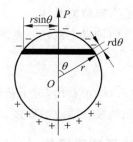

图 7.3 晶体中原子上的内电场　　图 7.4 球形空腔电场的计算

dS 面上的电荷为：
$$dq = -P\cos\theta dS = -2\pi r^2 P\cos\theta\sin\theta d\theta$$

dq 在空腔球心 O 点产生的电场（在 P 方向上投影）为
$$dE = -\frac{1}{4\pi\varepsilon_0} \times \frac{dq}{r^2}\cos\theta = \frac{1}{2\varepsilon_0}P\cos^2\theta\sin\theta d\theta$$

则整个空腔球面上的电荷在 O 点产生的电场（洛伦兹场）为
$$E_2 = \int_0^\pi dE = \int_0^\pi \frac{1}{2\varepsilon_0}P\cos^2\theta\sin\theta d\theta = \int_0^\pi -\frac{1}{2\varepsilon_0}P\cos^2\theta d(\cos\theta) = \frac{1}{3\varepsilon_0}P \tag{7.7}$$

空腔内诸偶极子的电场 E_3 是唯一的由晶体结构决定的一项。

已经证明,对于球体中具有立方对称的参考位置,如果所有的原子都可以用彼此平行的典型偶极子来代替,则 $E_3=0$,所以

$$E_{loc} = E_{外} + E_1 + \frac{1}{3\varepsilon_0} = E + \frac{1}{3\varepsilon_0} \tag{7.8}$$

这就是洛伦兹关系。

关于立方对称离子晶体的实验数据证明洛伦兹关系是正确的。

3. 克劳修斯-莫索蒂方程

根据 D、E 和 P 的关系可知:

$$P = D - \varepsilon_0 E = (\varepsilon - \varepsilon_0)E = \varepsilon_0(\varepsilon_r - 1)E$$

代入式(7.8),得

$$E_{loc} = E + \frac{1}{3\varepsilon_0}P = E + \frac{1}{3\varepsilon_0}\varepsilon_0(\varepsilon_r - 1)E$$

即

$$E_{loc} = \frac{\varepsilon_r + 2}{3}E \tag{7.9}$$

由 $P = \varepsilon_0(\varepsilon_r - 1)E$,以及 $P = n\alpha E_{loc}$,可得

$$\frac{\varepsilon_r - 1}{\varepsilon_r + 2} = \frac{n\alpha}{3\varepsilon_0} \tag{7.10}$$

此式称为克劳修斯-莫索蒂方程。它建立了宏观量 ε_r 与微观量 α 之间的关系。此式适用于分子间作用很弱的气体、非极性液体和非极性固体以及一些 NaCl 型离子晶体和具有适当对称的晶体。

对具有两种以上极化质点的介质,上式可变为

$$\frac{\varepsilon_r - 1}{\varepsilon_r + 2} = \frac{1}{3\varepsilon_0}\sum_k n_k \alpha_k \tag{7.11}$$

由式(7.10)可看出,为了获得高介电系数,除了选择 α 大的离子外,还要求 n 大,即单位体积的极化质点数要多。

7.1.3 电子位移极化

介质的总极化一般包括三个部分:电子极化、离子极化和偶极子转向极化。这些极化的基本形式又分为两种:第一种是位移式极化。这是一种弹性的、瞬时完成的极化,不消耗能量。电子位移极化、离子位移极化属这种情况;第二种是松弛极化。这种极化与热运动有关,完成这种极化需要一定的时间,并且是非弹性的,因而消耗一定的能量。电子松弛极化、离子松弛极化属这种类型。

1. 电子位移极化的经典理论

在外电场作用下,原子外围的电子云相对于原子核发生位移形成的极化叫电子位移极化。电子位移极化的性质具有一个弹性束缚电荷在强迫振动中所表现出来的

特性。设想一个质量为 m、带电为 $-e$ 的粒子,为一带正电 $+e$ 的中心所束缚,弹性恢复力为 $-kx$。这里 k 是弹性恢复系数,x 表示粒子的位移。我们考虑它在交变电场下运动,电场用复数表示:

$$E_{\text{loc}} = E_0 e^{i\omega t}$$

电荷 $-e$ 的运动方程为

$$m\ddot{x} = -kx - eE_0 e^{i\omega t}$$

式中 $\ddot{x}$ 表示 x 对于时间 t 的二阶导数。这个振动方程的解显然是

$$x = \left(\frac{-e}{k - m\omega^2}\right) E_0 e^{i\omega t} \tag{7.12}$$

由此得电偶极矩为

$$\mu = -ex = \frac{e^2}{m}\left(\frac{1}{k/m - \omega^2}\right) E_0 e^{i\omega t} \tag{7.13}$$

由于弹性偶极子的固有振动频率

$$\omega_0 = \sqrt{\frac{k}{m}}$$

又

$$\mu = \alpha e E_{\text{loc}}$$

所以

$$\alpha_e = \frac{e^2}{m}\left(\frac{1}{\omega_0^2 - \omega^2}\right) \tag{7.14}$$

令 $\omega \to 0$,得静态极化率

$$\alpha_e = \frac{e^2}{m\omega_0^2} = \frac{e^2}{k} \tag{7.15}$$

电子极化率依赖于频率,ω_0 可由共振吸收频率测出。

采用不同的经典理论模型,可具体估算出 α_e 的大小。下面用玻尔原子模型来处理原子。

一个点电荷 $(-e)$ 环绕以电荷 $+q$ 为圆心的圆周轨道运行。垂直于轨道平面的电场 E_{loc} 使 $+q$ 沿轴线从轨道中心移至点 M,则原子感生偶极矩为 $\mu = ed$,其中 $\mu = |OM|$。点 M 的位置由图 7.5(b) 确定。

$$\frac{d}{R} = \frac{eE}{F_R}$$

式中 F_R 为沿轨道运行的电子的离心力。在施加电场之前,由于核与电子吸引力 $\dfrac{e^2}{4\pi\varepsilon_0 R^2}$ 和 F_R 之间平衡而形成稳定的轨道,因此有

$$\frac{d}{R} = \frac{eE_{\text{loc}}}{F_R} = \frac{eE_{\text{loc}}}{e^2/(4\pi\varepsilon_0 R^2)}$$

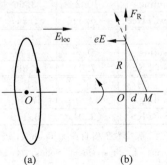

图 7.5 轨道模型

所以
$$\frac{d}{R} = \frac{4\pi\varepsilon_0 R^2 E_{\text{loc}}}{e} \tag{7.16}$$

则
$$\mu = ed = 4\pi\varepsilon_0 R^3 E_{\text{loc}}$$

即
$$\alpha_e = 4\pi\varepsilon_0 R^3 \tag{7.17}$$

可见电子极化率的大小与原子(离子)半径有关。

若考虑同类原子的一个集合，它们所有轨道是随机取向，则在电场方向上平均感生偶极矩为
$$\langle\mu\rangle = \langle\mu\rangle\cos^2\theta$$

式中，尖括号表示对其中的物理量求平均值。如电场较低，
$$\langle\cos^2\theta\rangle = \frac{1}{3}$$

所以
$$\langle\mu\rangle = \frac{4}{3}\pi\varepsilon_0 R^3 E_{\text{loc}}$$

则
$$\alpha_e = \frac{4}{3}\pi\varepsilon_0 R^3 \tag{7.18}$$

表 7.1 为离子的电子极化率，其物理量采用 CGS 单位制(cm^3)，如要化为 SI 单位制，则应乘以$(1/9)\times 10^{-15}$，单位为[法·米^2]，即[F·m^2]。

表 7.1 离子的电子极化率　　　　　　　　　　　　　　　$10^{-24} cm^3$

			He	Li$^+$	Be^{2+}	B^{3+}	C^{4+}
Pauling	—	—	0.201	0.029	0.008	0.003	0.0013
JS-(TKS)				0.029			
	O^{2-}	F$^-$	Ne	Na$^+$	Mg^{2+}	Al^{3+}	Si^{4+}
Pauling	3.88	1.04	0.390	0.179	0.094	0.052	0.0165
JS-(TKS)	(2.4)	0.858		0.290			
	S^{2-}	Cl$^-$	Ar	K$^+$	Ca^{2+}	Sc^{3+}	Ti^{4+}
Pauling	10.2	3.66	1.62	0.83	0.47	0.286	0.185
JS-(TKS)	(5.5)	2.947		1.133	(1.1)		(0.19)
	Se^{2-}	Br$^-$	Kr	Rb$^+$	Sr^{2+}	Y^{3+}	Zr^{4+}
Pauling	10.5	4.77	2.46	1.40	0.86	0.55	0.37
JS-(TKS)	(7.0)	4.091		1.679	(1.6)		
	Te^{2-}	I$^-$	Xe	Cs$^+$	Ba^{2+}	La^{3+}	Ce^{4+}
Pauling	14.0	7.10	3.99	2.42	1.55	1.04	0.73
JS-(TKS)	(9.0)	6.116		2.743	(2.5)		

① 表中数值引自：L. Pauling, Proc. Roy. Soc., (London) A114, 181(1927); S. S. Jaswal and T. P. Sharma, J. Phys. Chem. Solids, 34, 509(1973) 及 J. Tessman, A. Kahn and W. Shockley, Phys. Rev., 92, 890(1953)。

② JS 和 TKS 给出的极化率是使用钠的 D 线频率得到的结果。

2. 电子极化率的量子理论

根据量子力学,极化率的计算是非常复杂的,这里只给出了一个简单的介绍。事实上,上节的经典模型所得出的结果与实验值还是比较吻合的。

关于 van Vleck 的电子极化的量子理论,简述如下。

一个极化单元的哈密顿量(电场沿 ox 方向)可以写为

$$H = H_0 - \left(e\sum x_i\right)E \tag{7.19}$$

式中,H_0 是无电场时极化单元的哈密顿量;x_i 是电子位移。对于所考虑的极化单元体系,在电场的微扰作用下,能量的第一个修正值是零,第二个修正值是

$$\Delta W = -\sum_{j=0} \frac{(0|e\sum x_i|j)(j|e\sum x_i|0)}{W_j - W_0} E^2 \tag{7.20}$$

式中 $|0)$ 指基态,$|j)$ 指允许的受激态。

$$(0|e\sum x_i|j) = P_{0j}$$

为该两种状态之间的偶极矩的矩阵元。

$$(j|e\sum x_i|0) = P_{j0} = P_{0j}^*$$

$$W_j - W_0 = \hbar\omega_{j0}$$

考虑到 $\Delta W = -\frac{1}{2}\alpha_e E^2$,可求得

$$\alpha_e = 2\sum_j \frac{P_{0j}^2}{\hbar\omega_{j0}} = \frac{e^2}{m}\sum_j \frac{f_j}{\omega_{j0}^2} \tag{7.21}$$

式中,$f_j = \frac{2m}{e^2\hbar}\omega_{j0}P_{0j}^2$ 代表电偶极子跃迁的振子强度。

对于固体材料,$(W_j - W_0)$ 与禁带宽度有关。禁带愈窄,α_e 愈高。表 7.2 列出了几种物质的禁带宽度 E_g 及光频下的介电系数 ε_∞。

表 7.2 几种物质的禁带宽度 E_g 及光频下的介电系数 ε_∞

物 质	E_g	ε_∞
Ge	0.7	16
Si	1.1	12
NaCl	9	2.25

对于少数简单离子(具有完整电子壳层的原子)已能用量子力学方法计算极化率 α。已计算出氢原子电子极化率为 $7.52 \times 10^{-41}\,\mathrm{F \cdot m^2}$,其他离子的计算结果列于表 7.3 的第 1 栏中。用上面讨论的经典模型,可推出 α 和离子半径 R 的关系,求出的离子半径分别列在第 2 栏、第 3 栏中。对离子晶体用 X 射线结晶学方法测出真实的离子半径,其结果列在第 4 栏中。

表 7.3　经典理论与量子理论计算结果检验

离子	$10^{42}\alpha$（根据量子力学）	$R=\sqrt[3]{\alpha/(4\pi\varepsilon_0)}$/Å（根据经典理论式(7.17)）	$R=\sqrt[3]{3\alpha/(4\pi\varepsilon_0)}$/Å（根据经典理论式(7.18)）	R/Å（用 X 射线测量）
O^-	1.52	1.11	1.76	1.32
F^-	1.18	1.02	1.60	1.33
Na^+	0.838	0.91	1.42	1.01
Mg^{2+}	0.724	0.87	1.36	0.75
S^-	2.387	1.29	2.02	1.69
Cl^-	1.97	1.21	1.90	1.72
K^+	1.48	1.10	1.72	1.30
Ca^{2+}	1.287	1.05	1.65	1.02

1 Å$=10^{-10}$ m。

离子半径的测量值与计算值比较表明，经典模型是有效的（测量值处于两种模型计算值之间），但 Ca^{2+} 和 Mg^{2+} 离子例外。

式(7.14)中极化率与频率的关系反映了极化的惯性。测量电子极化一般在光频（紫光）下进行。此时，其他极化机构（分子、离子极化）由于惯性跟不上电场的变化，因而此时的介电系数（ε_∞）几乎完全来自电子极化率的贡献。

在光频范围内，相对介电系数等于介质折射率的平方：

$$\varepsilon_r = n^2$$

7.1.4　离子位移极化

离子在电场作用下偏移平衡位置的移动相当于形成一个感生偶极矩，其简化模型如图 7.6 所示。

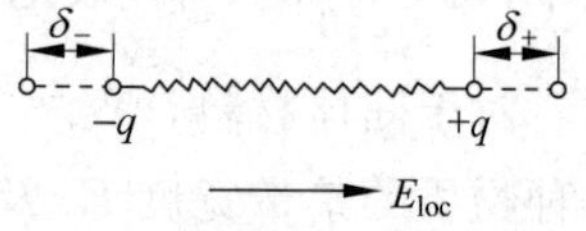

与电子位移极化类似，在电场中离子的位移，仍然受到弹性恢复力的限制（这里恢复力包括离子位移引起的电场作用）。设正离子位移 δ_+，负离子位移 δ_-，δ_+ 和 δ_- 符号相反，则感生的电偶极矩为

图 7.6　离子位移极化模型

$$\mu = q(\delta_+ + \delta_-) \tag{7.22}$$

$$\mu = \alpha_i E_{loc} \tag{7.23}$$

α_i 称为离子极化率。

如图 7.6 所示，正离子受到的弹性恢复力为 $-k(\delta_+-\delta_-)$，力的方向与电场反向；负离子受到的弹性恢复力为 $-k(\delta_--\delta_+)$，力的方向与电场同向。但无论何种离子，受力的方向与位移方向相反。

设电场为交变电场，运动方程可写为

$$\begin{cases} M_+\ddot{\delta}_+ = -k(\delta_+-\delta_-)+qE_0 e^{i\omega t} \\ M_-\ddot{\delta}_- = -k(\delta_--\delta_+)-qE_0 e^{i\omega t} \end{cases} \tag{7.24}$$

式中 M_+、M_- 分别为正负离子的质量,两式分别除以 M_+、M_-,然后相减,并引入相对运动约化质量

$$M^* = \frac{M_+ M_-}{M_+ + M_-}$$

得

$$\frac{d^2}{dt^2}(\delta_+ - \delta_-) = -\frac{k}{M^*}(\delta_+ - \delta_-) + \frac{q}{M^*}E_0 e^{i\omega t} \tag{7.25}$$

设 $\omega_0 = \sqrt{\dfrac{k}{M^*}}$ 为相对振动的固有频率,则上式的解为

$$(\delta_+ - \delta_-) = \frac{q}{M^*}\left(\frac{1}{\omega_0^2 - \omega^2}\right)E_0 e^{i\omega t} \tag{7.26}$$

则离子位移极化率

$$\alpha_i = \frac{q^2}{M^*}\left(\frac{1}{\omega_0^2 - \omega^2}\right) \tag{7.27}$$

令 $\omega \to 0$,可得静态极化率

$$\alpha_{i0} = \frac{q^2}{M^* \omega_0^2} = \frac{q^2}{k} \tag{7.28}$$

可见,离子位移极化和电子位移极化的表达式一样,都具有弹性偶极子的极化性质。ω_0 可由晶格振动红外吸收频率测量出来,从而得到离子位移极化建立的时间约为 $10^{-13} \sim 10^{-12}$ s。可以看出,这里考虑的两种离子的相对运动,正是以前讨论过的晶格振动光学模。

上式中 $M^* \omega_0^2$ 相应于弹性恢复力常数 k,以 NaCl 型晶体为例,其计算结果如下:

$$k = \frac{n-1}{a^3} \times q^2 \times \frac{1}{4\pi\varepsilon_0}$$

式中 a 为晶格常数;n 为电子层斥力指数,对离子晶体 $n = 7 \sim 11$。代入式(7.28)可估计 α_i 的数量级为 10^{-40} F·m^2。

$$\alpha_i = \frac{a^3}{n-1} 4\pi\varepsilon_0 \tag{7.29}$$

7.1.5 松弛极化

有一种极化,虽然也由于电场作用造成,但是它还与质点的热运动有关。例如,当材料中存在着弱联系电子、离子和偶极子等松弛质点时,热运动使这些松弛质点分布混乱,而电场力图使这些质点按电场规律分布,最后在一定的温度下发生极化。这种极化具有统计性质,叫做热松弛极化。松弛极化的带电质点在热运动时移动的距离,可与分子大小相比拟,甚至更大。并且质点需要克服一定的势垒才能移动,因此这种极化建立的时间较长(可达 $10^{-9} \sim 10^{-2}$ s),并且需要吸收一定的能量,因而与弹性位移极化不同,它是一种非可逆的过程。

松弛极化包括离子松弛极化、电子松弛极化和偶极子松弛极化,多发生在晶体缺陷区或玻璃体内;有极分子物质也会发生。

1. 离子松弛极化

在完整的离子晶体中,离子处于正常结点(即平衡位置),能量最低,最稳定,离子牢固地束缚在结点上,称为强联系离子。它们在电场作用下,只能产生弹性位移极化,即极化质点仍束缚于原平衡位置附近。但是在玻璃态物质、结构松散的离子晶体中以及晶体的杂质和缺陷区域,离子本身能量较高,易被活化迁移,称为弱联系离子。弱联系离子的极化可以从一个平衡位置到另一个平衡位置,当去掉外电场时,离子不能回到原来的平衡位置,因而是不可逆的迁移。这种迁移的行程可与晶格常数相比较,因而比弹性位移距离大。但是离子松弛极化的迁移又和离子电导不同。离子电导是离子作远程迁移,而离子松弛极化质点仅作有限距离的迁移,它只能在结构松散区或缺陷区附近移动,需要越过势垒 $U_{松}$,如图 7.7 所示。由于 $U_{松} < U_{电导}$,所以离子参加极化的几率远大于参加电导的几率。

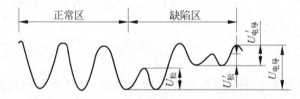

图 7.7 离子松弛极化与离子电导势垒

设缺陷区内有两个平衡位置 1 及 2 (图 7.8),当离子热运动超过位垒 U 时,离子就会从 1 转移到 2,或从 2 转移到 1。设单位体积的介质中弱联系离子总数为 n_0,则沿 x 轴向热运动的离子数为 $n_0/3$,沿 x 轴正向热运动的离子数为 $n_0/6$,沿 x 轴负向热运动的离子数也为 $n_0/6$。

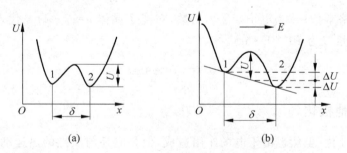

图 7.8 具有两个平衡位置的势垒分布
(a) 无电场;(b) 有电场

设单位体积内占有位置 1 和 2 的离子数分别为 n_1、n_2,则

$$n_1 + n_2 = \frac{n_0}{3} \tag{7.30}$$

当有外电场 E 作用时,离子从 1 到 2 与从 2 到 1 所克服的势垒不同,分别为

$(U-\Delta U)$和$(U+\Delta U)$,这样沿 x 轴正向转移的离子数就会大于沿 x 轴负向转移的离子数。平衡时,设位置 1 离子数减少 Δn,则位置 2 的离子数增加 Δn,因而

$$n_2 - n_1 = 2\Delta n \tag{7.31}$$

与离子电导过程类似,单位时间内由 1 到 2 的离子数应为

$$n_1 \nu \exp\left(-\frac{U-\Delta U}{kT}\right)$$

由 2 到 1 的离子数应为

$$n_2 \nu \exp\left(-\frac{U+\Delta U}{kT}\right)$$

ν 为离子的固有振动频率,则 $\mathrm{d}t$ 时间内,n_1 的变化为

$$\mathrm{d}n_1 = \left(-n_1 \nu \exp\left(-\frac{U-\Delta U}{kT}\right) + n_2 \nu \exp\left(-\frac{U+\Delta U}{kT}\right)\right)\mathrm{d}t \tag{7.32}$$

式中负号表示对位置 1 来说为减少。为了积分的方便,把 n_1 和 n_2 写成变量 Δn 的表达式。由式(7.30)和式(7.31)解出

$$n_1 = \frac{1}{2}\left(\frac{n_0}{3} - 2\Delta n\right)$$

$$n_2 = \frac{1}{2}\left(\frac{n_0}{3} + 2\Delta n\right)$$

n_0 为定值,Δn 为变量,把上面两式中的 n_1 与 n_2 代入式(7.32)得

$$\frac{\mathrm{d}(\Delta n)}{\mathrm{d}t} = \nu \exp\left(-\frac{U}{kT}\right)\left[\left(\frac{n_0}{6} - \Delta n\right)\exp\left(\frac{\Delta U}{kT}\right) - \left(\frac{n_0}{6} + \Delta n\right)\exp\left(-\frac{\Delta U}{kT}\right)\right] \tag{7.33}$$

当 $\Delta U \ll kT$ 时,

$$\exp\left(\pm\frac{\Delta U}{kT}\right) \approx 1 \pm \frac{\Delta U}{kT}$$

于是式(7.33)可变为

$$\frac{\mathrm{d}(\Delta n)}{\mathrm{d}t} = \nu \exp\left(-\frac{U}{kT}\right)\left[-2\Delta n + \frac{n_0}{3} \times \frac{\Delta U}{kT}\right] \tag{7.34}$$

设极化过程中 ΔU 不变,并令

$$\tau = \frac{\exp\left(\frac{U}{kT}\right)}{2\nu} \tag{7.35}$$

则

$$\frac{\mathrm{d}(\Delta n)}{\mathrm{d}t} = -\frac{\Delta n}{\tau} + \frac{n_0 \Delta U}{6kT\tau} \tag{7.36}$$

积分得

$$\Delta n = C\exp\left(-\frac{t}{\tau}\right) + \frac{n_0 \Delta U}{6kT}$$

其中 C 是常数，如果 $t=0$，Δn 也等于 0，则 $C = -\dfrac{n_0 \Delta U}{6kT}$，所以

$$\Delta n = \frac{n_0 \Delta U}{6kT}\left[1 - \exp\left(-\frac{t}{\tau}\right)\right]$$

电场作用下，由于 $F = qE$，$\Delta U = F \times \dfrac{\delta}{2} = \dfrac{1}{2}qE\delta$，则

$$\Delta n = \frac{n_0 E q \delta}{12kT}\left[1 - \exp\left(-\frac{t}{\tau}\right)\right] \tag{7.37}$$

式中 τ 称为弱联系离子的松弛时间，Δn 实际上为 $+x$ 方向转移的净离子数（称为过剩转移离子数）。从上式可以看出，$t \to \infty$ 时，Δn 才稳定。实际上，$t = 3\tau$ 时，极化就基本完成了，

$$\Delta n_{t\to\infty} = \frac{n_0 E q \delta}{12kT} \tag{7.38}$$

由于 Δn 引起介质中弱联系离子分布不对称，产生的偶极矩总和为 $\Delta n q \delta$，因而极化强度 P 为

$$P_{t\to\infty} = \Delta n_{t\to\infty} q \delta = \frac{n_0 E q^2 \delta^2}{12kT}$$

式中，E 即为局部电场，因而热松弛极化率为

$$\alpha_T = \frac{q^2 \delta^2}{12kT} \tag{7.39}$$

温度越高，热运动对质点的规则运动阻碍增强，因而 α_T 减小。

由计算可知，离子松弛极化率比电子位移极化率以及离子位移极化率大一个数量级，因而导致较大的介电系数。

松弛极化 P 与温度的关系中往往出现极大值。这是由于一方面温度升高，τ 减小，松弛过程加快，极化建立得更充分些，这时 ε 可升高；另一方面，温度升高，极化率 α_T 下降，使 ε 降低，所以在适当温度下，ε 有极大值。

一些具有离子松弛极化的陶瓷材料，其 $\varepsilon - T$ 关系中未出现极大值，这是因为参加松弛极化的离子数随温度连续地增加。

离子松弛极化随频率的变化，在无线电频率下就比较明显。由于一般松弛时间长达 $10^{-5} \sim 10^{-2}$ s，所以在无线电频率下（$\nu = 10^6$ Hz）离子松弛极化来不及建立，因而介电系数随频率升高明显下降。频率很高时，无松弛极化，只存在电子和离子位移极化（ε 趋近于 ε_∞）。

2. 电子松弛极化

电子松弛极化是由弱束缚电子引起的极化。在讨论电子电导时已经提到，晶格的热振动、晶格缺陷、杂质的引入、化学组成的局部改变等因素都能使电子能态发生改变，出现位于禁带中的局部能级，形成弱束缚电子。如"F-心"就是由一个负离子空位俘获了一个电子所形成的。"F-心"的弱束缚电子为周围结点上的阳离子所共

有，在晶格热振动下，吸收一定的能量由较低的局部能级跃迁到较高的能级而处于激发态，连续地由一个阳离子结点转移到另一个阳离子结点，类似于弱联系离子的迁移。外加电场力图使弱束缚电子的运动具有方向性。这就形成了极化状态。这种极化与热运动有关，也是一个热松弛过程，所以叫电子松弛极化。电子松弛极化的过程是不可逆的，必然有能量的损耗。

电子松弛极化和电子弹性位移极化不同，由于电子是弱束缚状态，所以极化作用强烈得多，即电子轨道变形厉害得多，而且因吸收一定能量，可作短距离迁移。

但弱束缚电子和自由电子也不同，不能自由运动，即不能远程迁移。因此电子松弛极化和电导不同，只有当弱束缚电子获得更高的能量时，受激发跃迁到导带成为自由电子，才形成电导。由此可见，具有电子松弛极化的介质往往具有电子电导特性。

电子松弛极化主要是折射率大、结构紧密、内电场大和电子电导大的电介质的特性。一般以 TiO_2 为基础的电容器陶瓷很容易出现弱束缚电子，形成电子松弛极化。含有 Nb^{+5}、Ca^{+2}、Ba^{+2} 杂质的钛质瓷和以铌、铋氧化物为基础的陶瓷，也具有电子松弛极化。

电子松弛极化建立的时间约 $10^{-9} \sim 10^{-2}$ s，当电场频率高于 10^9 Hz 时，这种极化形式就不存在了。因此具有电子松弛极化的陶瓷，其介电系数随频率升高而减小，类似于离子松弛极化。同样，ε 随温度的变化过程中也有极大值。和离子松弛极化相比，电子松弛极化可能出现异常高的介电系数。

7.1.6 转向极化

转向极化主要发生在极性分子介质中。具有恒定偶极矩 μ_0 的分子称为极性分子。无外加电场时，这些极性分子的取向在各个方向的几率是相等的，因此就介质整体来看，偶极矩等于零。当极性分子受到外电场作用时，偶极子发生转向，趋于和外加电场方向一致。但热运动抵抗这种趋势，所以体系最后建立一个新的统计平衡。在这种状态下，沿外场方向取向的偶极子比和它反向的偶极子的数目多，所以介质整体出现宏观偶极矩。这种极化现象称为偶极子转向极化。

根据经典统计，求得极性分子的转向极化率

$$\alpha_{or} = \frac{\mu_0^2}{3kT} \tag{7.40}$$

转向极化一般需要较长时间，约为 $10^{-10} \sim 10^{-2}$ s。对于一个典型的偶极子，$\mu_0 = e \times 10^{-10}$ C·m，因此 $\alpha_{or} \approx 2 \times 10^{-38}$ F·m²，比电子极化率（10^{-40} F·m²）高得多。

转向极化的机理可应用于离子晶体介质中。带有正负电荷的成对的晶格缺陷所组成的离子晶体中的"偶极子"，在外电场作用下也可发生转向极化。图 7.9 所示的极化，是由杂质离子（通常是带正电荷的阳离子）在阴离子空位周围跳跃引起，有时也称为离子跃迁极化，其极化机构相当于偶极子的转动。

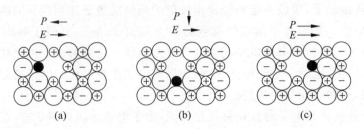

图 7.9 离子跃迁极化

7.1.7 空间电荷极化

空间电荷极化常常发生在不均匀介质中。在电场作用下,不均匀介质内部的正负间隙离子分别向负、正极移动,引起介质内各点离子密度变化,即出现电偶极矩。这种极化叫做空间电荷极化。在电极附近积聚的离子电荷就是空间电荷。

实际上晶界、相界、晶格畸变、杂质等缺陷区都可成为自由电荷(间隙离子、空位、引入的电子等)运动的障碍。在这些障碍处,自由电荷积聚,形成空间电荷极化。宏观不均匀性,例如夹层、气泡,也可形成空间电荷极化。所以上述极化又称界面极化。由于空间电荷的积聚,可形成很高的与外电场方向相反的电场,因此这种极化有时称为高压式极化。

空间电荷极化随温度升高而下降。因为温度升高,离子运动加剧,离子扩散容易,因而空间电荷减小。

空间电荷的建立需要较长的时间,大约几秒到数十分钟,甚至数十小时,因而空间电荷极化只对直流和低频下的介电性质有影响。

7.1.8 自发极化

以上介绍的各种极化机构是介质在外电场作用下引起的,没有外加电场时,这些介质的极化强度等于0。还有一种极化叫自发极化,这是一种特殊的极化形式。这种极化状态并非由外电场引起,而是由晶体的内部结构造成的。在这类晶体中,每一个晶胞里存在有固有电矩。这类晶体称为极性晶体。

自发极化现象通常发生在一些具有特殊结构的晶体中。铁电体就具有这种特殊的晶体结构。有关铁电体的晶体结构及其自发极化机理将在7.4节里详细介绍。

各种极化形式的综合比较见表7.4及图7.10。

表 7.4 各种极化形式的比较

极化形式	极化介质	极化的频率范围	与温度的关系	能量消耗
电子位移极化	发生在一切陶瓷介质中	直流~光频	无关	没有
离子位移极化	离子结构介质	直流~红外	温度升高,极化增强	很微弱

续表

极化形式	极化介质	极化的频率范围	与温度的关系	能量消耗
离子松弛极化	离子结构的玻璃、结构不紧密的晶体及陶瓷	直流～超高频	随温度变化有极大值	有
电子松弛极化	钛质瓷、以高价金属氧化物为基的陶瓷	直流～超高频	随温度变化有极大值	有
转向极化	有机材料	直流～超高频	随温度变化有极大值	有
空间电荷极化	结构不均匀的陶瓷介质	直流～高频	随温度升高而减弱	有
自发极化	温度低于居里点的铁电材料	直流～超高频	随温度变化有显著极大值	很大

7.1.9 高介晶体的极化

由实验得知,大部分离子晶体,例如碱卤晶体、碱土金属的氧化物和硫化物的相对介电系数 ε_∞ 约为 1.6～3.5,ε 约为 5～12。但是有少数晶体,如金红石(TiO_2)和钙钛矿($CaTiO_3$)型晶体,其相对介电系数 ε_∞ 和 ε 都相当高,金红石多晶体的 $\varepsilon_\infty = 7.8$,$\varepsilon = 110～114$;钙钛矿晶体的 $\varepsilon_\infty = 5.3$,$\varepsilon = 150$。随着电子技术的发展,这些介电系数大的物质是有着广阔发展前景的电子材料。

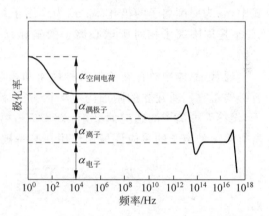

图 7.10 各种极化的频率范围及其对 ε 的贡献

研究这些材料介电系数大的原因、其介电特性与组成和结构的关系是重要的课题。

实验发现,这类材料的介电系数与温度和频率的关系不大,即没有松弛极化的特征。人们设想,其基本极化形式仍然是电子和离子位移极化。由于 ε_∞ 比 ε 低得多,因此很容易想象,可能是离子位移极化率较大。但实验表明,这种设想也与事实不相符。为了说明这类晶体介电系数大的原因,于是又提出了一个新的假设:这一类晶体的晶体结构比较特殊,在外电场作用下,由于离子之间的相互作用,引起了极其强烈的局部内电场。在此内电场的作用下,离子的电子壳层发生了强烈的变形,离子本身也发生了强烈的位移,这就使材料具有很高的介电系数。

计算这类晶体的介电系数时,一定要考虑内电场。作用在被考察的离子上的局部电场强度 E_{loc} 为

$$E_{loc} = E_\text{宏} + E_\text{洛} + E_\text{内}$$

式中 $E_\text{宏}$ 为平均宏观电场强度。$E_\text{洛}$ 为洛伦兹电场,即洛伦兹空球表面极化电荷作用在被考查的离子(位于球心)上的电场强度。$E_\text{内}$ 是洛伦兹球内的极化离子作用在被考

查的离子上的内电场强度。在 SI 制单位中，$E_{洛} = \frac{1}{3\varepsilon_0}P$，$P$ 为介质的宏观极化强度。

在金红石和钙钛矿型晶体中，$E_{内}$不但不等于零，而且有很大的数值。如果假设金红石和钙钛矿的点阵内离子的电子壳是球形，则可认为电场内的晶体点阵由点电荷构成，离子在电场作用下发生极化后所形成的感应电矩也可看成是点偶极矩。没被考查的离子位于洛伦兹球心上，则作用在被考查离子上的内电场强度 $E_{内}$ 应该是洛伦兹球内所有离子在外电场作用下所形成的点偶极矩 μ 在球心处所建立的电场的矢量和。设外电场方向沿晶体 z 轴，则洛伦兹球内离子的感应偶极矩在球心所造成的内电场（沿 z 轴分量）为

$$E_{内} = \sum_{i=1}^{n} \frac{2z_i^2 - (x_i^2 + y_i^2)}{(x_i^2 + y_i^2 + z_i^2)^{\frac{5}{2}}} \alpha_i E_i \times \frac{1}{4\pi\varepsilon_0} \tag{7.41}$$

式中，α_i 为周围离子的极化率；E_i 为作用于每一个周围离子上的局部电场强度；x_i、y_i、z_i 是周围离子相对于球心离子的坐标，i 是周围离子；n 是洛伦兹球内的周围离子数。

通常，晶体中总存在着好几种性质和相互位置不同的离子。为了研究方便起见，有必要把它们所建立的附加内电场区分开来。如果晶体中共有 m 种性质不同的离子，设第 k 种离子的感应偶极矩 $\mu_k = \alpha_k E_k$，第 j 种离子的感应偶极矩为 $\mu_j = \alpha_j E_j$，则所有第 k 种离子的感应偶极矩作用在某一被考查的第 k 种离子上的内电场为

$$E_{内kk} = \alpha_k E_k \sum_{i=1}^{n_k} \frac{2z_i^2 - (x_i^2 + y_i^2)}{(x_i^2 + y_i^2 + z_i^2)^{\frac{5}{2}}} \times \frac{1}{4\pi\varepsilon_0}$$

即

$$E_{内kk} = \alpha_k E_k C_{kk} \tag{7.42}$$

式中 n_k 为洛伦兹球内第 k 种离子的总数。另外设各 k 种离子的 α_k 和 E_k 都一样，因而 $\alpha_k E_k$ 可放在连加号外面。同样第 j 种离子作用在某一被考查的第 k 种离子上的内电场为

$$E_{内kj} = \alpha_j E_j C_{kj} \tag{7.43}$$

C_{kk}、C_{kj} 分别为同种离子间、不同种离子间的内电场结构系数。它们仅决定于晶胞参数。结构系数可能是正的，也可能是负的。它表示被考查离子周围晶格内其他离子的影响。例如在图 7.11 中，如果离子 A 周围处于 B 位置上的离子占优势，则感应电矩作用在离子 A 上的附加内电场与外电场的方向相同，此时附加内电场加强了外电场的作用，结构系数就是正的。反之，如果处于 C 位置上的离子占优势，则附加内电场与外电场反向，削弱了外电场的作用，结构系数就是负的。

如果晶体点阵中含有 m 种不同性质和不同相对位置的离子，则结构系数的数目为 m^2。m 种离子中的每一种离子除了受其他种类离子的影响外，还受到同种离子

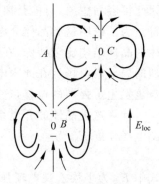

图 7.11 内电场示意图

第 7 章 无机材料的介电性能

的作用。从图 7.12 可以看出，金红石型晶体中只有两类离子：钛离子和氧离子，并且它们只有一种相对位置（一个 Ti^{4+} 与六个 O^{2-} 相连；一个 O^{2-} 与三个 Ti^{4+} 相连，一边一个，一边两个），所以 $m=2$，结构系数有四个。如果计及被考察离子周围 150 个离子的作用时，由结构系数计算公式所得的结果见表 7.5 所示。表中结构系数的准确度约为 1‰～2‰，如果计及更多离子的影响，则准确度可更高一些。在钙钛矿型晶体中，有三种不同离子。但从离子间的相对位置来看，氧离子有两类 $O^{2-}_{(3)}$ 和 $O^{2-}_{(4)}$，如图 7.13 所示，因此 $m=4$，结构系数有 16 个，如表 7.6 所示。

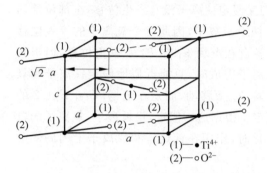

图 7.12　金红石 TiO_2 晶体点阵　　　　图 7.13　$CaTiO_3$ 晶体点阵

表 7.5　金红石型晶体的内电场结构系数

中心离子	周围离子	
	Ti^{4+}	O^{2-}
Ti^{4+}	$C_{11}=-\dfrac{0.8}{a^3}$	$C_{12}=+\dfrac{36.3}{a^3}$
O^{2-}	$C_{21}=+\dfrac{18.15}{a^3}$	$C_{22}=-\dfrac{12.0}{a^3}$

① 表内数值的单位为 CGS 制，如化为 SI 制应乘以 $1/(4\pi\varepsilon_0)$。
② Ti^{4+} 用下标"1"，O^{2-} 用下标"2"表示。a 为金红石型晶体的棱长。TiO_2 的 $a=4.58\times10^{-10}$m。

表 7.6　钙钛矿型晶体的内电场结构系数

中心离子	周围离子			
	Ca^{2+}	Ti^{4+}	$O^{2-}_{(3)}$	$O^{2-}_{(4)}$
Ca^{2+}	$C_{11}=0$	$C_{12}=0$	$C_{13}=+\dfrac{7.7}{a^3}$	$C_{41}=+\dfrac{4.1}{a^3}$
Ti^{4+}	$C_{21}=0$	$C_{22}=0$	$C_{23}=+\dfrac{28.0}{a^3}$	$C_{24}=-\dfrac{4.1}{a^3}$
$O^{2-}_{(3)}$	$C_{31}=-\dfrac{7.7}{a^3}$	$C_{32}=+\dfrac{28.0}{a^3}$	$C_{33}=0$	$C_{34}=+\dfrac{4.1}{a^3}$
$O^{2-}_{(4)}$	$C_{41}=+\dfrac{7.7}{a^3}$	$C_{42}=-\dfrac{28.0}{a^3}$	$C_{43}=+\dfrac{7.7}{a^3}$	$C_{44}=-\dfrac{5.7}{a^3}$

① 表内数值的单位为 CGS 制，如化为 SI 制应乘以 $1/(4\pi\varepsilon_0)$。
② Ca^{2+} 用下标"1"表示，Ti^{4+} 用下标"2"表示，$O^{2-}_{(3)}$ 用下标"3"表示，$O^{2-}_{(4)}$ 用下标"4"表示。a 为晶体的棱长。$CaTiO_3$ 的 $a=3.8\times10^{-10}$m。

对于金红石型晶体介电系数的计算，Сканавц 曾经提出了一个概念很清楚的近似公式。在金红石晶体中有两类离子，其中钛离子在电场 E_1 的作用下相对于平衡位置位移了 ΔZ_1，氧离子在电场 E_2 的作用下相对于平衡位置位移了 ΔZ_2。在近似的讨论中，可以不必仔细划分究竟钛离子和氧离子各位移了多少，只需注意钛离子相对于氧离子位移了 $\Delta Z = \Delta Z_1 + \Delta Z_2$。假定一个 TiO_2 "分子"在点阵中的离子位移极化率是 α_i，则当考虑作用在氧离子上的真实电场强度时，可以近似地假定氧离子没有发生位移，全部位移 ΔZ 均由钛离子完成。此时钛离子的等效位移极化率为 α_i；而当考虑作用在钛离子上的真实电场强度时，我们又假定钛离子没有发生位移，全部位移均由氧离子完成，由于一个 TiO_2 "分子"中有两个氧离子，因此每个氧离子的等效位移极化系数为 $\alpha_i/2$。钛离子和氧离子实际上各自在电场 E_1 和 E_2 下发生位移，但当我们把全部相对位移均折算成由钛离子或氧离子完成时，只能近似地假定钛离子和氧离子既不是在电场 E_1 下移动，也不是在电场 E_2 下移动，而是在电场 $(E_1+E_2)/2$ 的作用下移动。上面所述只是一个近似的假定。根据这一假定，设钛离子、氧离子的电子极化率分别为 α_1 和 α_2，计及离子位移极化时，作用在钛离子和氧离子上的局部电场强度分别为

$$E_1 = E + \frac{1}{3\varepsilon_0} \times P + \alpha_1 E_1 C_{11} + \alpha_2 E_2 C_{12} + \frac{\alpha_i}{2} \times \frac{E_1+E_2}{2} \times C_{12} \tag{7.44}$$

$$E_2 = E + \frac{1}{3\varepsilon_0} \times P + \alpha_1 E_1 C_{21} + \alpha_2 E_2 C_{22} + \alpha_i \times \frac{E_1+E_2}{2} \times C_{21} \tag{7.45}$$

两式相减并略加整理可得

$$\frac{E_1}{E_2} = \frac{1 + \alpha_2(C_{12} - C_{22})}{1 - \alpha_1(C_{11} - C_{21})} \tag{7.46}$$

将 $E = \dfrac{P}{\varepsilon_0(\varepsilon_r - 1)}$ 代入式(7.44)得

$$E_1 = \frac{P}{3\varepsilon_0} \times \frac{\varepsilon_r + 2}{\varepsilon_r - 1} + \alpha_1 E_1 C_{11} + \alpha_2 E_2 C_{12} + \frac{\alpha_i}{2} \times \frac{E_1+E_2}{2} \times C_{12} \tag{7.47}$$

将 $P = n\alpha_1 E_1 + 2n\alpha_2 E_2 + n\alpha_i \times \dfrac{E_1+E_2}{2}$ 代入式(7.47)得

$$E_1 = \frac{n}{3\varepsilon_0} \times \frac{\varepsilon_r + 2}{\varepsilon_r - 1} \left(\alpha_1 E_1 + 2\alpha_2 E_2 + \alpha_i \times \frac{E_1+E_2}{2} \right) + \alpha_1 E_1 C_{11}$$
$$+ \alpha_2 E_2 C_{12} + \frac{\alpha_i}{2} \times \frac{E_1+E_2}{2} \times C_{12} \tag{7.48}$$

整理得

$$\frac{\varepsilon_r - 1}{\varepsilon_r + 2} = \frac{n}{3\varepsilon_0} \times \frac{\alpha_1 E_1 + 2\alpha_2 E_2 + \alpha_i \times \dfrac{E_1+E_2}{2}}{E_1 - \alpha_1 E_1 C_{11} - \alpha_2 E_2 C_{12} - \dfrac{\alpha_i}{4} \times C_{12}(E_1+E_2)} \tag{7.49}$$

或

$$\frac{\varepsilon_r - 1}{\varepsilon_r + 2} = \frac{n}{3\varepsilon_0} \times \frac{\alpha_1 \times \frac{E_1}{E_2} + 2\alpha_2 + \frac{\alpha_i}{2} \times \frac{E_1}{E_2} + \frac{\alpha_i}{2}}{\frac{E_1}{E_2} - \alpha_1 C_{11} \times \frac{E_1}{E_2} - \alpha_2 C_{12} - \frac{1}{4}\alpha_i C_{12} \times \frac{E_1}{E_2} - \frac{1}{4}\alpha_i C_{12}} \tag{7.50}$$

将式(7.46)代入式(7.50)并略去含有极化率乘积的各项得

$$\frac{\varepsilon_r - 1}{\varepsilon_r + 2} \cong \frac{n}{3\varepsilon_0} \times \frac{\alpha_1 + 2\alpha_2 + \alpha_i}{1 - \alpha_1 C_{11} - \alpha_2 C_{22} - \alpha_i C_{21}} \tag{7.51}$$

注意到金红石型晶体中$|C_{11}| \ll |C_{22}|$,则得

$$\frac{\varepsilon_r - 1}{\varepsilon_r + 2} \cong \frac{n}{3\varepsilon_0} \times \frac{\alpha_1 + 2\alpha_2 + \alpha_i}{1 - \alpha_2 C_{22} - \alpha_i C_{21}} \tag{7.52}$$

当离子位移极化不存在时,$\alpha_i = 0$,则得纯电子极化时的公式为

$$\frac{\varepsilon_r - 1}{\varepsilon_r + 2} \cong \frac{n}{3\varepsilon_0} \times \frac{\alpha_1 + 2\alpha_2}{1 - \alpha_2 C_{22}} \tag{7.53}$$

比较式(7.52)和式(7.53)可见,只要加入不大的离子极化率α_i,ε_r比起ε_∞来就剧增,因为这时右边不仅分子增大,而且分母减小。

Сканавц 根据式(7.51)计算出金红石晶体的ε_r为170,与实验值173很接近。

从以上结果可以看出,金红石晶体的介电系数ε_r很高并不是由于其α_i很大(TiO_2的α_i与其他晶体的很相近),主要原因是其晶体结构很特殊,其附加内电场特别大。从表7.5中看出,表示钛离子和氧离子本身相互作用的内电场结构系数C_{11}和C_{22}均为负值,这表明同种离子之间都有削弱外电场的作用。反之,表示钛离子和氧离子之间相互作用的内电场结构系数C_{12}和C_{21}相当大,并且都是正值,这表明异种离子之间都有加强外电场的作用。其结果使氧离子和钛离子的极化加强,而且这种加强远远超过了同种离子削弱外电场的作用,这就使得晶体的介电系数很大。

以上分析也适用于钙钛矿晶体,不过应注意到相对于钛离子而言,氧离子有两类,这里不拟详细讨论。

综上所述,介电系数大的晶体所具备的条件是:有比较特殊的点阵结构,而且还含有尺寸大、电荷小、电子壳层易变形的阴离子(如氧离子)以及尺寸小、电荷大、易产生离子位移极化的阳离子(如Ti^{4+})。在外电场作用下,这两类离子通过晶体内附加内电场产生强烈的极化,因而导致相当高的介电系数。

7.1.10 多晶多相无机材料的极化

1. 混合物法则

随着电子技术的发展,需要一系列具有不同介电系数和介电系数的温度系数也不同的材料。因此,由两个成分,即由结构和化学组成不同的两种晶体所制成的多晶材料,或介电系数小的有机材料和介电系数大的无机固体细碎材料所组成的复合材料,愈来愈引起人们的兴趣。

陶瓷材料是一个典型的多相系统,一般说来,它既含有结晶相又含有玻璃相和气

相。多相系统的介电系数取决于各相的介电系数、体积浓度以及相与相之间的配置情况。下面我们讨论只有两相的简单情况。设两相的介电系数分别为 ε_1 和 ε_2,浓度分别为 x_1 和 $x_2(x_1+x_2=1)$,当两相并联时,系统的介电系数 ε 可以利用并联电容器的模型表示为

$$\varepsilon = x_1\varepsilon_1 + x_2\varepsilon_2 \tag{7.54}$$

当两相串联时,系统的介电系数 ε 可以利用串联电容器的模型表示为

$$\varepsilon^{-1} = x_1\varepsilon_1^{-1} + x_2\varepsilon_2^{-1} \tag{7.55}$$

当两相混合分布时,情况比较复杂,在最简单的情况下可以把系统看成是既不倾向并联也不倾向串联,此时系统的介电系数,用下式表示:

$$\varepsilon^n = x_1\varepsilon_1^n + x_2\varepsilon_2^n \tag{7.56}$$

其中两相并联时 $n=1$;两相串联时 $n=-1$,因此在两相混合分布时 $n \to 0$。

对式(7.56)求 ε 的全微分可得

$$n\varepsilon^{n-1}\mathrm{d}\varepsilon = x_1 n\varepsilon_1^{n-1}\mathrm{d}\varepsilon_1 + x_2 n\varepsilon_2^{n-1}\mathrm{d}\varepsilon_2 \tag{7.57}$$

两边除以 n,当 $n \to 0$ 时得

$$\frac{\mathrm{d}\varepsilon}{\varepsilon} = x_1 \frac{\mathrm{d}\varepsilon_1}{\varepsilon_1} + x_2 \frac{\mathrm{d}\varepsilon_2}{\varepsilon_2} \tag{7.58}$$

对上式积分得两相混合物的介电系数 ε 为

$$\ln\varepsilon = x_1\ln\varepsilon_1 + x_2\ln\varepsilon_2 \tag{7.59}$$

上式只适用于两相的介电系数相差不大,而且均匀分布的场合。

当介电系数为 ε_d 的球形颗粒均匀地分散在介电系数为 ε_m 的基相中时,Maxwell 推导出如下一个计算该混合物介电系数 ε 的一般关系式

$$\varepsilon = \frac{x_m\varepsilon_m\left(\frac{2}{3}+\frac{\varepsilon_d}{3\varepsilon_m}\right) + x_d\varepsilon_d}{x_m\left(\frac{2}{3}+\frac{\varepsilon_d}{3\varepsilon_m}\right) + x_d} \tag{7.60}$$

复合介质的介电系数也可以根据上式进行调节。表 7.7 列出了根据式(7.59)计算的结果,其数值与实验值也比较接近。

表 7.7 复合材料的介电系数

成 分	体积浓度/%	根据式(6.59)计算	测量结果 ε		
			10^2 Hz	10^6 Hz	10^{10} Hz
TiO$_2$+聚二氯苯乙烯	41.9	5.2	5.3	5.3	5.3
	65.3	10.2	10.2	10.2	10.2
	81.4	22.1	23.6	23.0	23.0
SrTiO$_3$+聚二氯苯乙烯	37.0	4.9	5.20	5.18	4.9
	59.5	9.6	9.65	9.61	9.36
	74.8	18.0	18.0	16.6	15.2
	80.6	28.5	25.0	20.2	20.2

① 引自华南工学院等编著的《陶瓷材料物理性能》,中国建筑工业出版社,1980。

2. 陶瓷介质的极化

陶瓷介质一般为多晶多相材料,其极化机构可以不止一种。一般都含有电子位移极化和离子位移极化。介质中如有缺陷存在,则通常存在松弛极化。

电工陶瓷按其极化形式可分类如下:

(1) 主要是电子位移极化的电介质,包括金红石瓷、钙钛矿瓷以及某些含铅陶瓷。

(2) 主要是离子位移极化的材料,包括刚玉、斜顽辉石为基础的陶瓷以及碱性氧化物含量不多的玻璃。

(3) 具有显著离子松弛极化和电子松弛极化的材料,包括绝缘子瓷、碱玻璃和高温含钛陶瓷。一般折射率小、结构松散的电介质,如硅酸盐玻璃、绿宝石、堇青石等矿物,主要表现为离子松弛极化;折射率大、结构紧密、内电场大、电子电导大的电介质,如含钛瓷,主要表现为电子松弛极化。

表 7.8 列出了一些无机材料的 ε_r 数值,它们都反映了不同的极化性质。

表 7.8 一些无机材料的相对介电系数($25℃$,$10^6 Hz$)

材料	ε_r	材料	ε_r
LiF	9.00	金刚石	5.68
MgO	9.65	多铝红柱石	6.60
KBr	4.90	Mg_2SiO_4	6.22
NaCl	5.90	熔凝石英玻璃	3.78
TiO_2(//c轴)	170	Na-Li-Si 玻璃	6.90
TiO_2(⊥c轴)	85.8	高铅玻璃	19.0
Al_2O_3(//c轴)	10.55	$CaTiO_3$	130
Al_2O_3(⊥c轴)	8.6	$SrTiO_3$	200
BaO	34		

3. 介电系数的温度系数

根据介电系数与温度的关系,电子陶瓷可分为两大类:一类是介电系数与温度成典型非线性的陶瓷介质。属于这类介质的有铁电陶瓷和松弛极化十分明显的材料。另一类是介电系数与温度呈线性关系的材料。这类材料可用介电系数的温度系数来描述其 ε 与温度的关系。

介电系数的温度系数是指随温度变化,介电系数的相对变化率,即

$$TK\varepsilon = \frac{1}{\varepsilon}\frac{d\varepsilon}{dT} \tag{7.61}$$

实际工作中采用实验方法求 $TK\varepsilon$,

$$TK\varepsilon = \frac{\Delta\varepsilon}{\varepsilon_0 \Delta t} = \frac{\varepsilon_t - \varepsilon_0}{\varepsilon_0(t - t_0)} \tag{7.62}$$

式中,t_0 为原始温度,一般为室温;t 为改变后的温度;ε_0、ε_t 分别为介质在 t_0、t 时的

介电系数。生产上经常通过测量 TKC 来代替 $TK\varepsilon$,实际上是一种近似。

不同的材料,由于不同的极化形式,其介电系数的温度系数也不同,可正可负。

如果电介质只有电子式极化,因为温度升高,介质密度降低,极化强度降低,这类材料的介电系数的温度系数是负的。

以离子极化为主的材料随温度升高,其高于极化率增加,并且对极化强度增加的影响超过了密度降低对极化强度的影响,因而这类材料的介电系数有正的温度系数。

由前面的分析可知,以松弛极化为主的材料,其 ε 和 T 的关系中可能出现极大值,因而 $TK\varepsilon$ 可正可负。但是大多数此类材料在广阔的温度范围内 $TK\varepsilon$ 为正值。

对于瓷介电容器来说,陶瓷材料的介电系数的温度系数是十分重要的。根据不同的用途,对电容器的温度系数有不同的要求,有的要求 $TK\varepsilon$ 为正值,如滤波分路和隔直流的电容器;有的要求 $TK\varepsilon$ 为一定的负值,如热补偿电容器。这种电容器除了可以作为振荡回路的主振电容器外,还能同时补偿振荡回路中电感线圈的正温度系数值;有的则要求 $TK\varepsilon$ 接近于零,如要求电容量热稳定度高的回路中的电容器和高精度的电子仪器中的电容器。根据 $TK\varepsilon$ 值的不同,可把电容器分成若干组。瓷介电容器各温度系数组及其标称温度系数、偏差等级和标志颜色见表 7.9。目前制作电容器用的高介陶瓷的一重要任务,就是如何获得 $TK\varepsilon$ 接近于零而介电系数尽可能高的材料。

表 7.9 瓷介电容器标称温度系数、偏差等级及标志颜色

组别代号	标称温度系数/($10^{-6}/℃$)	温度系数偏差/($10^{-6}/℃$)	标志颜色
A	+120*	±30	蓝色
V	+33*		灰色
O	0*		黑色
K	-33		褐色
Q	-47*		浅蓝色
B	-75		白色
D	-150*	±40	黄色
N	-220		紫红色
J	-330*	±60	浅棕色
I	-470	±90	粉红色
H	-750*	±100	红色
L	-1 300*	±200	绿色
Z	-2 200*	±400	黄底白点
G	-3 300	±600	黄底绿点
R	-4 700	±800	绿底蓝点
W	-5 600	±1000	绿底红点

① 带 * 号者为优选组别;
② 表中所指的温度系数是 +20～+85℃ 温度的数值。

第 7 章 无机材料的介电性能

在生产实践中,人们往往采用改变双组分或多组分固溶体的相对含量来有效地调节系统的 $TK\varepsilon$ 值,也就是用介电系数的温度系数符号相反的两种(或多种)化合物配制成所需 $TK\varepsilon$ 值的瓷料(混合物或固溶体)。具有负 $TK\varepsilon$ 值的化合物有:TiO_2、$CaTiO_3$、$SrTiO_3$ 等;具有正 $TK\varepsilon$ 值的化合物有:$CaSnO_3$、$2MgO \cdot TiO_2$、$CaZrO_3$、$CaSiO_3$、$MgO \cdot SiO_2$ 以及 Al_2O_3、MgO、CaO、ZrO_2 等。

当一种材料由两种介质(包括两种不同成分、不同晶体结构的化合物)复合而成,而这两种介质的粒度都非常小,分布又很均匀时,可用式:

$$\ln\varepsilon = x_1 \ln\varepsilon_1 + x_2 \ln\varepsilon_2$$

计算介电系数,如果把上式两边对温度微分可得

$$\frac{d\varepsilon}{\varepsilon dT} = x_1 \frac{d\varepsilon_1}{\varepsilon_1 dT} + x_2 \frac{d\varepsilon_2}{\varepsilon_2 dT}$$

即

$$TK\varepsilon = x_1 TK\varepsilon_1 + x_2 TK\varepsilon_2 \tag{7.63}$$

从上式可以看出,如果要做一种热稳定陶瓷电容器,就可以用一种 $TK\varepsilon$ 值为很小正值的晶体作为主晶相,再加入适量的另一种具有负 $TK\varepsilon$ 值的晶体,调节材料 $TK\varepsilon$ 的绝对值到最小值。如钛酸镁瓷是在正钛酸镁($2MgO \cdot TiO_2$)中加入 2%~3% 的 $CaTiO_3$ 使 $TK\varepsilon$ 值降至很小的正值,并且使 ε 值升高。纯 $2MgO \cdot TiO_2$ 的 $\varepsilon=16$,$TK\varepsilon=60\times10^{-5}$,调制后的钛酸镁瓷,$\varepsilon=16\sim17$,$TK\varepsilon=(30\sim40)\times10^{-6}$。又如 $CaSnO_3$ 的 $\varepsilon=14$,$TK\varepsilon=110\times10^{-6}$,加入 3% 或 6.5% 的 $CaTiO_3$ 所制得的锡酸钙瓷,其 $TK\varepsilon$ 为 $(30\pm20)\times10^{-6}$ 或 $TK\varepsilon$ 为 $-(60\pm20)\times10^{-6}$,ε 为 15~16 或 17~18。以上几种瓷料虽然 $TK\varepsilon$ 的绝对值可以调节到很小的数值甚至等于零,但是 ε 值都不大,要制成小型化的电容器有一定的困难。人们经过研究发现:在金红石瓷中加入一定数量的稀土金属氧化物如 La_2O_3、Y_2O_3 等,可以降低瓷料的 $TK\varepsilon$ 值,提高瓷料的热稳定性,并使 ε 仍然保持较高的数值,例如当 $TK\varepsilon=0$ 时,

TiO_2-BeO $\quad \varepsilon = 10\sim11$

TiO_2-MgO $\quad \varepsilon = 15\sim16$

TiO_2-ZrO_2 $\quad \varepsilon = 15\sim17$

TiO_2-BaO $\quad \varepsilon = 28\sim30$

TiO_2-La_2O_3 $\quad \varepsilon = 34\sim41$

可见 TiO_2-La_2O_3 具有较大的 ε 值。后来还发展了 TiO_2-稀土元素氧化物的高介热稳定电容器陶瓷材料。

上述调节原则在研制和发展新瓷料中是经常用到的。

7.2 介质损耗

7.2.1 介质损耗的表示方法

1. 介质损耗的形式

电介质在恒定电场作用下所损耗的能量与通过其内部的电流有关。加上电场后通过介质的全部电流包括：

(1) 由样品的几何电容的充电所造成的电流；

(2) 由各种介质极化的建立所造成的电流；

(3) 由介质的电导(漏导)造成的电流。

第一种电流简称电容电流，不损耗能量；第二种电流引起的损耗称为极化损耗；第三种电流引起的损耗称为电导损耗。

极化损耗主要与极化的弛豫(松弛)过程有关。电介质在恒定电场作用下，从建立极化到其稳定状态，一般说来要经过一定时间。建立电子位移极化和离子位移极化，到达其稳态所需时间约为 $10^{-16} \sim 10^{-12}$ s，这在无线电频率(5×10^{12} Hz 以下)范围仍可认为是极短的，因此这类极化又称为无惯性极化或瞬时位移极化。这类极化几乎不产生能量损耗。另一类极化，如偶极子转向极化和空间电荷极化，在电场作用下则要经过相当长的时间(10^{-10} s 或更长)才能达到其稳态，所以这类极化称为有惯性极化或弛豫极化。这种极化损耗能量。

2. 复介电系数

考虑一个在真空中的容量为 C_0 的平行板电容器，如果把交变电压 $U = U_0 e^{i\omega t}$ 加在这个电容器上，则在电极上出现电荷 $Q = C_0 U$，并且与外电压同相位。该电容上的电流为

$$I_0 = \dot{Q} = i\omega C_0 U \tag{7.64}$$

它与外电压相差 90°的相位，如图 7.14 所示，是一种非损耗性的电流。

当两电极间充以非极性的完全绝缘的材料时，$C = \varepsilon_r C_0$ ($\varepsilon_r > 1$ 为介质的相对介电系数)，则电流变为

$$I = \dot{Q} = i\omega C U = \varepsilon_r I_0 \tag{7.65}$$

它比 I_0 大，但与外电压仍相差 90°相位。

如果试样材料是弱导电性的，或是极性的，或兼有此两种特性，那么电容器不再是理想的，电流与电压的相位不恰好相差 90°。这是由于存在一个与电压相位相同的很小的电导分量 GU，它来源于电荷的运动。如果这些电荷是自由的，则电导 G 实际上与外电压频率无关；如果这些电荷是被符号相反的电荷所束缚，如振动偶极子的情况，

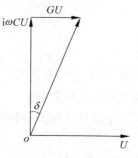

图 7.14 电容器上的电流

则 G 为频率的函数。

在上述两种情况下，合成电流为
$$I = (i\omega C + G)U \tag{7.66}$$
设 G 是由自由电荷产生的纯电导，则 $G=\sigma S/d$。由于 $C=\varepsilon S/d$，故电流密度 j 为
$$j = (i\omega\varepsilon + \sigma)E \tag{7.67}$$
$i\omega\varepsilon E$ 项为位移电流密度 D；σE 项为传导电流密度；ε 为绝对介电系数。

于是可以由 $j=\sigma^* E$ 定义复电导率 σ^*
$$\sigma^* = i\omega\varepsilon + \sigma \tag{7.68}$$
也可以由 $j=i\omega\varepsilon^* E$ 定义复介电系数 ε^*
$$\varepsilon^* = \frac{\sigma^*}{i\omega} = \varepsilon - i\frac{\sigma}{\omega} \tag{7.69}$$
损耗角（图 7.14 中的 δ）由下式定义：
$$\tan\delta = \frac{\text{损耗项}}{\text{电容项}} = \frac{\sigma}{\omega\varepsilon} \tag{7.70}$$
只要电导（或损耗）不完全由自由电荷产生，也由束缚电荷产生，那么电导率 σ 本身就是一个依赖于频率的复量，所以 ε^* 的实部不是精确地等于 ε，虚部也不是精确地等于 $\left|\frac{\sigma}{\omega}\right|$。

复介电系数最普通的表示式是
$$\varepsilon^* = \varepsilon' - i\varepsilon'' \tag{7.71}$$
这里，ε' 和 ε'' 是依赖于频率的量。所以
$$\tan\delta = \frac{\varepsilon''}{\varepsilon'} \tag{7.72}$$
由此可知，损耗由复介电系数的虚部 ε'' 引起。通常电容电流由实部 ε' 引起，ε' 相当于测得的介电系数 ε（即绝对介电系数。以下如不说明，ε 系指绝对介电系数）。

3. 介质弛豫和德拜方程

介质在交变电场中通常发生弛豫现象。

在一个实际介质的样品上突然加上一电场（阶跃电场），所产生的极化过程不是瞬时的，见图 7.15。P_0 代表瞬时建立的极化（位移极化），P_1 代表松弛极化，$P_1(t)$ 渐渐达到一稳定值。这一滞后通常是由偶极子极化和空间电荷极化所致。在外电场施加或移去后，系统逐渐达到平衡状态的过程叫介质弛豫。

由图 7.15，极化包括两项：
$$P(t) = P_0 + P_1(t) \tag{7.73}$$
当时间足够长时，$P_1(t) \to P_{1\infty}$，而总极化 $P(t) \to P_\infty$。

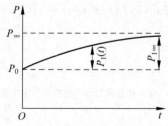

图 7.15 介质的弛豫过程

设 $P_0 = \varepsilon_0 \chi_0 E$，$P_{1\infty} = \varepsilon_0 \chi_1 E$，根据弛豫过程的特征方程①，可以写出

$$\frac{dP_1}{dt} = \frac{P_{1\infty} - P_1}{\tau} \tag{7.74}$$

式中，τ 是弛豫时间常数。当 $t=0$ 时，对于阶跃电场，$P_1(t)$ 满足初始条件 $P_1(0)=0$，因而可以得到

$$P(t) = P_0 + P_1(t) = \varepsilon_0 \chi_0 E + \varepsilon_0 \chi_1 E \left(1 - \exp\left(-\frac{t}{\tau}\right)\right)$$

$$= \varepsilon_0 \left[\chi_0 + \chi_1 \left(1 - \exp\left(-\frac{t}{\tau}\right)\right)\right] E \tag{7.75}$$

当外加电场是交变电场时，考虑同相运动，$P_1(t)$ 也是一个振动函数

$$P_1(t) = A e^{i\omega t} \tag{7.76}$$

代入式(7.74)，考虑 $P_{1\infty} = \varepsilon_0 \chi_1 E$，可得

$$A = \frac{\varepsilon_0 \chi_1 E_0}{1 + i\omega\tau}$$

式中 $E_0 = E e^{-i\omega t}$，代入式(7.76)得

$$P_1(t) = \frac{\varepsilon_0 \chi_1 E}{1 + i\omega\tau}$$

所以式(7.75)变为

$$P = \varepsilon_0 \left(\chi_0 + \frac{\chi_1}{1 + i\omega\tau}\right) E = \varepsilon_0 \chi_c E \tag{7.77}$$

式中 χ_c 为复极化系数(相对)，则

$$\dot{\varepsilon}_r = 1 + \chi_c = 1 + \chi_0 + \frac{\chi_1}{1 + i\omega\tau} = \varepsilon_r' - i\varepsilon_r'' \tag{7.78}$$

所以

$$\begin{cases} \varepsilon_r' = 1 + \chi_0 + \dfrac{\chi_1}{1 + \omega^2 \tau^2} \\ \varepsilon_r'' = \dfrac{\omega\tau\chi_1}{1 + \omega^2 \tau^2} \end{cases} \tag{7.79}$$

$$\begin{cases} \varepsilon_s = 1 + \chi_0 + \chi_1 \\ \varepsilon_\infty = 1 + \chi_0 \end{cases} \tag{7.80}$$

解式(7.78)、式(7.79)、式(7.80)可得

$$\varepsilon_r(\omega) = \varepsilon_\infty + \frac{\varepsilon_s - \varepsilon_\infty}{1 + i\omega\tau} \tag{7.81}$$

---

① 由弛豫的力学模拟可写出电荷在电场 E 中运动，并且受到与它速度成正比的摩擦力 f 的动力学方程：

$$m\frac{dv}{dt} = eE - fv \quad \text{或} \quad \frac{dv}{dt} = \frac{1}{\tau}(v_s - v)$$

式中，$\tau = \dfrac{m}{f}$，$v_s = \dfrac{eE}{f}$ 是末速度。

$$\begin{cases} \varepsilon'_r = \varepsilon_\infty + \dfrac{\varepsilon_s - \varepsilon_\infty}{1+\omega^2\tau^2} \\ \varepsilon''_r = \dfrac{(\varepsilon_s - \varepsilon_\infty)\omega\tau}{1+\omega^2\tau^2} \end{cases} \quad (7.82)$$

方程(7.81)和方程(7.82)连同 $\tan\delta = \varepsilon''_r/\varepsilon'_r$ 即德拜(Debye)公式。

上面两式中,字母上面的原点表示复数,ε_s 为静态相对介电系数,ε_∞ 为光频相对介电系数。低频或者静态时 $\varepsilon'_r = \varepsilon_s$;频率 $\omega \to \infty$ 时,$\varepsilon'_r = \varepsilon_\infty$。

图 7.16 示出了 ε'_r 和 ε''_r 同 ω 的关系。横坐标是 $\lg(\omega\tau)$,当 $\omega\tau = 1$ 时,ε''_r 极大,因而 $\tan\delta$ 极大。

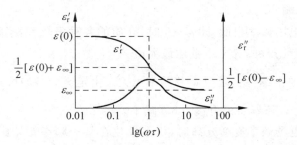

图 7.16 ε'_r、ε''_r 同 $\omega\tau$ 的关系

4. 介质损耗的表示法

电介质在电场作用下,单位时间内消耗的电能叫介质损耗。在直流电压下,介质损耗仅由电导引起,损耗功率为

$$P_W = IU = GU^2 \quad (7.83)$$

式中,G 为介质的电导,单位为西门子(S)。

定义单位体积的介质损耗为介质损耗率 p,则

$$p = \frac{P_W}{V} = \frac{GU^2}{V} = \sigma E^2 \quad (7.84)$$

式中,V 为介质体积;σ 为纯自由电荷产生的电导率(S/m)。由此可见,在一定的直流电场下,介质损耗率取决于材料的电导率。

在交变电场下,介质损耗不仅与自由电荷的电导有关,还与松弛极化过程有关,所以 δ 不仅决定于自由电荷电导,还由束缚电荷产生,它与频率有关。由式(7.70)可得

$$\sigma = \omega\varepsilon\tan\delta \quad (7.85)$$

当外界条件(外加电压)一定时,介质损耗只与 $\varepsilon\tan\delta$ 有关。$\varepsilon\tan\delta$ 仅由介质本身决定,称为损耗因素。

式(7.85)中的 σ 应理解为交流电压下的介质等效电导率。设 σ 只与松弛极化损耗有关,则

$$\sigma = \omega\varepsilon\tan\delta = \omega\varepsilon \times \frac{\varepsilon''_r}{\varepsilon'_r}$$

由于 ε_r' 即为通常测量的 ε_r，则上式变为

$$\sigma = \omega \varepsilon_r'' \varepsilon_0 \tag{7.86}$$

由德拜公式，将 ε_r'' 代入上式可得

$$\sigma = \frac{(\varepsilon_s - \varepsilon_\infty)\omega^2 \tau \varepsilon_0}{1+(\omega\tau)^2} \tag{7.87}$$

在高频电压下，$\omega\tau \gg 1$，$\sigma = \dfrac{(\varepsilon_s - \varepsilon_\infty)\varepsilon_0}{\tau}$；在低频区，$\omega\tau \ll 1$，$\sigma$ 与 ω^2 成正比。

7.2.2 介质损耗和频率、温度的关系

1. 频率的影响

（1）当外加电场频率很低，即 $\omega \to 0$ 时，介质的各种极化都能跟上外加电场的变化，此时不存在极化损耗，介电系数达最大值。

介电损耗主要由漏导引起，P_W 和频率无关。由定义(7.70)可知，$\tan\delta = \dfrac{\delta}{\omega\varepsilon}$，则当 $\omega \to 0$ 时，$\tan\delta \to \infty$。随着 ω 的升高，$\tan\delta$ 减小。

（2）当外加电场频率逐渐升高时，松弛极化在某一频率开始跟不上外电场的变化，松弛极化对介电常数的贡献逐渐减小，因而 ε_r 随 ω 升高而减少。在这一频率范围内，由于 $\omega\tau \ll 1$，由式(7.82)可知 $\tan\delta$ 随 ω 升高而增大，同时 P_W 也增大。

（3）当 ω 很高时，$\varepsilon_r \to \varepsilon_\infty$，介电系数仅由位移极化决定，$\varepsilon_r$ 趋于最小值。此时由于 $\omega\tau \gg 1$，由式(7.82)可知，$\tan\delta$ 随 ω 升高而减小。$\omega \to 0$ 时，$\tan\delta \to 0$。

由图 7.17 看出，在 ω_m 下，$\tan\delta$ 达最大值，ω_m 可由式(7.82)对 $\tan\delta$ 微分得到

$$\omega_m = \frac{1}{\tau}\sqrt{\frac{\varepsilon_s}{\varepsilon_\infty}} \tag{7.88}$$

$\tan\delta$ 的最大值主要由松弛过程决定。如果介质电导显著变大，则 $\tan\delta$ 的最大值变得平坦，最后在很大的电导下，$\tan\delta$ 无最大值，主要表现为电导损耗特征：$\tan\delta$ 与 ω 成反比，如图 7.18。

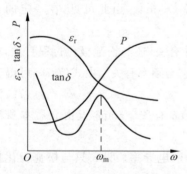

图 7.17 ε_r、$\tan\delta$、P 与 ω 的关系

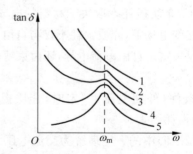

图 7.18 不同带穿电导的介质 $\tan\delta$ 与 ω 的关系

2. 温度的影响

温度对松弛极化产生影响,因而 P、ε 和 $\tan\delta$ 与温度关系很大。

松弛极化随温度升高而增加,此时,离子间易发生移动,松弛时间常数 τ 减小。

(1) 当温度很低时,τ 较大,由德拜关系式可知,ε_r 较小,$\tan\delta$ 也较小。此时,由于 $\omega^2\tau^2 \gg 1$,由式(7.82)可得

$$\tan\delta \propto \frac{1}{\omega\tau}$$

$$\varepsilon'_r \propto \frac{1}{\omega^2\tau^2}$$

在此温度范围内,随温度上升,τ 减小,因而 ε_r、$\tan\delta$、P_W 均上升。

(2) 当温度较高时,τ 较小,此时 $\omega^2\tau^2 \ll 1$,因而

$$\tan\delta = \frac{(\varepsilon_s - \varepsilon_\infty)\omega\tau}{\varepsilon_s + \varepsilon_\infty \omega^2\tau^2} = \frac{(\varepsilon_s - \varepsilon_\infty)\omega\tau}{\varepsilon_s}$$

在此温度范围内,随温度上升,τ 减小,$\tan\delta$ 减小。这时电导上升并不明显,所以 P_W 主要决定于极化过程,P_W 也随温度上升而减小。

由此看出,在某一温度 T_m 下,P_W 和 $\tan\delta$ 有极大值,如图 7.19 所示。

(3) 当温度继续升高,达到很大值时,离子热运动能量很大,离子在电场作用下的定向迁移受到热运动的阻碍,因而极化减弱,ε_r 下降。此时电导损耗剧烈上升,$\tan\delta$ 也随温度上升急剧上升。

比较不同频率下的 $\tan\delta$ 与温度的关系,可以看出,高频下,T_m 点向高温方向移动。由式(7.88)可知,$(\omega\tau)_m = \sqrt{\dfrac{\varepsilon_s}{\varepsilon_\infty}}$ 为常数,ω 增加时,τ_m 应减小,即 T_m 增加。

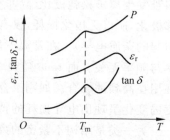

图 7.19 ε_r、$\tan\delta$、P 与 T 的关系

根据以上分析可以看出,如果介质的贯穿电导很小,则松弛极化介质损耗的特征是:$\tan\delta$ 在与频率、温度的关系曲线中出现极大值。

7.2.3 无机介质的损耗

上面已经分析了无机材料的损耗形式主要有电导损耗和松弛极化损耗,此外,还有两种损耗形式:电离损耗和结构损耗。

电离损耗主要发生在含有气相的材料中。含有气孔的固体介质在外电场强度超过了气孔内气体电离所需要的电场强度时,由于气体电离而吸收能量,造成损耗。这种损耗称为电离损耗。电离损耗的功率可以用下式近似计算:

$$P_W = A\omega(U - U_0)^2 \tag{7.89}$$

式中,A 为常数;ω 为频率;U 为外加电压;U_0 为气体的电离电压。

该式只有在 $U > U_0$ 时才适用。当 $U > U_0$ 时,$\tan\delta$ 剧烈增大。

固体电介质内气孔引起的电离损耗,可能导致整个介质的热破坏和化学破坏,应尽量避免。

在高频、低温下,有一类和介质内部结构的紧密程度密切相关的介质损耗称为结构损耗。结构损耗与温度的关系很小。损耗功率随频率升高而增大,但 $\tan\delta$ 则和频率无关。实验表明,结构紧密的晶体或玻璃体的结构损耗都是很小的,但是当某些原因(如杂质的掺入、试样经淬火急冷的热处理等)使它的内部结构变松散了,会使结构损耗大为提高。

一般材料,在高温、低频下,主要为电导损耗,在常温、高频下,主要为松弛极化损耗,在高频、低温下主要为结构损耗。

材料的结构和组成对损耗的影响是根本性的,下面分别讨论离子晶体与玻璃的损耗情况,然后再加以综合分析。

1. 离子晶体的损耗

各种离子晶体根据其内部结构的紧密程度,可以分为两类:一类是结构紧密的晶体;另一类是结构不紧密的离子晶体。前一类晶体的内部,离子都堆积得十分紧密,排列很有规则,离子键强度比较大,如 $\alpha\text{-}Al_2O_3$、镁橄榄石晶体,在外电场作用下很难发生离子松弛极化(除非有严重的点缺陷存在),只有电子式和离子式的弹性位移极化,所以无极化损耗,仅有的一点损耗是由漏导引起(包括本征电导和少量杂质引起的杂质电导)。在常温下热缺陷很少,因而损耗也很小。这类晶体的介质损耗功率与频率无关。而 $\tan\delta$ 随频率的升高而降低。因此以这类晶体为主晶相的陶瓷往往用在高频的场合。如刚玉瓷、滑石瓷、金红石瓷、镁橄榄石瓷等,它们的 $\tan\delta$ 随温度的变化呈现出电导损耗的特征。

另一类是结构不紧密的离子晶体,如电瓷中的莫来石($3Al_2O_3 \cdot 2SiO_2$)、耐热性瓷中的堇青石($2MgO \cdot 2Al_2O_3 \cdot 5SiO_2$)等,这类晶体的内部有较大的空隙或晶格畸变,含有缺陷或较多的杂质,离子的活动范围扩大了。在外电场作用下,晶体中的弱联系离子有可能贯穿电极运动(包括接力式的运动),产生电导损耗。弱联系离子也可能在一定范围内来回运动,形成热离子松弛,出现极化损耗。所以这类晶体的损耗较大,由这类晶体作主晶相的陶瓷材料不适用于高频,只能应用于低频。

另外,如果两种晶体生成固溶体,则因或多或少带来各种点阵畸变和结构缺陷,通常有较大的损耗,并且有可能在某一比例时达到很大的数值,远远超过两种原始组分的损耗。例如 ZrO_2 和 MgO 的原始性能都很好,但将两者混合烧结,MgO 溶进 ZrO_2 中生成氧离子不足的缺位固溶体后,使损耗大大增加,当 MgO 含量(摩尔分数)约为 25% 时,损耗有极大值。

2. 玻璃的损耗

无机材料除了结晶相外,还有含量不等的玻璃,一般可含 20%～40%,有的甚至可达 60%(如电工陶瓷),通常电子陶瓷含的玻璃相不多。无机材料的玻璃相是造成介质损耗的一个重要原因。复杂玻璃中的介质损耗主要包括三个部分:电导损耗、松弛损耗和结构损耗。哪一种损耗占优势,决定于外界因素——温度和外加电压的频率。在工程频率和很高的温度下,电导损耗占优势;在高频下,主要的是由联系弱的离子在有限范围内的移动造成的松弛损耗;在高频和低温下,主要是结构损耗,其损耗机理目前还不清楚,大概与结构的紧密程度有关。

玻璃中的各种损耗与温度的关系示于图 7.20。

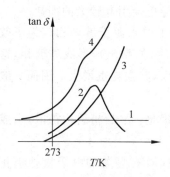

图 7.20　玻璃的 tanδ 与温度的关系

一般简单纯玻璃的损耗都是很小的,例如石英玻璃在 50 Hz 及 10^6 Hz 时,tanδ 为 $2\times 10^{-4}\sim 3\times 10^{-4}$,硼玻璃的损耗也相当低。这是因为简单玻璃中的"分子"接近规则的排列,结构紧密,没有联系弱的松弛离子。在纯玻璃中加入碱金属氧化物后,介质损耗大大增加,并且损耗随碱性氧化物浓度的增大按指数增大。这是因为碱性氧化物进入玻璃的点阵结构后,使离子所在处点阵受到破坏。金属离子是一价的,不能保证相邻单元间的联系,因此,玻璃中碱性氧化物浓度愈大,玻璃结构就愈疏松,离子就有可能发生移动,造成电导损耗和松弛损耗,使总的损耗增大。

这里值得注意的是:在玻璃电导中出现的"双碱效应"(中和效应)和"压碱效应"(压抑效应)在玻璃的介质损耗方面也同样存在,即当碱离子的总浓度不变时,由两种碱性氧化物组成的玻璃,tanδ 大大降低,而且有一最佳的比值。图 7.21 表示 Na_2O-K_2O-B_2O_3 系玻璃的 tanδ 与组成的关系,其中 B_2O_3 数量为 100,Na^+ 离子和 K^+ 离子的总量为 60。当两种碱同时存在时,tanδ 总是降低,而最佳比值约为等分子比。这可能是两种碱性氧化物加入后,在

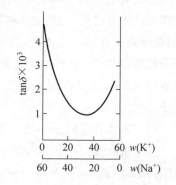

图 7.21　Na_2O-K_2O-B_2O_3 玻璃的 tanδ 与组成的关系

玻璃中形成微晶结构,玻璃由不同结构的微晶所组成。可以设想,在碱性氧化物的一定比值下,形成的化合物中,离子与主体结构较强地固定着,实际上不参加引起介质损耗的过程;在离开最佳比值的情况下,一部分碱金属离子位于微晶的外面,即在结构的不紧密处,使介质损耗增大。

在含碱玻璃中加入二价金属氧化物,特别是重金属氧化物时,压抑效应特别明显。因为二价离子有两个键能使松弛的碱玻璃的结构网巩固起来,减少松弛极化作用,因而使 tanδ 降低。例如含有大量 PbO 及 BaO,少量碱的电容器玻璃,在 1×10^6 Hz 时,tanδ 为 $6\times 10^{-4}\sim 9\times 10^{-4}$。制造玻璃釉电容器的玻璃含有大量 PbO 和 BaO,tanδ 可降低到 4×10^{-4},并且可使用到 250℃的高温。

3. 陶瓷材料的损耗

陶瓷材料的损耗主要来源于电导损耗、松弛质点的极化损耗及结构损耗。此外

无机材料表面气孔吸附水分、油污及灰尘等造成表面电导也会引起较大的损耗。

以结构紧密的离子晶体为主晶相的陶瓷材料,损耗主要来源于玻璃相。为了改善某些陶瓷的工艺性能,往往在配方中引入一些易熔物质(如粘土),形成玻璃相,这样就使损耗增大。如滑石瓷、尖晶石瓷随粘土含量的增大,其损耗也增大。因而一般高频瓷,如氧化铝瓷、金红石瓷等很少含有玻璃相。

大多数电工陶瓷的离子松弛极化损耗较大,主要原因是:主晶相结构松散,生成了缺陷固溶体,多晶形转变等。

如果陶瓷材料中含有可变价离子,如含钛陶瓷,往往具有显著的电子松弛极化损耗。

因此,陶瓷材料的介质损耗是不能只按照瓷料成分中纯化合物的性能来推测的。在陶瓷烧结过程中,除了基本物理化学过程外,还会形成玻璃相和各种固溶体。固溶体的电性能可能不亚于,也可能不如各组成成分。这是在估计陶瓷材料的损耗时必须考虑的。

上面我们分析了陶瓷松弛材料中的各种损耗形式及其影响因素,概括起来可以这样说:介质损耗是介质的电导和松弛极化引起的。电导和极化过程中带电质点(弱束缚电子和弱联系离子,并包括空穴和缺位)移动时,将它在电场中所吸收的能量部分地传给周围"分子",使电磁场能量转变为"分子"的热振动,能量消耗在电介质发热效应上。因此降低材料的介质损耗应从考虑降低材料的电导损耗和极化损耗入手。

(1) 选择合适的主晶相。根据要求尽量选择结构紧密的晶体作为主晶相。

(2) 在改善主晶相性能时,尽量避免产生缺位固溶体或填隙固溶体,最好形成连续固溶体。这样弱联系离子少,可避免损耗显著增大。

(3) 尽量减少玻璃相。为了改善工艺性能引入较多玻璃相时,应采用中和效应和压抑效应,以降低玻璃相的损耗。

(4) 防止产生多晶转变,因为多晶转变时晶格缺陷多,电性能下降,损耗增加。如滑石转变为原顽辉石时析出游离方石英:

$$Mg_3(Si_4O_{10})(OH)_2 \longrightarrow 3(MgO \cdot SiO_2) + SiO_2 + H_2O$$

游离方石英在高温下会发生晶形转变产生体积效应,使材料不稳定,损耗增大。因此往往加入少量(1%)的 Al_2O_3,使 Al_2O_3 和 SiO_2 生成硅线石($Al_2O_3 \cdot SiO_2$)来提高产品的机电性能。

(5) 注意焙烧气氛。含钛陶瓷不宜在还原气氛中焙烧。烧成过程中升温速度要合适,防止产品急冷忽热。

(6) 控制好最终烧结温度,使产品"正烧",防止"生烧"和"过烧",以减少气孔率。

此外,在工艺过程中应防止杂质的混入,坯体要致密。

在表 7.10~表 7.12 中列出一些常用瓷料的损耗数据供参考。

表 7.10　常用装置瓷的 tanδ 值（$f=10^6$ Hz）

瓷　　料		莫来石	刚玉瓷	纯刚玉瓷	钡长石瓷	滑石瓷	镁橄榄石瓷
tanδ /($\times 10^{-4}$)	293±5 K	30~40	3~5	1.0~1.5	2~4	7~8	3~4
	353±5 K	50~60	4~8	1.0~1.5	4~6	8~10	5

表 7.11　电容器瓷的 tanδ 值（$f=10^6$ Hz, $T=293\pm 5$ K）

瓷　　料	金红石瓷	钛酸钙瓷	钛酸锶瓷	钛酸镁瓷	钛酸锆瓷	锡酸钙瓷
tanδ/($\times 10^{-4}$)	4~5	3~4	3	1.7~2.7	3~4	3~4

表 7.12　电工陶瓷介质损耗的分类

损耗的主要机构	损耗的种类	引起该类损耗的条件
极化介质损耗	离子松弛损耗	① 具有松散晶格的单体化合物晶体，如堇青石、绿宝石 ② 缺陷固溶体 ③ 玻璃相中，特别是存在碱性氧化物
	电子松弛损耗	破坏了化学组成的电子半导体晶格
	共振损耗	频率接近离子（或电子）固有振动频率
	自发极化损耗	温度低于居里点的铁电晶体
漏导介质损耗	表面电导损耗	制品表面污秽，空气湿度高
	体积电导损耗	材料受热温度高，毛细管吸湿
不均匀结构介质损耗	电离损耗	存在闭口孔隙和高电场强度
	由杂质引起的极化和漏导损耗	存在吸附水分、开口孔隙吸潮以及半导体杂质等

7.3　介电强度

7.3.1　介质在电场中的破坏

介质的特性，如绝缘、介电能力，都是指在一定的电场强度范围内的材料的特性，即介质只能在一定的电场强度以内保持这些性质。当电场强度超过某一临界值时，介质由介电状态变为导电状态。这种现象称介电强度的破坏，或叫介质的击穿。相应的临界电场强度称为介电强度，或称为击穿电场强度。

对于凝聚态绝缘体，通常所观测到的击穿电场范围约为 $1\times 10^5 \sim 5\times 10^6$ V/cm。从宏观尺度看，这些电场属于高电场，但从原子的尺度看，这些电场是非常低的，10^6 V/cm 可表示为 10^{-2} V/Å（1Å$=10^{-10}$ m）。这清楚地表明，除了在非常特殊的实验室条件下，击穿决不是由于电场对原子或分子的直接作用所导致。电击穿是一种群体现象。能量通过其他粒子（例如，已经从电场中获得了足够能量的电子和离子）传送到被击穿的组分中的原子或分子上。

虽然严格地划分击穿类型是很困难的,但为了便于描述和理解,通常将击穿类型分为三种:热击穿、电击穿、局部放电击穿(无机材料击穿)。

7.3.2 热击穿

热击穿的本质是:处于电场中的介质,由于其中的介质损耗而受热,当外加电压足够高时,可能从散热与发热的热平衡状态转入不平衡状态,若发出的热量比散去的多,介质温度将愈来愈高,直至出现永久性损坏,这就是热击穿。

设介质的电导率为 σ,当施加电场 E 于介质上时,在单位时间内单位体积中就要产生 σE^2 焦耳热。这些热量一方面使介质温度上升;而另一方面也通过热传导向周围环境散发。如环境温度为 T_0,介质平均温度为 T,则散热与温差 $(T-T_0)$ 成正比。介质由电导产生的热量 Q 是温度的指数函数,这是因为电导率 σ 是温度的指数函数。图 7.22 表示介质中发热量 Q_1 和散热量 Q_2 的平衡关系。

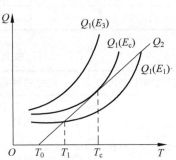

图 7.22 介质中发热与散热平衡关系示意图

加电场 E_1,最初发热量大于散热量,介质温度上升至 T_1 达到平衡,此时发热量等于散热量。提高场强到 E_3,则在任何温度下,发热量都大于散热量,热平衡被破坏,介质温度继续上升,直至被击穿。在临界电场 E_c 时,击穿刚巧可能发生,发热曲线 Q_1 和散热曲线 Q_2 相切于临界温度 T_c 点。如果介质发生热破坏的温度大于 T_c,则只要电场稍高于 E_c,介质温度就会持续升高到其破坏温度。所以临界场强 E_c 可作为介质热击穿场强。在 T_c 点满足以下两个条件:

$$Q_1(E_c, T_c) = Q_2(T_c)$$
$$\left.\frac{\partial Q_1(E_c, T_c)}{\partial T}\right|_{T_c} = \left.\frac{\partial Q_2}{\partial T}\right|_{T_c} \tag{7.90}$$

从而可求解介质热击穿的电场强度。

由以上简单分析可知,研究热击穿可归结为建立电场作用下的介质热平衡方程,从而求解热击穿电压的问题。但是该方程的求解往往比较困难,通常简化为两种极端情况:

(1) 电压长期作用,介质内温度变化极慢,称这种状态下的击穿为稳态热击穿;
(2) 电压作用时间很短,散热来不及进行,称这种情况下的击穿为脉冲热击穿。

下面主要讨论第(1)种情况。

设有厚度为 d,面积相对于厚度可以看作无限大的平板电容器,外加直流电压 U。选取坐标如图 7.23 所示。设介质导热系数为 K,只考虑 x 方向热流,则包含温升、散热、发热在内的热平衡方程为

$$C_v \frac{dT}{dt} - K \frac{d^2 T}{dx^2} = \sigma E^2 \tag{7.91}$$

式中 C_v 为单位体积的热容。当处于热稳定状态时,方程中第一项可略去,于是有

$$\frac{d}{dx}\left(K\frac{dT}{dx}\right)+\sigma\left(\frac{dU}{dx}\right)^2=0 \tag{7.92}$$

如果采用电流密度 $J=\sigma E$,则上式可化为

$$\frac{d}{dx}\left(K\frac{dT}{dx}\right)-J\frac{dU}{dx}=0 \tag{7.93}$$

解此方程,可求出热击穿电压 U_c(临界电压)。

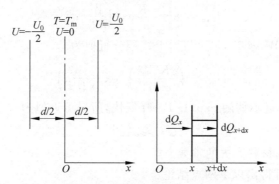

图 7.23 无限大平板介质模型

1. 温度不均匀的厚膜介质

厚膜介质中心 $x=0$ 处温度最高,记为 T_m。设电极温度 T_1 接近于环境温度 T_0,即 $T_1 \to T_0$,所以式(7.93)对 x 积分得

$$JU=\int\frac{d}{dx}\left(K\frac{dT}{dx}\right)dx \tag{7.94}$$

由于 $x=0$ 时,$\frac{dT}{dx}=0$,$U=0$,所以积分常数为零,上式变为

$$JU=K\frac{dT}{dx} \tag{7.95}$$

将 $J=\sigma E=-\sigma\frac{dU}{dx}$ 代入上式得

$$UdU=-\frac{K}{\sigma}dT \tag{7.96}$$

从中心 $x=0$ 至任一位置 x 积分,并颠倒积分上下限,则得

$$U^2=2\int_{T}^{T_m}\frac{K}{\sigma}dT \tag{7.97}$$

如从 $x=0$、$U=0$、$T=T_m$ 到 $x=\frac{d}{2}$、$U=\frac{U_0}{2}$、$T=T_1$ 积分,则得

$$U_0^2=8\int_{T_1}^{T_m}\frac{K}{\sigma}dT$$

设临界电压 $U_{0c} = U_0$,则

$$U_{0c}^2 = 8\int_{T_0}^{T_m} \frac{K}{\sigma} dT \qquad (7.98)$$

一般电场不太强时,介质的电导率可表示为

$$\sigma = \sigma_0 \exp\left(-\frac{W}{kT}\right) \qquad (7.99)$$

代入式(7.98)得

$$U_{0c}^2 = 8\int_{T_0}^{T_m} \frac{K}{\sigma_0} \exp\left(\frac{W}{kT}\right) dT \qquad (7.100)$$

一般 T_0 不太高时,$W \gg kT_0$,$T_m > T_0$,上式积分近似为

$$U_{0c} \approx \left(\frac{8KT_0^2 k}{\sigma_0 W}\right)^{\frac{1}{2}} \exp\left(\frac{W}{2kT}\right) \qquad (7.101)$$

式中 U_{0c} 随 T_0 升高远不如随 $\exp(1/T_0)$ 降低快,所以可近似为

$$U_{0c} \approx A e^{\frac{B}{2T_0}} \qquad (7.102)$$

式中的 A 和 B 是与材料有关的常数。

由式(7.102)可得出以下两点结论:

(1) 热击穿电压随环境温度升高而降低。对式(7.102)取对数,得

$$\ln U_{0c} = \ln A + \frac{B}{2T_0} \qquad (7.103)$$

而介质电阻率与温度关系为

$$\ln \rho = \ln \rho_0 + \frac{B}{T_0} \qquad (7.104)$$

两式比较,$\ln U_{0c}$、$\ln \rho_0$ 与 $1/T_0$ 都是直线关系,但斜率相差 1 倍。热击穿理论的这一结果与实验数据十分一致,见图 7.24,故常用这一关系作为热击穿的实验判据。

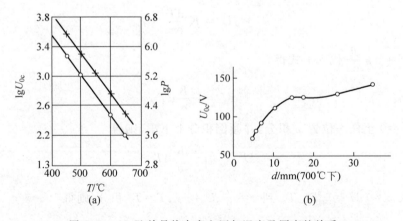

图 7.24 NaCl 单晶热击穿电压与温度及厚度的关系

(2) 热击穿电压与介质厚度无关,因此介质厚度增大时,热击穿场强降低。

典型的热击穿电压与介质厚度的关系试验结果如图 7.24(b)所示:700℃时,NaCl 试样在 $d \approx 10$ mm 以上,击穿电压大致不随厚度变化。

2. 温度均匀薄膜介质

与厚膜介质相反,我们假设:

(1) 试样内始终是等温的(对于薄试样来说,这一点完全符合实际情况);

(2) 从温度为 T 的试样到温度为 T_0 的周围介质有热通量传递,其形式可简化为 $\Gamma(T - T_0)$,其中 Γ 为计及热传导和热对流两类过程的热传导系数。

设 J 为电流密度,则

$$J = \sigma(T) \frac{U}{d} \tag{7.105}$$

式中,$\sigma(T)$ 为试样电导率;U 为外加电压;d 为样品厚度。试样温度稳定时,下列平衡满足,样品不会发生击穿:

$$UJ = \Gamma(T - T_0) \tag{7.106}$$

设 $\sigma(T)$ 不依赖于外电场:

$$\sigma(T) = \sigma_0 e^{-\frac{W}{kT}} \tag{7.107}$$

取简单形式:

$$\sigma(T) = \sigma_0 e^{\lambda(T - T_0)} \tag{7.108}$$

如果 T 与 T_0 相差不大,上式就是式(7.107)的较好近似。比较式(7.107)与式(7.108)可以发现

$$\lambda = \frac{W}{kT_0^2}$$

根据式(7.105)、式(7.106)和式(7.108),可把平衡方程写为

$$\frac{U^2}{d} \sigma_0 e^{\lambda(T - T_0)} - \Gamma(T - T_0) = 0 \tag{7.109}$$

在同一坐标中分别绘出以上方程中两项的曲线,可求解方程,类似于图 7.22。很明显,最终击穿时的临界电压 U_c 就是指数曲线和直线相切的电压,切点对应的温度 T_c 即为临界温度。在该切点,下列方程组成立:

$$\begin{cases} \dfrac{U_c^2}{d} \sigma_0 e^{\lambda(T_c - T_0)} = \Gamma(T_c - T_0) \\ \dfrac{\partial \left[\dfrac{U_c^2}{d} \sigma_0 e^{\lambda(T_c - T_0)} \right]}{\partial T} \bigg|_{T_c} = \dfrac{\partial [\Gamma(T_c - T_0)]}{\partial T} \bigg|_{T_c} \end{cases} \tag{7.110}$$

解方程组(7.110)可得

$$T_c = T_0 + \frac{1}{\lambda} \tag{7.111}$$

将式(7.111)代入式(7.109)可求得

$$U_c = \left(\frac{d\Gamma}{e\sigma_0\lambda}\right)^{\frac{1}{2}} \tag{7.112}$$

e 为自然对数的底，U_c 随试样厚度的平方根而变化。这种击穿电压对厚度的依赖关系常可观察到，也可作为产生热击穿的判据。图 7.25 示出由 Agarwal 和 Srivastave 所测定的棕榈酸钡试样的厚度（23～185 nm）与击穿电场的关系。其结果与理论一致。

在上述两个极限之间的情形，可根据图表法求 U_{0c} 的值。（请参阅 B Tareev. Physics of Dielectric Materials. Mir Publishers, 1979。）

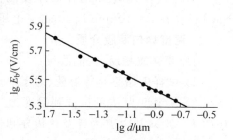

图 7.25　击穿场强 E_b 与棕榈酸钡试样厚度之间的对数关系图

7.3.3　电击穿

固体介质电击穿理论是在气体放电的碰撞电离理论基础上建立的。大约在 20 世纪 30 年代，以 A. von Hippel 和 Fröhlich 为代表，在固体物理基础上，以量子力学为工具，逐步建立了固体介质电击穿的碰撞电离理论，这一理论可简述如下：在强电场下，固体导带中可能因冷发射或热发射存在一些电子。这些电子一方面在外电场作用下被加速，获得动能；另一方面与晶格振动相互作用，把电场能量传递给晶格。当这两个过程在一定的温度和场强下平衡时，固体介质有稳定的电导；当电子从电场中得到的能量大于传递给晶格振动的能量时，电子的动能就越来越大，至电子能量大到一定值时，电子与晶格振动的相互作用导致电离产生新电子，使自由电子数迅速增加，电导进入不稳定阶段，击穿发生。

1. 本征电击穿理论

这种击穿与介质中的自由电子有关，室温下即可发生，发生时间很短（10^{-8}～10^{-7} s）。介质中的自由电子的来源：①杂质或缺陷能级；②价带。

以 A 表示单位时间电子从电场获得的能量，则

$$A = \frac{e^2 E^2}{m^*}\bar{\tau} \tag{7.113}$$

式中，e 为电子电荷；m^* 为电子有效质量；E 是外加电场强度；$\bar{\tau}$ 为电子平均自由行程时间，又称松弛时间。

一般来说，松弛时间与电子能量有关，高能电子速度快，松弛时间短；低能电子速度慢，松弛时间长。因此

$$A = \left(\frac{\partial u}{\partial t}\right)_E = A(E, u) \tag{7.114}$$

式中 u 为电子能量；下标 E 表示电场的作用。

以 B 表示电子与晶格波相互作用时单位时间能量的损失。由于晶格振动与温

度有关，所以

$$B = \left(\frac{\partial u}{\partial t}\right)_L = B(T_0, u) \qquad (7.115)$$

式中 T_0 为晶格温度。平衡时，

$$A(E, u) = B(T_0, u) \qquad (7.116)$$

当电场上升到使平衡破坏时，碰撞电离过程便立即发生。把这一起始场强作为介质电击穿场强的理论即为本征击穿理论。

本征电击穿理论分为单电子近似和集合电子近似两种。Fröhlich 利用集合电子近似，即考虑电子间相互作用的方法，建立了关于杂质晶体电击穿的理论，根据他的计算，击穿场强为

$$\ln E = C + \frac{\Delta u}{2kT_0} \qquad (7.117)$$

式中 C 为常数；Δu 为能带中杂质能级激发态与导带底的距离的一半。

由集合电子近似得出的本征电击穿场强，随温度升高而降低，式(7.117)与热击穿有类似关系，因而可以看成热击穿的微观理论。单电子近似方法由于只考虑单电子作用，因此低温时适用。在低温区，由于温度升高，引起晶格振动加强，电子散射增加。电子松弛时间变短，因而使击穿场强反而提高。这与实验结果定性相符。

根据本征击穿模型可知，击穿强度与试样形状无关，特别是击穿场强与试样厚度无关。

2. "雪崩"电击穿理论

本征电击穿理论只考虑电子的非稳定态，不考虑晶格的破坏过程。引起非稳定态(即平衡方程的破坏)的起始场强定义为介质的电击穿场强。

"雪崩"电击穿理论则以碰撞电离后自由电子数倍增到一定数值(足以破坏介质绝缘状态)作为电击穿判据。

碰撞电离"雪崩"击穿的理论模型与气体放电击穿理论类似。Seitz 提出以电子"崩"传递给介质的能量足以破坏介质晶体结构作为击穿判据，他用如下方法来计算介质击穿场强：

设电场强度为 10^8 V/m，电子迁移率 $\mu = 10^{-4}$ m²/(V·s)。从阴极出发的电子，一方面进行"雪崩"倍增；另一方面向阳极运动。与此同时，也在垂直于电子"崩"的前进方向进行浓度扩散，若扩散系数 $D = 10^{-4}$ m²/s，则在 $t = 1$ μs 的时间中，"崩头"扩散长度为 $r = \sqrt{2Dt} \approx 10^{-5}$ m。近似认为，在这个半径为 r、长 1 cm 的圆柱形中(体积为 $\pi \times 10^{-12}$ m³)产生的电子都给出能量。该体积中共有原子约 10^{17} 个。松散晶格中一个原子所需能量约为 10 eV，则松散上述小体积介质总共需 10^{18} eV 的能量。当场强为 10^8 V/m 时，每个电子经过 1 cm 距离由电场加速获得的能量约为 10^6 eV，则总共需要"崩"内有 10^{12} 个电子就足以破坏介质晶格。已知碰撞电离过程中，电子数以 2^n 关系增加。设经 a 次碰撞，共有 2^a 个电子，那么当

$$2^a = 10^{12}, \quad a = 40$$

时，介质晶格就破坏了。也就是说，由阴极出发的初始电子，在其向阳极运动的过程中，1cm 内的电离次数达到 40 次，介质便击穿。Seitz 的上述估计虽然粗糙，但概念明确，因此一般用来说明"雪崩"击穿的形成，并被称之为"40 代理论"。更严格的数学计算，得出 $a=38$，说明 Seitz 的估计误差是不太大的。

由"40 代理论"可以推断，当介质很薄时，碰撞电离不足以发展到 40 代，电子"崩"已进入阳极复合，此时介质不能击穿，即这时的介质击穿场强将要提高。这就定性地解释了薄层介质具有较高击穿场强的原因。

由隧道效应产生的击穿也是一种"雪崩"电击穿，这里不再详述。

"雪崩"电击穿和本征电击穿一般很难区分，但理论上，它们的关系是明显的：本征击穿理论中增加导电电子是继稳态破坏后突然发生的，而"雪崩"击穿是考虑到高场强时，导电电子倍增过程逐渐达到难以忍受的程度，最终导致介质晶格破坏。

7.3.4 无机材料的击穿

1. 不均匀介质中的电压分配

无机材料常常为不均匀介质，有晶相、玻璃相和气孔存在，这使无机材料的击穿性质与均匀材料不同。

不均匀介质最简单的情况是双层介质。设双层介质具有各不相同的电性质，ε_1、σ_1、d_1 和 ε_2、σ_2、d_2 分别代表第一层、第二层的介电系数、电导率和厚度。

若在此系统上加直流电压 U，则各层内的电场强度 E_1、E_2 都不等于平均电场强度 E（推证从略）

$$\begin{cases} E_1 = \dfrac{\sigma_2(d_1+d_2)}{\sigma_1 d_2 + \sigma_2 d_1} E \\ E_2 = \dfrac{\sigma_1(d_1+d_2)}{\sigma_1 d_2 + \sigma_2 d_1} E \end{cases} \tag{7.118}$$

上式表明：电导率小的介质承受场强高，电导率大的介质承受场强低。在交流电压下也有类似的关系。如果 σ_1 和 σ_2 相差甚大，则必然其中一层的电场强度将大于平均场强 E，这一层可能首先达到击穿强度而被击穿。一层击穿以后，增加了另一层的电压，且电场因此大大畸变，结果另一层也随之击穿。由此可见，材料的不均匀性可能引起击穿场强的降低。

陶瓷中的晶相和玻璃相的分布可看成多层介质的串联和并联，上述的分析方法同样适用。

2. 内电离

材料中含有气泡时，气泡的 ε 及 σ 很小，因此加上电压后气泡上的电场较高，而气泡本身的抗电强度比固体介质要低得多（一般空气的 $E_B \approx 33$ kV/cm，而陶瓷的 $E_B \approx 80$ kV/cm），所以首先气泡击穿，引起气体放电（电离），产生大量的热，容易引起整个介质击穿。

由于在产生热量的同时,形成相当高的内应力,材料也易丧失机械强度而被破坏,这种击穿称为电-机械-热击穿。

气泡中的放电实际上是不连续的。可以把含气孔的介质看成电阻、电容串并联等效电路。由电路充放电理论分析可知,在交流 50 Hz 情况下,每秒至少放电 200 次,可想而知,在高频下内电离的后果是相当严重的。这对在高频、高压下使用的电容器陶瓷是值得重视的问题。

大量的气泡放电,一方面导致介电-机械-热击穿;另一方面介质内引起不可逆的物理化学变化,使介质击穿电压下降。这种现象称为电压老化或化学击穿。

3. 表面放电和边缘击穿

固体介质的表面放电属于气体放电。固体介质常处于周围气体媒质中,击穿时,常发现介质本身并未击穿,但有火花掠过它的表面,这就是表面放电。

固体介质的表面击穿电压总是低于没有固体介质时的空气击穿电压,其降低的程度视介质材料的不同、电极接触情况以及电压性质而定。

(1) 固体介质材料不同,表面放电电压也不同。陶瓷介质由于介电系数大、表面吸湿等原因,引起离子式高压极化(空间电荷极化),使表面电场畸变,降低表面击穿电压。

(2) 固体介质与电极接触不好,则表面击穿电压降低,尤其当不良接触在阴极处时更是如此。其机理是空气隙介电系数低,根据夹层介质原理,电场畸变,气隙易放电。材料介电系数愈大,此效应愈显著。

(3) 电场的频率不同,表面击穿电压也不同。随频率升高,击穿电压降低。这是由于气体正离子的迁移率比电子小,形成正的体积电荷,频率高时,这种现象更为突出。固体介质本身也因空间电荷极化导致电场畸变,因而表面击穿电压下降。

总之,表面放电与电场畸变有关。电极边缘常常电场集中,因而击穿常在电极边缘发生,即边缘击穿。表面放电与边缘击穿决定于电极周围媒质以及电场的分布(电极的形状、相互位置),还决定于材料的介电系数、电导率,因而表面放电和边缘击穿电压并不能表征材料的介电强度,它与装置条件有关。

提高表面放电电压,防止边缘击穿以发挥材料介电强度的有效作用,这对于高压下工作的元件,尤其是高频、高压下工作的元件是极为重要的。另外,对材料介电强度的测量工作也有意义。

为消除表面放电,防止边缘击穿,应选用电导率或介电系数较高的媒质,同时媒质本身介电强度要高,通常选用变压器油。

此外,在瓷介表面施釉,可保持介质表面清洁,而且釉的电导率较大,对电场均匀化有好处。如果在电极边缘施以半导体釉,则效果更好。

为了消除表面放电,还应注意元件结构、电极形状的设计。一方面要增大表面放电途径;另一方面要使边缘电场均匀。

7.4 铁电性

7.4.1 铁电体

在 7.1 节里,我们介绍了介质的各种极化机构。所有这些极化都是介质在外加电场中的性质。没有外加电场时,这些介质的极化强度等于零。有外加电场时,介质的极化强度与宏观电场 E 成正比,所以这类介质又叫线性介质。

另外有一类介质,其极化强度和外加电压的关系是非线性的,叫非线性介质。铁电体就是一种典型的非线性介质。

在铁电体中存在另外一种极化机构——自发极化。所谓自发极化,即这种极化状态并非由外加电场所造成,而是由晶体的内部结构特点造成的,晶体中每一个晶胞里存在固有电偶极矩。这类晶体通常称为极性晶体。

铁电体是在一定温度范围内含有能自发极化,并且自发极化方向可随外加电场作可逆转动的晶体。很明显,铁电晶体一定是极性晶体,但并非所有的极性晶体都具有这种自发极化可随外加电场转动的性质,只有某些特殊的晶体结构,在自发极化改变方向时,晶体构造不发生大的畸变,才能产生以上的反向转动。铁电体就具有这种特殊的晶体结构。

在铁电态下,晶体的极化与电场的关系见图 7.26。这个回线称为电滞回线,它是铁电态的一个标志。同铁磁体具有磁滞回线一样,所以人们把这类晶体称作"铁电体",其实晶体中并不含有铁。

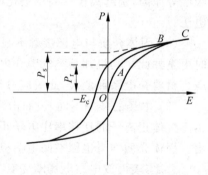

图 7.26 铁电电滞回线

铁电晶体可区分为两大类:有序-无序型铁电体和位移型铁电体。前者的自发极化同个别离子的有序化相联系,后者的自发极化同一类离子的亚点阵相对于另一类亚点阵的整体位移相联系。

典型的有序-无序型铁电体是含有氢键的晶体。这类晶体中质子的有序运动与铁电性相联系,例如 KH_2PO_4 就是如此。

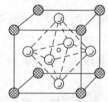

图 7.27 钛酸钡晶体结构

位移型铁电体的结构大多同钙钛矿结构及钛铁矿结构紧密相关。钛酸钡是典型的钙钛矿型的铁电体(图 7.27)。$BaTiO_3$ 在 120℃ 以上为立方结构,晶体无铁电性(无自发极化),120℃ 以下晶体结构稍有畸变,为四方结构,Ba^{2+} 和 Ti^{4+} 相对于 O^{2-} 发生一个位移,由此产生一个偶极矩(自发极化)。

上面和下面的氧离子可能稍稍向下移动。通常把这种转变温度称为居里温度或居里点。居里点以上晶体无铁电性，处于顺电态，居里点以下，晶体处于铁电态。可以看出，铁电相的晶体结构对称性要比顺电相的对称性低。

$BaTiO_3$ 的自发极化强度 P_s 与温度的关系可由实验得出。120℃以上晶体为立方晶系，无自发极化；120～5℃为四方晶系，自发极化沿 c 轴[001]方向；5～-80℃ 为斜方晶系，自发极化沿 [011] 方向；-80℃以下为菱形结构，自发极化沿 [111] 方向。

铁电体中自发极化的突变引起介电系数的显著变化，尤其在居里点处。$BaTiO_3$ 晶体的介电系数与温度的关系见图 7.28。实验发现，当温度高于居里点 120℃时，介电系数随温度的变化遵从居里-外斯定理：

$$\varepsilon_r = \frac{C}{T - \Theta_0} + \varepsilon_\infty \quad (7.119)$$

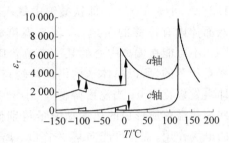

图 7.28　$BaTiO_3$ 相对介电常数与温度的关系

其中 C 为居里常数，Θ 为特征温度。对 $BaTiO_3$，T_C 略大于 Θ_0。$C = 1.7 \times 10^5$ K。ε_∞ 代表电子位移极化对介电系数的贡献。由于 ε_∞ 的数量级为 1，故在居里点附近 ε_∞ 可忽略，上式可写为

$$\varepsilon_r = \frac{C}{T - \Theta_0} \quad (7.120)$$

一些铁电晶体的性质列于表 7.13 中。

表 7.13　部分铁电晶体性能

化　学　式	相转变温度/℃	自发极化强度 $P_s/(10^{-2} C/m^2)$
$BaTiO_3$	120, 5, -90	26
$PbTiO_3$	490	57
$KNbO_3$	435, 225, -10	30
$LiNbO_3$	1210	71
$LiTaO_3$	665	50
$BiFeO_3$	850	~60
$Ba_2NaNb_5O_{15}$	560, 300	40
KH_2PO_4 (KDP)	-150	4.8

7.4.2　钛酸钡自发极化的微观机理

关于铁电现象，定量的微观理论还不成熟，下面以钛酸钡为例，介绍其自发极化的微观模型。

由于 $BaTiO_3$ 从非铁电相到铁电相的过渡总是伴随着晶格结构的改变，晶体从

立方晶系转变为四方晶系,晶体的对称性降低。因此人们提出了一种离子位移理论,认为自发极化主要是由晶体中某些离子偏离了平衡位置造成的。由于离子偏离了平衡位置,使得单位晶胞中出现了电矩。电矩之间的相互作用使偏离平衡位置的离子在新的位置上稳定下来,与此同时晶体结构发生了畸变。

钛酸钡的结构为钙钛矿型晶体,钛离子位于氧八面体中心。在居里温度(120℃)以上,钛酸钡属于等轴晶系,$a=4.01$ Å,因为 O^{2-} 离子半径为 1.32 Å,所以两个 O^{2-} 离子间的空隙为 $4.01-2\times1.32=1.37$ Å,而 Ti^{4+} 的离子半径为 0.64 Å,直径为 1.28 Å,小于 1.37 Å,即钛酸钡中氧八面体空腔大于 Ti^{4+} 离子的体积,Ti^{4+} 离子在氧八面体内有位移的余地,在较高温度时(大于120℃),因为离子热振动能比较大,Ti^{4+} 不可能在偏离中心的某一个位置固定下来,因此它接近周围 6 个 O^{2-} 离子的几率是相等的,所以晶体结构仍保持较高的对称性(等轴晶系),晶胞内不会产生电矩,即自发极化为 0;当温度降低时(小于 120℃),Ti^{4+} 离子的平均热振动能降低了。那些因热涨落所形成的热振动能量特别低的 Ti^{4+} 离子不足以克服 Ti^{4+} 和 O^{2-} 离子间的电场作用,就有可能向某一个 O^{2-} 离子靠近(图 7.29),在此新的平衡位置上固定下来,发生自发位移,并使这个 O^{2-} 离子出现强烈的电子位移极化。结果使晶体顺着这个方向延长,晶胞发生轻微的畸变。在 Ti^{4+} 离子位移的方向(c 轴)晶轴略有伸长,在其他方向(a、b 轴)缩短,晶体从立方结构转变为四方结构。室温下,$c=4.03$ Å,$a=b=3.99$ Å。结果晶胞中出现了电矩,即发生了自发极化。图 7.30 为离子位移的图形,其数据以中央的四个 O^{2-} 离子作为参考点得出。从这些数据可对离子位移引起的极化强度进行估计。一般,自发极化包括两部分:一部分是直接由于离子位移;另一部分是由于电子云的形变。应用洛伦兹表达式可以估计出离子位移极化大约占总极化的 39%。

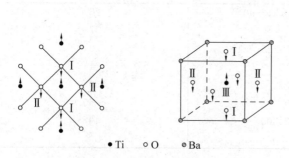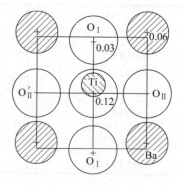

图 7.29　正方结构 $BaTiO_3$ 钛、氧离子位移情况　　　图 7.30　各离子位移情况
　　　　　　　　　　　　　　　　　　　　　　　　　　　(以中央四个 O^{2-} 为参考)

以上 $BaTiO_3$ 铁电性的微规模型可以用极化强度突变的现象来讨论。即在居里点以上,自发极化 $P_s=0$;在居里点处,$P_s\neq0$,出现自发极化。在极化强度突变中,由极化造成的局部电场的增大比作用在晶体中的一个离子上的弹性恢复力增大为

快,这就导致离子位置非对称移动。这个移动由于弹性力场中高阶恢复力的存在,受到一定的限制。有相当多钙钛矿结构的晶体为铁电体,因为这种结构有利于发生极化强度的突变。关于局部场的计算,揭示了钙钛矿中有利于极化强度突变的物理原因。由 7.1 节中,对钙钛矿型晶体内电场结构的讨论可知,Ti^{4+} 和立方晶体中上下两面面心上的 O^{2-} 有着强烈的正作用系数 $\left(C=\dfrac{28}{a^3}\right)$,表示钛、氧离子间有强烈的耦合作用。Slater 对作用在钛离子的内电场进行了详细的计算,发现 Ti 和 O_1(图 7.29)之间的互作用场强约为洛伦兹场的 8 倍,按这个理论,其离子位移模型和衍射实验结果是符合的。

以上理论基本是 Slater 的钛、氧离子强耦合理论。这里特别应该提到的是最近关于铁电性的理解已发展成为"软模理论",它对位移型铁电体是非常成功的。其主要概念是:在一定情况下,晶体结构的铁电相变是布里渊区中心的横向光学晶格振动的"柔软化"结果。所谓柔软化,即声子横光学振动频率接近于零。按量子力学理论,此时振幅无限大,因而晶格结构发生转变,出现铁电相变。软模的频率及其与温度的关系在实验上可通过非弹性中子散射和光子散射测量出来。

7.4.3 铁电畴

通常,一个铁电体并不是在一个方向上单一地产生自发极化。例如 $BaTiO_3$ 晶体在居里点以下(四方晶系)每一个晶胞内自发极化沿 c 轴方向,但由于四方晶系的 c 轴是由原立方晶系中三根轴的任一轴变成的,所以晶体中的自发极化方向一般不相同,互相成 90°或 180°的角度。但在一个小区域内,各晶胞的自发极化方向都相同。这个小区域称为铁电畴。两畴之间的界壁称为畴壁。若两个电畴的自发极化方向互成 90°,则其畴壁叫 90°畴壁。此外,还有 180°畴壁,如图 7.31 所示。180°畴壁较薄,一般为 5~20 Å,90°畴壁较厚,一般为 50~100 Å。为了使体系的能量最低,各电畴的极化方向通常"首尾相连"。

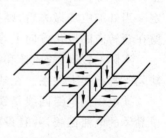

图 7.31 畴壁

电畴结构与晶体结构有关。$BaTiO_3$ 的铁电相晶体结构有四方、斜方、菱形三种晶系,它们的自发极化方向分别沿 [001]、[011]、[111] 方向,这样,除了 90°和 180°畴壁外,在斜方晶系中还有 60°和 120°畴壁,在菱形晶系中还有 71°和 109°畴壁。

电畴可用各种实验方法显示,例如可用弱酸溶液侵蚀晶体表面。由显微观察可以看到,多晶陶瓷中每个小晶粒可包含多个电畴。由于晶粒本身取向无规则,所以各电畴分布是混乱的,因而对外不显示极性。对于单晶体,各电畴间的取向成一定的角度,如 90°、180°。

电畴的形成及其运动的微观机理是复杂的。对于 $BaTiO_3$,如果其自发极化的产生由钛、氧离子间的强耦合作用引起（斯莱脱理论），则电畴的形成可加以定性解释。如图 7.29，设中间部位的钛离子因热运动的涨落在某一瞬间向氧离子已有微小位移，则又使氧离子向钛离子靠拢，接着由于比较大的内电场力的传递，使自发极化首先沿 $Ti-O_I$ 离子线展开。同时，由于电场力以及弹性力的传递，周围的 O_{II} 离子也被向下挤。如此，自发极化向横向发展。横向发展是间接的，比较弱，因此以上形成的畴核及其发展如针状。最后的电畴图案总是电场力与弹性力平衡的结果，整个体系保持能量最低。

铁电畴在外电场作用下，总是要趋向于与外电场方向一致。这形象地称作电畴"转向"。实际上电畴运动是通过在外电场作用下新畴的出现、发展以及畴壁的移动来实现的。实验发现，在电场作用下，180°畴的"转向"是通过许多尖劈形新畴的出现、发展而实现的。尖劈形新畴迅速沿前端向前发展，如图 7.32 所示。对 90°畴的"转向"虽然也产生针状电畴，但主要是通过 90°畴壁的侧向移动来实现的。实验证明，这种侧向移动所需要的能量比产生针状新畴所需要的能量还要低。一般

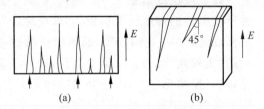

图 7.32　电畴中针状新畴的出现和发展
(a) 180°电畴；(b) 90°电畴

在外电场作用下（人工极化），180°电畴转向比较充分；同时由于"转向"时结构畸变小，内应力小，因而这种转向比较稳定。而 90°电畴的转向是不充分的，对 $BaTiO_3$ 陶瓷，90°电畴只有 13% 转向，而且，由于转向时引起较大内应力，所以这种转向不稳定。当外加电场撤去后，则有小部分电畴偏离极化方向，恢复原位，大部分电畴则停留在新转向的极化方向上，这叫剩余极化。

实际上，新畴的成核和畴壁的运动，与晶体的各种性质，如应力分布、空间电荷、缺陷等都有很大关系。在缺陷处容易形成新畴。

铁电体的电滞回线是铁电畴在外电场作用下运动的宏观描述。这里我们只考虑单晶体的电滞回线，并且设极化强度的取向只有两种可能（即沿某轴的正向或负向）。设在没有外电场时，晶体总电矩为 0（能量最低）。当电场施加于晶体时，沿电场方向的电畴扩展，变大；而与电场反平行方向的电畴则变小。这样，极化强度随外电场增加而增加，如图 7.26 中 OA 段曲线。电场强度继续增大，最后晶体电畴方向都趋于电场方向，类似于单畴，极化强度达到饱和，这相当于图中 C 附近的部分。此时再增加电场，P 与 E 呈线性关系（类似于单个弹性偶极子），将这线性部分外推至 $E=0$ 时的情况，此时在纵轴 P 上的截距称为饱和极化强度或自发极化强度 P_s。实际上 P_s 为原来每个单畴的自发极化强度，是对每个单畴而言的。如果电场自图 7.26 中 C 处开始降低，晶体的极化强度亦随之减小。在零电场处，仍存在剩余极化强度 P_r。这是因为电场减低时，部分电畴由于晶体内应力的作用偏离了极化方向。但当 $E=0$ 时，大部分电畴仍停留在极化方向上，因而宏观上还有剩余极化强度。由此，剩余极化

强度只是对整个晶体而言。当电场反向达到$-E_c$时,剩余极化全部消失。反向电场继续增大,极化强度才开始反向。E_c常称为矫顽电场强度。如果它大于晶体的击穿场强,那么在极化强度反向前,晶体就被击穿,则不能说该晶体具有铁电性。

由于极化的非线性,铁电体的介电系数不是常数。一般以 OA 在原点的斜率来代表介电系数。所以在测量介电系数时,所加的外电场(测试电场)应很小。

另外有一类物体在转变温度以下邻近的晶胞彼此沿反平行方向自发极化。这类晶体叫反铁电体。反铁电体一般宏观无剩余极化强度,但在很强的外电场作用下,可以诱导成铁电相,其 $P-E$ 呈双电滞回线。如图 7.33 所示,$PbZrO_3$ 在 E 较小时无电滞回线,当 E 很大时出现了双电滞回线。

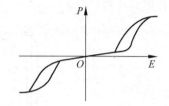

图 7.33　$PbZrO_3$ 的双电滞回线

反铁电体也具有临界温度——反铁电居里温度。在居里温度附近也具有介电反常特性。

7.4.4　铁电体的性能及其应用

1. 电滞回线

判定铁电体的依据是电滞回线。电滞回线由介电实验得出。根据前述分析,它是材料内部电畴运动的宏观表现。

铁电材料在外加交变电场作用下都能形成电滞回线,然而不同材料和不同工艺条件对电滞回线的形状都有很大的影响,因而应用也各不相同,所以掌握电滞回线及其影响因素,对研究铁电材料的特性是十分重要的。

（1）温度对电滞回线的影响

铁电畴在外电场作用下的"转向",使得陶瓷材料具有宏观剩余极化强度,即材料具有"极性"。通常把这种工艺过程称为"人工极化"。

极化温度对电滞回线的形状有影响,因为极化温度的高低影响到电畴运动和转向的难易。不难理解,矫顽场强和饱和场强随温度升高而降低。所以在一定条件下,极化温度较高,可以在较低的极化电压下达到同样的效果。由实验可以看出,极化温度较高的,其电滞回线形状比较瘦长。这是因为温度高时电畴运动容易,因而矫顽场强和饱和场强都小,即要达到饱和极化强度只需要较低的极化电压。

环境温度对电滞回线的影响不仅表现在电畴运动的难易程度上,而且对材料的晶体结构有影响,因而其内部自发极化发生改变,尤其是在相界处(晶型转变温度点)变化最为显著。例如,$BaTiO_3$ 在居里温度附近电滞回线逐渐闭合为一直线(铁电性消失)。

（2）极化时间和极化电压对电滞回线的影响

电畴转向需要一定的时间,时间适当长一点,极化就可以充分些,即电畴定向排列完全一些。实验表明,在相同的电场强度 E 作用下,极化时间长的,具有较高的极化强度,也具有较高的剩余极化强度。

极化电压对电畴转向有类似的影响。极化电压加大,电畴转向程度高,剩余极化变大。

(3) 晶体结构对电滞回线的影响

同一种材料,单晶体和多晶体的电滞回线是不同的。图 7.34 反映 $BaTiO_3$ 单晶和陶瓷电滞回线的差异。单晶体的电滞回线很接近于矩形,P_s 和 P_r 很接近,而且 P_r 较高。陶瓷的电滞回线中 P_s 与 P_r 相差较多,表明陶瓷多晶体不易成为单畴,即不易定向排列。

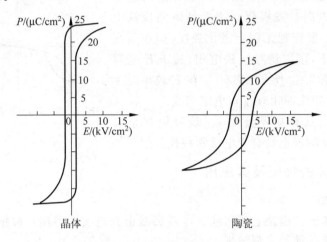

图 7.34 $BaTiO_3$ 的电滞回线

电滞回线的特性在实际中有重要的应用。由于它有剩余极化强度,因而铁电体可用来作信息存储、图像显示。目前已经研制出一些透明铁电陶瓷器件,如铁电存储和显示器件、光阀、全息照相器件等,就是利用外加电场使铁电畴作一定的取向,使透明陶瓷的光学性质变化。铁电体在光记忆应用方面也已受到重视,目前得到应用的是掺镧的锆钛酸铅(PLZT)透明铁电陶瓷以及 $Bi_4Ti_3O_{12}$ 铁电薄膜。

由于铁电体的极化随 E 而改变。因而晶体的折射率也将随 E 改变。这种由于外电场引起晶体折射率的变化称为电光效应。利用晶体的电光效应可制作光调制器、晶体光阀、电光开关等光器件。目前应用到激光技术中的晶体很多是铁电晶体,如 $LiNbO_3$、$LiTaO_3$、KTN(钽铌酸钾)等。

2. 介电特性

像 $BaTiO_3$ 一类的钙钛矿型铁电体具有很高的介电系数。纯钛酸钡陶瓷的介电系数在室温时约 1 400;而在居里点(120℃)附近,介电系数增加很快,可高达 6 000~10 000,由图 7.35 可以看出,室温下 ε_r 随温度变化比较平坦,这可以用来制造小体积大容量的陶瓷电容器。为了提高室温下材料的介电系数,可添加其他钙钛矿型铁电体,

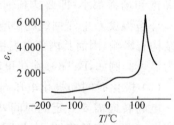

图 7.35 $BaTiO_3$ 陶瓷介电常数与温度的关系

形成固溶体。在实际制造中需要解决调整居里点和居里点处介电系数的峰值问题，这就是所谓"移峰效应"和"压峰效应"。

在铁电体中引入某种添加物生成固溶体，改变原来的晶胞参数和离子间的相互联系，使居里点向低温或高温方向移动，这就是"移峰效应"。移峰的目的是为了在工作情况下（室温附近）材料的介电系数和温度关系尽可能平缓，即要求居里点远离室温温度，如加入 $PbTiO_3$ 可使 $BaTiO_3$ 居里点升高。

"压峰效应"是为了降低居里点处的介电系数的峰值，即降低 ε-T 非线性，也使工作状态相应于 ε-T 平缓区。例如在 $BaTiO_3$ 中加入 $CaTiO_3$ 可使居里峰值下降。常用的压峰剂（或称展宽剂）为非铁电体。如在 $BaTiO_3$ 中加入 $Bi_{2/3}SnO_3$，其居里点几乎完全消失，显示出直线性的温度特性。可认为其机理是加入非铁电体后，破坏了原来的内电场，使自发极化减弱，即铁电性减小。

3. 非线性

铁电体的非线性是指介电系数 ε 随外电场强度非线性地变化。从电滞回线也可看出这种非线性关系。在工程中，常采用交流电场强度 E_{max} 和非线性系数 $N_\sim$ 来表示材料的非线性。E_{max} 指介电系数最大值 ε_{max} 时的电场强度，$N_\sim$ 表示 ε_{max} 和介电系数初始值 ε_5 之比。ε_5 指交流 50 Hz、电压 5 V 时的介电系数：

$$N_\sim = \frac{\varepsilon_{max}}{\varepsilon_5} \tag{7.121}$$

或相应的电容之比：

$$N_\sim = \frac{C_{max}}{C_5} \tag{7.122}$$

强非线性只有在 $N_\sim$ 很大，同时 E_{max} 较低时才出现。

非线性的影响因素主要是材料结构。可以用电畴的观点来分析非线性。电畴在外电场作用下能沿外电场取向，主要是通过新畴的形成、发展和畴壁的位移等实现的。当所有电畴都沿外电场方向排列定向时，极化达到最大值。所以为了使材料具有强非线性，就必须使所有的电畴能在较低电场作用下全部定向，这时 ε-E 曲线一定很陡。在低电场强度作用下，电畴转向主要取决于 90°和 180°畴壁的位移。但畴壁通常位于晶体缺陷附近。缺陷区存在内应力，畴壁不易移动。因此要获得强非线性，就要减少晶体缺陷，防止杂质掺入，选择最佳工艺条件。此外要选择适当的主晶相材料，要求矫顽场强低，体积电致伸缩小，以免产生应力。

强非线性铁电陶瓷主要用于制造电压敏感元件、介质放大器、脉冲发生器、稳压器、开关、频率调制等方面。已获得应用的材料有 $BaTiO_3$-$BaSnO_3$，$BaTiO_3$-$BaZrO_3$ 等。

4. 晶界效应

陶瓷材料晶界特性的重要性不亚于晶粒本身特性的重要性。例如 $BaTiO_3$ 铁电材料，由于晶界效应，可以表现出各种不同的半导体特性。

在高纯度 $BaTiO_3$ 原料中添加微量稀土元素（例如 La）用普通陶瓷工艺烧成，可得到室温体电阻率为 $10 \sim 10^3\ \Omega \cdot cm$ 的半导体陶瓷。这是因为像 La^{3+} 这样的三价离子，占据晶格中 Ba^{2+} 的位置。每添加一个 La^{3+} 离子便多余了一个一价正电荷，为了保持电中性，Ti^{4+} 俘获一个电子。这个电子只处于半束缚状态，容易激发，参与导电，因而陶瓷具有 n 型半导体的性质。

另一类型的 $BaTiO_3$ 半导体陶瓷不用添加稀土离子，只把这种陶瓷放在真空中或还原气氛中加热，使之"失氧"，材料也会具有弱 n 型半导体特性。

利用半导体陶瓷的晶界效应，可制造出边界层（或晶界层）电容器。如将上述两种半导体 $BaTiO_3$ 陶瓷表面涂以金属氧化物，如 Bi_2O_3、CuO 等，然后在 $950 \sim 1\,250\,℃$ 氧化气氛下热处理，使金属氧化物沿晶粒边界扩散。这样晶界变成绝缘层，而晶粒内部仍为半导体，晶粒边界厚度相当于电容器介质层。这样制作的电容器介电系数可达 $20\,000 \sim 80\,000$。用很薄的这种陶瓷材料就可以做成击穿电压为 45 V 以上、容量为 $0.5\ \mu F$ 的电容器。它除了体积小、容量大外，还适合于高频（100 MHz 以上）电路使用。在集成电路中是很有前途的。

7.5 压电性

压电性，就是某些晶体材料按所施加的机械应力成比例地产生电荷的能力。压电性是 J. Curie 和 P. Curie 在 1880 年发现的，同年，他们证实了这类压电晶体具有可逆的性质，即按所施加的电压成比例地产生几何应变（或应力）。多年来，压电学是晶体物理学的一个分支。在各向同性的物体里，原则上不存在压电性。直到 1944 年，压电陶瓷这个术语仍使物理学家难以理解。今天，获得压电性所需要的极性，可以通过暂时施加强电场的方法，使原来各向同性的多晶陶瓷发生"极化"，这种极化可以在铁电陶瓷中发生，类似于永久磁铁的磁化过程。近年来，压电陶瓷发展较快，在不少场合已经取代了压电单晶，它在电、磁、声、光、热和力等交互效应的功能转换器件中得到了广泛的应用。

7.5.1 压电效应

1. 压电效应与压电常数

1880 年，J. Curie 和 P. Curie 在 α 石英晶体上最先发现了压电效应。当对石英晶体在一定方向上施加机械应力时，在其两端表面上会出现数量相等、符号相反的束缚电荷；作用力反向时，表面荷电性质亦反号，而且在一定范围内电荷密度与作用力成正比。反之，石英晶体在一定方向的电场作用下，则会产生外形尺寸的变化，在一定范围内，其形变与电场强度成正比。前者称为正压电效应，后者称为逆压电效应，统称为压电效应。具有压电效应的物体称为压电体。

第 7 章 无机材料的介电性能

晶体的压电效应的本质是因为机械作用(应力与应变)引起了晶体介质的极化,从而导致介质两端表面内出现符号相反的束缚电荷。其机理可用图 7.36 加以解释。图(a)表示压电晶体中质点在某方向上的投影。此时晶体不受外力作用,正电荷重心与负电荷重心重合,整个晶体总电矩为 0(这是简化了的假定),因而晶体表面无荷电。但是当沿某一方向对晶体施加机械力时,晶体由于形变导致正、负电荷重心不重合,即电矩发生变化,从而引起晶体表面荷电;图(b)为晶体在压缩时荷电的情况;图(c)是拉伸时的荷电情况。在后两种情况下,晶体表面电荷符号相反。如果将一块压电晶体置于外电场中,由于电场作用,晶体内部正、负电荷重心产生位移。这一位移又导致晶体发生形变,这个效应即为逆压电效应。

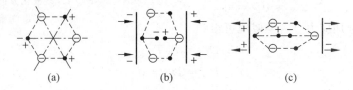

图 7.36 压电效应机理示意图

在正压电效应中,电荷与应力是成比例的,用介质电位移 D 和应力 T 表达如下:
$$D = dT \tag{7.123}$$
式中,D 的单位为 C/m^2;T 的单位为 N/m^2;d 称为压电常数(C/N)。对于逆压电效应,其应变 S 与电场强度 $E(V/m)$ 的关系为
$$S = dE \tag{7.124}$$
对于正、逆压电效应,比例常数 d 在数值上是相同的:
$$d = \boldsymbol{D}/T = S/\boldsymbol{E}$$

实际在以上表达式中,$\boldsymbol{D}$、$\boldsymbol{E}$ 为矢量,T、S 为张量(二阶对称)。完整地表示压电晶体的压电效应中其力学量(T,S)和电学量($\boldsymbol{D}$,$\boldsymbol{E}$)关系的方程式叫压电方程。下面简单介绍只有一个力学量或电学量作用的情况(即只有一个自变量)。

2. 压电效应的方程式

先讨论正压电效应,根据定义可写出方程式:
$$\left.\begin{aligned}D_1 &= d_{11}T_1 + d_{12}T_2 + d_{13}T_3 + d_{14}T_4 + d_{15}T_5 + d_{16}T_6\\ D_2 &= d_{21}T_1 + d_{22}T_2 + d_{23}T_3 + d_{24}T_4 + d_{25}T_5 + d_{26}T_6\\ D_3 &= d_{31}T_1 + d_{32}T_2 + d_{33}T_3 + d_{34}T_4 + d_{35}T_5 + d_{36}T_6\end{aligned}\right\} \tag{7.125}$$
式中 d 的第一个下标代表电的方向,第 2 个下标代表机械的(力或形变)方向。

实际使用时由于压电陶瓷的对称性,脚标可简化,压电常数的矩阵是
$$\begin{bmatrix} 0 & 0 & 0 & 0 & d_{15} & 0 \\ 0 & 0 & 0 & d_{24} & 0 & 0 \\ d_{31} & d_{32} & d_{33} & 0 & 0 & 0 \end{bmatrix}$$

举例证明如下：

假设有一极化方向为轴 3 向的压电陶瓷，如图 7.37 所示。当仅施加应力 T_3 时（电场 E 恒定，下同），有压电效应，

$$D_3 = d_{33} T_3$$

虽然在 T_3 作用下，介质在轴 1 和轴 2 方向产生应变 S_1 和 S_2，但轴 1 和轴 2 方向是不呈现极化现象的，因此，

$$D_1 = d_{13} T_3 = 0$$
$$D_2 = d_{23} T_3 = 0$$

即

$$d_{13} = d_{23} = 0$$

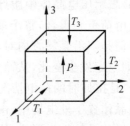

图 7.37 极化方向为轴 3 向的压电陶瓷

若仅仅施加应力 T_2，类似地可得到

$$D_3 = d_{32} T_2$$
$$D_1 = D_2 = 0$$

即

$$d_{12} = d_{22} = 0$$

若仅仅施加应力 T_1，同样可得

$$D_3 = d_{31} T_1$$
$$D_1 = D_2 = 0$$

即

$$d_{11} = d_{21} = 0$$

又从对称关系可知 T_2 和 T_1 的作用是等效的，即

$$d_{31} = d_{32}$$

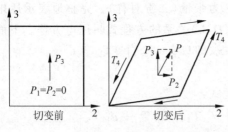

图 7.38 切应力 T_4 引起的压电效应

以上是 3 个正应力作用情况。现讨论切应力的作用。若仅有切应力 T_4 作用，法线方向为轴 1 向的平面产生切应变如图 7.38 所示。原来的极化强度 P 发生偏转。不考虑正应力作用，$D_3=0$，$d_{34}=0$，而轴 2 向出现了极化分量 P_2，因而有

$$D_2 = d_{24} T_4$$

轴 1 向也无变化，即 $D_1=0$，$d_{14}=0$。

显然 T_5 的效应与 T_4 类同，因此有

$$D_1 = d_{15} T_5$$
$$D_2 = d_{25} T_5 = 0$$
$$D_3 = d_{35} T_5 = 0$$

即 $d_{25}=d_{35}=0$。而且 T_4 与 T_5 作用类似，即 $d_{24}=d_{15}$。

考虑仅有 T_6 的作用情况。切应力 T_6 作用面垂直于轴 3 方向,轴 3 方向极化强度并无改变;由于原极化是在轴 3 方向,故应变前后,轴 1、2 方向极化分量都为零,即
$$D_1 = D_2 = D_3 = 0, \quad d_{16} = d_{26} = d_{36} = 0$$
根据以上分析,压电常数只有 3 个独立参量,即 d_{31}、d_{33}、d_{15},因而式(7.125)变为
$$\left. \begin{array}{l} D_1 = d_{15}T_5 \\ D_2 = d_{15}T_4 \\ D_3 = d_{31}T_1 + d_{31}T_2 + d_{33}T_3 \end{array} \right\} \quad (7.126)$$
此即简化的正压电效应方程式。

现在再来讨论逆压电效应的情况。极化方向仍为轴 3 方向,若仅施加电场 E(应力 T 恒定),E 的分量分别为 E_1、E_2、E_3,见图 7.39(a)。

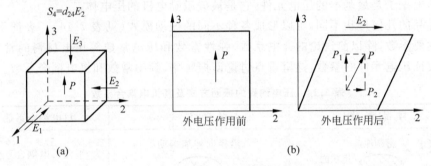

图 7.39 压电体的电场作用分析
(a) 电场作用图;(b) 电场 E_2 的作用效应图

先考虑 E_3 的效应,它导致应变 S_1、S_2、S_3,而不产生切应变,所以有
$$S_1 = d_{31}E_3$$
$$S_2 = d_{32}E_3$$
$$S_3 = d_{33}E_3$$
而且 $S_1 = S_2$,所以 $d_{31} = d_{32}$。

若只考虑 E_2 的作用,由于 E_2 的方向垂直于极化方向 P,因此不产生伸缩变形。但 E_2 的作用使极化强度 P 的方向发生偏转,产生了 P_2 分量(图 7.39(b)),有了切应变 S_4:
$$S_4 = d_{24}E_2$$
若仅考虑 E_1 的作用,它与 E_2 类似,只产生切应变 S_5:
$$S_5 = d_{15}E_1$$
从对称关系可知 $d_{15} = d_{24}$,因此逆压电效应的方程式可归纳为:
$$\left. \begin{array}{l} S_1 = d_{31}E_3 \\ S_2 = d_{31}E_3 \\ S_3 = d_{33}E_3 \\ S_4 = d_{15}E_2 \\ S_5 = d_{15}E_1 \end{array} \right\} \quad (7.127)$$

在逆压电效应中常数 d 的第一个下标也是"电的"分量,而第二个下标是机械形变或应力的分量。

如果同时考虑力学参量 (T,S) 和电学参量 (E,D) 的合作用,可用简式表示如下:

$$\left.\begin{array}{l} D = dT + \varepsilon^T E \\ S = \varepsilon^E E + dE \end{array}\right\} \tag{7.128}$$

式中 ε^T 是在恒定应力(或零应力)下测量出的机械自由介电系数,S^E 为电学短路情况下测得的弹性常数。由于压电材料沿极化方向的性质与其他方向性质不一样,所以其弹性、介电系数各个方向也不一样,并且与边界条件有关。

7.5.2 压电振子及其参数

压电振子是最基本的压电元件,它是被覆激励电极的压电体。

样品的几何形状不同,可以形成各种不同的振动模式(见表 7.14)。表征压电效应的主要参数,除以前讨论的介电系数、弹性常数和压电常数等压电材料的常数外,还有表征压电元件的参数,这里重点讨论谐振频率、频率常数和机电耦合系数。

表 7.14　压电陶瓷的振动方式及其机电耦合系数

样品形状	振动方式	机电耦合系数
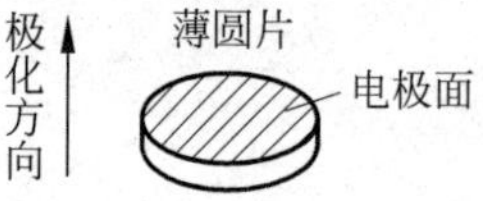 薄圆片（极化方向）	沿径向伸缩振动 	平面机电耦合系数 k_p
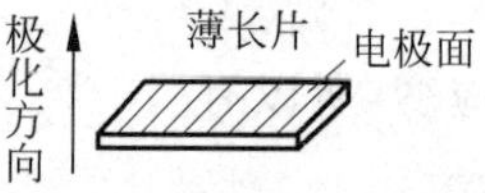 薄长片（极化方向）	沿长度方向伸缩振动 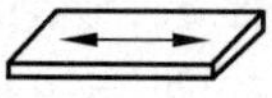	横向机电耦合系数 k_{31}
 圆柱体（极化方向）	沿轴向伸缩振动 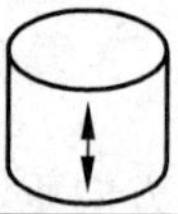	纵向机电耦合系数 k_{33}
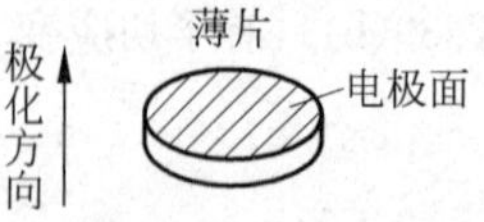 薄片（极化方向）	沿厚度方向伸缩振动 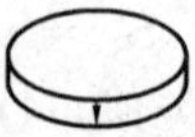	厚度机电耦合系数 k_t
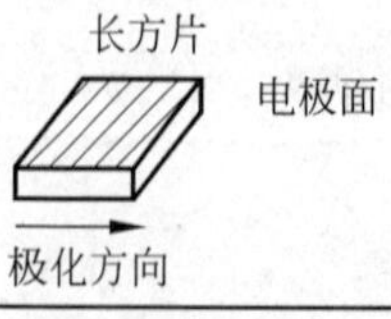 长方片（极化方向）	厚度切变振动 	厚度切变机电耦合系数 k_{16}

1. 谐振频率与反谐振频率

若压电振子是具有固有振动频率 f_r 的弹性体,当施加于压电振子上的激励信号

频率等于 f_r 时,压电振子由于逆压电效应产生机械谐振,这种机械谐振又借助于正压电效应而输出电信号。

压电振子谐振时,输出电流达最大值,此时的频率为最小阻抗频率 f_m。当信号频率继续增大到 f_n,输出电流达最小值,f_n 叫最大阻抗频率,如图 7.40 所示。

根据谐振理论。压电振子在最小阻抗频率 f_m 附近存在一个使信号电压与电流同位相的频率,这个频率就是压电振子的谐振频率 f_r,同样,在 f_n 附近存在另一个使信号电压与电流同位相的频率,这个频率叫压电振子的反谐振频率 f_a。只有压电振子在机械损耗为零的条件下,$f_m = f_r$,$f_n = f_a$。

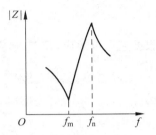

图 7.40 压电振子的阻抗特性示意图

根据谐振电路理论,可以画出压电振子的等效电路。这里不再详述。

2. 频率常数

压电元件的谐振频率与沿振动方向的长度的乘积为一常数,称为频率常数 N（kHz·m）。例如陶瓷薄长片沿长度方向伸缩振动的频率常数 N_l 为

$$N_l = f_r l$$

因为

$$f_r = \frac{1}{2l}\sqrt{\frac{Y}{\rho}}$$

(Y 为杨氏模量,ρ 为材料的密度。)所以

$$N_l = \frac{1}{2}\sqrt{\frac{Y}{\rho}}$$

由此可见,频率常数只与材料的性质有关。若知道材料的频率常数即可根据所要求的频率来设计元件的外形尺寸。

3. 机电耦合系数

机电耦合系数 k 是综合反映压电材料性能的参数。它表示压电材料的机械能与电能的耦合效应,定义为

$$k^2 = \frac{\text{由机械能转换的电能}}{\text{输入的总机械能}}$$

或

$$k^2 = \frac{\text{由电能转换的机械能}}{\text{输入的总电能}}$$

由于压电元件的机械能与它的形状和振动方式有关,因此不同形状和不同振动方式所对应的机电耦合系数也不相同。表 7.14 给出了常用的几种机电耦合系数。由定义可推证

$$k = d\sqrt{\frac{1}{\varepsilon^T S^E}}$$

详细证明如下：

当施加 E_3 时，产生电位移 $D_3 = \varepsilon_{33}^T E_3$，单位体积输入电能

$$U_E = \frac{1}{2} D_3 E_3 = \frac{1}{2} \varepsilon_{33}^T E_3^2$$

根据逆压电效应，E_3 引起应变 $S_1 = d_{31} E_3$，则应变能（即由电能转换的机械能）为

$$U_M = \frac{1}{2} S_1 T_1 = \frac{1}{2} d_{31} E_3 \frac{S_1}{S_{11}^E} = \frac{1}{2} \frac{d_{31}^2}{S_{11}^E} E_3^2$$

所以

$$k_{31} = \sqrt{\frac{U_M}{U_E}} = d_{31} \sqrt{\frac{1}{S_{11}^E \varepsilon_{33}^T}}$$

压电材料的参数可通过谐振试验测量谐振频率、反谐振频率计算出来。

7.5.3 压电性与晶体结构

1. 晶体的对称性和压电效应

晶体结构的对称性与其物理性能有密切联系。压电效应与晶体的对称性有关。由图 7.36 看出，压电效应的本质是对晶体施加应力时，改变了晶体内的电极化，这种电极化只能在不具有对称中心的晶体内才可能发生。具有对称中心的晶体都不具有压电效应，因为这类晶体受到应力作用后，内部发生均匀变形，仍然保持质点间的对称排列规律，并无不对称的相对位移，因而正、负电荷重心重合，不产生电极化，没有压电效应。如果晶体不具有对称中心，质点排列并不对称，在应力作用下，它们就受到不对称的内应力，产生不对称的相对位移，结果形成新的电矩，呈现出压电效应。

在 32 种宏观对称类型中，不具有对称中心的有 21 种，其中有一种（点群 43）压电常数为零，其余 20 种都具有压电效应。

2. 热电性和极性

含有固有电偶极矩的晶体叫极性晶体，在 21 种无对称中心的晶体中，有 10 种是极性晶体。极性晶体除了由于应力产生电荷以外，由于温度变化也可以引起电极化状态的改变，因此当均匀加热时，这类晶体能够产生电荷。这种产生偶极子的效应称为热电性，具有热电性的物体叫热电体。通常，在热电体宏观电矩正端表面将吸引负电荷，负端表面吸引正电荷，直到它的电矩的电场完全被屏蔽为止。但当温度变化时，宏观电极化强度改变，使屏蔽电荷失去平衡，多余的屏蔽电荷便释放出来，因此从形式上把这种效应称为热释电效应。在 20 种压电晶体类型中，有 10 种是含有一个唯一的极性轴（电偶极矩）的晶体，它们都具有热释电效应。

前已述及，铁电体是一种极性晶体，属于热电体。它的结构是非中心对称的，因而也一定是压电体。必须指出，压电体必须是介电体。电介质、压电体、热电体、铁电体的关系见图 7.41。

3. 铁电、压电陶瓷

自然界中虽然具有压电效应的压电晶体很多，但是成为陶瓷材料以后，往往不呈

现出压电性能,这是因为陶瓷是一种多晶体,由于其中各细小晶体的紊乱取向,因而各晶粒间压电效应会互相抵消,宏观不呈现压电效应。铁电陶瓷中虽存在自发极化,但各晶粒间自发极化方向杂乱,因此宏观无极性。若将铁电陶瓷预先经强直流电场作用,使各晶粒的自发极化方向都择优取向成为有规则的排列(这一过程称为人工极化),当直流电场除去后,陶瓷内仍能保留相当的

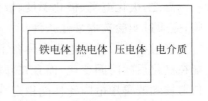

图7.41 电介质、压电体、热电体和铁电体的关系

剩余极化强度,则陶瓷材料宏观具有极性,也就具有了压电性能。因此铁电陶瓷只有经过"极化"处理,才能具有压电性;压电陶瓷一般是铁电体,只有铁电陶瓷才能在外电场作用下,使电畴运动转向,达到"极化"的目的,成为压电陶瓷,因而把这类陶瓷称为铁电、压电陶瓷。

4. 压电陶瓷的预极化及其性能稳定性

所谓极化,就是在压电陶瓷上加一个强直流电场,使陶瓷中的电畴沿电场方向取向排列。只有经过极化工序处理的陶瓷,才能显示压电效应。

关于铁电体中电畴的运动以及极化工艺对电滞回线的影响,这些在7.4节中已有简要分析,这里从压电性能出发,讨论极化的条件。

1) 极化电场

极化电场是极化诸条件中的主要因素。极化电场越高,促使电畴取向排列的作用越大,极化就越充分。一般以k_p达到最大值的电场为极化电场,但应注意,不同的机电耦合系数达到最大值的极化电场不一样。例如钛酸铅,k_p与k_{31}在2 kV/mm时达到最大,而k_{33}、k_{15}、k_t需在6 kV/mm时才接近最大。极化电场必须大于样品的矫顽场,通常为矫顽场的2~3倍。矫顽场与样品的成分、结构及温度有关。以锆钛酸铅为例,在四方相区,其矫顽场随锆钛比的减小而变大。除锆钛比外,取代元素和添加物也有影响。例如钛酸铅陶瓷难极化,而以镧取代部分铅后,极化电压可降低。这是因为镧取代铅后引起晶轴比c/a减小,使电畴90°转向内应力小,故极化充分。

2) 极化温度

在极化电场和时间一定的条件下,极化温度高,电畴取向排列较易,极化效果好。这可从两方面理解:①结晶各向异性随温度升高而降低,自发极化重新取向克服的应力阻抗较小;同时由于热运动,电畴运动能力加强;②温度越高,电阻率越小,由杂质引起的空间电荷效应所产生的电场屏蔽作用小,故外加电场的极化效果好,但是温度过高,击穿强度降低,常用压电陶瓷材料的极化温度通常取320~420 K。

3) 极化时间

极化时间长,电畴取向排列的程度高,极化效果较好。极化初期主要是180°电畴的反转,以后的变化是90°电畴的转向。90°电畴转向由于内应力的阻碍而较难进行,因而适当延长极化时间,可提高极化程度。一般极化时间从几分钟到几十分钟。

总之，极化电场、极化温度、极化时间三者必须统一考虑，因为它们之间相互有影响，应通过实验选取最佳条件。

经过极化后的压电陶瓷具备了各项压电性能，但实际使用时发现压电陶瓷的性能在极化后随时间变化，而且在环境温度发生改变时，各项压电性能也变化。因此如何考核和改善压电陶瓷性能稳定性问题，一直受到人们的重视。

压电陶瓷性能的时间稳定性，常称为材料的老化或经时老化。关于老化的机理，还不很清楚。一般认为，极化过程中，90°畴的取向，使晶体c轴方向改变，伴随着较大的应变。极化后，在内应力作用下，已转向的 90°畴有部分复原而释放应力，但尚有一定数量的剩余应力，电畴在剩余应力作用下，随时间的延长复原部分逐渐增多，因此剩余极化强度不断下降，压电性减弱。此外，180°畴的转向，虽然不产生应力，但转向后处于势能较高状态，因此仍趋于重新分裂成 180°畴壁，这也是老化的因素。总之老化的本质是极化后电畴由能量较高状态自发地转变到能量较低状态，这是一个不可逆过程。然而老化过程要克服介质内部摩擦阻尼，这和材料组成、结构有关，因而老化的速率又是可以在一定程度上加以控制和改善的。目前有两种途径可以改善稳定性：一是改变配方成分、寻找性能比较稳定的锆钛比和添加物；另一种是把极化好的压电陶瓷片进行"人工老化"处理，如加交变电场，或作温度循环等。人工老化的目的，是为了加速自然老化过程，以便在尽量短的时间内，达到足够的相对稳定阶段（一般自然老化开始速率大，随时间延续，趋于相对稳定）。

压电陶瓷的温度稳定性主要与晶体结构特性有关。改善温度稳定性主要通过改变配方成分和添加物的方法，使材料结构随温度变化减小到最低限度，例如，一般不取在相界附近的组成，对于 PZT 陶瓷，其 Zr 与 Ti 的比值取在偏离相界的四方相侧，使结构稳定。

5. 压电材料及其应用

自从 1880 年发现压电效应以来，直至 20 世纪 40 年代，压电材料只局限于晶体材料。自 40 年代中期出现了 $BaTiO_3$ 陶瓷以后，压电陶瓷的发展较快。当前，晶体和陶瓷是压电材料的两类主要分支，柔性材料则是另一个分支，它是高分子聚合物。几种压电材料的主要性能列于表 7.15。下面仅介绍典型的压电陶瓷材料及其应用。

表 7.15　几种压电材料的主要性能

材　料	耦合系数/%		相对介电常数 $\varepsilon_{33}^T/\varepsilon_0$	压电常数 /(10^{-12} C/N)		频率常数 /(Hz·m)	
	k_p	k_{31}		d_{31}	d_{33}	$f_{r31}L$	$f_{r33}L$
$BaTiO_3$ 单晶		31.5	168	−34.5	85.6		
$BaTiO_3$ 陶瓷	36	21	1 700	−79	191	2 200	2 520
$Pb(Zr_{0.52}Ti_{0.48})O_3$	52.9	31.3	730	−93.5	223		
$PbTiO_3$ 陶瓷	7~9.4	4.2~6.0	~150			~2 000	~2 000

(1) 钛酸钡

钛酸钡是首先发展起来的压电陶瓷，至今仍然得到广泛的应用。关于钛酸钡的结构与自发极化机构在 7.4 节中已介绍。由于它的机电耦合系数较高，化学性质稳定，有较大的工作温度范围。因而应用广泛。早在 20 世纪 40 年代末已在拾音器、换能器、滤波器等方面得到应用，后来的大量试验工作是掺杂改性，以改变其居里点，提高温度稳定性。

(2) 钛酸铅

钛酸铅的结构与钛酸钡相类似，其居里温度为 495℃，居里温度以下为四方晶系。其压电性能较低，纯钛酸铅陶瓷很难烧结，当冷却通过居里点时，就会碎裂成为粉末，因此目前测量只能用不纯的样品。少量添加物可抑制开裂。例如含 Nb^{5+} 4%（原子）的材料，d_{33} 可达 $40×10^{-12}$ C/N。

(3) 锆酸铅

锆酸铅为反铁电体，具有双电滞回线（图 7.33）。居里温度 230℃，居里点以下为斜方晶系。在以后的介绍中将会看到，$PbTiO_3$ 和 $PbZrO_3$ 的固溶体陶瓷具有优良的压电性能。

(4) 锆钛酸铅（PZT）

20 世纪 60 年代以来，人们对复合钙钛矿型化合物进行了系统的研究，这对压电材料的发展起了积极作用。PZT 为二元系压电陶瓷，$Pb(Ti,Zr)O_3$ 压电陶瓷在四方晶相（富钛一边）和菱形晶相（富锆一边）的相界附近，其耦合系数和介电系数是最高的。这是因为在相界附近，极化时更容易重新取向。相界大约在 $Pb(Ti_{0.465}Zr_{0.535})O_3$ 的地方，其组成的机电耦合系数 k_{33} 可达 0.6，d_{33} 可达 $200×10^{-12}$ C/N。

为了满足不同的使用要求，在 PZT 中添加某些元素，可达到改性的目的，比如添加物 In、Nd、Bi、Nb 等属"软性"添加物，它们可使陶瓷弹性柔顺常数增高，矫顽场降低，k_p 增大；添加物 Fe、Co、Mn、Ni 等属"硬性"添加物，它们可使陶瓷性能向"硬"的方面变化，即矫顽场增大，k_p 下降，同时介质损耗降低。

为了进一步改性，在 PZT 陶瓷中掺入铌镁酸铅制成三元系压电陶瓷（简称 PCM）。该三元系陶瓷具有可以广泛调节压电性能的特点。

(5) 其他压电陶瓷材料

其他还有钨青铜型、含铋层状化合物、焦绿石型和钛铁矿型等非钙钛矿压电材料。这些材料具有很大的潜力。此外硫化镉、氧化锌、氮化铝等压电半导体薄膜也得到了研究与发展，20 世纪 70 年代以来，为了满足光电子学发展需要又研制出掺镧锆钛酸铅（PLZT）透明铁电陶瓷，用它制成各种光电器件。

几种压电材料的主要类型列于表 7.16。

近年来，压电陶瓷得到了广泛的应用。例如，用于电声器件中的扬声器、送话器、拾音器等；用于水下通信和探测的水声换能器和鱼群探测器等；用于雷达中的陶瓷表面波器件；用于导航中的压电加速度计和压电陀螺等；用于通信设备中的陶瓷滤波器、陶瓷鉴频器等；用于精密测量中的陶瓷压力计、压电流量计、压电厚度计等，用于红外技术中的陶瓷红外热电探测器；用于超声探伤、超声清洗、超声显像中的陶瓷超声换能器；用于高压电源的陶瓷变压器。这些压电陶瓷器件除了选择合适的瓷料以外，还要有先进的结构设计。

必须指出，不同应用领域对压电参数也有不同的要求。例如高频器件要求材料介电系数和高频损耗小；滤波器材料要求谐振频率稳定性好，k_p 值则取决于滤波器的带宽；电声材料要求 k_p 高，介电系数高等等。

表 7.16 几种压电材料的主要类型

结构	晶系	点群	实例	类型	T_c/K
氢键型	单斜	2	TGS(硫酸三甘肽)	热电晶体	322
铋层状化合物	单斜	m	$Bi_4Ti_3O_{12}$	电光晶体	648
石英型	三方	32	水晶	压电晶体	850
铌酸锂型	三方	3m	LN(铌酸锂)	高温铁电晶体	1 483
钙钛矿型	四方	4mm	BT(钛酸钡)	铁电晶体	393
钨青铜型	斜方	mm2	BNN(铌酸钛钡)	非线性光学晶体	833
烧绿石型	斜方	mm2	$Sr_2Nb_2O_7$	高温电光晶体	1 615
纤锌矿型	六方	6mm	CdS	压电半导体	—
—	—	∞m	极化后铁电陶瓷	压电铁电陶瓷	393～1 483

习题

1. 金红石(TiO_2)的介电系数是 100，求气孔率为 10% 的一块金红石陶瓷介质的介电系数。

2. 一块 1 cm×4 cm×0.5 cm 的陶瓷介质，其电容为 2.4 μF，损耗因子 tanδ 为 0.02。求：①相对介电系数；②损耗因素。

3. 镁橄榄石(Mg_2SiO_4)瓷的组成（质量分数）为 45% SiO_2、5% Al_2O_3 和 50% MgO，在 1 400 ℃烧成并急冷（保留玻璃相），陶瓷的介电系数 ε_r 为 5.4。Mg_2SiO_4 的介电系数 ε_r 是 6.2，估算玻璃的介电系数（设玻璃体积浓度为 Mg_2SiO_4 的 1/2）。

4. 如果 A 原子的原子半径为 B 原子的 2 倍，那么在其他条件都相同的情况下，原子 A 的电子极化率大约是 B 原子的多少倍？

5. 试解释为什么碳化硅的介电系数和其折射率的平方 n^2 相等？

6. 从结构上解释，为什么含碱土金属的玻璃适用于介电绝缘？

7. 细晶粒金红石陶瓷样品在 20 ℃，100 Hz 时，$\varepsilon_r=100$，这种陶瓷 ε_r 高的原因是什么？如何用实验来鉴别各种起作用的机制。

8. 叙述 $BaTiO_3$ 典型电介质中在居里点以下存在的四种极化机制。

9. 画出典型的铁电体的电滞回线，用有关机制解释引起非线性关系的原因。

10. 根据压电振子的谐振特性和交流电路理论，画出压电振子的等效电路图，并计算当等效电阻为零时，各等效电路的参数（用谐振频率与反谐振频率表示）。

第 8 章 无机材料的磁学性能

随着近代科学技术的发展,金属和合金磁性材料,由于它的电阻率低、损耗大,已不能满足应用的需要,尤其在高频范围。

磁性无机材料除了有高电阻、低损耗的优点以外,还具有各种不同的磁学性能,因此它们在无线电电子学、自动控制、电子计算机、信息存储、激光调制等方面,都有广泛的应用。磁性无机材料一般是含铁及其他元素的复合氧化物,通常称为铁氧体。它的电阻率为 $10\sim10^6\Omega\cdot m$,属于半导体范畴。目前,铁氧体已发展成为一门独立的科学。

本章介绍磁性材料的一般磁性能,着重讨论铁氧体材料的磁性能及其应用。

8.1 物质的磁性

8.1.1 磁现象及其物理量

在普通物理学中,我们已经学习过了磁学的一些基本概念。物质的磁性,来源于电子的运动以及原子、电子内部的永久磁矩,因而了解电子磁矩和原子磁矩的产生及其特性,是研究物质磁性的基础。

1. 磁矩

磁偶极子的概念是讨论磁性材料的核心问题。我们知道,与电荷不同,孤立的磁极是没有的。磁体的最小基元是小圆形电流,又称之为"分子电流"。如图 8.1 所示,一个小圆形电流所形成的磁场,在较远地方的分布情况和一个电偶极子的电场分布极为相似。因此一个小圆形电流可称作一个磁偶极子。一个电偶极子有它的电矩。一个磁偶极子(小圆形电流)有它的磁矩。磁矩是一个矢量,用 p_m 表示。其大小可表示为

$$p_m = IS \qquad (8.1)$$

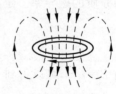

图 8.1 磁矩

式中,I 为小圆形电流的电流强度;S 为小圆形电流的面积。磁矩的方向为它本身在圆心所产生的磁场方向。

磁矩是表示磁体本质的一个物理量,表征磁性物体磁性大小。磁矩愈大,磁性愈强,即物质在磁场中所受的力也大。磁矩只与物体本身有关,与外磁场无关。

磁矩的概念可用于说明原子、分子等微观世界产生磁性的原因。电子绕原子核运动,产生电子轨道磁矩;电子本身自旋,产生电子自旋磁矩。以上两种微观磁矩是物质具有磁性的根源。

2. 磁化强度

电场中的电介质由于电极化而影响电场,同样,磁场中的磁介质由于磁化也能影响磁场。

对于一般磁介质,无外加磁场时,其内部各磁矩的取向不一,宏观无磁性。但在外磁场作用下,各磁矩有规则地取向,使磁介质宏观显示磁性,这就叫磁化。为了表示磁介质本身的磁化程度,我们引进一个叫做磁化强度的物理量。磁化强度用 M 表示。在外磁场的作用下,在磁介质内任取一个体积单元 ΔV,要求这个体积单元在微观上要足够大,即包含足够数量的磁偶极子,但在宏观上要足够小,即能表征该处的磁化强度。磁化强度的物理意义是单位体积的磁矩。设体积元 ΔV 内磁矩的矢量和为 $\sum p_m$,则磁化强度 M 为

$$M = \frac{\sum p_m}{\Delta V} \tag{8.2}$$

式中 p_m 的单位为 $A \cdot m^2$;V 的单位为 m^3。因而磁化强度 M 的单位为 $A \cdot m^{-1}$,即与磁场强度 H 的单位一致。

磁介质在外磁场中的磁化状态,主要由磁化强度 M 决定。M 可正可负,由磁体内磁矩矢量和的方向决定,因而磁化了的磁介质内部的磁感应强度 B 可能大于,也可能小于磁介质不存在时真空中的磁感应强度 B_0。

在磁介质中某点的磁化强度 M 与该处的磁感应强度 B 成正比,可表示为

$$M = \left(\frac{\mu_r - 1}{\mu_r \mu_0}\right) B \tag{8.3}$$

式中 μ_0 为真空的磁导率,$\mu_0 = 1.26 \times 10^{-6}$ N/A^2;μ_r 为介质的相对磁导率。$\mu = \mu_r \mu_0$ 为介质的磁导率。定义 $\chi = \mu_r - 1$ 为介质的磁化率,则式(8.3)可表示为

$$M = \frac{\chi}{\mu} B \tag{8.4}$$

由 $B = \mu H$,可以得到

$$M = \chi H \tag{8.5}$$

介质的磁化率 χ 仅与磁介质性质有关。它反映材料磁化的能力。它没有单位,为一纯数。χ 可正可负,决定于材料的不同磁性类别。

为方便起见,将磁场和电场的有关重要物理量及相应的公式对比列于表 8.1 中。

表 8.1　磁场和电场的有关重要物理量及公式

电　　场	磁　　场
电场强度的定义	磁感应强度的定义
电场力：$\boldsymbol{F}=q\boldsymbol{E}$	安培力：$\mathrm{d}\boldsymbol{F}=I\mathrm{d}\boldsymbol{L}\times\boldsymbol{B}$
电介质的极化强度：$\boldsymbol{P}=\dfrac{\sum \boldsymbol{p}}{\Delta V}$	磁介质的磁化强度：$\boldsymbol{M}=\dfrac{\sum \boldsymbol{p}_\mathrm{m}}{\Delta V}$
（即单位体积内电矩的矢量和）	（即单位体积内磁矩的矢量和）
电位移：$\boldsymbol{D}=\varepsilon_0 \boldsymbol{E}+\boldsymbol{P}$	磁场强度 $\boldsymbol{H}$：$\boldsymbol{B}=\mu_0 \boldsymbol{H}+\mu_0 \boldsymbol{M}$
高斯定律：$\varepsilon_0\oint \boldsymbol{E}\cdot \mathrm{d}\boldsymbol{S}=q$	安培环路定律：$\oint \boldsymbol{B}\cdot \mathrm{d}\boldsymbol{l}=\mu_0 I$
（式中 q 为闭合曲面内的全部电荷）	（式中 I 为积分环路所包括的全部电流）
或：$\oint \boldsymbol{D}\cdot \mathrm{d}\boldsymbol{S}=q$	或：$\oint \boldsymbol{H}\cdot \mathrm{d}\boldsymbol{l}=\sum I$
（式中 q 为自由电荷，不包括电介质极化后的束缚电荷）	（式中 I 为导线内传导电流，不包括磁介质磁化后的表面电流）
真空的介电系数： $\varepsilon_0=\dfrac{1}{4\pi\times 9\times 10^9}\approx 8.85\times 10^{-12}\ \mathrm{C}^2/(\mathrm{N}\cdot\mathrm{m}^2)$	真空的磁导率： $\mu_0=4\pi\times 10^{-7}\approx 1.26\times 10^{-6}\ \mathrm{N/A}^2$
ε_r 为相对介电系数，$\varepsilon=\varepsilon_\mathrm{r}\varepsilon_0$ 称为介电系数	μ_r 为相对磁导率，$\mu=\mu_\mathrm{r}\mu_0$ 称为磁导率
χ 为电极化率（χ 及 ε_r 为纯数，无单位）	χ 为磁化率（χ 及 μ_r 为纯数，无单位）
$\boldsymbol{D}=\varepsilon_\mathrm{r}\varepsilon_0 \boldsymbol{E}$　或　$\boldsymbol{D}=\varepsilon \boldsymbol{E}$	$\boldsymbol{B}=\mu_\mathrm{r}\mu_0 \boldsymbol{H}$　或　$\boldsymbol{B}=\mu \boldsymbol{H}$
$\boldsymbol{P}=\varepsilon_0 \chi \boldsymbol{E}$	$\boldsymbol{M}=\dfrac{\chi}{\mu}\boldsymbol{B}$
$\dfrac{\varepsilon}{\varepsilon_0}=\varepsilon_\mathrm{r}=1+\chi$　或　$\varepsilon=\varepsilon_0+\varepsilon_0\chi$	$\dfrac{\mu}{\mu_0}=\mu_\mathrm{r}=1+\chi$　或　$\mu=\mu_0+\mu_0\chi$

8.1.2　磁性的本质

磁现象和电现象有着本质的联系。物质的磁性来源于原子的磁性，和原子、电子结构有着密切的关系。原子的磁矩包括三个部分：①电子自旋磁矩；②电子轨道磁矩；③原子核磁矩。因为原子核比电子质量大 1 000 多倍，运动速度仅为电子速度的几千分之一，所以原子核的自旋磁矩仅为电子自旋磁矩的千分之几，因而可以忽略不计。核磁矩可以利用核磁共振（NMR）进行精确测定。

1. 电子磁矩

电子的运动是产生电子磁矩的根源。试验证明，电子的自旋磁矩比轨道磁矩要大得多。在晶体中，电子的轨道磁矩受晶格场的作用，其方向是变化的，不能形成一个联合磁矩，对外没有磁性作用，这就是所谓的轨道动量矩和轨道磁矩的"猝灭"或"冻结"。因此，物质的磁性主要不是由电子的轨道磁矩引起的，而是由自旋磁矩引起。每个电子自旋磁矩的近似值等于一个玻尔磁子 μ_B，μ_B 是原子磁矩的单位，是一个极小的量，$\mu_\mathrm{B}=9.27\times 10^{-24}\ \mathrm{A}\cdot\mathrm{m}^2$。

孤立原子可以具有磁矩，也可以没有。这决定于原子的结构。原子中如果有未被填满的电子壳层，其电子的自旋磁矩未被抵消(方向相反的电子自旋磁矩可以相互抵消)，原子就具有"永久磁矩"。例如，铁原子的原子序数为26，共有26个电子，电子层分布为：$1s^2 2s^2 2p^6 3s^2 3p^6 3d^6 4s^2$。可以看出，除 $3d$ 子层外各层均被电子填满，自旋磁矩被抵消。根据洪特法则，电子在 $3d$ 子层中应尽可能填充到不同的轨道，并且它们的自旋尽量在同一个方向上(平行自旋)。因此5条轨道中除了有一条轨道必须填入2个电子(自旋反平行)外，其余4条轨道均只有一个电子，且这些电子的自旋方向平行，由此总的电子自旋磁矩为 $4\mu_B$。

某些元素(例如锌)具有各层都充满电子的原子结构，其电子磁矩相互抵消，因而不显磁性。

需要说明的是，并不是只要有未被充满电子的原子就一定显示出磁性。如Cu、Cr、V以及所有的镧系元素都有未被充满的电子层，但上述三个元素以及除Gd和一些重稀土元素以外的所有镧系元素都不会显示出磁性。因此，在原子内存在未被充满的电子，只是物质具有磁性的必要条件，而不是充分条件。

2. 交换作用

(1) 直接交换作用 处于不同原子间的未被满壳层上的电子所发生的特殊的相互作用，是物质具有磁性的根本原因，这种相互作用称为交换作用。

在晶体中相邻的离子未充满壳层的电子之间的这种交换作用，会使相邻离子的磁矩趋向于平行或反平行排列。当温度较低，热骚动不至于破坏磁矩的有序排列时，晶体内就出现磁结构。

这种交换作用的唯一充分的解释是以量子力学为基础的。金属或合金中大量存在的传导电子的直接交换作用可由交换积分 J 来表示。J 正可负，J 为正时自旋平行态是最低的能级，J 为负时则自旋反平行态是最低的能级。如图8.2所示的斯莱特-贝斯曲线表示交换积分 J 的大小和符号与 a/r 比值的关系，其中 a 为相互作用的

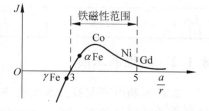

图8.2 交换积分与铁磁性的关系

原子(或离子)间距，r 为所考查的电子轨道半径(如过渡金属的 $3d$ 轨道)。从图中可以看出 $a/r<3$ 时为负的交换作用；高于该比值，交换作用就变为正值，在 $a/r=3.6$ 时达最大值，然后逐渐递减至很小，但仍为正值。

在亚铁磁性尖晶石中，a/r 值通常为5左右；这就是说，从直接交换作用预期会有相当微弱的正相互作用，但是实验表明在 A 位(氧四面体空隙位置)和 B 位(氧八面体空隙位置)之间具有很强的负相互作用。因此必然得出这样的结论：由于氧离子将外层轨道部分填满的金属离子隔开，在氧化物中发生的情况与上述铁磁性金属明显的不同，这就是说，由于插入氧离子，金属之间的直接交换作用被部分地或完全地屏蔽。已经提出可以得到负交换作用并且氧离子起重要作用的两种机制，称为超

交换作用和双重交换作用。

(2) 超交换作用　由于氧化物中的键合主要是离子键,$2p$ 壳层填满的氧离子具有类似于惰性气体的电子组态,处于这种基态时它与金属离子的相互作用不大,超交换作用是基态激发的机制。

可能的激发机制涉及氧离子的一个 $2p$ 电子暂时迁移到毗邻的金属离子上。我们以下述氧化物中的三价铁离子为例来定性地叙述超交换作用。从这些三价铁离子的基态出发,按照洪特法则,5 个 $3d$ 电子都是平行排列的。氧离子的 6 个 $2p$ 电子组成三对,每对的自旋磁矩相互抵消。我们知道,p 轨道形似哑铃,设想激发态时交换作用是由一个 p 电子暂时变为铁离子的 d 电子。在氧离子一侧的三价铁离子与另一侧的三价铁离子的迁移过程如下:

$$Fe^{3+}(3d^5) \quad O^{2-}(2p^6) \quad Fe^{3+}(3d^5) \longrightarrow Fe^{3+}(3d^5) \quad O^{-}(2p^5) \quad Fe^{2+}(3d^6)$$

↓↓↓↓↓　　↑↓　　↑↑↑↑↑　　　↑↑↑↑↑　　↑↓　　↓↓↓↓↓
　　　　↑↓　　　　　　　　　　　　　　　↑↓　　　↑
　　　　↑↓　　　　　　　　　　　　　　　↓

这样,一个三价铁离子就变成一个亚铁(Fe^{2+})离子。指向三价铁离子的氧离子 p 轨道上的未成对电子,可以按相抵消的方式与另一侧未成对的铁离子电子相互作用。如果金属离子的 $3d$ 壳层少于半满,则超交换作用将是正的相互作用;如 $3d$ 壳层为半满或多于半满,例如我们所举的三价铁离子,则可能是一种具有反平行自旋的负的相互作用。一般认为,超交换作用随离子间距增加而迅速减小。哑铃形的 $2p$ 轨道,使我们有理由假定在一定的离子间距,金属—氧—金属之间夹角为 180°时,相互作用最大;当夹角为 90°时相互作用最小。于是在尖晶石晶格中,我们可以断定 A—B 相互作用较强,A—A 相互作用较弱,而 B—B 相互作用居中。表 8.2 列出了 $3d$ 过渡金属超交换作用 J 的符号与 $3d$ 电子数、结合角之间的相互关系。

表 8.2　$3d$ 过渡金属超交换作用

$3d$ 电子数	离子对	结合角/(°)	J 的符号
d^3—τd^3	Cr^{3+}—τCr^{3+}	180	−
		90	+
d^3—τd^5	Cr^{3+}—τFe^{3+}	180	+
d^3—τd^8	V^{2+}—τNi^{3+}	180	+
		90	−
d^5—τd^5	Mn^{2+}—τMn^{2+}	180	−
	Fe^{3+}—τFe^{3+}	90	−
d^6—τd^6	Fe^{2+}—τFe^{2+}	180	−
d^7—τd^7	Co^{2+}—τCo^{2+}	180	−
d^8—τd^8	Ni^{2+}—τNi^{2+}	180	−
		90	+

（3）双重交换作用　为了说明平行自旋的相邻离子之间通过毗邻氧离子的相互作用而提出了另一种机理。这种模型比超交换作用更受限制，它只适用于同一元素而以不同价态出现的离子；例如在磁铁矿中有三价和二价铁离子。双重交换作用涉及亚铁离子的一个 d 电子迁移到毗邻的氧离子；同时具有相同自旋的氧离子的 s 电子，又迁移到毗邻的铁离子。这种过程类似于过渡金属氧化物中电子电导跳跃传导模型。这种双重交换作用机制只有助于正的相互作用（即近邻离子上的平行自旋）。它不能说明铁氧体中负的 A—B 相互作用，但是在某些亚锰酸盐和亚钴酸盐中观察到的铁磁体（正值）相互作用，却可能是一种起作用的因素。

归纳起来，原子结构和磁性的关系就是：

(1) 原子的磁性来源于电子的自旋和轨道运动；

(2) 原子内具有未被充满的电子是它具有磁性的必要条件；

(3) 电子的交换作用是原子具有磁性的重要条件。

8.1.3　磁性的分类

根据磁性行为，可以将磁性的机制分为五类，即抗磁性、顺磁性、铁磁性、反铁磁性和亚铁磁性。铁磁性和亚铁磁性是磁性材料应用的物理基础，其主要特点是具有自发磁化、畴结构和磁滞行为。各类物质的 M-H 曲线示于图 8.3。

1. 抗磁性

当磁化强度 M 为负时，固体表现为抗磁性。Bi、Cu、Ag、Au 等金属具有这种性质。在外磁场中，这类磁化了的介质内部 B 小于真空中的 B_0。抗磁性物质的原子（离子）的磁矩应为零，即不存在永久磁矩。当抗磁性物质放入外磁场中，外磁场使电子轨道改变，感生一个磁矩。按照楞次定律，其方向应与外磁场方向相反，表现为抗磁性。所以抗磁性来源于电子轨道状态的变化。抗磁性物质的抗磁性一般很微弱，磁化率 χ 一般约为 -10^{-5}，χ 为负值。陶瓷材料的大多数原子是抗磁性的。周期表中前 18 个元素主要表现为抗磁性。这些元素构成了陶瓷材料中几乎所有的阴离子，如 O^{2-}、F^-、Cl^-、S^{2-}、SO_4^{2-}、CO_3^{2-}、N^{3-}、OH^- 等。在这些阴离子中，电子填满壳层，自旋磁矩平衡。

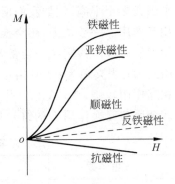

图 8.3　磁化强度 M 与外加磁场 H 的关系

2. 顺磁性

顺磁性物质的主要特征是，不论外加磁场是否存在，原子内部存在永久磁矩。但在无外加磁场时，由于顺磁物质的原子做无规则的热振动，宏观看来，没有磁性；在外加磁场作用下，每个原子磁矩比较规则地取向，物质显示极弱的磁性。磁化强度 M 与外磁场方向一致，M 为正，而且 M 严格地与外磁场 H 成正比。

顺磁性物质的磁性除了与 H 有关外,还依赖于温度。其磁化率 χ 与绝对温度 T 成反比:

$$\chi = \frac{C}{T} \tag{8.6}$$

式中,C 称为居里常数,取决于顺磁物质的磁化强度和磁矩大小。显然,随着顺磁物质温度 T 的升高,磁化率 χ 迅速降低,这是因为热运动能量破坏了原子磁矩的规则取向。温度越高,原子的热运动能量越大,使原子磁矩沿外磁场方向的规则取向就越困难,χ 也就越小。反之,温度 T 越低,磁化率 χ 就越大。

顺磁性物质的磁化率一般也很小,室温下 χ 约为 10^{-5},因此,除了对研究物质结构具有一定的意义外,其实用价值并不大。一般含有奇数个电子的原子或分子,电子未填满壳层的原子或离子,如过渡元素、稀土元素、锕系元素,还有铝、铂等金属,都属于顺磁性物质。

3. 铁磁性

以上两种磁性物质,其磁化率的绝对值都很小,因而都属弱磁性物质。另有一类物质如 Fe、Co、Ni,室温下磁化率可达 10^3 数量级,属于强磁性物质。这类物质的磁性称为铁磁性。

铁磁性物质和顺磁性物质的主要差异在于:即使在较弱的磁场内,前者也可得到极高的磁化强度,而且当外磁场移去后,仍可保留极强的磁性。

铁磁体的磁化率为正值,而且很大,但当外场增大时,由于磁化强度迅速达到饱和,其 χ 变小。

铁磁性物质很强的磁性来源于其很强的内部交换场。由图 8.2 可知,铁磁性物质的交换积分为正值,而且较大,使得相邻原子的磁矩平行取向(相应于稳定状态),在物质内部形成许多小区域——磁畴。每个磁畴大约有 10^{15} 个原子。这些原子的磁矩沿同一方向排列,外斯假设晶体内部存在很强的称为"分子场"的内场,"分子场"足以使每个磁畴自动磁化达到饱和状态。这种自生的磁化强度叫自发磁化强度。由于它的存在,铁磁性物质能在弱磁场下强烈地磁化。因此自发磁化是铁磁物质的基本特征,也是铁磁物质和顺磁物质的区别所在。

铁磁体的铁磁性只在某一温度下才表现出来,超过这一温度,由于物质内部热骚动破坏电子磁矩的平行取向,因而自发磁化强度为0,铁磁性消失。这一温度称为居里点 T_C。在居里点以上,材料表现为强顺磁性,其磁化率与温度的关系服从居里-外斯定律:

$$\chi = \frac{C}{T - T_C} \tag{8.7}$$

式中 C 为居里常数。当 $T \to T_C$ 时,χ 为极大值。

铁磁物质所表现的顺磁性和一般顺磁性在性质上是相同的,但在温度的起点上有所不同。铁磁物质的顺磁性是以居里温度为起点,而顺磁性物质是以 0 K 为起点。所以式(8.7)只适用于温度 T 高于居里点 T_C 时的场合,而不适用于 $T<T_C$。

由此可见:物质是否具有铁磁性并非绝对,因为矛盾是可以相互转化的。如金属 Mn、As 以及 Sb 等虽然都不是铁磁性物质而呈顺磁性,但当它们形成合金时却又都具有铁磁性。因为原子间的距离已经改变,如 Mn 的晶格常数 $a=0.258$ nm,而 MnAs、MnSb 的晶格常数却分别为 0.285 nm 和 0.289 nm。所以,晶体结构的改变可以使很多顺磁性材料转变为具有铁磁性。同样,在形成新化合物过程中过渡元素金属离子的改变,也可使不少顺磁性离子(如 Cr^{6+} 等)转变成铁磁性。

4. 反铁磁性

反铁磁性是指由于交换作用为负值(图 8.2),电子自旋反向平行排列。在同一子晶格中有自发磁化强度,电子磁矩是同向排列的;在不同子晶格中,电子磁矩反向排列。两个子晶格自发磁化强度大小相同,方向相反。整个晶体 $M=0$。反铁磁性物质大都是非金属化合物,如 MnO。

不论在什么温度下,都不能观察到反铁磁性物质的任何自发磁化现象,因此其宏观特性是顺磁性的,M 与 H 处于同一方向,磁化率 χ 为正值。温度很高时,χ 极小;温度降低,χ 逐渐增大。在一定温度 T_n 时,χ 达最大值 χ_n。称 T_n(或 θ_n)为反铁磁性物质的居里点或奈尔点。对奈尔点存在 χ_n 的解释是:在极低温度下,由于相邻原子的自旋完全反向,其磁矩几乎完全抵消,故磁化率 χ 几乎接近于 0。当温度上升时,使自旋反向的作用减弱,χ 增加。当温度升至奈尔点时。热骚动的影响较大,此时反铁磁体与顺磁体有相同的磁化行为。

上面指出反铁磁体中相邻原子的磁矩反平行取向。根据中子衍射测出的 MnO 点阵中 Mn^{2+} 的自旋排列示于图 8.4 上。从图上可以看出,在某一个(111)面上的离子有相同方向的自旋,而在相邻的(111)面上离子的自旋方向均与之相反。故对任一 Mn^{2+} 离子来说,所有相邻的 Mn^{2+} 离子均与它有相反的自旋方向。MnO 的结构属 NaCl 型,O^{2-} 在 Mn^{2+} 之间(图中未画出)。因此,图中给出的元晶胞是按磁性来划分的,它比按结晶化学原则划分的元晶胞大 8 倍。

按前所述,MnO 点阵中任一 Mn^{2+} 邻近两种 Mn^{2+},其一为同一(111)面上具有平行自旋的 Mn^{2+},另一为中间介有一个 O^{2-} 的反平行自旋的 Mn^{2+}。在反铁磁体中,具有反平行磁矩的相邻原子间的交换作用应占优势,但从图 8.4 中容易看出,这种离子间的距离比之平行自旋的离子间距离要大。根据前面的讨论,交换能的大小取决于物质的原(离)子间距离,相远的交换力小。怎样克服这个矛盾,解释这种离子间

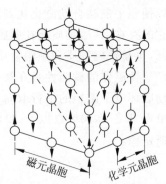

图 8.4 MnO 点阵中 Mn^{2+} 的自旋排列

所具有的较大的交换能呢？超交换理论或称间接交换理论可以提供适当的解释。根据此理论，能够通过邻近阳离子的激发态而完成间接交换作用，即经中间的激发态氧离子的传递交换作用，把相距很远无法发生直接交换作用的两个金属离子的自旋系统连接起来。在激发态下，O^{2-} 将一个 $2p$ 电子给予相邻的 Mn^{2+} 而成为 O^-。Mn^{2+} 获得这个电子变成 Mn^+，此时它们的电子自旋排列如图 8.5 所示。

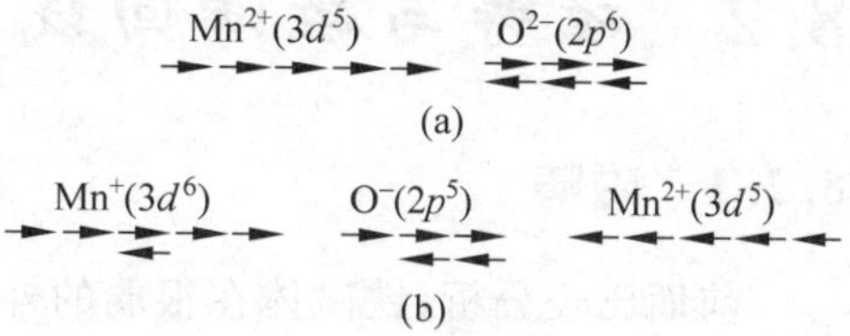

图 8.5 MnO 晶体中离子的自旋
(a) 基态；(b) 激发态

从图中可见，O^- 自旋与左方 Mn^+ 自旋方向相同。当右方的 Mn^{2+} 的自旋与 O^- 的自旋方向相反时，系统有较低的能量。此时，左方的 Mn^+ 与右方的 Mn^{2+} 的自旋方向相反，这是 Mn^{2+} 通过的 O^- 相互作用出现的情况。激发态的出现，是 O^{2-} 提供了一个 $2p$ 电子导致的，而 p 电子的空间分布是 ∞ 型，故 M—O—M 间的夹角 $\varphi = 180°$ 时间接交换作用最强，而 $\varphi = 90°$ 时的作用最弱。

5. 亚铁磁性

亚铁磁性实质上是两种次晶格上的反向磁矩未完全抵消的反铁磁性。这就是说，在没有外加磁场作用时，一个晶胞中仍具有未抵消的合成磁矩。亚铁磁性也称铁氧体磁性，具有这种特性的物质就称为亚铁磁性物质或铁氧体磁性材料。亚铁磁性与铁磁性相同之处在于具有强磁性，所以，有时也被统称为铁磁性物质；和铁磁性物质的不同点在于其磁性来自于两种方向相反、大小不等的磁矩之差。图 8.6 形象地表示在居里点或奈尔点以下时铁磁性、反铁磁性及亚铁磁性的自旋排列。

图 8.6 铁磁性、反铁磁性、亚铁磁性的自旋排列

具有亚铁磁性的材料除铁氧体外，尚有周期表中第Ⅴ、Ⅵ、Ⅶ三族的一些元素与过渡金属的化合物（如 MnSb、MnAs 等）。其磁化率可达 10^2 数量级。

亚铁磁性和反铁磁性有着密切的关系。从一种已知的反铁磁性结构出发，经过元素置换，可以配制成一种保持原来磁结构的平行排列，但两组次晶格的磁矩又不相等的亚铁磁性材料。如钛铁矿型氧化物 $Fe_{1+x}Ti_{1-x}O_3$ 就是由反铁磁性的 $\alpha\text{-}Fe_2O_3$ 和 $FeTiO_3$ 所组成的固溶体。两者的晶格结构相同，但在 $0.5 < x < 1$ 的范围内，就会出现强烈的亚铁磁性。

铁磁性材料和亚铁磁性材料统称为强磁性材料。铁磁性材料、反铁磁性材料与亚铁磁性材料统称为磁有序性材料。

关于铁氧体的亚铁磁性，我们还将结合铁氧体的晶体结构作进一步的说明。

8.2 磁畴与磁滞回线

8.2.1 磁畴

前面已经分析,铁磁体在很弱的外加磁场作用下能显示出强磁性,这是由于物质内部存在着自发磁化的小区域——磁畴的缘故。但是对未经外磁场磁化的(或处于退磁状态的)铁磁体,它们在宏观上并不显示磁性,这说明物质内部各部分的自发磁化强度的取向是杂乱的。因而物质的磁畴绝不会是单畴,而是由许多小磁畴组成的。大量试验证明,磁畴结构的形式是由于这种磁体为了保持自发磁化的稳定性,必须使强磁体的能量达最低值,因而就分裂成无数微小的磁畴。每个磁畴大约为 10^{-9} cm^3。

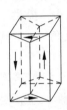 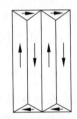

图 8.7 闭合磁畴示意图

磁畴结构总是要保证体系的能量最小。由图 8.7 可以看出,各个磁畴之间彼此取向不同,首尾相接,形成闭合的磁路,使磁体在空气中的自由静磁能下降为 0,对外不显现磁性。磁畴之间被畴壁隔开。畴壁实质是相邻磁畴间的过渡层。为了降低交换能,在这个过渡层中,磁矩不是突然改变方向,而是逐渐地改变,因此过渡层有一定厚度。这个过渡层称为磁畴壁。

畴壁的厚度取决于交换能和磁结晶各向异性能平衡的结果,一般为 10^{-5} cm。

铁磁体在外磁场中的磁化过程主要为畴壁的移动和磁畴内磁矩的转向。这一磁化过程使得铁磁体只需在很弱的外磁场中就能得到较大的磁化强度。

8.2.2 磁滞回线

将一未经磁化的或退磁状态的铁磁体,放入外磁场 H 中,其磁体内部的 B 随外磁场 H 的变化是非线性的。见图 8.8 中的磁化曲线。

图 8.8 表示磁畴壁的移动和磁畴的磁化矢量的转向及其在磁化曲线上起作用的范围。从图中可以看出,当无外加磁场,即样品在退磁状态时,具有不同磁化方向的磁畴的磁矩大体可以相互抵消,样品对外不显磁性。在外加磁场强度不太大的情况下,畴壁发生移动,使与外磁场方向一致的磁畴范围扩大,其他方向的相应缩小。这种效应不能进行到底,当外加磁场强度继续增至比较大时,与外磁场方向不一致的磁畴的磁化矢量会按外加磁场方向转动。这样在每一个磁场中,磁矩都向外磁场 H 方向排列,处于饱和状态,如图 8.8 中 c 点,此时饱和磁感强度用 B_s 表示,饱和磁化强度用 M_s 表示,对应的外磁场为 H_s。此后,H 再增加,B 增加极其缓慢,与顺磁物质磁化过程类似。其后,磁化强度的微小提高主要是由于外磁场克服了部分热骚动能量,使磁畴内部各电子自旋方向逐渐都和外磁场方向一致造成的。

如果外磁场 H 为交变磁场,则与电滞回线类似,可得磁滞回线,如图 8.9。图中 B_r 为剩余磁感应强度(剩磁)。为了消除剩磁,需加反向磁场 $-H_c$,H_c 称为矫顽磁场强度,亦称"矫顽力"。加 $-H_c$ 后磁体内 $B=0$。

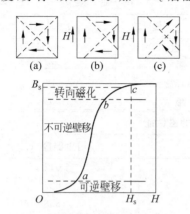

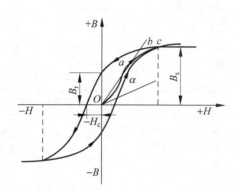

图 8.8 磁化曲线对应主要磁化过程
(a) 退磁状态;(b) 壁移磁化;(c) 转向磁化

图 8.9 磁滞回线

和电滞回线一样,磁滞回线表示铁磁材料的一个基本特征。它的形状、大小均有一定的实用意义。比如材料的磁滞损耗就与回线面积成正比。

8.2.3 磁导率

磁导率是磁性材料最重要的物理量之一,用 μ 表示。磁导率是表示磁性材料传导和通过磁力线的能力。一般磁介质 $B=\mu H$,μ 不变,B-H 为线性关系;铁磁体 B-H 为非线性,μ 随外磁场变化。图 8.9 磁化曲线 $Oabc$ 上各点斜率即为磁导率,图中 Oa 切线的斜率表示起始磁导率 μ_0。当 $H \ll H_c$ 时,在 ΔH 很小的范围内,μ 与 μ_0 接近。图中 Oa 切线的斜率表示最大磁导率 $\mu_{\max}$,这一段磁化主要由畴壁移动造成。

生产上为了获得高磁导率的材料,一方面要提高材料的 M_s 值,这由材料的成分和原子结构决定;另一方面要减少磁化过程中的阻力,这主要取决于磁畴结构和材料的晶体结构。因此必须严格控制材料成分和生产工艺。表 8.3 列出了各种磁介质的磁导率。

铁磁性和铁电性有相似的规律,但应该强调的是它们的本质区别:铁电性是由离子位移引起的,而铁磁性则是由原子取向引起的;铁电性在非对称的晶体中发生,而铁磁性发生在次价电子的非平衡自旋中;铁电体的居里点是由于熵的增加(晶体相变)引起的,而铁磁体的居里点是原子的无规则振动破坏了原子间的"交换"作用,从而使自发磁化消失引起的。

表 8.3 各种磁介质的磁导率

磁介质的磁导率			
顺磁质		抗磁质	
物质	$(\mu_r-1)/10^{-6}$	物质	$(\mu_r-1)/10^{-6}$
氧(1 atm)*	1.9	氢	0.063
铝	23	铜	8.8
铂	360	岩盐	12.6
		铋	176
常用铁磁物质、铁氧体的磁性能			
物质	μ_0(起始)	居里温度/K	
Fe	150	1 043	
Ni	110	627	
Fe_3O_4	70	858	
$NiFe_2O_4$	10	858	
$Mn_{0.65}Zn_{0.35}Fe_2O_4$	1 500	400	

* 1 atm$=1.013\times10^5$ Pa

8.3 铁氧体的磁性与结构

铁氧体是含铁酸盐的陶瓷磁性材料。铁氧体磁性与铁磁性相同之处在于自发磁化强度和磁畴,因此有时也被统称为铁磁性物质。它和铁磁物质不同点在于:铁氧体一般都是多种金属的氧化物复合而成,因此铁氧体磁性来自两种不同的磁矩。一种磁矩在一个方向相互排列整齐;另一种磁矩在相反的方向排列。这两种磁矩方向相反,大小不等,两个磁矩之差,就产生了自发磁化现象。因此铁氧体磁性又称亚铁磁性。

按材料结构分,目前已有尖晶石型、石榴石型、磁铅石型、钙钛矿型、钛铁矿型和钨青铜型等 6 种。重要的是前三种。我们将分别讨论它们的结构,并以尖晶石为代表,研究铁氧体的亚铁磁性以及其产生的微观机理。

8.3.1 尖晶石型铁氧体

1. 尖晶石结构

铁氧体亚铁磁性氧化物的通式为 $M^{2+}O\cdot(Fe^{3+})_2O_3$,其中 M^{2+} 是二价金属离子,如 Fe^{2+}、Ni^{2+}、Mg^{2+} 等。复合铁氧体中二价阳离子可以是几种离子的混合物(如 $Mg_{1-x}Mn_xFe_2O_4$),因此组成和磁性能范围宽广。它们的结构属于尖晶石型,其中氧离子近乎密堆立方排列(图 8.10)。通常把氧四面体空隙位置称为 A 位,八面体空隙位置称为 B 位。如果两价离子都处于四面体 A 位,如 $Zn^{2+}(Fe^{3+})_2O_4$,称为正尖晶石;如果二价离子占有 B 位,三价离子占有 A 位及其余的 B 位,则称为反尖晶石,如

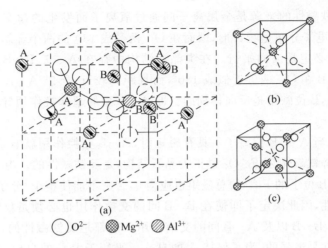

图 8.10 尖晶石的元晶胞(a)及子晶胞(b)、(c)

$Fe^{3+}(Fe^{3+}M^{2+})O_4$。

所有的亚铁磁性尖晶石几乎都是反型的；这可设想由于较大的两价离子趋于占据较大的八面体位置。A 位离子与反平行态的 B 位离子之间，借助于电子自旋耦合而形成离子的净磁矩，即

$$Fe_A^{3+} \uparrow Fe_B^{3+} \downarrow M_B^{2+} \downarrow$$

阳离子出现于反型的程度，取决于热处理条件。一般来说，提高正尖晶石的温度会使离子激发至反型位置。所以在制备类似于 $CuFe_2O_4$ 的铁氧体时，必须将反型结构高温淬火才能得到存在于低温的反型结构。

锰铁氧体约为 80% 正型尖晶石，这种离子分布随热处理变化不大。

2. 亚铁磁性

为了解释铁氧体的磁性，奈尔认为铁氧体中 A 位与 B 位离子的磁矩应是反平行取向的，这样彼此的磁矩就会抵消。但由于铁氧体内总是含有两种或两种以上的阳离子，这些离子各具有大小不等的磁矩(有些离子完全没有磁性)，加之占 A 位或 B 位的离子数目也不相同，因此晶体内由于磁矩的反平行取向而导致的抵消作用通常并不一定会使磁性完全消失而变成反铁磁体，往往保留了剩余磁矩，表现出一定的铁磁性。这称为亚铁磁性或铁氧体磁性。

例如磁铁矿属反尖晶石结构，一个元晶胞含有 8 个 Fe_3O_4 "分子"，8 个 Fe^{2+} 占据了 8 个 B 位，16 个 Fe^{3+} 中有 8 个占 A 位。另有 8 个占 B 位。对于任一个 Fe_3O_4 "分子"来说，两个 Fe^{3+} 分别处于 A 位及 B 位，它们是反平行自旋的，因而这种离子的磁矩必然全部抵消，但在 B 位的 Fe^{2+} 离子的磁矩依然存在。Fe^{2+} 有 6 个 3d 电子分布在 5 条 d 轨道上，其中只有一对处在同一条 d 轨道上的电子反平行自旋，磁矩抵消。其余尚有 4 个平行自旋的电子，因而应当有 4 个 μ_B，亦即整个"分子"的玻尔磁子数为 4。实验测定的结果为 $4.2\mu_B$，与理论值相当接近。

铁氧体亚铁磁性的来源是金属离子间通过氧离子而发生的超交换作用。由于 O^{2-} 离子上 $2p$ 电子分布呈哑铃形,因而在 O^{2-} 两旁成 $180°$ 的两个金属离子的超交换作用最强,而且必定是反向平行。在尖晶石结构中存在 A—A、B—B、A—B 三种交换作用。因 A,B 在 O^{2-} 两旁近似成 $180°$,而且距离较近,所以 A—B 型超交换作用占优势,而且 A,B 位磁矩是反向排列的。即 A—B 型的超交换作用导致了铁氧体的亚铁磁性。

必须指出,当 A 或 B 位离子不具有磁矩时,A—B 交换作用就非常弱,上述结论不适用。例如锌铁氧体 $ZnFe_2O_4$ 是正尖晶石结构,是反铁磁性的。由于 Zn^{2+} 的固有磁矩为 0,故在 B 位上的 Fe^{3+} 的总磁矩也应为 0,否则不能使整个"分子"的磁矩为 0,表现出反铁磁性,因此决定了即使在 B—B 间的交换作用也必须是反铁磁性的。事实上,在 A—A、B—B 以及 A—B 间的交换作用一般都是反铁磁性的,而在 A—B 间的交换作用通常是最强的,为了保持 A 的自旋反平行于 B 位的自旋,就迫使 B 位的全部离子不得不保持平行取向。但在这里讨论的锌铁尖晶石中,B 位离子相间地按反平行取向排列以使整个铁氧体表现出反铁磁性。

8.3.2 石榴石型铁氧体

稀土石榴石也具有重要的磁性能,其通式为 $M_3^c Fe_2^a Fe_3^d O_{12}$,式中 M 为稀土离子或钇离子,都是三价。上标 c、a、d 表示该离子所占晶格位置的类型。晶体是立方结构,每个晶胞包括 8 个化学式单元,共有 160 个原子。a 离子位于体心立方晶格上,c 离子和 d 离子位于立方体的各个面(图 8.11)。每个晶胞有 8 个子单元。每个 a 离子占据一个八面体位置,每个 c 离子占据十二面体位置,每个 d 离子处于一个四面体位置。

与尖晶石类似,石榴石的净磁矩起因于反平行自旋的不规则贡献:a 离子和 d 离子的磁矩是反平行排列的,c 离子和 d 离子的磁矩也是反平行排列的。如果假设每个 Fe^{3+} 离子磁矩为 $5\mu_B$,则对 $M_3^c Fe_2^a Fe_3^d O_{12}$

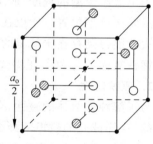

● a位置　○ c位置　⊘ d位置

图 8.11 石榴石结构简化模型
(只表示元晶胞的 1/8,O^{2-} 未标出)

$$\mu_{净} = 3\mu_c - (3\mu_d - 2\mu_a) = 3\mu_c - 5\mu_B$$

8.3.3 磁铅石型铁氧体

磁铅石型铁氧体的结构与天然的磁铅石 $Pb(Fe_{7.5}Mn_{3.5}Al_{0.5}Ti_{0.5})O_{19}$ 相同,属六方晶系,结构比较复杂。其中氧离子呈密堆积,系由六方密堆积与等轴面心堆积交替重叠。根据天然磁铅石结构的启发,在 20 世纪 50 年代初制成了称为钡恒磁的永磁铁氧体。它是含钡的铁氧体,化学式为 $BaFe_{12}O_{19}$,结构与天然磁铅石相同。元晶胞包括 10 层氧离子密堆积层,每层有 4 个氧离子,两层一组的六方与四层一组的等轴面心交替出现,即按密堆积的 ABABCA⋯层依次排列,在两层一组的六方密堆积中有一个氧离子被 Ba^{2+} 所取代,并有 3 个 Fe^{3+} 填充在空隙中。四层一组的等轴面心堆积中共有 9 个 Fe^{3+} 分别占据 7 个 B 位和 2 个 A 位,类似尖晶石的结构,故这四层一组的又叫尖晶石块。因此一个元晶胞中共含 O^{2-} 为 $4\times10-2=38$ 个,Ba^{2+} 2 个,Fe^{2+} 为 $2\times(3+9)=24$ 个,即每一元晶胞中包含了两个 $BaFe_{12}O_{19}$ "分子"。

磁化起因于铁离子的磁矩,尖晶石块和六方密堆块中的自旋取向是:

尖晶石块: 2↑ 四面体
2↑4↓3↓ 八面体

六方密堆块:1↓ 位于五个氧离子围成的双锥体中

由于六角晶系铁氧体具有高的磁晶各向异性,故适宜作永磁铁,它们具有高矫顽力。

8.4 铁氧体磁性材料

8.4.1 软磁材料

这类材料要求磁导率高、饱和磁感应强度大、电阻高、损耗低、稳定性好等。其中尤以高磁导率和低损耗最重要。起始磁导率 μ_0 高,即使在较弱的磁场下也有可能储藏更多的磁能。损耗低,当然要求电阻率高,也要求尽可能小的矫顿力和高的截止频率 f_c(μ 下降至最大值一半时的频率)。但磁导率和截止频率的要求往往是矛盾的,在不同频段和不同器件上使用时又有不同要求,因此通常根据不同频段下的使用情况选用系统、成分、性能不同的铁氧体。如在音频、中频和高频范围选用的尖晶石铁氧体,基本上是含锌的尖晶石,最主要的是 Ni-Zn、Mn-Zn、Li-Zn 铁氧体;在超高频范围($>10^8$ Hz),则用磁铅石型六方铁氧体。这两类软磁材料的磁学性能列于表 8.4 和表 8.5 中。

软磁材料主要应用于电感线圈、小型变压器、脉冲变压器、中频变压器等的磁芯以及天线棒磁芯、录音磁头、电视偏转磁轭、磁放大器等。

表 8.4 几种含 Zn 铁氧体(尖晶石型)的常温性质

材 料	$\mu_0/(\mu H/m)$	$\tan\delta$(1MHz)	θ_f/K	$\rho/(\Omega\cdot m)$
$Ca_{0.4}Zn_{0.6}Fe_2O_4$	1 380	0.100	363	10^3
$Mg_{0.5}Zn_{0.5}Fe_2O_4$	503	0.130	373	10^4
$Mn_{0.455}Zn_{0.495}Fe^{2+}_{0.05}Fe_2O_4$	1 257	0.170	383	1
$Ni_{0.4}Zn_{0.6}Fe_2O_4$	103	0.055	353	10^4

表 8.5 几种六方(磁铅石型)铁氧体的常温磁性

材料	$\mu_0/(\mu H/m)$	$\mu_r M_s/(mA/m)$	θ_f/K	f_c/MHz
$Co_2Ba_2Fe_{12}O_{22}$	5.03	0.23	613	—
$Ni_2Ba_2Fe_{12}O_{22}$	8.16	0.16	663	—
$Zn_2Ba_2Fe_{12}O_{22}$	33.90	0.285	403	—
$Co_2Ba_3Fe_{24}O_{41}$	15.08	0.335	683	1 400
$Co_{0.8}Zn_{1.2}Ba_3Fe_{24}O_{41}$	30.16	—	—	530

8.4.2 硬磁材料

硬磁材料也称为永磁材料,其主要特点是剩磁 B_r 大,这样保存的磁能就多,而且矫顽力 H_c 也大,才不容易退磁,否则留下的磁能也不易保存。因此用最大磁能积 $(BH)_{max}$ 就可以全面地反映硬磁材料储有磁能的能力。最大磁能积 $(BH)_{max}$ 越大,则在外磁场撤去后,单位面积所存储的磁能也越大,性能也越好。此外对温度、时间、振动和其他干扰的稳定性也要好。这类材料主要用于磁路系统中作永磁以产生恒稳磁场,如扬声器、微音器、拾音器、助听器、录音磁头、电视聚焦器、各种磁电式仪表、磁通计、磁强计、示波器以及各种控制设备。最重要的铁氧体硬磁材料是钡恒磁 $BaFe_{12}O_{19}$,它与金属硬磁材料相比的优点是电阻大、涡流损失小、成本低。

前面指出,磁化过程包括畴壁移动和磁畴转向两个过程,据研究,如果晶粒小到全部都只包括一个磁畴(单畴),则不可能发生壁移而只有畴转过程,这就可以提高矫顽力。

因此在生产铁氧体的工艺过程中,通过延长球磨时间,使粒子小于单畴的临界尺寸和适当提高烧成温度(但不能太高,否则使晶粒由于重结晶而重新长大),可以比较有效地提高矫顽力。另外,用所谓磁致晶粒取向法,即把已经经过高温合成和通过球磨的钡铁氧体粉末,在磁场作用下进行模压,使得晶粒更好地择优取向,形成与外磁场基本一致的结构,可以提高剩磁。这样,虽然使矫顽力稍有降低,但总的最大磁能积 $(BH)_{max}$ 还是有所增加,从而改善了材料的性能。

8.4.3 旋磁材料

磁性材料的旋磁性是指在两个互相垂直的直流磁场和电磁波磁场的作用下,平面偏振的电磁波在材料内部按一定方向的传播过程中,其偏振面会不断绕传播方向旋转的现象,这种具有旋磁特性的材料就称为旋磁材料。

金属磁性材料虽然也具有旋磁性,但由于电阻率较小,涡流损耗太大,电磁波不能深入内部,而只能进入厚度不到 1 μm 的表层(称之为趋肤效应),所以无法利用。因此磁性材料旋磁性的应用,成为铁氧体独有的领域。

旋磁现象实际上被应用的波段为 100~100 000 MHz(或米波到毫米波的范围内),因而铁氧体旋磁材料也称为微波铁氧体。常用的微波铁氧体有镁锰铁氧体

Mg-MnFe$_2$O$_4$、镍铜铁氧体 Ni-CuFe$_2$O$_4$、镍锌铁氧体 Ni-ZnFe$_2$O$_4$ 以及钇石榴石铁氧体 3Me$_2$O$_3$·5Fe$_2$O$_3$(Me 为三价稀土金属离子,如 Y^{3+}、Sm^{3+}、Gd^{3+}、Dy^{3+} 等)。

旋磁材料大都与输送微波的波导管或传输线等组成各种微波器件,主要用于雷达、通信、导航、遥测、遥控等电子设备中。

8.4.4 矩磁材料

有些磁性材料的磁滞回线近似矩形。并且有很好的矩形度。图 8.12 表示了比较典型的矩形磁滞回线。可用剩滞比 B_r/B_m 来表征回线的矩形。另外,也可用 $B_{-\frac{1}{2}H_m}/B_m$(或简写为 $B_{-\frac{1}{2}}/B_m$)来描述回线的矩形度,其中 $B_{-\frac{1}{2}H_m}$ 表示静磁场达到 H_m 一半时的 B 值。可以看出前者是描述 Ⅰ、Ⅲ 象限的矩形程度,后者是描述 Ⅱ、Ⅳ 象限的矩形程度。因为 B_r/B_m 在开关元件中是重要参数,因此又称为开关矩形比;$B_{-\frac{1}{2}}/B_m$ 在记忆元件中是重要参数,故也可称为记忆矩形比。利用 $+B_r$ 和 $-B_r$ 的剩磁状态,可使磁芯作为记忆元件、开关元件或逻辑元件。如以 $+B_r$ 代表"1",$-B_r$ 代表"0",就可得到电子计算机中的二进制逻辑元件。对磁芯输入信号,从其感应电流上升到最大值的 10% 时算起,到感应电流又下降到最大值的 10% 时的时间间隔定义为开关时间 t_s。它与外磁场 H_a 之间的关系如下:

$$(H_a - H_0)t_s = S_w$$

式中,$H_0 \approx H_c$(矫顽力),S_w 称为开关常数。对常用的矩磁铁氧体材料,S_w 为 $2.4 \times 10^{-5} \sim 12 \times 10^{-5}$(C/m)。

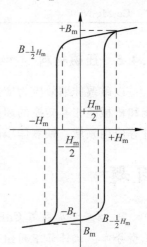

图 8.12 矩形磁滞回线

从应用的观点看,对于矩磁铁氧体材料有以下的一些主要要求:①高的剩磁比 B_r/B_m,在特殊情况下还要求有高的 $B_{-\frac{1}{2}}/B_m$;②矫顽力 H_c 小;③开关常数 S_w 小;④损耗低;⑤对温度、振动和时间稳定性好。对于大型高速电子计算机,运算率在一定程度上受磁芯存取速率所制约,除前面所说的开关常数 S_w 外,磁芯尺寸的小型化将大大降低驱动电流。因而是高速开关所必需的。

除少数几种石榴石型以外,有矩形磁滞回线的铁氧体材料都是尖晶石结构。矩形磁滞回线,一类是自发地出现,另一类是需经磁场退火后才出现。自发矩磁铁氧体主要是 Mg-Mn 铁氧体,在 MgO-MnO-Fe$_2$O$_3$ 三元系中有一个形成矩磁铁氧体材料的宽广范围(在 12%~56% MgO,7%~46% MnO,28%~50% Fe$_2$O$_3$ 所包围的区域内)。为了改善性能,还可适量加入少许其他氧化物,如 ZnO、CaO 等。表 8.6 给出几种铁氧体矩磁材料及其磁性。经磁场退火感生矩形回线的铁氧体有 Co-Fe、Ni-Fe、Ni-Zn-Co、Co-Zn-Fe 等系统,其组成、磁场退火的温度、制度等都对材料的矩磁性有影响。

表 8.6　几种铁氧体矩磁材料的磁性

铁氧体系统	B_r/B_m	$B_{-\frac{1}{2}}/B_m$	$H_c/(A/m)$	$S_w(\mu C/m)$
Mg-Mn	0.90～0.96	0.83～0.95	52～200	64
Mg-Mn-Zn	>0.90	—	32～200	16～24
Mg-Mn-Zn-Cu	0.95	0.83	59	—
Mg-Mn-Ca-Cr	—	—	223	40
Cu-Mn	0.93	0.76	53	64
Mg-Ni	0.94	0.84	—	175
Mg-Ni-Mn	0.95	0.83	—	—
Li-Ni	—	0.78	—	80
Co-Mg-Ni	—	0.85～0.95	—	207

8.4.5 压磁材料

以磁致伸缩效应为应用原理的铁氧体称为压磁铁氧体。压磁材料主要用于电磁能和机械能相互转换的超声器件、磁声器件以及电信器件、电子计算机、自动控制器件等应用领域。铁氧体压磁材料的优点是电阻率高、频率响应好、电声效率高。

习题

1. 当正型尖晶石 $CdFe_2O_4$ 掺入反型尖晶石如磁铁矿 Fe_3O_4 时，Cd 离子仍保持正型分布。试计算下列组成的磁矩：$Cd_xFe_{3-x}O_4$，当 (a) $x=0$；(b) $x=0.01$；(c) $x=0.5$。

2. 试述下列反型尖晶石结构的单位体积饱和磁矩，以玻尔磁子数表示：
$$MgFe_2O_4 \quad CoFe_2O_4 \quad Zn_{0.2}Mn_{0.8}Fe_2O_4$$

3. 导致铁磁性和亚铁磁性物质的离子结构有什么特征？

4. 为什么含有未满电子壳层的原子组成的物质中只有一部分具有铁磁性？

参 考 文 献

[1] Kingery W D, H K Bowen D R Uhlmann. 陶瓷导论, 第四篇陶瓷的性能. 北京: 中国建筑工业出版社, 1982

[2] Hertzberg R W. Deformation and Fracture Mechanics of Engineering Materials. New York: John Wiley & Sons(1976)中译本: 赫次伯格. 工程材料的变形与断裂力学. 北京: 机械工业出版社, 1982

[3] Roman Pampuch. Ceramic Materials—An Introduction to their Properties. Pwn-Polish Scientific Publishers, 1976

[4] 美兰格等著, 张福初等译. 无机非金属材料断裂力学. 北京: 中国建筑工业出版社, 1983

[5] Brock D. 工程断裂力学基础. 北京: 科学出版社, 1980

[6] K M 罗尔斯, T H 考特尼, J 伍尔夫. 材料科学与材料工程导论. 北京: 科学出版社, 1982

[7] 基泰尔 C. 固体物理导论. 北京: 科学出版社, 1979

[8] 黄昆. 固体物理学. 北京: 人民教育出版社, 1979

[9] 奚同庚. 无机材料热物性学. 上海: 上海科学技术出版社, 1981

[10] 柳田博明. セうミックスの科学. 不详, 技报堂出版, 1981

[11] 堂山昌男等. セうミックス材料. 不详, 东京大学出版, 1986

[12] 津田惟雄. 电气传导性酸化物. 不详, 裳华房出版, 1983

[13] 河口武夫. 半导体の化学. 不详, 丸善社出版, 1974

[14] Kröger F A. Chemistry of Imperfect Crystals, Vol. 1-3, North-Hollang Amsterdam, 1974

[15] van Gool W. Principles of Defect Chemistry of Crystalline Solids. Academic Press, 1966

[16] Kofstad P. Nonstoichiometry, Diffusion and Electrical Conductivity in Binary Metel Oxidis. John Wiley, 1972

[17] Ion Bunget, Mihai Popescu. Physics of Solid Dielectrics. Elsevier, 1984

[18] [法]R 科埃略著, 吕景楼, 李守义译. 电介质物理学. 北京: 科学出版社, 1984

[19] Tareev B. Physics of Dielectric Materials. Mir Publishers, 1979

[20] 陈秀丹, 刘子玉. 电介质物理学. 北京: 机械工业出版社, 1982

[21] 方俊鑫, 殷之文. 电介质物理学. 北京: 科学出版社, 1989

[22] [美]B 贾菲等著, 林声和译. 压电陶瓷. 北京: 科学出版社, 1979

[23] 北京大学物理系. 铁磁学. 北京: 科学出版社, 1976

[24] 戴道生, 钱昆明. 铁磁学(上册). 北京: 科学出版社, 1987

[25] 周志刚. 铁氧体磁性材料. 北京: 科学出版社, 1981

参考文献